可持续景观设计

——场地设计方法、策略与实践

[美] 梅格·卡尔金斯　主编

贾培义　郭　湧　王晞月　贾　晶　译

贾培义　审校

U0212954

中国建筑工业出版社

著作权合同登记图字：01-2014-0167号

图书在版编目（CIP）数据

可持续景观设计——场地设计方法、策略与实践 /［美］
卡尔金斯主编，贾培义等译 . —北京：中国建筑工业出版社，
2016.4

ISBN 978-7-112-19037-9

Ⅰ.①可… Ⅱ.①卡…②贾… Ⅲ.①景观设计—技术手册
Ⅳ.① TU986.2-62

中国版本图书馆 CIP 数据核字（2016）第 012307 号

The Sustainable Sites Handbook: A Complete Guide To The Principles, /Meg Calkins, ISBN 13 9780470643556
Copyright © 2012 John Wiley & Sons, Inc.
Published by John Wiley & Sons, Inc.
Chinese Translation Copyright © 2016 China Architecture & Building Press
All rights reserved. This translation published under license.
Copies of this book sold without a Wiley sticker on the cover are unauthorized and illegal.
没有John Wiley & Sons, Inc.的授权，本书的销售是非法的

本书经美国John Wiley & Sons, Inc.出版公司正式授权翻译、出版

责任编辑：兰丽婷　董苏华
责任校对：陈晶晶　关　健

可持续景观设计
——场地设计方法、策略与实践
［美］梅格·卡尔金斯　主编
贾培义　郭　湧　王晞月　贾　晶　译
贾培义　审校

＊

中国建筑工业出版社出版、发行（北京西郊百万庄）
各地新华书店、建筑书店经销
北京京点图文设计有限公司制版
北京建筑工业印刷厂印刷

＊

开本：787×1092 毫米　1/16　印张：24¼　字数：556 千字
2016 年 5 月第一版　2019 年 2 月第二次印刷
定价：88.00 元
ISBN 978-7-112-19037-9
（28259）

版权所有　翻印必究
如有印装质量问题，可寄本社退换
（邮政编码 100037）

谨以此书献给
杰克逊（Jackson）和安妮（Annie）
以及你们的世界

目录

序

　　可持续场地倡议组织（SITES）的成立，以及其所代表的过去 25 年间生态意识的觉醒，令人十分鼓舞。SITES 为风景园林师协同应对 21 世纪的环境问题提出了解决方案。本书介绍的方法和知识是风景园林的初学者和实践者理解 SITES 目标的重要指导。本书将对人工景观的设计、建造、管理及其与自然生态环境之间的关系产生深远影响。

　　正如本书的撰述，景观与生态密不可分。实际上，早在 20 世纪初就有一些富有远见的学者为可持续景观设计奠定了理论基础。如 20 世纪 30 年代，著名的科学家奥尔多·利奥波德（Aldo Leopold）就唤起了西方世界对于自然生态系统复杂性、联系性的思考。20 年后，生态学家瑞秋·卡森（Rachel Carson）更是警告人类，破坏自然环境会带来环境的浩劫和人类的悲剧后果。20 世纪 60 年代晚期以后，有赖伊恩·麦克哈格（Ian McHarg）和卡尔·斯坦尼兹（Carl Steinitz）等人的引领，风景园林师逐渐觉醒，形成了将生态视作区域规划核心问题的方法论。

　　环境保护的紧迫性自不待言，风景园林师则可以在创造更加可持续的人与环境关系中起到领导作用。我们的工作和专业知识使我们清晰地认识到，对于被严重破坏的生态系统，其重建或修复并非易事。但目前为止，关于风景园林师如何在专业实践中应对挑战的问题，答案更多的只是一己之见。而这本书中构建的知识体系和设计方法，可能有助于形成共识。

　　基于多学科专业知识的 SITES 标准，不仅为风景园林师（包括其他场地设计工作者）、追求可持续性的客户带来了一个场地可持续设计的框架，也为其构建了一个沟通和形成共识的途径。本书是风景园林设计建造实践中，尝试综合实现社会、环境、经济等方面可持续的重要开端。未来的工作更多的应该是将可持续设计的原则和方法进一步地锤炼和提升。我衷心期待本书版本的不断更新，可以让我们不断地看到行业中的研究进展和创新。

迈克尔·凡·范肯伯格（Michael Van Valkenburgh）

可持续场地倡议组织（SITES）的来信

人工环境的绿色化正大范围地席卷而来，但其中却缺失了关键一环：可持续景观的营造缺乏强有力的标准体系，不论有或没有建筑。传统上，人工景观与建筑相似，都会消耗大量珍贵的资源；但与建筑不同的是，如果设计建设得当，人工景观可以对自然生态系统产生促进和复兴的效用。但迄今为止，还没有出现适用于大型校园、公园、自然保护区、风景区、交通廊道等的"绿色"设计和建设标准。

这种状况促进了可持续场地倡议（Sustainable Sites Initiative™，SITES™）的产生。由美国风景园林师协会（American Society of Landscape Architects，ASLA）、得克萨斯大学奥斯汀分校的约翰逊总统夫人野花中心，以及美国国家植物园共同创立了 SITES 组织，并建立了一套针对风景园林场地可持续设计的指导和评估体系。许多相关组织和 70 多位美国知名的土壤、水文、材料、植物、环境、社会专家参与了该体系的编制。这使得《SITES 可持续性场地导则和评估体系 2009》有着坚实的科研基础。

在本书中，主编梅格·卡尔金斯（Meg Calkins）、美国风景园林师协会和约翰·威利出版公司为寻求创造可持续景观的人们提供了全面而系统的信息，也便于人们更好地了解 SITES 评估体系。通过整合许多 SITES 专家的工作和认真的审校，本书成为 SITES 评估体系的一个很有价值的补充。

利用本书的设计方法将为我们的城市和社区带来实实在在的好处，如更清洁的空气和水、调节气候、节约能源、保护自然资源和生物多样性等。我们希望 SITES 和本书将鼓励所有的景观设计、施工、养护从业者，积极践行最佳的可持续性实践，创造出可持续的景观。

南茜·C·萨默维尔（Nancy C. Somerville），美国风景园林师协会执行副主席 /CEO
苏珊·里夫（Susan Rieff），得克萨斯大学奥斯汀分校，约翰逊总统夫人野花中心执行主任
霍利·清水（Holly Shimizu）美国国家植物园执行主任

致谢

正如可持续景观设计项目需要多学科的共同努力一样，本书丰富的内容也是许多专业人士共同努力的成果，他们都为本书提出了重要的观点。

本书的许多作者都参与了《SITES 可持续场地导则和评估体系 2009》的编制，他们无私地分享经验，为本书各章撰写丰富的内容。每一章内容都由数位专家进行深入的审阅，并提出诸多颇有深度的意见。特别是黑泽尔·温豪斯（Heather Venhaus），在本书的成书过程中作出了非常宝贵的贡献。

对本书贡献最多的，是编制《SITES 可持续场地导则和评估体系 2009》的技术专家，他们对可持续景观场地设计、管理各个方面进行系统研究和梳理后创造出的 SITES 评估体系，将成为 21 世纪场地开发建设中极具价值的工具，而这正是本书成书的基础。

我还要感谢 SITES 组织的各成员单位：约翰逊总统夫人野花中心、美国风景园林师协会、美国国家植物园。感谢他们对本书的支持。感谢威利出版社的高级编辑、玛格丽特·昆明斯（Margaret Cummins）从始至终的支持。

许多设计公司慷慨地为本书提供了其项目图片，我不仅对此致以谢意，更感谢他们所完成的优秀项目，这些优秀的案例将会引导和促进可持续项目的不断出现。其中许多项目已经成为 SITES 认证或试点的项目。

我在鲍尔州立大学（Ball State University）的同事朱迪·R·纳德里（Jody Rosenblatt Naderi），约翰·莫托洛奇（John Motloch），玛莎·亨特（Martha Hunt），在本书编撰过程中给予我支持和指导。研究生瑞安·史密斯（Ryan Smith）、参加可持续场地设计研讨课的学生们，对本书的案例研究、图片收集等作出了贡献。

最后，非常感谢我的家人和朋友在本书编撰过程中给予的支持。我的丈夫乔治·艾尔文（George Elvin）对本书的成型鼓励良多；感谢我的父母、妹妹、孩子和朋友的支持，你们为我创造了完成本书所需的空间和时间。

本书审稿专家（Chapter reviewers）

Heather Venhaus
Nina Bassuk
Steve Benz
Larry Costello
George Elvin
Martha Hunt
Alison Kinn Bennett
John Motloch
Jerry Smith
Laura Solano
Alfred Vick
Ken Willis
David Yocca

Michael Clar
Kimberly Cochran
Scott Cloutier
Fred Cowett
Susan D. Day
Richard J. Dolesh
Deon Glaser
Nora Goldstein
Robert Goo
Deb Guenther
Liz Guthrie
Len Hopper
William Hunt
Karen C. Kabbes
Alison Kinn Bennett

James Patchett
Danielle Pieranunzi
Kristin Raab
Robert Ryan
Jean Schwab
Melanie Sifton
Mark Simmons
Jerry Smith
Laura Solano
Fritz Steiner
Eric Strecker
John C. Swallow
Rodney Swink
Janice E. Thies
John Peter Thompson

SITES的技术专家（Sites Technical Experts）

José Almiñana
Michael Barrett
Nina Bassuk
Amy Belaire
Jacob Blue
Meg Calkins

Nick Kuhn
Frances (Ming) Kuo
Tom Liptan
Ed MacMullan
Chris Martin
David McDonald
Ray Mims
Karen R. Nikolai

Megan Turnock
Valerie Vartanian
Heather Venhaus
Lynne M. Westphal
Julie Wilbert
Steve Windhager
Kathleen L. Wolf
David J. Yocca

第1章
导　论

梅格·卡尔金斯
（Meg Calkins）

自然生态是由相互关联的水、土壤、大气和动植物系统构成的复杂综合体。自然系统在不断地进化、平衡、变化和再平衡过程中，塑造着自然环境，并为人类的生存发展提供着诸如空气的净化，水的净化、供给和调控，具有生产力的土壤等一系列服务，这些服务也是地球上一切物种赖以生存的、必不可少的条件。精心设计的场地可以保护、维持和提供上述至关重要的生态系统服务。在满足多种功能需求的同时，场地是可以积极地提供多重生态系统服务、为使用者带来丰富审美感受的。

把生态系统服务功能（ecosystem service）作为设计的基础，将是风景园林场地设计的一个深刻转变。这将影响我们如何看待人工设计场地，如果我们设计和管理场地的目的是支持和契合生态过程，就需要将焦点从创造和维护静态、孤立的景观，转移到设计和管理人工环境中复杂的、相互联系的生命系统上来。维系可持续发展的场地设计，应该遵循和考虑的是生态系统与生俱来的基本原则，如物质循环、生态适应性以及生态恢复力等。

为了人类的后代我们必须保护自然，但同时也应该重视人工建设的环境。人工环境应能促进生态系统和人类的共同发展。包括场地设计在内的人工环境设计，在这一目标中发挥着极为重要的作用。联合国在 2000 年发起了千年生态系统评估 [1]，2005 年发布的《千年生态系统评估》（下称《评估》）宣布："人类活动对全球生态系统的生物多样性产生了严重的、逐渐加剧的影响，削弱了生态系统的恢复力和承载力"（MEA，2005）。《评估》将生态系统看作人类的"生命维持系统"，认为"生态系统对人类福祉——人类的健康、繁荣、安全以及社会文化认同——至关重要"。为了人类的未来，我们必须改变土地开发、资源利用和食品生产的方式。《评估》提出："这份评估的本质是一次不可忽视的警告。人类活动正在把全球自然环境置于困境之中，地球生态系统维持人类未来发展的能力不再是理所应当的了"（MEA，2005）。

在如此迫在眉睫的情形下，由美国风景园林师协会、得克萨斯大学奥斯汀分校的约翰逊总统夫人野花中心和美国国家植物园联合发起了"可持续场地倡议组织"（Sustainable Sites Initiative，SITES）。SITES 发布了《可持续场地设计导则和评价标准》（*Guidelines and*

1　联合国千年生态系统评估（Millennium Ecosystem Assessment，MEA）。——译者注

Performance Benchmarks)，希望通过第三方评价体系来指导可持续景观场地的发展。SITES 的原则和标准鼓励把对生态系统服务功能的保护、恢复和支持当作可持续场地设计的基础来考虑，涵盖了包括植物、土壤、水、材料、能源等的设计和管理。

　　本书在可持续场地设计的策略、技术、方法和实践经验方面提供了广泛而详细的信息。本书编写的目的是使任何条件下的场地都可以通过设计、管理形成健康的生态系统，促进生态系统和人类的可持续和谐发展；本书可以帮助实践者更好地运用 SITES 的评估工具，同时也可以指导可持续场地的设计和管理。由 SITES 组织出版的本书，将作为《可持续设计导则和评价标准 2009》的补充，成为可持续场地设计的重要指导，也是场地设计中水文、植物、土壤、建筑材料和人类健康福祉以及场地选择等方面的重要参考书。

1.1　可持续景观场地设计的定义

　　SITES 将可持续景观场地设计定义为"满足当前需求而不危害子孙后代未来发展的景观场地设计、建造、运行和维护活动"（SITES，2009a）。这是在 1987 年联合国环境与发展委员会的《布伦特兰报告》[1] 中对可持续发展 [2] 的定义的基础上形成的（UNWCED[3]，1987）。对景观场地设计而言，可持续意味着兼顾人类和自然生态的健康、就近取材、循环利用资源等。可持续景观场地设计注重复杂功能系统的整体设计，提倡进行广泛的评估和设计考量，采取高度针对性而不是通用的设计措施，以及为维护景观健康运行而进行长期的监测、管理和调整。

　　可持续景观场地设计要求我们从根本上转变对地球资源的看法，地球资源不是取之不尽用之不竭的，必须改变那种只求索取的思维方式，应该认识到地球生态系统和资源是生命延续的基础，必须得到保护。新开发的区域必须通过保护和恢复措施，维持生态系统及其服务的正常运行。我们必须重塑人类与自然的关系，认识到自然生态系统在人类和地球健康发展中至关重要的作用。

1.1.1　三位一体的价值取向

　　可持续性的实现不仅需要保护环境，也依赖于社会公平和经济可行性的实现。这就是所谓的"三位一体的可持续设计原则"（图 1-1），虽然本书主要着眼于环境的可持续性，但环境问题的解决和场地可持续的实现也依赖于社会和经济的可持续。此外，人工环境的设计对社会文化系统也有着直接影响。因此，本书也有一章专门论述了场地开发中的人类健康和福祉问题。

1　1987 年 2 月世界环境与发展委员会在东京召开的第八次委员会上通过了名为《我们共同的未来》的报告，即《布伦特兰报告》。——译者注

2　可持续发展是既满足当代人的需求，又不对后代人满足其需求的能力构成危害的发展方式。——译者注

3　UNWCED：联合国世界环境与发展委员会（United Nations Worlds Commission on Environment and Development）。——译者注

1.1.2　生态系统服务功能

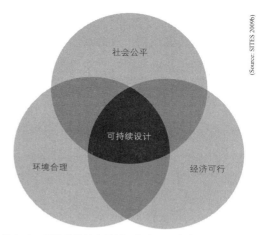

(Source: SITES 2009b)

《千年生态系统评估》中对生态系统服务功能的定义是"人类从生态系统中得到的益处"（EMA，2007）。生态系统中的生物组分（如植物、土壤微生物）与非生物组分（如水、空气、基岩等）相互作用的产物和产生的服务，都对人类有着直接或间接的益处。《千年生态系统评估》将生态系统服务功能分为四大类（MEA，2005）：

图 1-1　可持续设计应兼顾环境合理、社会公平和经济可行等三个方面

> ▶ 供应，如水、空气、食物等。

> ▶ 支持，如传粉、废物降解、营养循环等。

> ▶ 调控，如全球和地方气候调控、侵蚀控制、疾病控制等。

> ▶ 文化，如健康、精神、休闲娱乐等。

场地能提供的生态服务是多种多样的（图 1-2、表 1-1），例如：

> ▶ 树木通过蒸腾、树荫及对风的影响调控区域气候。

图 1-2　不同类型景观的生态系统服务功能

- ▶ 植物可以改善区域空气质量。
- ▶ 土壤和植被利于渗透和净化雨洪，保护排水设施，维持地下水位。
- ▶ 植物和建筑材料可以缓解城市热岛效应。
- ▶ 植物、水和建筑材料等可以建造对人类健康福祉和文化有利的公园、花园和开放空间。
- ▶ 水和土壤微生物可以降解废物，完成营养物质循环。

必须认识到场地开发的决策对生态系统服务功能的影响范围要远大于场地本身，这种影响常常容易被忽视。雨洪管理和植物养护（如肥料、除草剂）会对下游数百公里之外的水系产生影响。资源开采和材料加工甚至会影响半个地球之外的生态系统。大气环流可以将大气污染物带到离污染源很远的地方。

表 1-1　生态系统服务功能

生态系统服务功能类型	功能
全球气候调控	维持大气平衡，创造可呼吸的空气，隔离温室气体
区域气候调控	调控区域温度、降水和湿度
水与空气的净化	清除或减轻大气和水中的污染物
水资源的供应与调控	通过地表流域和蓄水层储存和提供水资源
侵蚀和沉积作用	形成土壤，防止侵蚀和淤积的危害
减灾	减少洪水、暴风、火灾干旱等危害带来的损失
授粉	为作物和其他植物的繁殖提供花粉
栖息地功能	为动植物提供繁殖和栖息的条件，进而保护生物多样性和进化过程
废物降解和处理	降解废物和营养循环
人类健康和福祉	通过与自然的互相作用，提高人类的身体、精神和社会的健康和幸福
食物与可再生资源生产	生产食物、能源、药物及其他人类所需的资源
文化效益	通过与自然的互相作用，提高人类的文化、教育、审美和精神享受

资料来源：SITES 2009a。

1.1.2.1　生态系统服务功能的经济价值

健康的生态系统服务功能是有经济价值的。虽然生态系统的服务功能经常被认为是无偿的而排除在发展成本之外，但它的价值事实上是极为重要的。数据更直观，按照 1997 年的数据计算，生态系统服务功能一年产生的价值高达 33 万亿美元，是当年全球国民生产总值（18 万亿美元）的近两倍（Costanza，*et al.*，1997）。《千年生态系统评估》估计仅湿地每年产生的效益就达 15 万亿美元。尽管如此，人类活动造成的湿地生态系统破坏或退化，比对其他类型生态系统的破坏都要严重（Nature Conservancy，2005）。各类矿产资源的价格常由开采的成本决定，无法体现由此导致的环境恶化和对子孙后代造成的影响。这样的经济体系在低估生态系统服务功能价值的同时，放任甚至鼓励了对自然资源的浪费和破坏。

2002 年的一项研究估计，美国 38 亿株城市树木的经济价值为大约 2.4 万亿美元（Nowak，Crane and Dwyer，2002b）。如果测算这些树木的生态系统服务产生的价值，更远远超过此数。城市树木的效益包括：降尘、固碳、减噪、净化空气、调节气候、减少地表径流、修复污染土壤、提供栖息地、提升地产价值以及为社区带来社会经济效益等。下面是美国农业部林业局对城市森林生态系统服务价值的部分量化数据（Nowak *et al.*，2010）：

▶ 在全美范围内，城市树木每年清除约 78.4 万吨的空气污染物，价值约 38 亿美元。

▶ 在居住区的 1 亿棵成年大树每年可减少价值约 20 亿美元的能源消耗。

▶ 美国每年固碳 7.7 亿吨，价值约合 143 亿美元。

▶ 在俄亥俄州的代顿市，树木减少 7% 的地表径流。

▶ 城市森林建设增强了社区认同，改善了邻里环境。

健康的生态系统服务功能除了全球化的经济效益之外，不管是场地尺度还是区域尺度，都能提供经济回报。因此，可持续景观场地设计策略的广为接受，可能很大程度上取决于其所提供的生态系统服务的经济价值能否得到认知。可持续发展策略的经济效益量化工作正在广泛开展，这直接影响了可持续策略被接受的程度。例如，研究表明基础设施和开发项目中贯彻可持续雨洪管理策略，可以降低运行开支（Wise，2008）；树木的遮荫效果可以降低建筑物的制冷费用，并降低步行道的温度（Akbari，Pomerantz and Taha，2001）；植物或自然风景可以提高人的工作效率，有利于病人的康复（S. Kaplan，1995；R. Kaplan，2007；Ulrich，1984）；材料的就地再利用可以节省工程费用（U. S. EPA，2000）。在区域尺度上，可持续性场地开发包括：通过可持续性雨洪利用策略，降低污水处理厂的负荷（Wise，2008）；减少由于空气污染导致的医疗费用（Romley，Hackbarth，and Goldman，2010）；材料的循环再利用可以降低道路的建设成本（PCA，2005）。这些成本节约都直接或间接地得益于健康生态系统提供的服务。这不仅是可持续景观场地开发策略有着巨大潜力的原因，更推动了其被广泛接受。

1.1.2.2 生态系统服务功能应作为设计的基础

提供新的生态系统服务功能，或保护已有的生态系统服务功能，是可持续景观场地设计项目达成目标的重要基础。这也使可持续设计的环境、经济、社会目标更加明确，甚至可以被量化（SITES，2009b）。例如，绿色屋顶（屋顶花园）可以通过植物的滞留效应和蒸腾作用减少雨洪径流；除此之外，这些植物还能提供其他的生态系统服务功能，如缓解热岛效应、清洁空气、改善人的身心健康等（图 1-3）。

场地设计策略对单一或多种生态系统服务功能的贡献是可量化的，这为衡量可持续策略效果及其对可持续景观场地的贡献提供了途径。也提供了从经济价值角度评估场地设计策略的可能性（Windhager *et al.*，2010）。仍然以绿色屋顶为例，其对建筑自身带来的空调节能效果是可以衡量的。当然，仅从一个绿色屋顶来看，它对大气质量的改善情况很难衡量，我们知道一定会有改善，但不知道这种改善能达到什么程度，因为很难精确地量化。

图1-3　温哥华城中心的华盛顿互助银行大楼，办公人员在屋顶花园享用午餐。屋顶花园提供了人类健康福祉、野生动植物栖息地、雨洪管理等多重生态系统服务功能

生态系统服务功能作为可持续设计基础的核心问题，在于生态系统服务经济价值的精确评估。温德哈格等提出了生态系统服务作为设计基础的主要挑战（Windhager *et al.*, 2010）：

（1）不是每一种生态系统服务功能都可以从经济上量化，这往往导致该项服务价值的被低估。

（2）生态系统服务功能的经济价值仅是在特定时间点的评估，而其价值可能会发生改变，有时变化很大。

（3）如果涉及目标集中在单一生态系统服务功能上，对利于多重生态系统服务功能的设计策略的效益评价就会大打折扣。

（4）直接评估可持续性设计策略提供的生态系统服务比较困难，并且很可能超出大多数项目设计的范畴。在设计过程中，一些策略带来的效益可以通过模拟来估算，例如雨洪的下渗效应；但建设中场地设计策略达成与否还与相关成本、潜在风险和设计施工脱节等问题有关。

1.1.3　可持续景观场地与城市环境

美国约83%的人口（2.5亿）生活在城市中（美国国家统计局，2011）。这一数据显示了在城市环境中维持健康城市生态系统的必要性。此外，城市对资源的需求和给环境带来的负面影响常常比非城市地区要大得多。因此，针对这些问题，在城市地区最大限度地通过设计和规划来提供生态系统服务功能就显得非常重要了。

城市不一定仅仅是消耗性的，其自身环境有着巨大的生产性潜力。不谈未充分利用的广大硬质景观、铺装地面和汽车主导的城市肌理，假如除道路、建筑外的每一寸土地都用来生产食物、提供野生动物栖息地、生产能源、下渗和净化雨水、提供人与自然亲近的机会，会是怎样的图景？因此，城市中可持续场地的角色是三重的：提供生态系统服务和栖息地；成为生产性地区；维系人类文明与自然的联系（图1-4）。

城市环境中亲近自然的机会可以提高人们对自然的尊重和对环境的关注，这能产生长期的文化和环境可持续性。接触自然能够提升人们对自然过程的认知、理解和尊重，从而促进环境保护。人们对雨水循环、植物生长和食物生产过程接触得越多，对雨水如何处理、植物在什么季节生长、哪种野生物种依赖城市森林等问题的了解就越深。事实证明，那些对自然环境最关注的人同时也是与自然接触最多的人（图1-5）。在某些地区，一座办公楼顶的本地植物花园可能是附近唯一的绿色空间，但如果人们可以在花丛中、在鸟儿和蜜蜂的陪伴下享受午餐，那么他们除了在植物环境中得到放松、减压和心灵的抚慰之外，也会成为自然过程的一部分（S. Kaplan，1995；Kellert，2005）。

(Photo from Darrin Nordhal)

图1-4 在西雅图，一块曾经犯罪活动猖獗的土地，现在成为新鲜食物的来源和社区的骄傲。Queen Anne 社区的居民与交通局合作，清理了场地，种植了蔬菜和果树，将一块被人们忽略的、入侵植物蔓延的、吸毒者聚集的地块，改造为社区花园和聚会场所

（Design and Photo by Michael Van Valkenburgh Associates）

图1-5　MWA设计公司[1]设计的纽约泪珠公园（Teardrop Park）在高密度城市环境中创造了一片自然秘境。自然的岩石，交叉纵横的喷泉和乡土植物被整合起来，为人们提供了可供探险的自然游戏空间，也成为城市儿童的圣殿

当我们认识到生态系统可以在城市中发挥作用时，就能认识到其提供服务和资源的巨大潜力。对于生态系统而言，场地除了消耗之外，也可能生产。与其汇集雨水直接排入河流，而用饮用水来灌溉植物和冲马桶，为什么不在原地或邻近地区进行雨水收集和利用呢？

城市不必一定是消耗者，也可以成为其所消耗资源的生产者，实现资源的循环利用。此外，一个拥有食物生产能力、栖息地和野生动植物的城市，便拥有了引导大众关心生态环境、提高市民社会责任感、提升公共问题关注度的潜力，而这就是文化可持续的重要组成部分。环境和文化的可持续也使城市更具吸引力，进而提升其经济的可持续（图1-6）。

1.1.4　向自然学习

自然有许多值得学习的地方。仿生学的观点认为应对环境危机最好的、最高效的方式，就是模拟那些维持和自我调节了数千年的自然生态过程。生物仿生学认为，向自然学习，对生命本质的有意识模仿是人类的生存策略，更是实现未来可持续发展的途径（Benyus，2002）。查尔斯·基伯特（Charles Kibert）等编著的《生态营造学》中提出，生态营造学是一门"基于生态学和生态工业视角的学科，目的是把建筑行业改造得更加可持续化"（Kibert，Sendzimir，and Guy，2002），生态营造学将人工—自然环境之间的共生协作关系，转化为绿色基础设施的概念。

这些观点的共同之处是大自然可以解决许多人类面临的问题，而人类可以从大自然中学到这些问题的解决办法。许多生态理念可以在可持续景观场地设计中直接应用。例如，生物滞留策略模仿了自然景观中雨水下渗和净化的过程；就地污水处理设备也是对自然过程的模仿，滴率过程模仿了瀑布或湍流，沙率过程则模仿了水岸的效果；人工湿地模仿了自然湿地的生态过程；雨水花园则是自然景观中洼地的变形。

1　Michael Van Valkenbrugh Associates，美国著名风景园林师迈克尔·凡·范肯伯格创立。——译者注

（Design by Hoerr Schaudt Landscape Architects; Photo by Scott Shigley）

图 1-6　芝加哥市大十字社区的 Gary Comer 青年中心屋顶花园，成为社区中少有的供青年活动和学生课外学习的安全公共空间。这个花园有着园艺普及、环保意识教育和食物生产等多重功能

自然生态系统的特征

　　生态系统是"植物、动物、微生物与非生物环境相互作用产生的动态复杂功能体（Mea，2005）"。即使在生态修复工程中，但生态系统的复杂性使得其几乎无法被完全复制。因此，完全复制生态系统不应是可持续性场地设计的目标。但生态系统的功能却为可持续性场地形成复杂的、适应力强的、有效的生态系统提供了参考。我们可以从自然生态系统的运行方式中学到，如何设计与自然生态系统良性共融并提供生态系统服务的活跃的场地生态系统。

　　对可持续性场地设计有借鉴意义的自然生态系统的特征有（Lowe，2002）：

▶　自然生态系统的效率和生产能力蕴含在其弹性的动态平衡中

▶　在面对变化时，高度的处在一个复杂的关系网中的生物多样性可以使生态系统保持弹性。

▶　这种复杂物种关系网通过自组织过程维持。

▶　物种的每个个体行为是独立的，但同种不同个体的行为方式是一致的，并与其他物种的行为方式协同配合。不同物种间通过合作与竞争的内在联系保持平衡。

▶　一种进程的产物是另一种进程的底物，自然界没有废弃物。

▶　自然生态系统的能量来源是太阳能。

▶　反馈循环可以推动系统走向平衡。

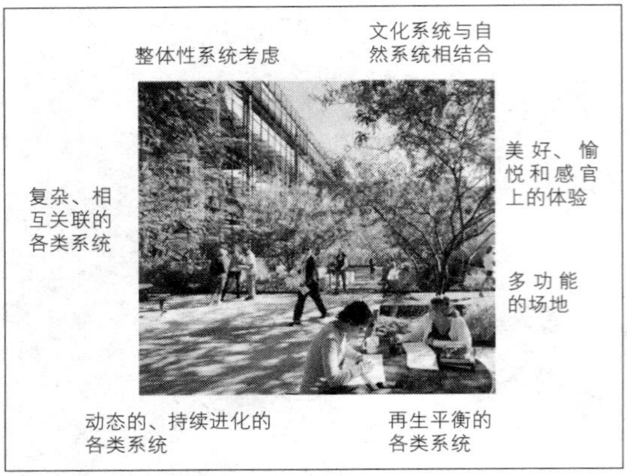

(Project design by Ten Eyck Landscape Architects; Photo by Bill Timmerman)

图 1-7 可持续场地是由复杂的、内在联系的、生生不息的多个系统构成的。在可持续景观场地中，文化和自然系统被很好地整合。可循环、平衡的文化与自然系统，不管是自然进程还是人为介入，都是为了维持其中的资源流动

1.1.5 可持续景观场地的特征

景观是人与自然共融的场所，假如将可持续作为设计和运营的目标，景观应成为促进生态系统和文化健康发展的场地。与传统设计的场地相比，可持续设计的场地拥有许多独特的品质。可持续景观场地对特定的场所而言，常是复杂的、内在联系的、生生不息的。在可持续景观场地中，文化和自然系统被很好地整合。可循环、平衡的文化与自然系统，不管是自然进程还是人为介入，都是为了维持其中的资源流动。下面详细介绍可持续景观场地的特征，以及创造和维系其功能的相关进程（图 1-7）。

1.1.5.1 生态系统的复杂性

可持续景观场地是由复杂的、相互联系的水、植物、动物、土壤、材料和文化体系构成的。这些系统紧密地交织在一起，相互影响、相互促进，它们之间的和谐共融是实现可持续景观场地的重要基础。例如，土壤和植物可以改善雨洪水质，但雨洪径流流过裸露土壤会造成土壤流失和肥力下降；铺装材料的选择直接影响到雨洪、空气的质量，也可以在场地及更大范围内对土壤和植物造成影响；种植设计会影响栖息地功能、水的利用和建筑能耗等；而文化系统则毫无疑问地影响着自然系统，不管这种影响是正面的还是负面的。

1.1.5.2 系统性设计

不管是在建筑尺度、场地尺度还是区域的尺度上，系统性设计都能符合复杂系统的要求。系统性设计可以优化系统内或系统之间的运行（图 1-8）。例如，仅仅考虑就地解决雨洪下渗问题，而不考虑雨洪提供项目用水的潜力，是远远不够的。

把相互影响的各个系统当成一个整体加以考虑，能最大限度地提升设计的综合效益。例如，屋顶花园对水、生物、能源、材料和空气等方面都有益处。比如 SITES 或 LEED[1] 的评价体系中，系统性设计的综合效益，可以在多个指标上得以体现。

1.1.5.3 文化系统与自然系统的整合

文化系统和自然系统是相互影响、不可分割的（Wilson，1984）。人工环境的开发与建设往往会给场地的自然环境带来负面影响；但文化系统和自然系统是可以相互促进、和谐共荣的。对生活在城市中的人们而言，自然系统除了提供生态服务外，其带来的精神上的益处也越来越重要。视觉上看到自然景观，可以提高人的生产、学习效率，更对患者的康复有益。关注景观可以缓解快节奏生活带来的压力和焦虑，人工景观中的娱乐活动也有益于人的身心健康。

---

1 Leadership in Energy and Enviromental Design，绿色建筑能源与环境设计认证。——译者注

（Design by BNIM; photo by Assassi）

① 人工湿地：水流经过湿地植物的根部，
植物可以降低氮含量和生物需氧量（BOD），
还可以悬浮水中的固体。
② 氧化塘：在氧化塘中种植湿地植物，其根部
适宜微生物群落的生长，可以进一步净化水体。
③ 机电房：存放太阳能发电系统、雨水系统、生物反应器及变压器。机电房面向大厅的一面
用视窗展示各系统的运行情况，起到宣传教育的作用。
④ 光伏发电板：光伏发电板作为屋顶遮荫设施，同时为整幢建筑提供电能。
⑤ 金属屋顶：由回收金属材料制成，能反射阳光，保持较低的室温，缓解热岛效应。
⑥ 绿色屋顶（屋顶花园）：可以起到屋顶隔热的作用，同时可以保护屋顶的防水材料。
⑦ 雨水花园：可以在雨天滞留屋顶汇水，而雨水花园中的植物可以在雨水排入市政管道或渗入土壤前，净化其中的污染物。
⑧ 阳光跟踪天窗：最大化地为温室中的人员和植物提供阳光。

图 1-8　Omega 中心的水资源系统及景观设计。所有的水资源都可以在一个封闭的水文循环中得到净化和利用。项目中，建筑用水由地下水供给，而废水则利用生物净化系统处理后排入场地中的潜流湿地，以便于下渗，最终实现对地下水的补充

1.1.5.4　美好、愉悦和感官上的体验

可持续景观的审美潜质是可持续文化系统的重要表现。景观给人带来的美好、愉悦和感官上的体验对人类的身心健康和人与自然的和谐相处是非常重要的。伊丽莎白·迈耶（Eilzabeth Meyer）在《可持续之美：外观的作用》一文中认为，风景园林师有责任将场地设计成"既具备良好的生态系统，又有美好的审美体验"的场所。她强调景观外观的"作用"，并认为"与可持续景观在生态系统中的作用一样，其外观的作用、对美的体验，应该被同样广泛地讨论和关注"（Meyer，2008）。

迈耶强调"文化的可持续设计远比生态的再生设计更难达到，需要体验景观的人们更多地认识到他们的所作所为对景观的影响，进而认识到自身需要做出改变"。环境体验给人以美的感受，可以促使人类从"以自我为中心"更多地向"以生态为中心"转变。

可持续景观场地设计的潜在生态启示，向场地使用者展示了自然进程，加强了人与自然的联系，提高了人与自然共同繁荣的可能性（图1-9、图1-10）。

图1-9　位于加利福尼亚州奥克兰市 Pacific Cannery Lofts 小区的一栋住宅，雨洪设施通过雨槽收集屋顶的雨水，很好地将住宅与自然进程结合起来

1.1.5.5　多功能的场地

可持续景观场地应具有多重功能，必须同时满足创造环境、经济、社会和美学价值的要求。例如，种植设计要考虑热岛效应、栖息地、碳汇、缓解雨洪以及审美要求等；办公景观除了提供休闲空间外，也可以有食物生产的功能；污水或雨水可以被净化或收集，用于灌溉和生活用水。自行车道两旁可以种植浆果等可食用植物，也可以作为连接林地的野生动物廊道。综合的场地设计方法将促进场地环境、生态、经济价值的发挥，并体现出场地的多功能与审美价值可以实现统一（图1-11）。

1.1.5.6　生态系统的再生与平衡

《布伦特兰报告》提出的可持续发展定义中非常重要的一点，就是人类代际发展的平衡。换句话说，保证能满足后代人发展的需求。

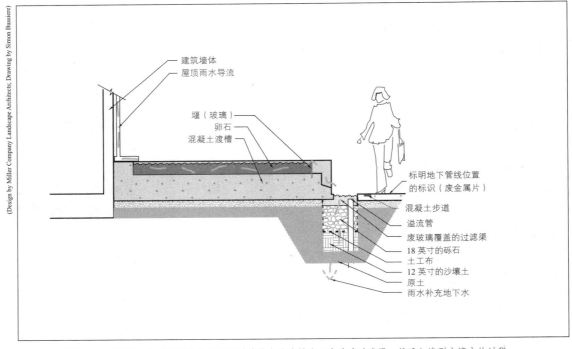

建筑墙体
屋顶雨水导流
堰（玻璃）
卵石
混凝土渡槽
标明地下管线位置的标识（废金属片）
混凝土步道
溢流管
废玻璃覆盖的过滤渠
18英寸的砾石
土工布
12英寸的沙壤土
原土
雨水补充地下水

图1-10　图1-9的断面图，展示了雨水从屋顶通过墙体上的渡槽流入废玻璃过滤渠，然后入渗到土壤中的过程

人类对资源的消耗和破坏，使得再生性系统设计成为必需。可再生性的场地系统会实现资源流的平衡，达到资源的循环利用。例如，可再生性水系统可以从不透水表面收集雨水，用于灌溉植物；土壤中多余的水则会蒸发或补充地下水，回到自然水循环中。

1.1.5.7 动态的、持续进化的系统

像自然生态系统一样，可持续景观场地中动态、活跃的生态系统，也会有成长、变化、调整和适应等过程。生态系统的弹性指的是其对干扰或胁迫的抵抗和恢复能力（Walker and Salt，2006）。干旱、洪涝、城镇化等干扰都将影响生态系统功能的发挥。"弹性"的概念认为复杂生态系统有着多重的保护机制，可以缓冲各种胁迫，恢复生态系统的平衡。

图 1-11 亚利桑那大学奥德伍德景观实验室的一间室外教室，无障碍、下沉式的设计为学生学习、课程设计和聚会提供了多功能空间。可渗透铺装设计还有着暴雨时滞留雨水的功能

可持续景观场地设计通过将自然生态系统与有目的的改变、调整和恢复过程结合，孕育弹性的自然过程。生态学中的"弹性"理论认为，变化，甚至巨大的变化，都能带来良性的发展机遇，因此如果很好地引导场地发生的变化并逐渐适应这种变化，也能带来良性的发展。此外，如果在场地设计的过程中有意创造改变和适应的可能性，场地的活力和可持续性都将远远高于一成不变的场地形式。认识这一特性对可持续场地功能的发挥是至关重要的，因为场地管理和维护必须能支持、引导变化的发生，不管变化是自然的还是人为设计的。传统的"维护"概念中暗示了对变化的排斥，以及恢复最初设计概念的含义，这种"维护"策略无法支持可持续性场地上活跃、变化、不断进化的生态系统。

不确定性、变化性和独特性必须在设计生生不息的生态系统过程中得以体现。自然条件从来就不是一成不变的，场地设计的解决方案也是。场地生态系统的功能必须超越项目的局限，场地中一定要为变化、调整留下余地（图 1-12）。

1.1.6 可持续景观场地的设计和管理程序

前文讨论的可持续景观场地特点可通过设计和管理程序来给予保障，例如：复杂系统问题的跨学科合作；各类项目利益相关方在场地设计和运作过程中的深度介入；场地效益的评估和监测；使用状况的管理和跟踪等（图 1-13）。这些程序将在第 2 章中详细介绍。

1.1.6.1 平衡生态系统的评估和生态核算

切实的可再生性设计要实现资源流的平衡或者正产出，这就不仅要求在场地设计过程中、还要在运行过程中，不间断地通过生态核算及生命周期评估来量化投入和产出。核算和评估

图1-12 哈格里夫斯景观设计事务所设计的路易斯维尔滨水公园（Louisvillés Waterfront Park），建设于百年一遇洪水位线内，部分区域经常遭受水淹。公园的设计可以适应频繁的洪涝水淹，部分水岸也被设计成自然水岸

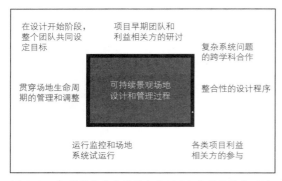

图1-13 可持续场地的设计和管理过程与传统模式不同，如整合性设计；复杂系统问题的跨学科合作；各类项目利益相关方在场地设计和运作过程中的深度介入；场地效益的评估和监测；使用状况的管理和跟踪等

的结果可以从多角度为初步设计方案提供依据，同时也可以为景观使用中的管理及调整决策提供依据。SITES场地设计效益评价体系中与雨洪管理、节水和有机污染物等有关的标准，需要通过生态核算，争取实现零废弃或正产出的资源平衡。

生态核算与生命周期评估可能因复杂而旷日持久。而想要量化多重进程中资源的全部投入和产出更是极为复杂的。尽管如此，如果在设计阶段即开始评估，进入场地运行阶段后会变得容易得多。例如，如果在设计阶段就确定灌溉效率的参数，运行过程中的灌溉效率就很容易计算了。

在核算和评估过程中，一些特殊情况会增加量化的难度。人类系统与自然系统在不同季节、不同气候条件及人为干扰的情况下都会出现变数。例如，加利福尼亚州用作存储雨水的水箱在每年需要灌溉用水的旱季（6 ~ 10 月间）基本上是空的，而在接下来 4 个月的雨季中水箱会存量丰沛，但这时也用不着灌溉用水了。又如办公室的太阳能照明系统可以在日落后提供照明，但在早上 7 点，工作人员开始工作并需要照明的时候，太阳能照明系统却常常没电了。

考虑到生态核算的困难，其量化的方法和结果应与专业人员分享，以促进这项工作。越来越多的数据和项目通过学术期刊及其他途径得到发表，极大地推动了生态核算工作的开展。

1.1.6.2　针对复杂系统的跨学科协作

整体的可持续系统设计涉及多学科的知识和专业人士，这种更为综合的设计方法越来越有必要。可持续设计中必须解决的环境和社会问题，已经复杂到不仅仅是风景园林师或土木工程师所能解决的。面对错综复杂的各种问题，可持续景观场地的设计过程不可避免地需要多学科的合作才能完成。例如，项目中关于水的问题，可能需要风景园林师、土木工程师、建筑师、机械工程师以及水文专家共同合作才能解决；他们甚至还要与城市规划师、标准制定者合作研究水的收集、保护和再利用等。

1.1.6.3　场地设计和运行中项目利益相关方的参与

高度合作的交叉协作团队有助于错综复杂的系统性问题的解决。设计团队的组成根据项目具体情况而有所不同，但通常是由一系列设计师、业主、承包商以及包括使用者、市民、监管者和项目经理在内的利益相关方组成的。整个团队在远景规划、目标设定及预算编制早期的介入，可以确保公平公正的决策和场地的社会可持续性。此外，广泛的利益相关方（如未来使用者和管理人员）在设计阶段的介入可以促进设计意图实现的延续性，以及为实现未来的良好管理打下基础。

广泛的项目利益相关方介入，可以使设计师、顾问或支持者的强化教育、主张和游说努力取得更好的效果和认同。这些工作必须考虑不同利益方的需求，提供的信息应该有多个角度、多种形式的论证，如成本效益分析、效果、维护问题及案例分析等。也可以组织专家研讨、座谈或公众集会等活动。需要注意的是，广泛的利益相关方参与，可以提高参与方对项目的兴趣和关注度，进而在项目运作中发挥作用。

1.1.6.4　效益评估和监测

使用过程中对反馈的监测、调整和管理是保证可持续场地积极作用发挥非常重要的一步。建成后设计团队的持续参与可能要面临多重挑战，因为许多业主不理解持续进行的管理过程中专业顾问介入的价值。制定监测协议和管理规划可以在景观使用周期中指导以上工作，也可以统一设计意图与管理活动之间的分歧。

1.1.7　可持续景观场地的目标

可持续设计有着修复不良场地、再生受损生态系统服务的潜力。项目开发应该避免在健康的场地开展，开发干扰可能会破坏现有生态，因此新项目应选择生态系统已被破坏的场地。可持续设计的一个重要原则就是"无害"原则。每一个设计决定对场地及场地以外的影响都应认真考虑。要尽量避开敏感性的场地；开发场地的敏感性区域要尽量保护和保留。

1.1.7.1 开发中务必谨慎，莫等大错铸成

开发行为对复杂系统的干扰，包括文化系统和生态系统，都可能在场地及更大范围内产生不可估量的影响。1998年科学与环境健康组织（Science and Environment Health Network）提出了"环境风险预防原则"，"当一种活动可能会对人类健康或环境产生威胁时，即使目前难以被科学确实地证明，也应采取一定的预防措施"。在场地开发中，风险预防原则可运用于与场地干扰有关的问题。对于未知的或不确定的措施，应谨慎行事，最大可能地避免违反风险预防原则。

1.1.7.2 力争效益最大化

保护健康的生态系统、保护自然资源和受损生态系统再生应该是任何开发活动优先考虑的问题。受各种客观条件限制，最优的策略或方法不一定都是可行的，所以应尽可能地考虑能将可持续成果最大化的次优方法。当然，在地区、业主目的、文化需求及地方生态系统问题不同的情况下，优先次序应区别对待。在设计过程中尽早确定优先级别和目标，可以帮助设计团队针对场地现状选择不同的设计方法。

设计策略符合可持续设计原则的程度是不同的。许多策略可能通过资源的"保护"、"降低"或"再利用"来降低危害，而难以达到"平衡的"、"产生利益的"或"可再生的"等真正的可持续性要求。表1-2举例说明了一系列关于水、植物、土壤、材料和能源的设计方法。

表1-2 部分可持续景观场地设计和管理方法

水			
保护	再利用	平衡	再生
使用节水灌溉设施；应用节水抗旱植物；低影响开发	收集雨水、灰水，用于灌溉、冲厕所、洒水车等；雨水的就地下渗	零浪费。收集雨水及一切废水（包括黑水和灰水），就地净化、储存和再利用，并为其他场所提供水源。雨水的下渗和净化	收集雨水及一切废水，就地净化、储存和再利用，并为其他场所提供水源。与开发前场地水文条件匹配
植物			
保存	保护	恢复	再生
尽量避免清除现状乡土植物。确定关键植被区域，以便在开发中保护	禁止引入入侵物种；禁止使用化学处理，危害生态系统	清除入侵植物；营造乡土植物群落；恢复适当的植物生物量	最大化植物的生态系统服务功能。运用植物来减少建筑的保温或降温能耗、净化雨洪、缓解热岛效应、提供栖息地
土壤			
保护	再利用	恢复	再生
在建设和开发中保护土壤健康。防止建设过程中破坏健康土壤	无法就地保护的健康土壤应再利用。在清除和置换过程中尽可能降低污染和破坏	对场地污染土壤或开发过程中被污染的土壤，应用适当技术修复，恢复其理化性质	土壤恢复技术；利用植物修复土壤；保护健康土壤，改造被破坏的土壤

续表

资源与材料			
节约和循环利用	再利用	平衡	再生和更新
使用可循环或再生材料制作的产品。 重复利用构筑物和拆卸废料	建筑废料和拆卸废料的再利用。 采用可拆装设计	利用场地原有的构筑物，不再增建。 使用持久耐用的材料和细部设计	场地和构筑可调整的、重复利用的设计策略。 在构筑物上应用生物材料。 运用可再生材料
能源			
节约	补偿	更新	生产
通过设计减少建筑物的取暖和降温负荷，尽可能地利用太阳能和风能。 通过设计降低热岛效应对能源的影响	为场地和建筑的能耗购买碳汇补偿。 使用太阳能水泵、照明等场地设施	收集太阳能、风能、水能等各种清洁能源，实现场地或建筑的能源自给自足	收集太阳能、风能、水能等各种清洁能源，满足场地或建筑的能源自给基础上，向外提供能源
文化系统			
保护	复原	恢复	重构
明确社会和经济需求，引导社区及其他利益相关方介入设计过程	思考场地如何发挥教育、建设社区的功能，创造场所感。 发起可以增加心理健康、身体健康和社会公平的活动	在项目开发过程及完成后，促进职业技能发展，创造经济机会	采用人体舒适性设计和无障碍设计。 为人的体育运动和心理恢复而设计。 为社会互动和社区建设而设计

可再生设计或真正的可持续设计是终极目标，尽管如此，任何朝这个方向努力或者避免浪费的、破坏性的场地设计都是值得推崇的。本书的观点认为任何维护可持续性的尝试都是有意义的，勿以善小而不为。最重要的目的是要改变人类对地球和自然资源的认识。量变积累可以产生质变，即使是场地开发和管理中小的进步的不断积累，也可以产生巨大的作用。如果能实现彻底的转变是最理想的，但现实条件决定了设计和建设行业中，渐进式转变更为可行。

1.1.8　可持续场地倡议（SITES）

可持续场地倡议（SITES）是由美国风景园林师协会、得克萨斯大学奥斯汀分校的约翰逊总统夫人野花中心、美国国家植物园以及致力于促进可持续性场地规划、设计、建设和管理的有关组织共同发起的，是一次跨学科的尝试。为了促进可持续性土地开发和管理实践，SITES 制订了美国可持续性场地设计导则和评价体系（表 1-3）。

SITES 的核心理念是，在恰当的设计和管理下，任何景观都有潜力改善生态系统，并有能力解决紧迫的环境问题，如全球气候变暖、生物多样性丧失、资源消耗等。导则和评价体系可运用于一系列场地：建筑环境或非建筑环境；农村、郊区、城市；大尺度或小尺度等。导则供从事景观设计、建造、运营和维护的风景园林师、工程师、开发商、建筑师、规划师、生态修复学家、园艺学家、政府管理人员使用。

表1-3　SITES可持续场地设计导则

无害原则

不做任何可能破坏场地周围环境的场地改变。通过可持续景观设计实践，促进在环境受扰动的场地上开展项目，促进修复生态系统服务功能的开发活动

风险防范原则

一些开发行为会导致不可逆的环境破坏，因此可能威胁人类和环境健康的决策，一定要十分谨慎。应该全面评估每一种选择（包括不作任何改变），认真听取有关方面的意见

设计结合文化、结合自然

在全球化语境下尊重地域性文化，创造符合经济、环境和文化条件的设计

使用包含保存、保护、再生等在内的多层次决策系统

通过保护现有环境特征、可持续的资源利用、再生生态系统服务等，最大程度地保持和模拟生态系统服务功能的益处

保证公平，提供可再生的生态系统

营造可再生的生态系统，提供可再生的资源，为后代提供可持续的环境

动态评估

对提升可持续性的设想进行不断评估，积极适应人口和环境变化带来的影响

运用系统学的思维方法

尊重和理解生态系统内部的相互关系；运用符合生态系统服务要求、支持生态系统服务的方法；重新构建自然进程和人类活动间不可分割的关系

体现社会责任感的协作方式

在社会责任感的感召下，在同事、客户、厂商、用户之间鼓励开诚布公的沟通交流方式，建立长期的可持续性发展

秉持管理和研究的公正性

运用透明的、参与式的管理方式；在研究中力行严谨；对新发现、新问题的态度应明确、一致、及时

贯彻环境保护利用的理念

在土地开发和管理的各个方面，贯彻环境保护利用的理念——对健康生态系统负责的态度，将有助于提高当代人与子孙后代的生活品质

资料来源：《SITES导则和评价体系》，2009。

《SITES导则和评价体系》由具有多个学科背景的专业人士组成的11个技术专家和指导委员会编写而成，主要针对土壤、水文、植被、人类健康与福祉以及材料选择等问题。提出的导则和评价标准不是基于常规条文，而是基于项目表现来制定的。这些导则和标准鼓励在不同的地区、场地条件和项目中弹性选择相应的技术和策略。

《SITES导则和评价体系》提出了创造可持续场地所应具备的必选项和评分项的要求。评估项目必须满足必选项的要求，评分项虽无硬性要求，但如果要达到SITES认证，则须达到一定分数。大部分评分项可以根据项目表现给予不同评分，例如，一个项目可能由于实现了低于基准线50%的灌溉用水而得到分数，而低于基准线100%则可得到更多分数。依据其重要程度不同，不同方面推荐标准的分数权重也不相同。

SITES项目的要求和评分标准可从SITES的官网上下载，由于会定期修改和更新，本书不列出具体内容。但本书每章都包含了SITES项目的要求和推荐标准的相关内容。可持续性项目的开发应包含一系列必经程序，SITES项目的要求和推荐标准可以很好地与这些程序结合。可持续项目开发程序的内容是：

- ▶ 场地选择。
- ▶ 设计前期评估和规划。
- ▶ 场地设计：水。
- ▶ 场地设计：土壤和植物。
- ▶ 场地设计：材料选择。
- ▶ 场地设计：人类健康和福祉。
- ▶ 施工建设。
- ▶ 运营和维护。
- ▶ 监控和改进。

1.1.9 绿色建筑能源与环境设计认证（Leadership in Energy and Environmental Design，LEED）

LEED 是评价可持续性的、高性能的建筑与场地开发的推荐性国家标准。LEED 为以改善能源消耗、提高水利用效率、二氧化碳减排、保护利用资源等为目的而设计建造的建筑或社区提供第三方认证。

LEED 是美国绿色建筑协会（U.S. Green Building Council，USGBC）发布的。美国绿色建筑协会的组织成员主要来自政府部门、建筑师协会、建筑设计师公司、建筑工程公司、大学、建筑研究机构和建筑材料商、设备制造商等。他们的宗旨是："改变建筑和社区的设计、建造、运行模式，使建筑和社区具有健康、美好的环境，促进生活品质。"协会成员共同致力于通过了能源与环境设计认证的产品与资源生产工作以及与绿色建筑相关的政策指导、市场机制、教育推广工作。同时，协会也与行业研究机构、各级政府保持良好的合作。

USGBC 提出 "LEED™ 向从事建筑设计、建造、运作工作的人员提供定义和评估绿色建筑的标准"。此外，USGBC 在成员共识的基础上，对 LEED 体系进行不断的改进和修订。

LEED 认证可根据一系列可持续发展策略对项目进行评分，以判断该项目能否通过认证。下面是 LEED 重视的一些问题：

- ▶ 可持续性的场地。
- ▶ 水利用效率。
- ▶ 能源与大气。
- ▶ 材料与资源。
- ▶ 室内环境质量。
- ▶ 位置与交通连接度。
- ▶ 启发性与教育性。
- ▶ 设计创新。
- ▶ 区域重点问题。

USGBC 根据项目类型提供了多种 LEED 评价系统，如：

- ▶ 面向新建筑和重大革新的 LEED 认证（LEED for New Construction and Major Renovation）；

- ► 建筑运行和维护 LEED 认证（LEED for Existing Building：Operation & Maintenance）。

- ► 室内设计（商业）LEED 认证（LEED for Commercial Interior）。

- ► 提倡业主和租户共同发展的 LEED 认证（LEED for Core & Shell）。

- ► 学校 LEED 认证（LEED for Schools）。

- ► 零售建筑 LEED 认证（LEED for Retail）。

- ► 医疗建筑 LEED 认证（LEED for Healthcare）。

- ► 住宅 LEED 认证（LEED for Homes）。

- ► 社区开发 LEED 认证（LEED for Neighborhood Development）。

1.1.10　LEED 和 SITES 之间的关系

SITES 认证是为了补充 LEED® 及其他以建筑为关注点的评估体系而创立的。虽然 LEED 包含关于场地评价的工具，但在可持续景观场地问题的解决上是有限的。USGBC 和 SITES 组织正在协同合作，不断对评估体系进行调整和创新。

1.2　本书的内容与结构

本书为可持续景观场地规划、设计、建造、维护和监控工作提供全面的参考。本书提供了风景园林可持续设计的原则、策略、技术、工具等方面的最新资料和详细介绍，通过运用图表、数据、表格、设计细部、照片、计算公式和规范说明等形式，提供一系列全面的技术和策略信息。

虽然本书目的是为设计师提供参考，但 SITES 项目的要求和推荐标准是动态调整和改进的，故没有对其详细介绍。SITES 项目的要求和推荐标准不是预设的，而是基于项目实践表现总结而来的。

各章的作者都是参与制定 SITES 评价体系的专家。在内容上，全面涵盖了可持续性场地设计各个方面的问题。

参考文献

Akbari, H., M. Pomerantz, and H. Taha. 2001. "Cool Surfaces and Shade Trees to Reduce Energy Use and Improve air Quality in Urban Areas." *Solar Energy*, 70(3):295–310.

Akbari, H., S. Davis, S. Dorsano, J. Huang, and S. Winnett. 1992. *Cooling Our Communities: A Guidebook on Tree Planting and Light-Colored Surfacing*. Washington, DC: U.S. Environmental Protection Agency.

Benyus, J. M. 2002. *Biomimicry*. New York: Harper Collins.

Costanza, R., R. d'Arge, R. de Groot, S. Farber, M. Grasso, B. Hannon, K. Limburg, R.V. O'Neill, J. Paruelo, R.G. Raskin, P. Sutton, and M. van den Belt. 1997. "The Value of the World's Ecosystem Services and Natural Capital." *Nature*, 387:253–260.

Donovan, G.H., and D. Butry. 2009. "The Value of Shade: Estimating the Effect of Urban Trees on Summertime Electricity Use." *Energy and Buildings*, 41(6): 662–668.

Kaplan, R. 2007. "Employees' Reactions to Nearby Nature at Their Workplace: The Wild and the Tame." *Landscape and Urban Planning*, 82:17-24.

Kaplan, R., and S. Kaplan. 1989. *The Experience of Nature: A Psychological Perspective.* Cambridge, MA: Cambridge University Press.

Kaplan, S. 1995. "The Restorative Benefits of Nature: Toward an Integrative Framework." *Journal of Environmental Psychology*, 15: 169-182.

Kellert, S. 2005. *Building for Life: Designing and Understanding the Human Nature Connection.* Washington, DC: Island Press.

Kibert, C.J., J. Sendzimir, and B. Guy, eds. 2002. *Construction Ecology: Nature as the Basis for Green Buildings*. London: Spon Press.

Kuo, F.E., and W. C. Sullivan 2001a. "Environment and Crime in the Inner City: Does Vegetation Reduce Crime?" *Environment and Behavior* 33(3): 343-365.

_____. 2001b. Aggression and Violence in the Inner City: Impacts of Environment via Mental Fatigue. *Environment and Behavior*, 33(4): 543-571.

Lowe, Ernest. 2002. "Foreword." In *Construction Ecology: Nature as the Basis for Green Buildings*, C.J. Kibert, J. Sendzimir, and B. Guy, eds. London: Spon Press.

Meyer, Elizabeth K. 2010. "Sustaining Beauty: The Performance of Appearance. A Manifesto in Three Parts." *Journal of Landscape Architecture* (Spring 2008): 6-23.

Millennium Ecosystem Assessment (MEA). 2005. *Ecosystems and Human Well-being: Synthesis*. Washington, DC: Island Press.

_____. 2007. *A Toolkit for Understanding and Action*. Washington, DC: Island Press.

Nature Conservancy press release. 2005. "The Time to Choose." Available at www.nature.org/pressroom/press/press1838.html.

Nowak, D.J., S. Civerolo, R. Trivikrama, G. Sistla, C.J. Luley, and D.E. Crane. 2000. "A Modeling Study of the Impact of Urban Trees on Ozone." *Atmospheric Environment*, 34:1601-1613.

Nowak, D.J., and D.E. Crane. 2002. "Carbon Storage and Sequestration by Urban Trees in the USA." *Environmental Pollution*, 116(3):381-389.

Nowak, D.J., D.E. Crane, and J.F. Dwyer. 2002. "Compensatory Value of Urban Trees in the United States." *Journal of Arboriculture*, 28(4):194-199.

Nowak, D.J., D.E. Crane, and J.C. Stevens. 2006. "Air Pollution Removal by Urban Trees and Shrubs in the United States." *Urban Forestry & Urban Greening*, 4:5-123.

Nowak, D.J., S.M. Stein, P.B. Randler, E.J. Greenfield, S.J. Comas, M.A. Carr, and R.J. Alig. 2010. "Sustaining America's Urban Trees and Forests: A Forests on the Edge Report." Gen. Tech. Rep. NRS-62. Newtown Square, PA: U.S. Department of Agriculture, Forest Service, Northern Research Station.

Portland Cement Association (PCA). 2005. "Full-Depth Reclamation (FDR): Recycling Roads Saves Money and Natural Resources." Skokie, IL: Portland Cement Association.

Romley, J.A., A. Hackbarth, and D.P. Goldman. 2010. *The Impact of Air Quality on Hospital Spending*. Santa Monica, CA: RAND Corporation.

Rosenfeld A.H., J.J. Romm, H. Akbari, and M. Pomerantz. 1998. "Cool Communities: Strategies for Heat Islands Mitigation and Smog Reduction." *Energy and Building*, 28:51-62.

Sanders, R.A. 1986. "Urban Vegetation Impacts on the Urban Hydrology of Dayton, Ohio." *Urban Ecology*, 9: 361-376.

SITES. 2009a. "Sustainable Sites Initiative: Guidelines and Performance Benchmarks 2009." Available at www.sustainablesites.org/report.

_____. 2009b. "Sustainable Sites Initiative: The Case for Sustainable Landscapes." Available at www.sustainablesites.org/report.

Sommer, R., F. Learey, J. Summit, and Tirell, M. 1994a. Social Benefits of Resident Involve-ment in Tree Planting: Compressions with Developer Planted Trees. *Journal of Arboriculture*, 20(6): 323–328.

_____. 1994b. "Social Benefits of Residential Involvement in Tree Planting." *Journal of Arbori-culture* 20(3): 170–175.

Ulrich, R.S. 1984. "View through a Window May Influence Recovery from Surgery." *Science*, 224:420–421.

_____. 1986. "Human Responses to Vegetation and Landscapes." *Landscape and Urban Plan-ning*, 13:29–44.

United Nations World Commission on Environment and Development. 1987. *Our Common Future*, Report of the World Commission on Environment and Development. Published as Annex to General Assembly document A/42/427, Development and International Co-opera-tion: Environment, August 2.

U.S. Department of Commerce, Census Bureau. 2011. *Statistical Abstract of the United States, 2011*. Table 1046. Available at www.census.gov//compendia/statab/cats/population.html.

U.S. Green Building Council. 2009. "Foundations of LEED." July 17.

U.S. Environmental Protection Agency (U.S. EPA). 2000. "Building Savings: Strategies for Waste Reduction of Construction and Demolition Debris from Buildings." Available at www.Epa.Gov/Wastes/Nonhaz/Municipal/Pubs/Combined.pdf.

Walker, B, and D. Salt. 2006. *Resilience Thinking: Sustaining Ecosystems and People in a Changing World*. Washington, DC: Island Press.

Westphal, L.M. 1999. "Empowering People through Urban Greening Projects: Does It Hap-pen?" In: Kollin, C., Ed. Proceedings: 1999 National Urban Forest Conference. Washington, Dc: American Forests, 60–63.

_____. 2003. "Urban Greening and Social Benefits: A Study of Empowerment Outcomes." *Journal of Arboriculture*, 29(3): 137–147.

Wilson, E.O. 1984. *Biophilia: The Human Bond with Other Species*. Cambridge, MA: Harvard University Press.

Windhager, S., F. Steiner, M.T. Simmons, and D. Heymann. 2010. "Towards Ecosystem Services as a Basis for Design." *Landscape Journal*, 29(2):107–123.

Wise, Steve. 2008. "Green Infrastructure Rising: Best Practices in Stormwater Management." *Planning*, 74(8):14–19.

第 2 章

设计之前：场地选择、评估和规划

黑泽尔·温豪斯

（Heather Venhaus）

可持续规划在项目开展前期就开始了。项目的可持续性需要从整体上对场地环境和内涵进行考虑。从场地选择开始的每一个项目决定，都应被视为是减少消耗、消除浪费、保育健康生态系统和促进人与自然融合的机遇。

即使景观往往是由植物、土壤和其他自然要素组成，但其开发建设并不一定能产生可持续的场地。项目的成功，一定是开发全过程中精心规划和努力的结果。如果设计的可持续没有与整体设计过程有机结合，那么其带来的益处一定大打折扣，甚至会变成标榜"绿色"的噱头。

传统的设计程序和团队协作方式无法满足可持续景观场地开发的需要。为了解决这一问题，开发的可持续性应该在项目开始阶段就取得共识，设计程序也需要调整，为反馈、重新调查以及新方法的论证研究留出足够的时间。这种调整不一定会增加项目的周期或成本，因为在设计前期多花费时间，有助于明确项目焦点、促进团队合作、加快设计方案形成以及设计施工协同效应的发挥。

2.1 场地选择

选址是实现可持续景观场地开发最重要的因素之一。它决定了项目是否可以接驳现有基础设施，利用公共交通，恢复退化的生态系统，及应用其他可持续设计手段的可能性。

风景园林师可以通过优先选择已开发场地、避开环境敏感区域，来提升项目的可持续性，鼓励可持续景观的建设。灰地和棕地的再开发不仅可以保护绿地，也可以为景观及其生态服务功能的恢复和再生提供机遇。除了为建设计划寻找适宜的场地之外，风景园林师还应引导客户在更大的范围内考虑项目的环境、社会、经济影响。

为项目寻找最适合的场地，需要许多组织和单位的共同合作，也受许多经济和政治因素的影响。如果没有系统、科学的方法，这一过程可能会非常繁琐和复杂。为解决这一问题，LaGro（2008）提出了指导场地选择的 7 个步骤。

（1）明确项目目的、目标和要求。

（2）决定场地选择标准和影响因子，如可达性、公共设施情况、尺度等。

（3）确定可选场地。

（4）对每一个备选场地的可持续性发展潜力进行评估，权衡其环境、经济和社会的有利条件和限制因素。

（5）对备选场地进行排序和优选。

（6）对最适宜场地撰写包含评估结果在内的场地选择报告（这一报告在重新评估或更换场地时非常有用）。

（7）进行可行性研究，包括市场分析、设计概念和经济技术指标等。

以上的方法步骤有助于找到适合项目的场地，各个步骤的重要性和次序应该由项目组和甲方共同讨论后决定。畅通无阻的沟通和交流将为项目的顺利实施奠定良好的基础。

2.1.1 场地选择标准

项目可持续性的实现从场地选择开始。场地的过往用途、位置、生态条件、与周边社区的联系等特征，决定了场地可持续性的程度。项目场地选择的失误会为项目带来很多设计难以解决的问题。为实现项目的可持续性，可参考以下标准来选择场地：

- ▶ 在场地选择过程中，所有设计咨询人员及利益相关方都应参与其中。
- ▶ 选择灰地或棕地作为项目场地。通过开发来修复被破坏的场地，恢复其生态系统服务功能。重视现有构筑物和硬质景观的再利用。
- ▶ 选择现有社区内的场地。
- ▶ 选择靠近公共交通网的场地 [例如：离公交车站不超过 1/4 英里（0.5km），距离轨道交通不超过 1/2 英里（0.8km）]。
- ▶ 选择靠近现有步行道和自行车道的场地。
- ▶ 避免在基本农田、特殊农田、州或地区重要农田上开展项目。
- ▶ 避免在类似湿地的生态敏感地区进行开发，同时应设置足够的生态缓冲地带以保护场地特征。
- ▶ 避免在洪泛区内的绿地上进行项目开发。
- ▶ 避免在地貌和其他自然条件不适合、易严重干扰生态和耗费资源的绿地上进行开发。

下面是不同类型场地和景观的特点，应该在选择开发场地前认真考虑。

2.1.2 各类场地及其特征

2.1.2.1 棕地

棕地是由于现状或潜在的危险品、污染物或有毒物质污染，而影响其再开发、再利用的场地。常见的棕地类型有石油污染地、采矿废弃地、化工污染地等。

1. 授权与管理

美国环境保护署（Environmental Protection Agency，EPA）与各州环保机构共同管理着美国棕地的勘察与治理工作。各州之间相关规定的区别很大。美国在联邦层面颁布了《小企业责任减免及棕地再生法案》（又称《棕地法案》），目的是促进棕地的治理和再利用，为棕地复兴提供财政资助、厘清相关责任方、提高政府及相关机构的应急响应能力等。

2. 特点与设计依据

棕地开发对社区及周边地区的环境和经济有着巨大的益处。在棕地上进行投资已被证实可以带来诸多益处，如提高地方税收、促进就业增长、降低公共健康风险、实现社区资产增值，乃至促进生态服务功能再生等。棕地开发依据场地位置、开发用途、污染类型以及污染程度等的不同，有着不同的修复要求。美国联邦和州政府可以授权进行环境评估、污染清除、职业培训、技术援助等相关工作。据估计，美国的棕地数量目前超过 45 万块以上（EPA，2010a）。

3. 相关资源

U.S.EPA Brownfields and Land Revitalizaton，www.epa.gov/brownfields/index.html.

2.1.2.2　填充式开发地块

填充式开发是指对市区内公用设施配套齐全的空闲地块的有效利用。填充式开发地块常被成熟开发地块围绕，也常常有着成熟的基础设施配套。

1. 授权与管理

填充式开发、灰地和绿地发展主要由地方政府及其下属机构进行管理。社区可以利用综合规划、税收利益和其他刺激手段来游说政府，促进目标地块的开发。

2. 特点与设计依据

填充式开发在社区复兴、提升区域安全性、保护绿地等方面都有着重要意义。再开发有利于缓解城市的无序蔓延和减少机动车的使用，进而有益于节约能源和改善空气质量。填充式开发项目的开展可以有效利用现状基础设施和市政服务，节省大量能源和维护支出。填充式开发可以用于公园空间、社区服务、零售设施和廉价住宅等方面，有助于社区硬件设施和宜居性的提升（Sustainable cities institute，[1]2010）

3. 相关资源

Urban Land Institue, www.uli.org/; Municipal Research and Service Centet of Washington, "Infill Development: Completing the Community Fabric."

www.mrsc.org/Subjects/Planning/infilldev.aspx; Atlanta Regional Commision: Community Choices Toolkit, www atlantaregional.com/local-government/local-planning/best-practices.

2.1.2.3　灰地

灰地是城市及郊区未充分开发或被遗弃的零售商业场地。这类场地的特点是拥有大型商业建筑，建筑周边围绕着大型停车场，且几乎没有植物。

1. 授权与管理

填充式开发、灰地和绿地发展主要由地方政府及其下属机构进行管理。社区可以利用综

1　可持续性城市学会。——译者注

合规划、税收利益和其他刺激手段来游说政府，促进目标地块的开发。

2. 特点与设计依据

灰地为现有社区（城市区域）内大片土地的可持续性再开发提供了机遇。灰地在许多城市建成区是很常见的，常常靠近公共交通，有成为各类零售商业区和居住区的潜力。对灰地进行再投资，可以优化街道以提高经济多样性，创造税源，恢复多种生态系统服务功能。再开发能更好地利用现有基础设施和公共服务，如学校、公共安全设施、城市给水和排水等设施。未充分开发地块和废弃灰地的再利用，可以缓解城市的无序蔓延，减少长距离通勤造成的时间、经济和能源浪费，带来空气质量提升等益处。

3. 相关资源

Urban Land Institute,www, uli.org/

2.1.2.4　绿地

绿地是未被开发或人为改造的场地，如农业用地、牧场、公园绿地和自然保护区等。

1. 授权与管理

填充式开发、灰地和绿地发展主要由地方政府及其下属机构进行管理。社区可以利用综合规划、税收利益和其他刺激手段来游说政府，促进目标地块的开发。

2. 特点与设计依据

绿地为人类及其他生物的健康、安全和繁荣提供着至关重要的生态服务。不管是城市还是郊区的绿地，都能提供诸如净化的空气和水、调节气候、生产食物、提供野生动植物栖息地及加强文化认同等多种功能。但对这类宝贵场地进行开发，往往导致其生态系统服务功能的退化，甚至完全丧失。

3. 相关资源

Urban Land Institute,www.uli.org/

2.1.2.5　基本农田、特殊农田、州或地区重要农田

基本农田是指拥有最佳理化性质，可供粮食、饲料、油料等多种作物种植而未经开发占用过的农田。在常规农业种植和管理方式下，基本农田的土壤性质、土壤水分、生长季等应能满足多种农作物持续高产的要求（NRCS，2010a）。

特殊农田是除基本农田外，未经开发的、种植某些经济作物的农田。在常规农业种植和管理方式下，其特殊的土壤性质、土壤水分、生长季、地理位置等条件，应能满足某些经济作物经济性高产的要求。常见的经济作物有：柑橘、坚果、橄榄、蔓越莓、水果和蔬菜等（NRCS，2010a）。

州或地区重要农田是由州政府机构定义的，可种植各类粮食、饲料、油料等作物的农田。此类农田既包括类似基本农田的农田，也包括常规农业种植管理方式下经济高产的农田。

1. 授权与管理

美国自然资源保护局（Natural Resource Conservation Service，NRCS）负责对以上各类农田的认定和备案。美国《农田保护政策法案》（The Farmland Protection Policy Act,

FPPA）第 16 章第 1 节指出"联邦建设项目中改变农田用途有时是不可逆或非必需的，本法案的目的是将这种影响最小化"。联邦机构主导或参与的项目如有可能直接或间接地造成农田用途不可逆的改变，则必须符合 FPPA 的要求。

2. 特点与设计依据

在基本、特殊和重要农田上种植作物比在其他土地上更高效，会消耗更少的能源、水和化肥。对这类土地的开发会导致粮食生产用地的缩减，增加边际用地 [1] 在粮食生产用地中的比例。将大量农业用地作为城市发展之用并非不可避免，而且这种用法是对重要资源不可逆的破坏。自 1982 年以来，美国已经丧失了超过 1000 万英亩（1 英亩 =0.4hm²）的基本农田（NRCS，2010b）。

3. 相关资源

Natural Resource Conservation Service: Prime Farmland, www.nrcs.usda.gov/technical/NRI/maps/prime.html.

2.1.2.6　洪泛区

洪泛区是江河两岸、湖周海滨连接内陆和水滨的低地和平坦地带，易被洪水淹没，包括近海岛屿等。还有更简单的定义，即百年一遇洪水位线以下的地区，均为洪泛区。

1. 授权与管理

根据《洪泛区管理服务规定》，美国陆军工程兵部队（U.S. Army Corps of Engineers）利用洪泛区管理技术、经验帮助部队以外地区处理洪水和泛洪区相关事宜。1960 年通过的《防洪法案》（PL86-645）第 206 章规定《洪泛区管理服务规定》旨在"增进公众对各种防洪措施和要求的理解，促进审慎地对洪泛区进行管理和利用。"陆军工程兵部队提供关于河流、湖泊和海洋洪泛区的技术支持，涵盖了洪泛区管理的各个方面，包括研究改变用地类型带来的潜在社会、经济、环境条件改变等。

2. 特点与设计依据

功能正常的洪泛区提供着宝贵的生态系统服务，如缓解洪涝灾害、补充地下水、提供野生动物栖息地、过滤污染物等。改变洪泛区的用途或对其进行开发，会导致洪涝灾害范围的扩大以及洪泛区生态系统服务功能的丧失等。

3. 相关资源

U.S.Army Corps of Engineers,www.usace.army.mil/Pages/default.aspx.

2.1.2.7　湿地

美国《清洁水法案》（Clean water act，CWA）定义的湿地是指"被地表水、地下水经常性或持续性淹没或浸透，适合耐水湿植物生长的区域。"在美国，湿地常分为：草本沼泽、

1　边际用地是指在一定的生产条件下，生产收益正好足以补偿所需费用（包括开垦土地的垫付费用和投资，以及生产过程中的各项生产费用）的土地，是西方土地经济学研究分析土地利用水平时常用的概念。土地生产收益不足以支付一切费用的土地被称为"超边际土地"。边际土地的确定，除土地的肥力和位置之外，与农产品价格和生产费用水平有关。因此，边际土地的性质也随之变化。——译者注

泥炭沼泽、沼泽化草甸、矿质泥炭沼泽等。

1. 授权与管理

湿地受美国《清洁水法案》的保护，由美国陆军工程兵部队和美国环境保护署共同负责其管理工作。《清洁水法案》是美国地表水保护工作的依据，致力于保护美国水资源的化学、物理、生物性质的完好性，以便于为"鱼类、贝类、野生动物的繁殖保护和人类的亲水休闲活动"提供条件。《清洁水法案》不直接涉及地下水或地表水的水量问题。陆军工程兵部队负责项目的管理，而美国环境保护署负责项目的监督。上述部门在湿地"零净损失"的原则下开展工作，致力于维持和增加美国现存湿地的面积。

2. 特点与设计依据

湿地生态系统提供着一系列重要的生态系统服务，如净化水质、防洪减灾、提供野生动物栖息地等。在全世界范围内，湿地每年产生的生态效益约合 14.9 万亿美元（Costanza *et al.*，1997）。湿地破坏和消失的首要原因是人口增长和经济发展带来的用地扩张。以美国为例，目前全美 50% 的湿地已经被排干或填埋。不管场地位于城市还是乡村，都应注意保护和恢复湿地的潜在可能（EPA，2010b）。

3. 相关资源

U.S. Environmental Protection Agency: Wetlands, www.epa.gov/owow/wetlands/.

2.1.2.8 濒危物种和受威胁种栖息地

濒危物种（endangered species）是指在其全部或重要的分布区域，在可预见的未来濒临灭绝的动物或植物。

受威胁种（threatened species）是指在其全部或重要的分布区域，在可预见的未来成为濒危物种的动物或植物。

1. 授权与管理

美国《濒危物种法案》（The Endangered Species Act，ESA）的颁布，目的是保护和恢复濒危物种及其赖以生存的生态系统。ESA 法案认定的濒危和受威胁物种，是那些"对于国家和人民而言具有观赏价值、生态价值、教育价值、历史价值、科研价值的"野生动植物。ESA 法案由美国鱼类和野生动植物管理局（U. S. Fish and Wildlife Service）及国家海洋和大气管理局（National Oceanic and Atmospheric Administration）共同执行。政府机构同时也发起与濒危和受威胁物种管理相关的项目，并编写其分布区域目录。ESA 法案的第 9 章详细介绍了为保护物种及其栖息地而禁止的行为。

2. 特点与设计依据

保持较高物种多样性的生态系统具备更强的抵抗自然或人为胁迫的能力。城市发展、农业占地以及入侵物种造成的栖息地破坏，是物种灭绝的主要原因。

3. 相关资源

U.S.Fish and Wildlife Service: Endangered Species Program,www.fws.gov/endangered/.

2.2　理解和认识场地：场地调研、分析与评估

广泛而深入了解当地的生态环境和文化，对可持续场地的设计和开发而言是至关重要的。每个场地都有一套独特的物理、生物和文化属性，这定义了景观的整体特色，并决定了其特定的用途及适宜性（LaGro，2008）。设计团队应充分认识设计活动对生态系统和各种要素的影响。当没有全面、彻底地理解一个场地的背景和内涵时，设计决策可能会在不知不觉中破坏场地的环境、社会、经济价值。

场地勘察的过程，有助于加深对场地及周边区域现状、生物和社会文化条件的认识和理解。场地的初步勘察为初期设计提供信息；随着项目的深入，需要进一步地收集信息、资料，来启发和推动设计方案的深化。场地勘察不应是简单的资料收集，而应是针对项目要求和设计过程中提出的问题对场地条件的梳理和总结。

了解场地情况的来龙去脉，需要多个专业的专家对场地进行调研。为了全面、准确地理解场地的机遇和限制条件，可能需要来自生态学、水文学、土壤学、土木工程学等多学科的专业人士去收集、整理和评估场地的相关信息。多学科专家在评估过程中的介入，有助于设计团队进一步了解场地的复合系统（生态、人文、社会、经济），也为在现有条件下进一步优化设计方案提供了机遇。

2.2.1　场地调研

2.2.1.1　地方情况

1. 场地调研与分析

▶ 确定项目在美国环境保护署制定的三级生态区划中所属的生态区，以及主要的原生植物群落和环境条件。

▶ 研究可能影响场地开发的现有综合规划和分区规划情况。

▶ 研究周边地区及相邻场地的条件和目前的用途。确定场地周围环境的有利条件和不利条件，要特别关注那些具有视觉美感的场地特征，以及噪声、异味、污染等干扰因素。

▶ 确定场地对该地区野生动物的重要性，场地周边地区野生动物的栖息地、迁徙路线和廊道等。

▶ 确定潜在的破坏场地的自然灾害，如飓风、台风、山火、洪涝等。

▶ 确定场地周围 0.25 英里（0.4km）内现有的和规划中的公共交通、自行车、步行交通系统的情况。

2. 信息收集

▶ 确定场地在生态区划图（美国环境保护署制定）上的位置。进行现场检查，将场地实际情况与资料描述情况进行对比。

▶ 联系当地规划主管部门和制定机构，获得相关资料。

▶ 熟悉场地周边区域的情况，熟悉当地的文化特征、各类设施和社区情况。与周边居民、

社区领导和项目利益相关者等沟通以了解情况。

► 联系当地野生动物保护部门，对当地的区域性动植物栖息地情况详细摸底。同时，通过采访居民、专业人士获得更为全面的资料。

► 研究当地的自然灾害历史，同时就这一问题从地方政府、相关部门和居民处了解情况。

► 与地方和州交通主管部门取得联系，了解情况并收集资料。

3. 设计依据

► 场地既是宏观生态系统，也是城市环境的组成部分。了解场地周围环境、探索场地和周边环境共赢的设计方案是非常重要的。在设计中加强与当地民众的联系、着重展现地域性特征，有助于加强项目的认知感和场所感。了解地方情况，也可以使项目团队更容易发现和化解周围环境的不利影响。

► 考虑周到的选址、设计和管理，可以降低自然灾害的风险和影响。应特别注意建筑物的位置、材料和施工方法。

► 公共交通和其他交通方式（如自行车）等可以有效减少温室气体排放，改善空气和水的质量。了解当地交通系统有助于提高场地交通的便利性，也有助于鼓励使用公共交通和非机动车交通方式。

4. 相关资源

► U.S.EPA Western Ecology Division, Level III Ecoregions: www.epa.gov/wed/pages/ecoregions/level_iii.htm

► USGS EarthExplorer.http: //edcsns17.cr.usgs.gov/EarthExplorer/

► Google Earth: http: //earth.google.com/.

► USGS EarthExplorer: http: //edcsns17.cr.usgs.gov/EarthExplorer/

► Google Earth: http: //earth.google.com/

► U.S.Fish and Wildlife Service management offices: www.fws.gov/offices/statelinks.html

► Firewise communities: www.firewise.org

► USGS Geologic Hazards Science Center: http://geohazards.cr.usgs.gov/

► Public Transportation Takes Us There: www.publictransportation.org/systems/

2.2.1.2　气候与能源情况

1. 场地调研与分析

► 确定场地的年度和月度平均降水量、湿度和温度。

► 研究场地应用风力、太阳能和地热等可再生能源的条件和可能。

2. 信息收集

► 研究地方的历史气象数据，可从当地气象部门、气象站或研究机构等处获得。

3. 设计依据

► 以符合当地自然和气候条件的方式来设计项目，可以减少建设和维护所耗费的资源。降水和气温影响着植物和施工材料选择、雨洪管理、场地布局等设计问题。

▶ 可再生能源（如风能、太阳能等）可以减少温室气体的排放和化石燃料使用及其带来的空气污染。应考虑现状植被、地形和构筑物的利用，如可当作遮荫或风障、风挡等。

4. 相关资源

▶ National Oceanic and Atmospheric Administration local climatological data: www7.ncdc.noaa.gov/IPS/Icd/Icd.html

▶ USDA Plant hardiness zones: www.usna.usda.gov/Hardzone/ushzmap.html

▶ National Renewable Energty Laboratory Energy Analysis: www.nrel.gov/analysis/analysis_tools.html

2.2.1.3　微气候条件

1. 场地调研与分析

▶ 研究地区和场地的太阳轨迹[1]。进行树木、地形和构筑物等的投影分析。

▶ 考察不同季节的地面盛行风情况，结合地形、植被、建筑等场地特征考虑。

▶ 确定对场地起加热或冷却作用的界面，如水体、深色铺装、建筑屋顶等。

2. 信息收集

▶ 绘制场地的日太阳轨迹图和周年太阳轨迹图，便于后续设计工作。

▶ 绘制和研究风玫瑰图，研究历史气象数据，可从当地气象部门、气象站或研究机构等处获得。

▶ 对场地植被、地形、构筑物及其表面材料进行现场调查，并对风向和投影情况进行交互研究，这些方面对微气候都有较大影响。

3. 设计依据

▶ 场地特殊的微气候条件常常与场地所在地区的气候类型有所不同。了解场地的微气候特点有助于设计团队更好地利用和改造场地条件，进而提高场地的舒适度，降低场地及建筑的能源消耗。对于建筑的朝向、休憩设施的位置、集散空间的设置和植被选择等，都应在微气候条件方面给予特别的关注。

4. 相关资源

▶ *Architectural Graphic Standards*, 10th edition.

▶ University of Oregon Solar Radiation Monitoring Laboratory: http: //solardat.uore_gon.edu/SunChartProgram.html

▶ Natural Resource Conservation Service,Wind Rose data: www.wcc.nrcs.usda.gov/climate/windrose.html

▶ National Oceanic and AtmosPheric Administration, local climatological data: www7.ncdc.noaa.gov/IPS/Icd/Icd.html

---

1　太阳轨迹是指由于地球环绕太阳的轨道造成太阳季节性的每小时位置变化（和日照长度）。太阳的相对位置是影响建筑物的太阳能系统获得热增益性能的最主要因素。精确地掌握太阳轨迹和气候条件是经济地设置太阳能集热器区域、进行庭园设计、考虑夏季遮荫等不可或缺的基础条件。——译者注

► USGS EarthExplorer; http://edcsns17.cr.usgs.gov/EarthExplorer/

2.2.1.4　水文条件

1. 场地调研与分析

► 对场地地形进行研究。对场地和区域进行汇水面积和易积水区域分析。

► 估算场地降水的总体积，以及其他可就地再利用的水源的体积，如雨洪、灰水、废水等。

► 绘制场地及区域百年一遇洪水位图。

► 绘制现有水体及其岸线、植被缓冲带图，在图上标示生境质量、水岸稳定性及人工改造情况等。对有生态恢复可能的区域进行标注。

► 对现存湿地及其缓冲区进行定位和详细记录。

► 确定位于场地或下游地区的受污染水体，明确其主要的污染源和污染物。

► 确定场地现有的或可能的水污染源或威胁人类健康的污染源。

► 确定不同季节的地下水位情况。

2. 信息收集

► 收集卫片、测量地形图等资料。地形图的精度要根据场地的大小和具体设计要求而定。

► 场地中有建筑的话，与建筑设计师及土木工程师沟通，了解建筑的给水和排水情况。水电费资料可以用作参考数据，以验证可持续性设计的效果。

► 通过查询美国联邦应急管理局（Federal Emergency Management Agency，FEMA）制定的防洪地图、州环境管理机构或其他研究机构的相关资料，来绘制百年一遇洪水水位图。

► 利用航片或地图来确定现有水体的位置，用遥感或卫片资料来判断植被缓冲区的位置和情况。确定生境质量、水岸稳定性及相关参考资料。

► 湿地的管理较为复杂，各州各县有所不同。与场地所在的地方政府核对湿地范围和缓冲区情况，针对地方法规的要求进行相应的研究。

► 研究美国《清洁水法案》第 303 章。

► 研究现有的排水设施，确定污水来源、处理策略和处理设施的位置。对建筑、硬质景观及景观材料进行现场考察，一些材料如防腐木、镀锌板等，可能成为污染源。改造项目中，与维护单位进行沟通，确定潜在污染源。

► 泉眼、喜水植物等可能指示着较浅的地下水，利用地下水监测井或其他技术准确地测定场地地下水位。

3. 设计依据

► 地形对场地的影响是多方面的，如微气候、动植物的分布、水的运动和雨洪管理措施等。应使用对地形改变最小化和艺术化的处理手段。

► 可持续景观场地将所有的水都看作是资源，致力于提高水质并促进健康的水文过程。通过雨水收集、灰水再利用、雨洪管理等设计策略的应用，饮用水的需求可以大幅减少，甚至达到场地用水的自给自足。

► 对洪泛区的开发或改变洪泛区的地形，可能导致洪涝灾害风险的升高。

▶　对水体及其缓冲区的改造常常受到州或联邦政府的限制。项目团队应该认真考虑场地设计、建设和维护措施对水体水质、栖息地功能、审美价值及休憩功能的影响。

▶　湿地受州或联邦政府的保护。改变排水途径、土壤状况和地下水水位都可能对湿地产生影响。自然湿地不能被用于雨洪管理和污水处理。

▶　通过精心的设计和维护，场地的污染源和雨洪径流可以被大幅减少。应重视选择可持续性的建筑材料、雨洪就地处理措施和日常维护等。

▶　建筑材料和日常维护可能成为污染来源，在选择材料和维护策略时应认真考虑其对水质的影响。

▶　地下水水位会对场地的水文条件和土方工程、雨洪管理、污水处理等产生影响。要特别注意避免场地建设和维护对地下水造成污染。

4. 相关资源

▶　USGS EarthExplorer: http://edcsns17.cr.usgs.gov/EarthExplorer/

▶　Texas Water Development Board: The Texas Manual on Rainwater Harvesting: www.twdb.state.tx.us/publications/reports/rainwaterharvestingmanual_3rdedition.pdf.

▶　FEMA Map Service Center: www.msc.fema.gov.

▶　USGS EarthExplorer: http://edcsns17.cr.usgs.gov/EarthExplorer/

▶　U.S.Fish and Wildlife Service: National Wetlands Inventory: www.fws.gov/wetlands/

▶　Clean Water Act Section 303 (d) impairment lists compiled by state water-quality agencies.

2.2.1.5　土壤条件

1. 场地调研与分析

▶　应对场地的地质情况和土壤情况进行研究。

▶　确定土壤类型，收集土壤质地、表观密度、pH 值、渗透性、侵蚀强度、土层厚度等资料。应实地调查场地土壤，在底图上标注正常的和被破坏的土壤位置。划定应保护的区域和最适于开发的区域。

▶　对场地进行调研，确定是否属于基本农田、特殊农田或重要农田。

2. 信息收集

▶　在美国自然资源保护局（NRCS）发布的土壤地图上找到场地所属区位，在图上无法查到资料的区域，请联系 NRCS 的地方分支机构以获得更多信息。人工改造过的地区常有土层缺失或改变的情况，一般是 A 层 [1]。在曾产生过重大改造、削平或填埋的地区，土层基层可能会有缺失或被严重干扰的情况。在土壤受扰动的地区，有必要对土壤性质进行检测。

1　土壤学家将土壤分为 3 层。A 层由表土层组成，易松动，暗褐色，是一种由腐殖质、黏土和其他无机物组成的土壤。B 层，通常称之为亚土层，由黏土和其他从 A 层淋滤下来的微粒组成，几乎没有腐殖质。C 层仅包含部分风化的岩石。——译者注

► 在没有土壤资料的绿地区域，应与 NRCS 的地方分支机构联系以获得更多信息。在被描述为"复杂城市土地"的地区或被改造过的地区，应赴现场进行考察，确定被削平或填埋的区域，然后进行实地土壤测定。本书第 5 章有详细的导则。

3. 设计依据

► 地质条件和土壤对场地的土方工程、竖向整理、废水处理、雨洪管理及其他景观设施建设的可持续性都有重大影响。

► 正常土壤可以提供一系列生态系统服务，如水的净化和储存、碳汇、栖息地等。保护土壤的健康可以减少生态修复的花费、改善植被生长情况。土壤被破坏的地区，应优先考虑需要重大土壤和植被干预的设计元素和措施。

► 基本、特殊和重要农田的土壤可以更高效地进行作物生产，需要较少的燃料、水和肥料，对这些地区宝贵、高质量的土壤应避免开发。

4. 相关资源

► Natural Resource Conservation Service web soil survey: http: //websoilsurvey.nrcs.usda.gov/app/HomePage.htm

► Natural Resource Conservation Service: Prime Farmland: www.nrcs.usda.gov/technical/NRI/maps/prime.html

2.2.1.6　植被条件

1. 场地调研与分析

► 辨识场地的植被情况，绘制植物群落分布图（如林地、高草草原、河岸植物带等）。进行定性的调研来确定植被群落的健康和质量。记录现有的维护和管理措施。确定需要保护的区域和适于开发的区域。

► 调查场地中可能是濒危动植物栖息地的区域。

► 调查场地现状植物。绘制植被覆盖图，需记录如下信息：（1）胸径 6 英寸（15cm）以上的现状树（或按照当地法规规定的规格记录）；（2）古树名木或有特殊意义的树木；（3）入侵物种；（4）其他重要植物。

► 制作当地优势植物种名录，包括乔木、灌木和草本，应包括常用名和拉丁学名。

► 估算植物覆盖率。

► 标明稀有植物或特有植物，确定其是否属于乡土植物。

2. 信息收集

► 开展植物和野生动物调查，复审航片和卫片。当地动物栖息地分布图可以从科研机构或地方非政府组织（NGO）处获得，地方政府自然保护机构也能提供相关信息。

► 研究联邦和州的受威胁物种和濒危物种名录。联系当地政府机构以获得物种调查的指导和场地开发要求。

► 绘制植被群落分布图，图中应记录入侵种、优势种等信息。

► 可通过随机样方法估算物种构成。

▶ 木本植物和草本植物应分开测量和计算。

3. 设计依据

▶ 场地不管位于城市还是乡村，都可以为各种各样的动物和植物提供栖息地。在设计中应寻找机会恢复或提升场地的栖息地功能，在可能的情况下连接或拓展位于场地周边的栖息地区域。避免在受威胁物种和濒危物种的栖息地上进行开发。低质量的生境应优先考虑开发。

▶ 将现状植被整合到设计方案中有着多种环境和经济方面的益处。尽量在设计方案中降低干扰，艺术性地整合现状植物。植被破坏区域和物种入侵区域应在设计中优先考虑应用需要重大土壤和植被干预的措施。

4. 相关资源

▶ U.S.Geological Survey,Land Cover Institute: http: //landcover.usgs.gov/

▶ U.S.Fish and Wildlife Service Endangered Species Program: www.fws.gov/endangered/

▶ USGS EarthExplorer: http: //edcsns17.cr.usgs.gov/EarthExplorer/

2.2.1.7　材料

1. 场地调研与分析

▶ 在平面图上绘制现有建筑和景观设施，如室外构筑物、道路、小径等。标明尺寸、现状和再利用、再循环的潜力。

▶ 确定在当地开采、制作、加工或销售的建筑材料的来源。

2. 信息收集

▶ 查看场地调研和卫片、航片情况，现场检查所有界面和材质，确定其使用状况和特点。

▶ 场地和建筑的拆解清单应包括：需要清除的结构和组件；材料类型、数量和尺寸；拆除须知；完成现状和需要的返修工作。

▶ 本地可开采、制作、加工材料的信息是非常重要的。许多当地销售的材料和产品的产地可能距离项目场地非常遥远。

3. 设计依据

▶ 材料的再利用和循环利用能减少自然资源的开采，同时也可以减少栖息地的破坏、废料的产生，减轻水和空气的污染等。在整个设计和建设过程中，应努力寻找就地材料再利用或循环利用的机会。

▶ 使用本地开采或生产的材料可以减少因运输而导致的能源消耗和环境污染。

4. 相关资源

▶ *Materiais for Sustainable Sites*, Meg Calkins

▶ *Sustainable Landscape Construction*, Thompson and Sorvig

▶ Local building supply facilities

▶ Material and product manufacturers can identify locations of raw material extraction and manufacturing of their products.

2.2.1.8　文化调查

1. 场地调研与分析

▶　研究场地的历史和以前的用途。

▶　确定现状公共交通、道路等基础设施的位置。

▶　明确项目利益相关方。

▶　要对场地现状用途和使用单位情况进行备案。

▶　明确场地的历史特点和文化景观特征。

▶　在平面图上标注独特的或有纪念意义的场地特征，如裸露岩层、视觉廊道等。

▶　确定现状或潜在的异味来源、噪声污染或令人感觉不适的不雅观之处等。

2. 信息收集

▶　与场地所有者、周边社区领导和其他项目利益相关方进行访谈。研究地方史志、各类资料和历史航片。调查场地以前用途的相关影响，对可能的土壤污染进行测试。

▶　与地方公共设施和公共交通管理部门进行沟通。

▶　与社区领导和地方专家一起明确哪些人和组织应参与到设计过程中来。

▶　在一天的不同时段对场地进行观察，以便更深入地发掘场地特征。

▶　确定异味来源和盛行风向，测试场地噪声情况。

3. 设计依据

▶　理解场地的历史和以前的用途，有助于了解易被忽视的或意料之外的情况。

▶　现状公共基础设施可能会影响功能布局，如建筑、出口、入口等的位置等。

▶　场地使用者和其他利益相关方可以从独特的视角提供建议，并有助于场地的管理和维护。

▶　尽量引导项目利益相关方积极参与设计过程，并重视他们对场地情况和设施的反馈意见。

▶　场地现有噪声和不雅观之处，会对场地使用感受造成较大影响；应特别注意现有的和规划的设施，如高压电塔等。可通过建筑或植物对不良视觉景观和声音进行遮挡和屏蔽。

4. 相关资源

▶　National Register of Historic Places: www.nps.gov/nr/

▶　National Trust for Historic Preservationwww.preservationnation.org/

▶　*With People in Mind*, Kaplan, Kaplan, and Ryan 1998

▶　*People Place*, Claire Cooper Marcus

2.2.2　场地分析

　　将通过将场地勘察得到的信息与项目计划进行交叉验证、比较，可得到场地分析的结果。通过对场地资料的解析，可以明确适合的功能区域、测试项目计划的可行性、初步形成设计框架等。通过场地分析会发现，有时候设计上的最适区域可能由于在环境、文化和经济方面代价过于高昂而不适于开发。

常见的场地分析方法是综合场地勘察数据，制作一系列分析图：如土壤情况、栖息地类型、分区规划限制、地下水位等。通过叠加这些分析图来进行全面分析。这种方式允许设计团队通过数据分析，揭示场地现状条件、机遇和制约因素之间的关系和模式，目前通常使用 GIS 软件来实现。

GIS 是一种功能强大的土地规划和分析工具，可以对整个或部分地球表层（包括大气层）空间中的有关地理分布数据进行采集、储存、管理、运算、分析、显示和描述。GIS 可以从现有数据资源揭示隐含的趋势，进而引申出新的信息。GIS 可以让用户轻松地整合新的信息、评估叠加图层并执行各种分析操作。GIS 产生的信息可以直观地通过地图、图表、报告及其他形式进行展示，同时也与 AutoCAD 等软件有着良好的兼容性。

2.3　团队组建和规划策略

2.3.1　多学科的团队

设计决策产生的复杂结果会对场地和周边地区产生深远的影响。设计中的材料、生态系统、空间元素等存在着复杂的内在关系，需要有一种整体的考虑和广泛的专业技术协作才能解决。

为了创造高品质、可持续的景观，设计团队应该包含客户以及了解当地生态和可持续景观设计、建设、维护的专业人士。根据场地的特殊性和设计任务要求，可能还需要额外的专业人士参加。在某些情况下，一人可能承担多重角色，但应避免这种情况，因为其会影响质量控制，或产生利益冲突。

2.3.1.1　组织设计团队

项目的成功很大程度上依赖于设计团队的能力和追求。理想的情况是，设计团队应由各类精通可持续性解决方案和丰富项目经验的专业人士组成。即使达不到理想状态，如果精心地组织设计团队，设定明确的目标，项目的可持续性也能得到保证（Mendler，Odell，and Lazarus，2006）。

设计团队成员都应该是符合下列要求的专业人士：

- ▶ 愿意向他人学习。
- ▶ 对创新性的项目持积极态度。
- ▶ 习惯于综合性的设计过程，敢于挑战传统设计方法，乐于尝试新的想法。
- ▶ 致力于超越规范的要求，达成可持续性的场地。
- ▶ 乐于协同合作，战胜困难和尝试新的主意（Kwok and Grondzik，2007；Mendler，Odell，and Lazarus，2006）

不符合以上要求的团队成员可能影响项目进程、阻碍创新，增加时间和项目资金的消耗。

目标和预期高度统一的设计团队，更有可能创造愉快的、令人获益良多的工作氛围，也更有可能在预算要求内创造成功的项目。

2.3.1.2　项目利益相关方和社区参与

利益相关方指的是对场地或项目有投资、股份或相关利益的个人和团体。常见的利益相关方包括：客户、场地使用者、工作人员、邻居、投资人等。他们可以对场地现状和机遇提供独特的视角，进而为项目的正常运行和获得丰硕成果提供支持。社区领导及地方专家可以帮助确认哪些人和组织应参与到设计过程中来。

项目团队应该在吸纳多元化的意见和探索设计方案的过程中引入利益相关方的参与，这有助于双方的理解和共同的利益。

2.3.2　综合性设计程序

综合性的设计是一个反复研究、评估、沟通的设计探索过程，它是由每一位团队成员共同努力完成的，贯穿整个项目阶段（7 Group and Reed，2009）。而传统设计程序是一种线性的工作方法，由一系列具体任务组成，常见的流程是：业主──▶风景园林师──▶专项设计──▶工程总包──▶工程分包──▶场地使用者。综合性设计程序则鼓励多学科团队在设计全过程中紧密合作，积极地利用团队成员的不同看法，全面地考虑设计解决方案。这一过程为认识和理解场地现状条件、生态系统和文化特点等相互间的关系提供了必要的条件，也能使各方面更好地理解设计决策的影响力（Keeler and Burke，2009）。

综合性设计过程常常开始于专家研讨会或类似的合作机制，这样做的好处是可以通过座谈创造性地探索设计方案的可能、揭示可能出现矛盾的区域以及构建项目的核心理念等。团队成员应该全心投入，主动参与各自传统专业背景之外的讨论主题，以便展示成员之间的工作是如何交叉合作的，并增进了解，理解他们的工作如何影响项目其他部分的工作。将多学科的团队整合起来对场地的生态和社会特点进行深入了解的过程中，可以在加强设计协同效应的同时，起到优化设计前期方案的作用。这样的设计程序，可以减少对环境的不利影响，也可以在项目整个生命周期内的建设和维护中节约时间和经费（Mendler，Odell，and Lazarus，2006）。

在项目整个运行过程中，设计团队应经常开会来共享研究和分析结果、讨论方案、发现新的机遇、做出设计决策等。之后团队各自分头就具体问题展开设计和研究，为下一次会议做准备（7 Group and Reed，2009）。这种开放的对话模式可以在团队成员间建立互相信任、相互支持的工作关系。

虽然有时综合性设计程序会产生较高的成本，但是多元化的问题解决方法可以降低建设和维护费用（Keeler and Burke，2009）。例如，在设计过程中引入土地关怀（land care）的专业人士，可以论证设计方案的后期维护要求，减少对土地不必要的破坏并降低项目长期的经费开销。施工承包方的介入可能产生对现有场地构筑物和材料进行再利用的机会，这可以减少垃圾的产生，加快施工进度。生态学家的指导对建设过程中土壤和植物的保护策略的制定大有帮助，可以提升项目效果，避免土壤修复和置换的开销。

实现综合性设计过程至关重要的一点，是在项目各个阶段始终保持团队成员的协调与合作。尽管如此，综合性设计过程并不是简单的各种意见的杂糅和折中（Yudelson，2009）。一个参与项目各个方面的项目经理仍然是必需的。项目经理更多的是作为团队领导真诚地吸纳团队成员的意见，而不是独断专行。给每一个团队成员参与设计决策和论证的机会，有助于高水平设计方案的形成，也有助于在预算范围内项目目的和目标的实现（7 Group and Reed，2009）。

有助于综合性设计和多学科合作的策略有：

- ▶ 对项目中共享信息和促进合作的策略和工具形成共识。
- ▶ 在制订项目时间表时要考虑综合设计、反馈和多学科协作所需的时间。
- ▶ 明确团队每个成员的角色和责任。
- ▶ 对设计流程进行梳理，制作流程图，并为每个设计阶段设置反馈机制。标明哪些步骤需要其他专业人士介入及需要介入的原因。
- ▶ 确定项目目的和完成要求。
- ▶ 将研讨和其他协同设计工作等放在设计过程的开始阶段，鼓励团队成员从多学科的视角探索设计方案，利用团队的智慧资源创造性地解决设计问题。
- ▶ 在项目节点安排项目例会，允许团队成员积极参与论证，哪怕是他们专业背景之外的问题，这有助于激发多学科交叉的火花。
- ▶ 鼓励团队成员间的临时会议，促进信息共享和合作。
- ▶ 真诚地征求和吸纳团队成员意见，多元化的意见是宝贵财富，有助于彻底地评估和探索设计方案。

2.4　项目方向：原则、目的和完成目标

缺乏共同的目标必然会导致目标的模糊和重点不明，阻碍项目整体上的成功（7 Group and Reed，2009）。在开展设计工作之前，项目团队共同制定引导项目的价值导向、目的和目标是非常重要的。明确的方向可以保持团队的凝聚力，鼓励团队的合作，也使设计方案更容易形成。

2.4.1　可持续景观场地设计的指导原则

指导原则往往包含引领团队或个人的基本价值追求和信念。不管在什么样的领

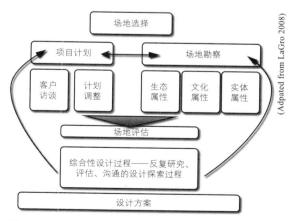

图 2-1　综合性设计是一个反复研究、评估、沟通的设计探索过程，它是由每一位团队成员共同努力完成的，贯穿整个项目阶段

导机制、制约因素或资源的情况下，这些原则都是可行的。指导原则可在各种情况下发挥作用，从场地或团队的选择，到具体设计决策的指导。同时，指导原则也可以用于项目成功与否的评判标准。SITES 提出的指导原则包括了风景园林项目可持续开发的各个方面，本书第 1 章有详细介绍。

2.4.2　目的

目的是意图的表达，说明了项目要产生的效益和结果。项目目的传达了项目意义所在，是行动导向和可衡量的指标。确定目的对明确项目方向、统一项目团队思想有着非常重要的意义。

下面是几个案例项目的目的：

- ▶ 通过将废弃场地改造为充满生机、可持续的公园，促进旅游的发展，减少维护费用。
- ▶ 为儿童设计一个安全而有趣的室外游戏环境，同时要将场地融入周边景观。
- ▶ 创造良好的庭园，鼓励居民全年都在室外活动，增加他们与大自然的联系。
- ▶ 将沥青屋顶改造为绿色屋顶，目的是在减少雨洪径流的同时，为居民提供四季不同的视觉景观。

2.4.3　目标和评价标准

除了项目目的之外，项目团队还应该设定目标，以便于充分界定预期成果，明确项目成功与否的评判标准。目标是体现景观场地可持续性效果的评价指标，应该在项目开始时由整个团队一起制定。目标的设定应超越规范的要求，达到更高的水平，获得更好的项目表现和可持续性。一旦目标建立，各项具体目标进度和实施情况的监督就可以分配给各个团队成员。目标作为设计团队的共同出发点，随着项目的进展可能需要进行调整。

下面是一些案例的项目目标：

- ▶ 对场地现状材料和植物达到 100% 的循环利用。
- ▶ 在目前水平的基础上降低 75% 的饮用水消耗。
- ▶ 保护 90% 的胸径 6 英寸（15cm）以上树木。
- ▶ 将建设和干扰活动限制在项目 15% 的面积以内。
- ▶ 减少 90% 的雨洪径流。

如 SITES 或 LEED 等绿色认证组织都有关于项目效果的详细要求和评价指标。不管一个项目是否想得到认证，参考认证提出的要求和评价指标都对设定有意义的项目目标大有帮助。

希望得到认证的项目应该在项目开始时就熟悉评价的参数和指标，并且明确团队成员在认证材料准备工作中的职责和任务。在项目设计过程后期再决定取得认证，常常导致时间和经济成本的增加。设计团队应避免仅仅基于个人价值判断，或基于认证的短期目的来选择项目目标及评价标准，而应该将设计可持续性的场地作为关注的焦点。

2.4.4　项目计划

未基于客户需求的设计方案与不符合场地条件的设计方案都是不合格的（Booth，1990）。与客户进行清晰的沟通并对其需求有深入的了解，是项目取得成功的关键。项目计划是设计方案必须满足的特点和要求的书面描述，应清楚地表达客户的期望，指引设计团队的工作。重要的是，应该认识到可持续性是项目计划必要的、不可或缺的组成部分。如果一个项目计划没有直接体现显示可持续性的愿景，那么项目本身也很难实现可持续性（Williams，2007）。

应该在设计和建设过程中不断审视计划，以确保项目按预想进展。为了适应项目的新问题和满足出现的新要求，计划常常需要重新调整。任何调整都应在设计团队的讨论和同意之后进行。重要的是，要记住客户是设计团队的一部分，这对项目获得双赢和远期的成功非常重要。

2.4.5　客户访谈沟通

客户访谈是制定项目计划的第一步，这一步骤包括同客户、场地使用者和其他项目利益相关方的沟通与反馈。

下面是客户访谈中应涉及和记录的内容：

- ▶ **项目目的**——明确项目为什么要建设，客户想要达到什么样的目的和效果。
- ▶ **主要决策人**——明确谁是最终决策人，讨论他们如何参与设计过程。
- ▶ **场地使用者**——明确场地使用者的类型、年龄以及任何特殊要求。
- ▶ **设计元素和场地活动**——列出场地使用者的需求，概述每种设计元素的最低和最高要求，对其优先度进行排序。坚持关注场地需要的功能，而不要因其他因素偏离方向。
- ▶ **健康益处**——明确设计方案应该提供的健康益处，包括身体的、心理的和社会的。
- ▶ **关注环境问题**——明确设计方案可以解决的地域性问题或场地特有的环境问题。
- ▶ **审美偏好**——与客户就设计风格和审美偏好进行讨论，为了更好地了解他们的偏好，可以采用案例展示的方法。这一环节的目的不是为了寻找设计方案，而是了解客户对美的定义。
- ▶ **维护问题**——列出对维护工作的期望。客户愿意花多少钱和时间对场地进行维护？是由客户还是其他人完成维护工作？维护周期和频度多长是合理的？明确客户需要避免哪些维护措施，如杀虫剂的使用或草坪修剪等。
- ▶ **预算**——明确项目总体预算及初期投资、后续投资、管理运行和维护等的单独预算。预算问题应得到重视，但不应由此影响创造性。在设计过程中，应就设计解决方案的花费和益处与客户保持沟通。

客户访谈中获得的信息应该获得客户的确认，并在设计团队内进行共享。设计团队应共同就访谈结果和场地勘察情况进行回顾和讨论。在讨论过程中，设计团队应明确为了项目提炼和升华所需的追加研究和任务，并将工作分配给适合的团队成员。由于不会产生新的变化，客户不必参与这一阶段的讨论。

2.4.6 项目提炼与升华

在项目提炼过程中，项目团队应该与客户一起确定项目方向，并细致地发掘项目各方面的潜力。场地的机遇和制约因素，项目的目的和目标应该得到充分的讨论。作为项目计划的最后一步，客户、设计团队的全部成员、场地使用者以及项目利益相关方都应参与这一过程，一般情况下，研讨会是项目提炼与升华的较好形式。

下面的内容应该得到认真的讨论和记录：

- ► **场地问题**——讨论场地初步勘察和分析的结果，明确需要进一步评估的场地现状问题，安排适合的团队成员进行信息收集工作。如果需要，出现不符合场地条件、过高的资源消耗或维护要求等时，可以对项目各部分进行重新讨论。
- ► **项目目的**——确定项目目的，明确项目的意图和要达到的目标和结果。
- ► **项目目标**——列出项目团队力争达到的目标和表现评价的详细要求，讨论如何实现目标。
- ► **客户访谈**——回顾访谈获得的信息，决定是否需要做出调整。

最终确定的项目计划应该提出清晰的方向和愿景。由于整个团队已对关键问题进行讨论，确定了明确的方向，使得项目可以更迅速地开展，同时也节省了时间和经费。

2.4.7 客户激励

风景园林项目的客户和公众对绿色建筑和可持续景观的认知度越来越高，可持续性已经被广泛地看作是项目成功与否的重要标准。在 ASLA 开展的对 381 家公司的调查中发现，96% 的受访公司认同或对可持续设计感兴趣。可持续项目受重视的重要驱动力是使用和维护费用的降低，同时，政府管理、规范法规、建设标准、对环境危害的减少也是重要推动原因（ASLA，2009）。

设计团队对可持续设计的态度会对客户对项目的愿景和期待产生巨大的影响。设计团队应努力使客户接受可持续的设计措施，鼓励项目超越法规标准的要求。初次与客户会谈时，应了解客户对可持续设计的认知情况和兴趣。也应该在项目进行过程中，向客户灌输可持续景观为使用者和周边地区带来的环境和健康益处。客户应该参与设计过程和头脑风暴。在许多案例中，向客户介绍或邀请他们参观可持续项目会有助于客户对可持续景观的理解。

参考文献

7 Group and B. Reed. 2009. *The Integrative Design Guide to Green Building*. Hoboken, NJ: John Wiley and Sons.

American Society of Landscape Architects. 2009. *Positive Economic News Continues for Landscape Architecture Firms*. Press release, October 21, 2009.

Booth, N. 1990. *Basic Elements of Landscape Architecture Design*. Prospect Heights, IL: Waveland Press.

Costanza, Robert, Ralph d'Arge, Rudolf de Groot, Stephen Farberk, Monica Grasso, Bruce Hannon, Karin Limburg, Shahid Naeem, Robert V. O'Neill, Jose Paruelo, Robert G. Raskin, Paul Sutton, and Marjan van den Belt. 1997. "The Value of the World's Ecosystem Services and Natural Capital." *Nature*, 387 (May 15): 253–260.

Keeler, M., and B. Burke. 2009. *Fundamentals of Integrated Design for Sustainable Building*. Hoboken, NJ: John Wiley and Sons.

Kwok, A.W., and W. Grondzik. 2007. *The Green Studio Handbook: Environmental Strategies for Schematic Design*. New York: Architectural Press.

LaGro, J.A. 2008. *Site Analysis: A Contextual Approach to Sustainable Land Planning and Site Design*. Hoboken, NJ: John Wiley and Sons.

Mendler, S., W. Odell, and M.A. Lazarus. 2006. *The HOK Guidebook to Sustainable Design*. Hoboken, NJ: John Wiley & Sons.

National Resources Conservation Service (NRCS). 2010a. "National Soil Survey Handbook." Available at http://soils.usda.gov/technical/handbook/contents/part622.html (accessed December 19, 2010).

———. 2010b. "Prime Farmland." Available at www.nrcs.usda.gov/technical/NRI/maps/prime.html (accessed October 12, 2010).

Sustainable Cities Institute. 2010. "Urban Infill: Overview." Available at www.sustainablecitiesinstitute.org/view/page.basic/class/feature.class/Lesson_Urban_Infill_Overview (accessed December 19, 2010).

U.S. Environmental Protection Agency. 2010a. "Brownfields and Land Revitalization." Available at www.epa.gov/brownfields/index.html (accessed December 12, 2010).

———. 2010b. "Wetlands Research." Available at www.epa.gov/ecology/quick-finder/wetlands-research.htm (accessed December 12, 2010).

Williams, D.E. 2007. *Sustainable Design: Ecology, Architecture, and Planning*. Hoboken, NJ: John Wiley and Sons.

Yudelson, J. 2009. *Green Building through Integrated Design*. New York: McGraw-Hill Companies, Inc.

第 3 章
场地设计：水

阿尔弗雷德·维克（Alfred Vick），约翰·加尔布利亚（John Calabria），
斯图尔特·伊科斯（Stuart Echols），迈克尔·奥登（Michael Ogden），
和大卫·尤加（David Yucca）

　　未受干扰和破坏的自然景观不仅可以产生干净的水，还有着过滤雨水，防止水土过度流失的能力。可持续的场地开发必须重视保护、恢复或模拟自然的水循环过程，如渗透、蒸发、蒸腾和地表径流等。同等重要的是，自然水资源和水生生态环境也必须得到保护。人工景观以及建筑的设计，应融入自然水文循环，将水文功能、场地水平衡和设计目标结合起来。

　　可持续景观场地设计中关于水的核心目标，是要整合水、植物、土壤等要素来系统性地管理、保护和恢复这一重要的自然资源。人类依赖也受制于水、水文过程[1] 及它们所提供的生态系统服务。只有当水资源得到良好的保护和管理，其价值为人们广泛认识时，人类社会才会真正地受益。对水资源的忽视和不当处理会导致许多严重问题，如洪水泛滥、地下水枯竭、生态系统退化等。

　　水系统具有复杂性，当我们改变复杂系统的一部分时，系统中的另一些部分一定会发生改变。人类活动介入水系统的某一部分时（如对水的消耗、利用或改变水体形状），可能会在水循环系统的"下游"产生影响。这种影响很难被预测，也不容易被理解，但却会产生许多负面后果。表 3-1 列出了水资源消耗和场地开发对水系统的影响，同时也给出了本章将详细介绍的相应措施。

表 3-1　人类活动对水系统的影响及缓解办法

影响	原因	解决措施（本章将详细介绍）
水质退化 污染负荷增加，包括：泥沙、有机物、重金属、病原体、水温升高和其他人为污染等； **水生生境退化；** **人类利用潜力的退化：**包括休憩、食物供应、视觉、嗅觉等。	**非点源污染：**化学物质、污染物、来自于不透水表面（如屋顶、铺装地面）的重金属污染、不透水表面加热的雨水、污染径流、农业生产、高尔夫球场、草坪、饲养场等； **点源污染：**工业、市政的污水排放等	减少地表径流的措施可以削减由雨洪带来的污染负荷。 　　通过模仿蒸发和入渗作用来减缓地表径流，可以通过建立水、土壤和植物的联系，清除径流中的污染物；

1　水文过程：水文要素在时间上持续变化或周期变化的动态过程。——译者注

续表

影响	原因	解决措施（本章将详细介绍）
河槽刷深 地貌不稳定导致的过度侵蚀或沉积； 河流断绝和不稳定的洪泛区； 对生命财产的潜在威胁； 水生生境退化	来自高密度城市不透水表面和传统蓄洪系统的雨洪排放率、流量、频率和持续时间都在增强； 对河道、河岸和洪泛区的人为改造，如河岸取直、填埋、岸线调整和植被清除等	
供水减少 越来越少的地下水供应； 地表水供应； 对饮用水的需求不断增长； 水处理、供水基础设施的开支不断增长； 土壤水分的丧失导致了气温、区域气候和栖息地的改变	人口增长和城市扩张方式带来的不断增长的需求； 城市开发带来的不透水表面： ·减少地下水的补偿 ·减少河流基流[1] ·退化的水质需要更高的处理要求 ·可能导致城市排水设施不堪重负，加剧对生态和人类的影响	

不断加速的开发活动和正在恶化的雨水问题

　　根据美国农业部（U.S. Department of Agriculture，USDA）的统计，美国每年有超过 200 万英亩的农地被开发建设活动侵占（USDA，2000）。类似的情况正发生在华盛顿都市区的切萨皮克湾（Chesapeake Bay），在未来 30 年间，将有超过 80 万英亩的土地被用于开发，这将对切萨皮克湾的生态系统造成诸多不利影响（切萨皮克湾基金会）。建设开发会带来比开发前高 5 ～ 10 倍的地表径流（Coffman，2011）。这些径流所含的污染物来源于各种非点源污染，包括沉积物、有机物、重金属、有毒化学物质、石油等。研究证明，在同样条件下，停车场的雨洪径流比草地雨洪径流的污染物高 16 倍（U.S. Department of Housing and Urban Development[2]，2000）。大量的研究表明河流污染达到警戒值的直接原因就是径流污染物。随着美国《清洁水法案》的出台及后来的"国家污染消除办法"（National Pollutant Elimination System）的实施，上千个城市的政府被要求开始制定、采取和实施削减非点源污染的各项措施。

　　显而易见，生态环境、水质和径流量、农业生产以及人类的生活质量都与土地利用有关。应该引导未来的开发在已开发地块或城市填充式开发地块上进行，这不仅可以保护"绿地"的各项功能，还可以将资源消耗最小化。好的土地利用规划应该是综合性雨洪管理办法的一个重要部分。

下页续

1　基流（base flow）：基流是指受纳水体中去除地表径流以外的径流。——译者注

2　美国住房和城市发展部。——译者注

图 3-1 典型的"老式"功能单一的蓄洪设施，没有考虑环境问题、社区影响和房地产价值

　　因为无法预测复杂系统的全部结果，人为干扰必须与自然水系统相结合，以保护或尽量避免破坏水循环系统。对自然水系统的改造应加以限制，不可避免的改造则应尽可能缓解其影响。可持续雨洪管理的原则是恢复开发之前未被破坏或干扰的生态过程。可持续雨洪管理应该：

▶ 保护和恢复降水、植被与土壤之间的有机联系。

▶ 促进降水和地表径流的就地入渗。

▶ 保护和提高地表水水质。

▶ 促进地下水补充。

▶ 维护开发前的河流基流。

▶ 污水就地净化。

▶ 污水就地再利用或入渗。

▶ 尽量减少饮用水在景观中的使用。

▶ 雨水、灰水和处理后黑水的就地收集和循环利用。

　　可持续的水资源管理是良性利用水资源的重要保证，也是保护自然和人工环境的重要一步。可持续水资源管理（包括雨洪管理、污水管理等）的措施必须全方位考虑。当把可持续水资源管理放在水的总体供给与利用中考虑时，能体现出许多优势，如削减污水、副产物的循环利用、自然过程与设计的结合等。

　　水资源管理系统的全局考虑，要求综合性的设计方法和多学科专家的通力合作，如风景园林师、建筑师、土木工程师、机械工程师、岩土工程师、水文专家、生态专家等。这一过程还需要与建筑或场地朝夕相处的业主、使用者、管理者和其他利害相关方的介入。

　　本章的主要目的是解决景观可持续场地设计中水的问题，详细介绍了可持续性雨洪管理、污水就地处理、水资源保护的原则、策略、技术等。

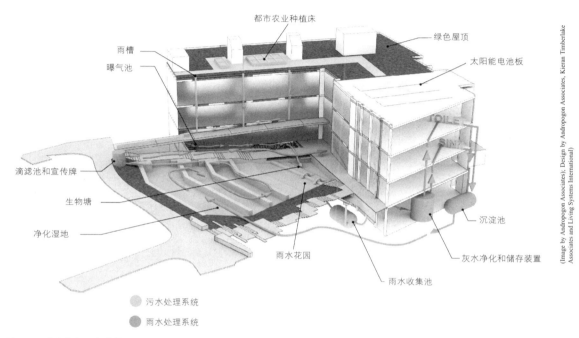

图 3-2　希德维尔之友学校（Sidwell friends School）的水利用系统是水系统综合设计的一个范例，这一系统很好地把雨水滞留、收集、再利用和就地污水处理等功能整合在一起

关于水循环

　　水循环是各种形式的水不断相互转化的过程，水从海洋中蒸发，通过大气循环，降落在景观中，最终流入海洋。这个循环在全球尺度下是守恒的，但由于降水受入渗、蒸发、蒸腾和地表径流等影响，在场地或区域尺度上的水循环常常是不平衡的。人工景观会干扰水循环，改变入渗、蒸发、蒸腾、地表蓄水、河道流量、地下水补偿等。人为开发带来的最大影响主要发生在占降水总量95%的小型降雨中，这类降水是大多数非点源污染物从不透水表面进入水体中的原因，也是由于屋顶、铺装、排水系统而导致地下水补偿不足的主要原因。

下页续

　　降水是水分从云中以雨、冻雨、雨夹雪、雪或冰雹的形式降落到地面的过程。它是水循环中最重要的过程，实现了水从大气到地面的输送。

　　河道径流是自然河道中的水流。广义的河道径流也包括城市人工河渠。

水文循环过程

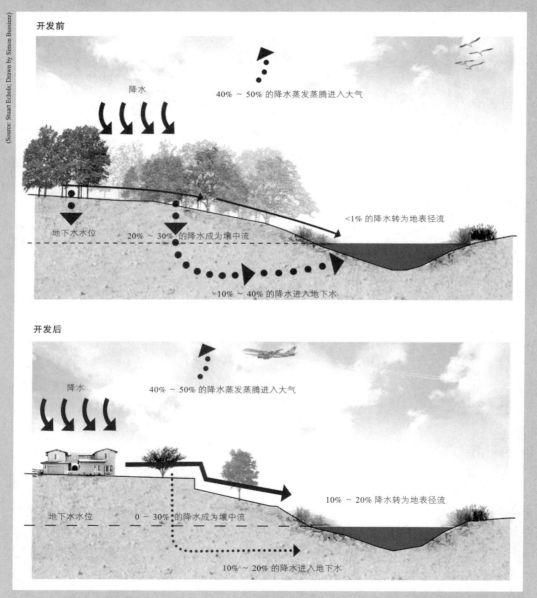

（Source: Stuart Echols; Drawn by Simon Bussiere）

图3-3　在开发前，大多数降水通过植物蒸腾、蒸发或入渗转移。传统开发模式下，蒸发蒸腾和入渗大幅减少，而地表径流则大量增加

下页续

蒸发是液态水变成气态水的过程，包括水体表面、陆地表面以及雪地表面发生的蒸发，但不包括植物叶片表面的蒸腾作用。

蒸腾是通过植物完成的由液态水转变为气态水的过程，包括植物叶片表面发生的蒸发。

蒸发蒸腾是土壤、植物、水体中蒸发、蒸腾的总和。

地下水是向土壤或岩石入渗或流动的水，是泉水或井水的来源。水饱和层上表面称为地下水位。

地下水补偿是水从地表流入地下水储层的过程。降水的入渗和向地下水层运动是地下水自然补偿的主要形式。

基流是河流无径流补充的情况下，流量中径流成分较为稳定的那部分。包括自然河道或人工河道。自然基流主要靠地下水外渗补充。

初期雨水即不透水表面地表的初期径流，含污染物浓度较高。

壤中流是水在土壤不饱和层上部的横向流动。在没有地表径流发生情况下，壤中流直接汇入河道径流。

非点源污染是雨水、融雪或灌溉冲刷耕地、城市街道、屋顶等带来的污染。

入渗是雨水从地表进入土壤的过程。

溢流是当土地被不透水表面覆盖或水饱和时发生的水流，或降雨和融雪时排出场地的径流。

3.1　可持续雨洪管理

3.1.1　雨洪与自然水循环

自然景观像海绵一样汇集、吸收、保持和释放雨水，有效地控制了洪水和地下水补偿，维持着多样性的生态系统。自然景观通过蒸发蒸腾、入渗和径流调控着降水。虽然这些过程在不同降雨量和地区条件下发挥着不同的作用，但这 3 种基本作用在任何地区的降雨中都或多或少存在，蒸发、蒸腾、入渗和径流也是生态系统健康的基本保障。美国东部的落叶乔木林中，蒸腾蒸发作用消散了自然条件下近一半的年度降雨量，同时，充足的入渗也是地下水补偿和河流基流的重要保障，见图 3-4。

从美国全国的情况来看，出现频率最高的降雨基本上都是小型降雨。例如，俄勒冈州的波特兰 95% 的降雨降水量在 1 英寸（25mm）以下；在佐治亚州的亚特兰大，95% 的降雨降水量少于 1.8 英寸（46mm）；在亚利桑那州的菲尼克斯，95% 的降雨降水量少于 1 英寸（25mm）。在多数地区，小型降雨占到年度总降水量的大头，也携带了大多数的非点源污染物，见图 3-5。

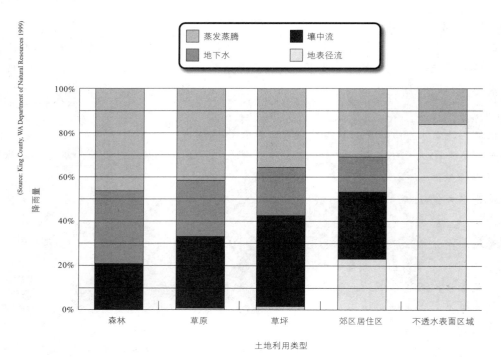

图 3-4 不同开发条件下年度蒸发蒸腾、地下水补偿、地表径流和壤中流的对比。随着用地密度的升高，地表径流升高而蒸发蒸腾消失

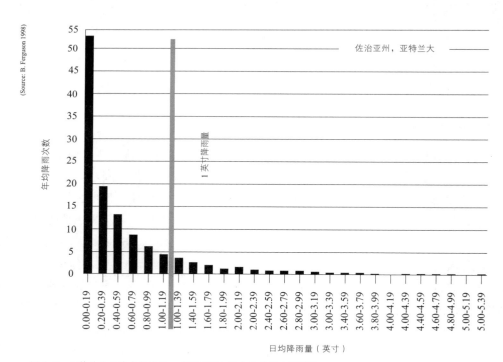

图 3-5 亚特兰大日降水量统计，表明年降水量主要来自小型降雨

3.1.2 传统雨洪管理方式

传统的雨洪管理方式是以排水系统转移洪峰的能力为核心来设计的。传统雨洪管理的目的不是简单地估算最大流量，然后在基础设施中予以配套，事实上，问题主要在于排洪系统会给下游造成巨大压力（如骤发洪水）。这导致了蓄滞洪设施的普遍使用，以延缓径流洪峰的释放，使其不超过排洪系统和自然水系的最大径流容量。

雨洪蓄滞洪系统的核心理念是：控制径流流量以避免洪水对下游造成危害。这样城市开发造成的雨洪径流增加，就不会超过开发前的洪峰容量。雨洪蓄滞洪系统的目的仅在控制最大流量，而对径流水质和超大径流容量则无能为力。此外，这一思路也体现了人类中心论的思想，只考虑满足人类发展的需求，而忽略了生态环境的问题。尽管传统雨洪管理有"零径流"（即通过蓄洪保持径流量的平衡）的说法，但为了控制洪峰而延长径流时间，实际上对径流总量的控制毫无作用。这种以蓄洪为基础的雨洪管理方式在美国被广为接受，成为处理城市开发带来的径流增长的标准解决方式。而实际上，这种方式无法解决径流总量问题，超量洪峰在下游的叠加仍然经常造成洪涝灾害。附带的问题是，由于其可能在暴雨期间与排洪系统连通，景观中的水体常常被排干，造成许多景观水景无法正常使用。

传统雨洪管理系统不是基于自然水文循环的，也没有模拟蒸发、蒸腾、入渗、径流的自然过程，结果是既没有保护自然水文过程，还导致了对正常生态系统的破坏。城市发展带来的实质问题并不是产生过量径流，而是减少了入渗和蒸发，过量径流通常仅仅是表面现象。此外，传统雨洪管理措施由于仅仅关注开发建设带来的洪水问题，因而无法解决非点源污染和径流水质的问题（图 3-6）。

3.1.3 可持续雨洪管理

可持续雨洪管理的目的是在分散的小型场地中模拟自然水文循环的过程，通过滞留、蒸发、入渗等处理，对不透水表面产生的过量径流进行管理。把这些过程结合在一起的方式包

图 3-6 在不透水表面上，降雨由蒸腾蒸发、入渗和径流等循环途径全部转变为地表径流

括绿色屋顶、生物滞留设施、雨水收集系统以及任何可以让雨水蒸发或入渗的措施。这些系统可对雨洪径流进行减速、冷却、净化、入渗和蒸发，使雨洪管理达到未开发前的自然状态水平（表3-2）。

表3-2 可持续雨洪管理的优点

减少场地和下游地区的洪水威胁：径流可以被就地收集和保持，然后通过旱井、水塘、滞洪池、蓄洪池等缓慢释放
减少延迟径流叠加造成的洪水：将雨洪分散到小型的滞留系统和入渗设施有助于减少排放到下游的容量，减少延迟洪峰的叠加
降低场地和地区雨洪管理系统的支出：雨洪管理系统可被设计成多个小型分散的滞留系统，这样的设计更容易维护，减少了基础设施投资和维护成本
降低洪峰的频率和持续时间：生物滞留、入渗和雨水收集系统可以通过就地捕获雨水减少洪峰持续时间，也降低了洪涝发生的频率
减少土壤流失、河流淤积和下游冲刷：滞留和入渗措施在减少洪峰的频率、强度和持续时间的同时，也减轻了水土流失、河流淤积和河岸冲刷
减少非点源污染和热污染[1]：在通过生物滞留、入渗、雨水收集系统转移雨水的同时，也避免了非点源污染对河流、湿地、湖泊的污染；同时有利于在夏季减少热污染
补充地下水：分散的雨洪入渗设施可以在多数土壤条件下补充地下水，但应做好防止污染地下水的预防措施
提供生活用水供给：雨水可直接由不透水表面导向植物种植区，用于浇灌植物；也可以收集后储存于储水罐或水池用作生活用水，如灌溉、厕所冲水、建筑喷淋消防系统等
补充枯水河流基流：雨水的入渗可以补充地下水，进而在旱季对附近河流基流和湿地水位形成补充
提供野生动物栖息地：可以通过设计种植具有丰富的滨水植物的滞洪池和湿地来营造开敞空间和野生动物栖息地
促进场地的美观性：雨洪设计可以对排水沟进行艺术性处理，体现包括声音在内的水的各种特质，提高场地的审美感受和乐趣
提供游憩的功能：设计可以创造多种引人入胜的雨洪管理系统形式，如将雨洪管理系统与休闲、娱乐功能结合起来，或将滞洪区设计成下雨时可供人游玩的区域
提高安全性：雨洪带来的危害性可以通过设计成分散的、小型的雨洪管理系统来化解，但必要的地方应设置保护性设施
保持适当的土壤湿度：不管是在屋顶还是平地，植被覆盖地区的土壤含水量和栖息地功能可以被很好地保持，还能降低环境气温

　　蒸发、蒸腾和入渗作为重要的生态过程已经在雨洪设计中得到广泛认同，也作为实用性的设计手段而得到普遍使用。这一方面归结于传统雨洪管理方式的不足，而更重要的原因是滞留和入渗是管理雨洪的理想手段。随着这种认识和实践的普及，人们对雨洪的认识已经开

---

1 热污染是指现代工业生产和生活中排放的废热所造成的环境污染。热污染可以污染大气和水体。火力发电厂、核电站和钢铁厂的冷却系统排出的热水，以及石油、化工、造纸等工厂排出的生产性污水中均含有大量废热。这些废热排入地面水体之后，能使水温升高。在工业发达的美国，每天排放的冷却用水达4.5亿 m^3，接近全国用水量的1/3；废热水含热量约2500亿 kcal，足够2.5亿 m^3 的水温升高10℃。——译者注

始扭转。雨洪在传统雨洪管理思维中被认为是危险的，应该被收集和迅速排放。而可持续雨洪管理则认为雨洪是宝贵的资源，可以改善生态系统、减少开销等。应用可持续的雨洪管理措施来消除过量径流、恢复景观的自然水文功能，有着非常重要的意义。

由于主要的污染物容纳在最常见的小型降雨产生的雨洪径流中，设计人员应该重视小型降雨初期雨水的收集和处理。此外，如果通过绿色屋顶、透水铺装、生物滞留等方式将初期雨水进行转移和滞留，城市内涝和生态环境的退化就可以得到缓解。初期雨水也可以被定义为降雨量在 0.5 ～ 1.5 英寸（13 ～ 38mm）的小型降雨中产生的地表径流，初期雨水携带的污染物占到全部雨洪径流的 75%（Pitt，1999）。

图 3-7 ～图 3-9 说明了不同模式下降雨转化为径流的途径，以及与场地和汇水水体的关系。自然雨洪模式（图 3-7）代表了原始条件下的雨洪分配模式，也作为其他人为干扰模式的基准对照。传统雨洪管理模式（图 3-8）不仅阻碍了雨水的入渗，还将这部分水量导入滞洪系统，极大地影响了对环境至关重要的水文功能。SITES 可持续雨洪管理模式（图 3-9）借助场地设计和相关技术，可以通过拦截、入渗延长汇流历时等实现对场地开发前水文过程的模拟，同时实现污染物的削减等功能。

自然雨洪模式和传统雨洪管理模式的对比见图 3-7、图 3-8。

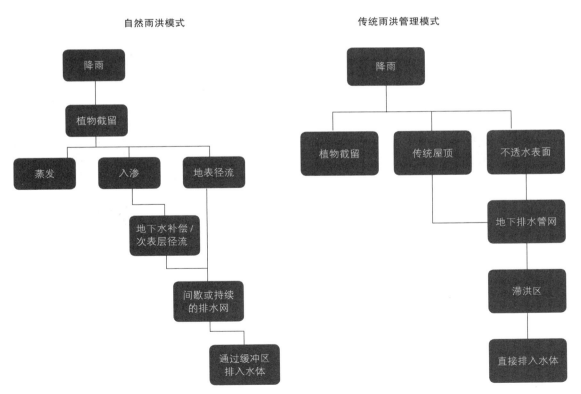

图 3-7　自然降雨水文模式代表了原始条件下的雨洪分配模式，也作为其他人为干扰模式的基准对照

图 3-8　传统雨洪管理模式不仅阻碍了雨水的入渗，还将这部分水量导入滞洪系统，破坏了可持续的关键水文进程

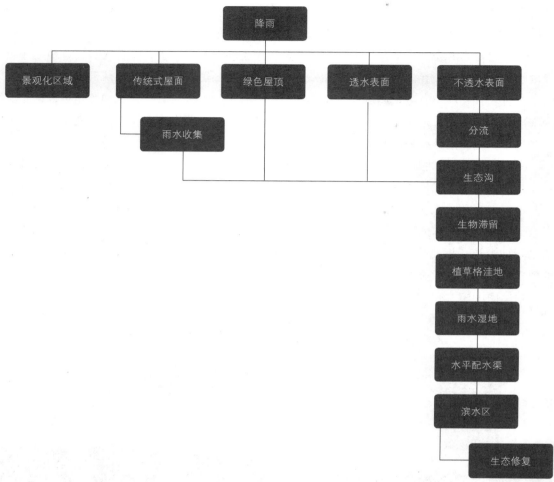

图3-9 SITES可持续雨洪管理模式。根据场地局限性和景观连通性等条件，景观化区域、传统屋顶、绿色屋顶、可渗水表面、不可渗水表面的雨洪都可以相互联系起来，通过分流步骤进行一系列的处理

有关非点源污染治理的法规，促进了就地控制污染和过滤污染初期雨水的雨洪管理系统的发展。值得庆幸的是，许多新型雨洪管理系统都是以自然景观中的雨洪过程为模型，包含了径流的吸收、滞留、过滤和入渗等过程。可持续雨洪管理系统结合了排放、滞留等措施，更高效、更生态地把雨洪管理与景观设计结合在一起。理论上，可持续的雨洪管理系统可以更好地复原场地未开发前的径流速度、流量、频率、水质等。下面讨论了可持续雨洪管理的4个基本原则。

3.1.3.1 保护自然区域的功能

自然场地的雨洪效益不可估量，既可以作为雨洪管理系统效果评价的基线，也是各类可持续雨洪管理策略力求实现的目标。对完整自然景观的保护和恢复应是可持续景观场地设计的首要目的。运用可持续策略的新开发项目应在已开发过的场地上进行，这样既可以将对完整自然生态系统的影响降到最小，保护自然水文过程，同时还可借机恢复已开发场地的自然水文过程。在已开发场地上，通过模拟乡土植物群落的结构和多样性来实现植被的恢复，是雨洪管理综合策略中的重要部分。由于利益相关方不易了解场地所富有的水文价值或其环境敏感性，所以要避免在这些地区进行项目开发，可能在公众理解或政治层面面临挑战。对生态效益的准确计算和对利害相关方进行普及教育，有助于缓解这一状况。

3.1.3.2　保护、恢复或模拟自然水文过程

为了更好地模拟场地未开发前的雨洪径流速度、流量、频率、历时和水质，可在场地上分散布置大量的小型雨洪处理系统，这样可以使每个单独的系统保持较低的处理量。这种分散式的雨洪管理系统也能更好地模仿场地自然状态下的水文过程。同时，这样做还有几点好处，如降低了雨洪超过场地土壤渗透能力的可能性；更容易将雨洪管理系统与场地设计和现状结合起来；提供营造更高观赏价值的机会。图 3-10 展示了雨洪分散处理的思路。

集中式排水

分散式排水

(Source: Stuart Echols, drawn by Simon Bussiere)

图 3-10　集中式排水设计和分散式排水设计的对比

可持续雨洪管理的主要目的是促进雨水的蒸发和入渗。大部分的高频小型降雨径流可通过滞留设施进行截留、促进蒸发，并解决初期雨水的污染问题。还可以在雨洪管理系统中设计入渗设施，在径流量超过小型滞留设施蒸发能力的情况下，将溢流部分导入入渗设施。中等降雨径流可更均匀地分散到蒸发、入渗和排出设施中，这样就可以把径流降低到场地开发前的水平，避免在下游产生洪涝问题。对罕见的大型降雨而言，大部分径流都要从场地排走。

雨洪的入渗可对维持地下水平衡发挥非常重要的作用（Ferguson，1990）。因此，（美国）许多地区都积极主张通过雨洪就地入渗和生物滞留，实现地下水平衡。这种观念在依赖地下水的地区更容易被接受。除了平衡地下水资源外，入渗过程还对维持水体景观（河流、湖泊、湿地、沼泽）的常水位至关重要。入渗和常水位的保护和恢复，对营造乡土景观系统有着极为重要的意义。

雨洪入渗带来的地下水补偿，可以：

► 防止地下水水位下降。

► 补充生活用水。

► 恢复河流基流。

► 有助于保护湿地和滨水地区。

► 防止泉水和井水的干涸。

► 减少地面沉陷。

► 防止海水入侵。

► 对可回收地表水进行处理和储存。

► 丰富蓄洪区域的功能。

► 降低传统区域雨洪管理系统的成本。

► 维护流域现有的水文特征。

► 有利于促进地下蓄水层的补偿。

► 维持年度水分平衡。

3.1.3.3 保护人类健康与安全

保护自然区域的功能、恢复或模拟自然水文过程都有利于人类健康、安全与福祉的保障。

在人工开发的流域，骤发洪水和河岸的不稳定性都有一定程度的增加。城市开发导致的不透水表面和径流速度的增加，都会导致较高的洪峰流量。尽管现行的蓄洪设计可以将洪峰流量控制在开发前的水平上，但同时却导致了洪峰时间的延长。这种传统系统没有考虑水质、水土流失、河流淤积和下游冲刷等因素，而这些都对河流稳定性有着重要影响。

控制洪峰有助于控制：

► 水土流失。

► 河流淤积。

► 下游冲刷。

► 洪涝灾害的等级和频率。

► 漫滩洪水的频率。

► 河道展宽、下切和变迁。

► 河岸侵蚀。

► 不稳定的粗粒度沉积物。

► 河流沉积物的包埋。

虽然设立更大的区域性蓄洪系统可以缓解上述的一些问题，但却无法解决上游小型河流水道的冲刷和河岸侵蚀的问题。同时，区域性蓄洪系统常常造价高昂、毫无生机，有时还有安全隐患。此外，这种系统导致的洪峰延时往往会导致上述负面环境影响持续更长的时间。

径流速度

入渗和生物滞留措施可以减少排往下游的雨洪，进而缩短洪峰的持续时间。利用入渗和生物滞留效应来控制最大雨洪径流速度，最基本的原则就是要滞留一定的雨洪径流量，将场地洪峰流量维持在开发前的水平上。这就是所谓的降雨截留法（Coffman，2000）。

这种雨洪滞留方法的不足有：

► 就地滞留储存的水量必须使径流达到场地开发前的水平，否则滞留措施可能不足以控制洪峰流量（Coffman，2000）。

► 保持场地的蓄洪能力，可能会与开发强度产生矛盾。

► 就地处理设施可能随着时间流逝而失效。

► 许多情况下可能无法提供足够的维护。

► 现有规划及雨洪管理法规的规定下，某些措施较难实现（Strecker，2001）。

► 这种方法不是万能的。降雨截留法是针对特定重现期的降雨设计的，生物滞留设施的渗透滞洪能力对小型降雨是最合适的。此外，滞洪能力还与场地滞留雨洪的体积有关，当降雨截留量小于场地滞留能力时，对雨洪洪峰的控制就是有效的。

► 如果降雨量大于设计滞洪能力，洪峰流量则难以控制在开发前的水平。

► 这一方法可以消除小于设计重现期降雨的径流。

尽管降雨截留法有局限性，但生物滞留和入渗仍然是消除过量径流和模仿自然雨水过程的好办法。其最大优点就是初期雨水就地收集，可以减少雨洪污染，降低洪涝发生的频率和排入下游的水量，以及促进地下水和流量基流的补充（图 3-11）。

图 3-11　没有充分控制下游流量情况下导致的典型的河流侵蚀和河岸破坏

3.1.3.4　有效利用水资源而非消耗水资源

整合自然水文过程的综合策略，就是将用水平衡规划与场地设计结合在一起。用水平衡规划的首要目的是通过场地设计整合水的供给、储存、利用、排放等过程，实现对水资源的保护和利用。

可持续景观场地用水平衡的终极目标是将其用水来源限制为场地内获取的降水和凝结水，完全不需使用市政饮用水。在依赖场地降水、凝结水的情况下，灰水再利用和污水回收就成为满足场地用水需求的一种重要策略。这一目标在许多风景园林项目中都是可以达到的。选择合适的可以依靠当地降雨维持存活的乡土植物，而不必进行额外的浇水。收集雨水可以实现双重目的，一是就地收集保存不透水表面的降雨，减缓雨洪压力；二是可以在干旱时期便于利用，实现场地用水平衡。

如果进一步深化用水平衡的概念，场地可以完全复制开发前场地上的降水分配过程。在场地开发前，根据场地坡度、植被、土壤和降雨分布的情况，降水会被分配到蒸发、蒸腾、入渗、径流等过程中。恰当地运用雨洪管理策略可以在小型降雨中成功地复制这种自然分配过程，将降水分配到滞留和入渗设施中去。罕见的大型降雨产生的径流，应使其安全地绕过入渗设施。

互联水供给系统包括收集雨水供给、市政水供给或井水供给，每一种供给来源都有着相应的适合用途。未经处理的雨水不能用作饮用水，但可以用作洗涤用水、马桶冲水、灌溉、加热冷却等非饮用水用途；灰水可以用于灌溉或滴灌系统。一个项目的所有用水都可以实现平衡。当然，用场地衍生的水来满足所有场地和建筑用水的需求，以及持续性地模拟自然水文过程来供应水，都是极富挑战性的。但事实上，在项目中运用创新性的手段，在蒸发渗透之前实现水资源就地循环多重利用，是有可能的。场地尺度、建筑大小、建筑用途、降水量以及多种因素综合决定了特定场地是否能实现可持续性的用水平衡。

保护水质对维持水资源的可持续至关重要。建筑、停车场、街道等开发场地产生了超过半数的非点源污染，这些污染物随着雨洪径流进入江河湖海。雨洪径流中的污染物主要有化学品、化肥、沉淀物、细菌、重金属等。美国环境保护署的美国全国水质调查显示，受污染的雨洪径流影响着40%的河口、河流和湖泊水质。虽然市场上有许多专用的径流过滤设备，如集水池过滤器、涡旋分离器、油砂收集器等，但基于景观的、利用植物和土壤的过滤功能的系统，能更好地整合在场地设计中。

1. 非点源污染

就地入渗和生物滞留使得雨洪经过土壤和植物的过滤后入渗到地下，起到了控制地表非点源污染的作用。与传统滞留池相比，入渗和生物滞留措施的关键优点是初期雨水中的污染物被分离出来，且不会被排放到下游去。水质可以通过植物根系对磷、氮元素的吸收和土壤过滤得到改善，土壤的过滤效应也可以使重金属离子、磷等污染物在土壤表层富集。这种做法的另一个优点是被过滤出的污染物存留在表层土壤中，在需要的情况下可以被清除。

随着城市开发的增长，为了促进雨洪管理系统非点源污染的控制，发展出了一些新的设计方式，如增加一些小型的入渗和生物滞留设施来处理径流的初期雨水。也可以对现有蓄洪系统进行改造，使其可以吸收和过滤少量的初期雨水。最常见的改造方式是对雨洪滞留池底部6英寸（15cm）的土层进行深耕，使其恢复一定的入渗能力。以上各种做法，目标都是将径流引导到可以被过滤或入渗的地方。

2. 热污染

热污染带来的水体水温不断上升是另一种形式的城市非点源污染。炎热的路面和停车场造成温热雨洪径流，会导致河流水温的升高，降低水体中的可溶性含氧量。可以通过对不透水表面进行遮荫，利用浅色、高反射材料，或可渗透铺装来降低雨洪径流的温度。此外，20 世纪 80 年代以来使用的许多雨洪管理设施，如可以滞留小型径流超过一天以上的蓄洪池，会由于水体暴晒导致更严重的水温升高。生物滞留渗透设施可以通过初期雨水的转移、滞留、渗透来控制径流的温度，同时也可减少对滞留池的依赖。就地入渗和生物滞留措施更通过保护地下水位和河流基流，减少了非点源污染对水生动植物生境的破坏（图 3-12）。

（Designers Olin Partnership and Judith Nitsch Engineering, Inc.; Photo source Stuart Echols）

图 3-12　麻省理工学院的 Outwash 洼地是通过可持续雨洪设计缓解非点源污染的极佳范例

非点源污染清除计划

在 1987 年《清洁水法案》的要求下，下列雨洪排放需要得到美国污染排放清除管理委员会（NPDES）的批准。

▶ 工业排污。

▶ 人口超过 25 万的城市的排污系统排放的污水（大型城市市政排污）。

▶ 人口在 10 万～ 25 万之间的城市的排污系统排污（中型城市市政排污）。

▶ 排放污水导致水体水质超标或构成水体污染物的主要来源。

在 1999 年，美国污染排放清除体系第 2 阶段设定的最低控制措施包括：公众教育和宣传、公众参与、违法排污的监测和治理、施工场地径流控制、建成场地径流控制和污染预防。建成场地径流控制的推荐措施包括：

（1）入渗措施有利于径流通过土壤过滤进入地下水，因此减少了雨洪径流流量，也削弱了污染物的转移。

（2）植物可以促进污染物的清除，维持和促进自然场地的水文过程，提高栖息地的健康度，也能提升审美情趣。

(Designer KPFF Consulting Engineers and Atlas Landscape Architecture; Photo source Stuart Echols)

图 3-13 波特兰州立大学 Epler 礼堂外的生物滞留池是促进污染物清除，提供审美情趣的极佳范例

3. 地下水污染

虽然可持续雨洪设计的一个核心原则是实现地下水的补偿，但如果任由污染径流入渗，则会增加地下水污染的风险。因此，可持续雨洪设计必须考虑和预防地表雨洪径流对地下水的污染问题。地下水储量丰富，人们常常认为取之不尽；同时，人们还认为由于地下水由岩石层封闭，可以避免人类活动对地下水的影响。实际上，如果污染物质发生渗透，地下水将不可避免地受到污染。常见的污染源有：加油站、仓储区、工厂以及广泛应用的化肥、杀虫剂、融雪剂等。一旦地下水被污染，其清除和治理费用将是极为昂贵的。因此，保护这种珍贵资源的最佳方式就是源头防治。

由于人类大量开采地下水作为饮用水源，而对蓄水层的清污则极为困难，预防蓄水层污染就更显得十分重要了。罗伯特·皮特（Robert Pitt）的研究显示"几乎没有城市景观中的污染物会永远消失，它们只是从一种介质转移到另一种介质——从大气到地面，从地面到地表水，或从土壤进入地下水"（Pitt *et al.*，1996）。因此，必须认真衡量地下水污染带来的恶果及其治理的高昂花费，认识到通过保护地表水来保护地下水的意义。同时，也应该认识到在雨洪补偿地下水之前，必须采取措施清除其中的污染物。

美国环境保护署认定的地下水污染源包括：
► 腐烂物的淋渗。
► 直接排入地下水的污染物。
► 蓄水层水体交换。
► 污染地表水对地下水的补偿。

不同的污染物对地下水的污染程度不一。土壤成分对污染物的作用有很大影响；渗透率、有机质含量、土壤结构等土壤特征也对污染物是否能到达蓄水层有影响；此外，污染物的浓度也是重要因素。决定污染物对地下水威胁的主要因素，是其与土壤结合的程度及其降解的速度（EPA，1987b）。地下水的潜在污染风险取决于场地条件和污染物的类型（表 3-3）。

表 3-3　来自雨洪径流的地下水污染物

污染物及其来源	风险
化肥：草坪、农田、养殖场、高尔夫球场	对雨洪地表过滤措施、地下渗滤、直排措施而言，硝酸盐污染地下水的危害性为低到中度。原因是多数雨洪监测到的硝酸盐浓度都相对较低。如果雨洪径流中硝酸盐含量较高，其对地下水污染的可能性也相应升高
杀虫剂：草坪、农田、高尔夫	对雨洪地表过滤措施或地下渗滤、直排措施而言，氯丹和林丹[1]污染地下水的危害性为中度。对这类化合物而言，采取适当的沉淀预处理，可以大幅降低其对地下水的危害
挥发性有机物：加油站、木材防腐剂、煤场、油库	对雨洪地表过滤措施或地下渗滤、直排措施而言，二氯苯等对地下水的威胁很高，但地表渗透过程中包气带[2]土壤对其有较高的吸附作用，使其对地下水的危害得以降低；对地下渗滤、直排措施而言，多环芳烃类物质对地下水的威胁也很高，但由于其在不饱和土层中较低的迁移率，地表过滤措施会降低其危害性；对地下渗滤、直排措施以及未做预处理的地表过滤措施，其他挥发性有机物对地下水都有中度的危害性。地表过滤前如果增加一步沉淀处理，挥发性有机物的威胁将被大大减小
病原体：化粪池、养殖场、动物粪便	对所有的地表过滤措施或地下渗滤、直排措施而言，肠道病毒对地下水污染的风险性较高，当然，这取决于其在雨洪径流中的含量（如果受生活污水污染，其含量会非常高）。含有其他病原体，如志贺氏杆菌、绿脓杆菌以及各类原生动物等时，未经消毒的雨洪径流同样具有很高的危害性；而采取消毒措施的话，其副产物对地下水也会有很高的危害性
金属离子：金属屋顶、机动车（刹车盘）、金属加工	对地下渗滤、直排措施而言，镍和锌对地下水有很高的危害性，铬和铅也有中度的危害性。地表过滤前如果增加一步沉淀处理，各类金属离子对地下水的危害将得到有效降低
盐：融雪剂	不论哪种预处理、入渗或过滤方式，都难以减轻融雪剂中的氯离子对地下水的高度危害

　　作为潜在的污染物，氯化物对地下水有着慢性威胁，特别是冬季降雪后广为运用的融雪剂，几乎没有办法预防这种潜在污染（Pitt，2000）。地下水盐度升高会引发一系列问题，包括：

- ► 给低钠饮食人群带来健康风险。
- ► 对供水管道和设备的腐蚀。
- ► 影响植物从土壤中吸收水分的能力。
- ► 对植物造成毒害。
- ► 增加土壤 pH 值。

1　均为杀虫剂。氯丹，分子式为 $C_{10}H_6Cl_8$，有机氯杀虫剂的一种，为深琥珀色黏性液体，具有类似松柏的气味。常用于杀灭地下害虫，如蝼蛄、地老虎、稻草害虫等，对防治白蚁效果显著。林丹（Lindane），是 γ - 六氯环己烷，$C_6H_6Cl_6$，六六六的主要杀虫活性成分。——译者注

2　包气带：地面以下潜水面以上的地带。也称非饱和带，是大气水和地表水同地下水发生联系并进行水分交换的地带，它是岩土颗粒、水、空气三者同时存在的一个复杂系统。包气带具有吸收水分、保持水分和传递水分的能力。——译者注

如果雨洪径流被适当地通过沉淀、过滤等预处理就地滞留，多数的污染物在进入地下水之前就可以被控制。考虑到地下水污染的问题，场地的选择和措施的维护都应该得到慎重考虑。在下列场地附近设置入渗设施，必须采取特殊措施：

- ▶ 水井。
- ▶ 加油站。
- ▶ 机动车修理厂。
- ▶ 化学品储存区。
- ▶ 加工制造业厂址。
- ▶ 带来污染的行为。
- ▶ 肥料储存和零售。
- ▶ 养殖场。
- ▶ 喀斯特地貌。
- ▶ 沙质土壤。

由于雨洪径流中多数污染物会在缓慢入渗过程中附着在细微的土壤颗粒上，适当的场地设计和雨洪管理系统可以预防大多数的地下水污染。在沙质土壤条件下，入渗和生物滞留设施中应设计半透水层（细粒度结构土层）来预防地下水污染。居住区和商业区的雨洪径流导致地下水污染风险较低，只要设计适合的过滤设施就可以了（Pitt *et al.*, 1996）。除此之外，其他类型场地都应设计过滤前的预处理措施，如生物滞留等。同时，在加油站等污染风险较高的场地，雨洪不经过严格处理，严禁排入入渗设施中。

3.1.4　雨洪管理系统的场地与区域评价

可持续雨洪管理的目的是为了保护和恢复场地的自然水循环过程，针对雨洪管理的场地调研和评估必须聚焦于当地的自然植被、土壤、排水和地形条件等。可持续雨洪管理的场地设计必备的调研评估活动请参看表 3-4 及本书第 2 章。

3.1.5　计算

有许多减少场地开发导致的过量径流的设计策略，如减少地表径流的场地设计策略或雨洪管理措施等。有许多雨洪径流预测模型可以用来估算设计策略的效果，如随机法[1]、TR-55[2]、小型降雨计算法等。雨水的收集、滞留、过滤、入渗和再利用设计主要针对的是雨量 1.5 英寸（38mm）以下的小型降雨，因为 75% 的污染物存在于 0.5 ~ 1.5 英寸（13 ~ 38mm）降雨量的小型降雨中，所以解决雨洪污染排放问题的关键就是收集和处理小型降雨产生的径流（Pitt，1999 and 2003）。这也就是许多地方法规要求可持续性雨洪设计就地收集和处理

1　一种计算洪峰的小流域计算模型。——译者注

2　TR-55（Technical Release 55）是一种水文计算模型，由美国自然资源管理局（NRCS）编制。——译者注

0.5 ~ 1.5 英寸降雨量的小型降雨的缘由。

表 3-4 雨洪管理系统的场地与区域评价

需调研和评估的自然系统	场地评估	可持续性雨洪管理的场地设计
土壤： 　保护和恢复土壤对成功地实施可持续雨洪管理至关重要，因为健康的土壤有利于储存水分和培育植物，促进入渗和蒸发蒸腾	**调研与分析图：** 　土壤渗透率分析图； 　土壤保水能力分析图； 　土壤分布图； 　土壤密实度分析； 　土壤受污染情况； 　地下水补偿区 **评估：** 　渗透容量现状	保护高渗透性的土壤； 在低渗透性土壤区域进行建设； 保护健康的原始土壤； 在密实度高的土壤区域进行建设； 在受干扰的土壤区域进行建设； 通过耕作和添加堆肥来恢复密实的表层土
排水： 　保护和恢复自然排水系统对可持续雨洪管理的成功至关重要，因为自然排水可以通过收集、保存、入渗、蒸发等保护生态系统	**调研与分析图：** 　滑坡洼地 ᵃ 和落水洞 ᵇ 分布分析图； 　基岩断裂带分析图； 　现状河流、湖泊和湿地分析图 **评估：** 　保护敏感排水区所需的缓冲带大小	避免改变排向滑坡洼地和落水洞的排水量； 避免在没有滞水层的断裂带上设置入渗措施； 保护和利用自然排水模式，避免直接向现状河流、湖泊、湿地排水； 维护河道形状和类型； 保护现有汇水区划分； 保护现有排水路径
地形： 　对地形的保护和利用是成功运用可持续雨洪管理的重要基础，因为现状地形特征可用来减缓雨洪径流，有利于将雨水储存在场地上	**调研与分析图：** 　坡向分析图； 　汇水分析图	在适于开发的地区进行开发； 最大可能地维持现有地形； 计算地面坡度，尽量将雨水保留在场地上； 维持一定的地面粗糙度； 最大化坡面缓流
植被： 　植被的保护和利用对成功运用可持续雨洪管理也是非常重要的，植物可以保护土壤、减缓径流、吸收氮磷等元素。恢复和促进蒸发蒸腾作用	**调研与分析图：** 　调研乡土植被类型； 　调研外来植物种； 　分析土壤与植被的关系	保护场地乡土植物； 利用和恢复场地乡土植物； 评估现状外来植物的保水性能； 种植深根性植物； 限制草坪的使用

a 滑坡洼地指滑坡后部，滑体与滑坡壁之间或由次一级滑块沉陷而形成的四周高、中间低的封闭型洼地。有时，滑坡洼地可积水成湖，称为滑坡湖。

b 落水洞是地表水流入地下的进口，表面形态与漏斗相似，是地表及地下岩溶地貌的过渡类型。

3.1.5.1 雨洪的水质径流量[1]

传统雨洪滞洪系统针对的是罕见的大型降雨，而以控制径流水质为目的的可持续雨洪设计针对的是高频、小型降雨。各地根据不同的地方条件和政策规定了许多雨洪水质径流量标准。这些标准大体上针对的是不透水表面上降雨量 0.5 ~ 1.5 英寸的降雨事件。

1　雨洪的水质径流量指的是为控制雨洪径流水质而设定的需进行可持续处理的降雨量范围，一般在 0.5 ~ 1.5 英寸（13 ~ 38mm）之间。——译者注

一个简单的估算水质径流量的方法是：

（1）在总平面图上分别画出现状不透水区域和设计的不透水区域。

（2）计算以上不透水区域的面积。

（3）将每种不透水区域面积乘以深度（如 1 英寸 =0.083 英尺 =25mm）来计算该区域的水质径流量。

例如：一个面积约 1000 平方英尺（1 平方英尺 =0.09m^2）的停车场，1 英寸降雨的水质径流量为 83 立方英尺（1 立方英尺 =0.03m^3）。

$$1000\text{平方英尺} \times 0.083\text{英尺（径流深度）} =83\text{立方英尺（水质径流量）}$$

实践中，可以在数据库软件中记录和计算单个的不透水区域、总的不透水区域的水质径流量。

3.1.5.2　生物滞留设施规模的计算

生物滞留设施通常是根据雨洪的水质径流量来计算的，在需要的情况下，也可以针对更大的流量设计。生物滞留设施应设计成浅池，以减少积水水深。依据场地条件和地方规定，一般的设计深度在 6 ~ 12 英寸（0.15 ~ 0.3m）之间。

计算单个生物滞留设施面积的方法是：

（1）确定生物滞留径流的目标径流量（通常为雨洪的水质径流量）。

（2）确定生物滞留设施的深度、宽度和长度：

目标体积除以生物滞留设施的面积等于该区的深度：

$$\text{深度} = \text{体积} / (\text{长度} \times \text{宽度}) \tag{3-1}$$

或：

$$\text{生物滞留设施面积} = \text{体积} / \text{深度} \tag{3-2}$$

例如：一个 100 平方英尺（20 英尺 ×5 英尺）的生物滞留设施为了储存 83 立方英尺的雨水，需要的平均深度为 0.83 英尺（约 10 英寸）。那么，一个 1000 平方英尺的停车场，需要一个 20 英尺 ×5 英尺大、0.83 英尺深的生物滞留设施来收集 1 英寸的雨洪径流。

3.1.5.3　入渗设施规模的计算

入渗设施通常也是根据雨洪的水质径流量来计算的。如有必要，也可以针对更大的流量设计，特别是将地下水补偿作为设计目的的时候。入渗设施的计算同滞留系统的计算很类似，不同的是入渗设施需要考虑土壤的渗透速率。

计算入渗设施的大小，设计师需要：

（1）确定需要渗透的目标径流量（V_{inf}）（通常为雨洪的水质径流量，但更多取决于设计目的）。

（2）根据入渗设施的孔隙空间确定入渗洼地体积（V_b），V_b 等于 V_{inf} 除以储水区孔隙容积（V_d）（地上设施可免去这一步）。

$$洼地空隙体积（V_b）=V_{inf}/V_d \qquad (3-3)$$

（3）根据土壤干燥时间（T_d）、土壤渗透速率（英尺 / 天，K）和安全系数（S_f）可以计算出洼地的最大入渗深度（d）。

$$最大深度（d）=（T_d \times K \times S_f）/V_d \qquad (3-4)$$

（4）洼地空隙体积（V_b）除以最大入渗洼地深度（d）得出最小占地面积（F_a）。

说明：

V_{inf}	入渗体积——由设计人员基于雨洪的水质径流量或其他标准来确定
V_b	入渗洼地体积——根据入渗设施的空隙空间来估算
T_d	土壤干燥时间——通常为 3 天，但根据各地情况或场地条件有所不同
K	土壤渗透速率——用来衡量入渗速度，通常以每小时入渗的深度（英寸）来衡量，乘以 2 则能换算出"英尺 / 天"的渗透速率
S_f	入渗率安全系数——简单的安全 / 风险系数，低风险情况为 1 ~ 2，高风险为 2 ~ 5
V_d	洼地空隙容积——砾石通常为 30%，可通过管道、涵洞等构筑措施提高

3.1.5.4　雨水收集和再利用水量的计算

雨水的就地收集可分为两部分，一是降落在屋顶的雨水，二是降落于铺装地面如停车场、道路等的雨水。这种区分的原因是停车场、道路的雨洪径流常含有害化学物质，如融雪剂、机动车污染物等，这种雨水无法用于建筑内的洗涤、厕所冲洗等。

平均雨水供应量可根据当地月度降雨量和流域面积计算出：

$$月度降雨量 \times 流域面积 = 月度雨水供应量 \qquad (3-5)$$

月度雨水需求量是基于建筑使用者数量及其非饮用水使用情况来测算的。但非饮用水使用情况由于园林灌溉或其他原因，在年度范围内也是变化的。例如在学校，学生在校情况和季节因素就会引起需求量年度范围内的变化，如图 3-14 所示。

综合月度雨水供应量和需求量就能测算出雨水储存设施的大小。月度供应量和需求量之间的差异应在年度范围内力争取得平衡。储水设备的容量应在考虑月度雨水供应量和非饮用水需求量的基础上优化，这样可以保证为满足每月需求，储存足够的雨水。

$$（月度供给—月度需求）+/ —（余量或欠缺量）= 月度储存量 \qquad (3-6)$$

为了在多数情况不造成浪费，雨水储存系统的体积应设定在非饮用水需求量的 75% ~ 90% 为宜。污水排放量受使用者数量和其他功能的影响，但不受月度雨水供应量或收集量的影响。设计师可以将雨水与场地规划设计结合起来，实现经济可行、环境友好的场地水资源利用系统。

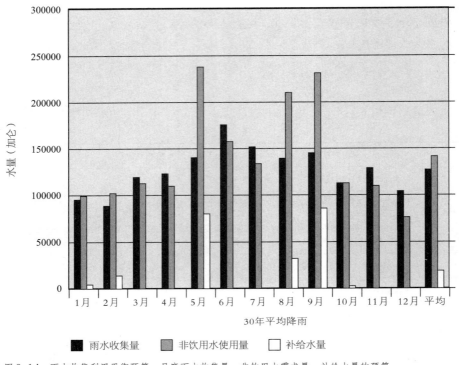

图3-14 雨水收集利用平衡预算，月度雨水收集量、非饮用水需求量、补给水量的预算

3.1.5.5 用水平衡的计算

用水平衡设计的目标是将项目水源主要限定于场地的降水，降低对市政供水和地下水的依赖。

从最基本的层面看，场地水平衡是非常简单的：

$$输入水量 = 输出水量 + 蓄水变化量 \qquad (3\text{-}7)$$

一般情况下，项目水资源的来源包括：

▶ 降雨。

▶ 市政饮用水供水。

▶ 市政再生水。

▶ 设备的冷凝水。

▶ 地下水。

一般情况下，项目的水输出包括：

▶ 入渗。

▶ 景观中的蒸发蒸腾。

▶ 蒸发（水景或建筑空调设备）。

- ▶ 雨洪径流。
- ▶ 排出场地的污水。
- ▶ 灌溉。
- ▶ 其他。

蓄水变化量体积：

- ▶ 储水箱。
- ▶ 水塘。
- ▶ 水景。

3.1.6 雨洪管理与景观设计的结合

以非点源污染控制、水平衡和小型降雨为焦点的新型雨洪管理系统，可以被用来创造新的场地景观。雨洪管理设施可以成为景观的一部分。与传统排水管道将水藏于地下不同，可持续雨洪设计的开放式排水系统可与自然地形和土地用途结合，成为场地的一个主要设计元素。

彼得·斯赫尔（Peter Stahre）罗列了一系列开放式雨洪管理系统的"积极价值"，如美学、生物学、文化、经济、技术、教育、环境、历史、休闲娱乐和公共关系等（公共关系价值是其他价值综合作用的结果）（Stahre，2006）。

可持续雨洪设计可以带来更好的使用者体验和价值认知——不仅能更好地解决雨洪管理问题，而且将雨洪管理系统转变为场地设计的宝贵财富。可持续雨洪设计蕴含着巨大的场地设计机遇，可以赋予雨洪管理设施丰富的景观审美价值。下面将介绍雨洪管理措施如何在教育、休憩、安全性、公共关系、美观度等方面体现其景观舒适性（Echols and Pennypacker，2006）。

雨洪设计最初的目标仅仅是创造野生动物栖息地和开放空间，后来可持续城市排水组织（Sustainable Urban Drainage Systems，SUDS）将雨洪设计目标进一步修正，包括"社区价值、资源管理（如雨水再利用）、空间多功能化、教育、水景、栖息地创造、丰富生物多样性"等多种目标（National SUDS Working Group[1]，2003）。

3.1.6.1 教育性

雨洪设施作为景观设施的教育性意义是通过普及雨洪管理及相关知识来实现的。可以展示的内容包括如何进行可持续雨洪设计、场地历史上的水文条件、滨水植物群落等。这些内容既可以通过展板直接展示，也可以间接地整合在场地设计中，丰富场地的感受（图3-15）。设计策略包括：

- ▶ 确保雨洪管理系统清晰可见。
- ▶ 创造叙述雨洪与水文循环的机会。

---

1 美国可持续城市排水工作组。——译者注

(Design by The Miller/Hull Partnership, LLP, Bruce Dees & Associates, LLC; Photo from Stuart Echols)

图3-15　塔科马（Tacoma，美国华盛顿州西部港市）皮尔斯县环境保护局绿地上黄色的小标识牌，创造了有趣的教育机遇，可以引导游客在多种雨洪处理设施之间漫步

(Design by Mayer/Reed; photo from Stuart Echols)

图3-16　波特兰市俄勒冈会议中心的雨洪设计，其尺度和可达性很好地展示了雨洪设计的娱乐性

- ▶ 将与雨洪管理有关的产品或设施整合到设计中去。
- ▶ 创造场地曾经的水文条件的象征。
- ▶ 使雨洪处理系统变得有趣、吸引人。
- ▶ 在设计中运用多种雨洪管理系统。
- ▶ 创造可视化的收集、储存垃圾和污染物的雨洪管理系统。
- ▶ 使用丰富的滨水植物和群落。
- ▶ 通过种植为野生动物提供食物的植物、不同的水深和为动物创造庇护所（如鸟巢或蝙蝠屋）来创造一系列有趣的野生动物栖息地。
- ▶ 提供简单的引导标识，用简洁的文字和清晰的图表进行说明。
- ▶ 雨洪处理系统设计满足符合教育活动或游戏的需求。
- ▶ 通过设计变化多样的雨洪处理系统来创造视觉亮点。
- ▶ 为人群创造在雨洪处理系统附近探索、聚集或停留的空间。
- ▶ 设计成可触摸的雨洪管理系统。

3.1.6.2　娱乐性

雨洪设计的娱乐性可以通过创造令人放松、愉悦的雨洪管理系统互动条件来实现。相比教育性，雨洪设计的娱乐性更关注的是趣味性的体现。"教育性"和"娱乐性"之间有着较大的重合性，差别细微，为了帮助设计师在设计中有侧重地强调二者之一，本书分别阐述以供参考（图3-16）。设计策略包括：

- ▶ 创造可以俯瞰雨洪管理系统的景点。
- ▶ 将游线和道路与雨洪处理系统联系起来。
- ▶ 在可以看到雨洪管理系统的地方设置景墙、座椅等停留休息设施。
- ▶ 将场地道路与场地外的交通网络连接起来，确保游客可以经过或抵达雨洪处理设施。
- ▶ 提供视觉上引人入胜、兼具神秘性和可达性的进入雨洪管理系统的位点。

▶ 提供一系列或大或小可以游玩或探索雨洪管理系统的区域。

▶ 将某些区域设计成易于攀爬和探险的形式，注意安全性和趣味性的平衡。

3.1.6.3　安全性

雨洪管理系统的危险性也不能忽略。在美国的语境下，有效解决安全性问题的目标主要就在于将雨洪处理设施景观化[1]。静止或流动的水常给人带来良好的感受，但其设计必须避免溺水的危险，甚至不能给人危险的感觉（图 3-17）。设计策略包括：

▶ 应了解雨洪的水质情况。多数情况下可触摸的雨水和雨洪径流是安全的，但不能饮用或在其中游泳。

▶ 在可以观景但不可进入的雨洪设施旁，如果必需的话应设置墙体、玻璃屏障或栏杆等设施。

▶ 在可以观景但不可进入的雨洪设施旁，也可以用滨水湿地植物来加以阻隔。

（Designer Greenworks, PC and Atelier Dreiseitl; Photo source Stuart Echols）

图 3-17　波特兰市特纳泉水公园（Tanner Springs Park）的可循环雨水处理系统，通过小型浅溪的设计很好地做到了安全性和趣味性的统一

▶ 可以设置桥、栈道或平台来允许人从上方安全地观看雨洪管理系统。

▶ 运用以水为主题设计的水塔、水桶、水箱等雨水储存设施。

▶ 将雨洪分散在较浅的滞留设施中。

▶ 通过设计溢流口来限制雨洪的深度，或者在滞留洼地中放置大型置石，便于人们进入。

▶ 不应通过大型集中式排水渠道进行雨洪的收集和转移。

▶ 通过设计雨洪渠道急转弯或消减动能的小型水瀑来降低雨洪径流速度。

3.1.6.4　公共关系

作为设计考虑的一方面，公共关系可以作为具体的设计目标；即使没有在设计中被特意考虑，这一综合特征也会展示场地设计者或所有者的价值取向。不管是直白的还是含蓄的，设计所表达的价值取向都代表着一定的公共关系类型。需要再次指出的是，读者可能会发现雨洪设计各个方面有较大的重合性，对公共关系进行单独论述，有助于理解不同类型公共关系的表达和设计技巧（图 3-18）。设计策略包括：

1　美国对景观设施的安全性有着详细而严格的规定，景观化的雨洪设施必须符合相关要求和规定。——译者注

(Designer Mithun; Photo source Stuart Echols)

图 3-18　西雅图市高点（High Point）居住区的可渗透铺装、生态沟及标识，是展示雨洪管理与公共关系的极佳范例

- ► 将雨洪处理系统设置在出入口、庭院或窗户附近，保证较高的可见性。
- ► 利用标识普及雨洪处理策略，使雨洪管理系统容易被发现和找到。
- ► 为科普教育活动创造条件。
- ► 使用常见材料。
- ► 设计小尺度可复制的干预措施。
- ► 在人行道、停车场等常见设施附近应用雨洪设计。
- ► 鼓励使用新形式和新材料。
- ► 对传统雨洪处理设施用新的方法进行改造。
- ► 不要放弃利用边边角角、看似无用的空间。
- ► 赋予雨洪管理系统多种功能，如交通减速、美化装饰等。
- ► 将雨洪渠道设计成忽隐忽现。
- ► 将雨洪处理系统设计成可触摸的。
- ► 将雨洪处理系统设计成可听见的景观，包括瀑布、水潭、落水管等。
- ► 使雨洪展现出多种姿态，如翻滚、流淌、飞溅等。
- ► 设计优美、简洁的构筑物形式。
- ► 限制材料和形式太过多样。

▶　使用不同寻常的主题和形式表现水。

3.1.6.5　美学价值

至于体现雨洪美学价值的设计，可以形成以雨洪为焦点的美感和享受。许多可持续雨洪管理措施提供了实现这一目标的机会，而传统雨水管理措施则常常不够美观。有人可能认为美观性要通过雨洪设计的各个方面来体现，但有时美观感受仅仅通过形式、色彩、声音的结合就能实现。结合多种策略来提升雨洪的关注度是非常有必要的。广泛考虑的话，各类措施可以结合视觉、听觉、触觉和嗅觉等多种感受来提升美学价值。设计策略包括：

▶　将收集雨洪径流的洼地作为水景或视觉焦点。

▶　通过泄水孔、洼地、水池、滴水石等在视觉上强调水流的转向。

▶　通过使用落水管、沟渠、水槽、生态沟等来吸引对雨洪径流渠道的关注，提高其辨识度、趣味性和吸引力。

▶　在雨洪流过、跌落边缘的位置设计水平或垂直的平面，形成水塘或瀑布景观，提升雨洪的视觉趣味性。

(Designer Koch Landscape Architecture; Photo source Stuart Echols)

图 3-19　俄勒冈州波特兰市霍伊特 10 号公寓的庭院，引人入胜的雨水沟设计是雨洪设计审美价值的最佳体现

▶ 充分设计拥有植物和水的洼地，创造视觉上的对比：下沉的、抬升的，直角的、曲线的，不规则的、几何式的，小的、大的等。

▶ 运用对比的手法将自然元素和人工元素组合在一起，如修剪的草坪、钢铁或混凝土等。

▶ 将河石与滨水植物并置，形成对比效果。

▶ 将雨洪管理系统、洼地、沟渠等通过水道连接，在隐藏的轴线两侧布置。

▶ 通过不断重复的生态沟、洼地、水堰、水塘、雨水花园等创造统一的设计主题。

▶ 通过让雨水从不同高度跌落在不同的材质上来创造各种声音的效果。

▶ 通过让雨水落在不同材料上，如岩石、金属管、鼓、水塘等上，营造变化的音节。

▶ 通过调整雨水流落的大小和速度创造不同的声音节奏。

▶ 在游人可以触及的地方种植各种滨水植物。

▶ 运用各种与水相关的硬质景观（如河卵石、浮木等），以营造吸引人的景观。

▶ 允许人们通过不同的形式接触雨洪，如流水、瀑布、湖面、薄水面等。

3.2　雨洪设计方法

可持续雨洪设计的目的是将人工环境场地生态功能的贡献最大化。雨洪管理措施可根据性质和所解决的问题分为以下 4 类：

▶ 减少雨洪径流的措施。

▶ 通过增加蒸腾蒸发和渗透，减少地表径流的措施。

▶ 保护和修复汇水水体的措施。

▶ 转移大暴雨径流的措施。

这些措施可以经济地、长效地保持生态健康和公共健康。

雨洪设计的基本导则

▶ 开工前一定要召开由风景园林师、施工方、业主及其他专业咨询人员（如工程师等）参加的会议，确保采取合理的雨洪管理措施。

▶ 雇佣富有经验的施工方，最好能够考察其过往完成的项目。

▶ 施工顺序非常重要——例如，雨洪管理措施的实施应在场地地形改造后进行。

▶ 对雨洪管理设施和入渗地点进行保护，避免施工过程对其造成夯实或淤积；如无法避免，则要在工程验收前予以补救。

▶ 严格限制施工场地的交通及施工方式，以减少泥土的转移和破坏。

▶ 在雨洪设施建设期间或完成后，禁止对其土壤进行夯实。

▶ 确保用植物或覆盖物对场地进行水土流失的保护。

下页续

▶ 挖掘或改造地形应避免压实场地土壤，如有发生，应将土壤耙松。

▶ 对设计建议的材料如混合砂土、砂石、覆盖物、铺装等进行校验。

▶ 使用标准化产品时应严格遵守厂商推荐的工法。

▶ 表土、土壤改良剂、覆盖物等应充分腐熟，保证没有杂草。

▶ 经过雨洪设施施工后，要确保最终的场地竖向符合设计要求。

▶ 在种植植物时禁止夯实土壤或改变场地地形。

▶ 确保在设计要求的时间内完成植被建植。

▶ 在植物景观施工过程中可能需要临时灌溉。

3.2.1 减少雨洪径流的措施

可持续雨洪管理的最基本策略就是尽量减少雨洪径流。不透水的构筑物几乎是每个场地都有的设计元素，尽管如此，还是有许多途径可以使构筑物表面具备水文功能。屋顶、停车场、道路、运动场等通过设计都可以既符合其功能要求，又具有蒸发、入渗雨洪的能力。

低影响设计有一个众所周知的原则——源头控制。将不透水表面最小化，可以减少场地的雨洪径流。在人工环境中，除了不透水表面，还有大量半渗透表面也处于糟糕的状态。大多数景观化的场地经过地形改造和土壤夯实，都会不同程度地减弱其入渗雨水的能力。

3.2.1.1 减少不透水表面的场地设计

可持续景观场地雨洪设计的首要目标，是减少开发建设带来的过量雨洪径流。许多卓有成效的保护场地特征的技术经常被认为会增加花销，而在以节省建设成本为目标的情况下被精简掉。为了使特定策略发挥作用、产生长远的价值，这些策略必须与场地设计结合起来，并符合项目目标、场地环境和其他条件的要求。任何可持续雨洪设计的出发点都是限制产生不透水表面的面积，进而减少过量径流的产生。常规策略：

▶ **减少屋顶面积**——通过多层建筑替代单层建筑可以有效减少屋顶面积。

▶ **建设绿色屋顶**——因地制宜地建设绿色屋顶。通过绿色屋顶系统收集、滞留 0.5 英寸（13mm）以下的降雨，可以减少雨洪径流和过滤污染物。

▶ **减少道路面积**——通过恰当的道路设计将道路面积最小化，以减少不透水表面面积。缩减建筑红线，使车道[1]、步道的面积缩小。

▶ **减少停车场面积**——通过缩小车位面积、缩小通道宽度和共享停车场等方式减少铺装面积。

▶ **应用透水铺装**——在交通量较低的地区、后备停车场、行步道、紧急出口和入渗材料铺装的机动车道等地使用透水铺装。

---

1 指从机动车道到建筑的车道。——译者注

- ▶ **减少道牙和排水沟**——在街道、停车场、装载区等区域拆除道牙和排水沟，使雨洪可以直接流入相邻的植被覆盖地面。

- ▶ **减少连续不透水表面**——将快速传送雨洪径流的不透水表面最小化。利用植被打破连续的不透水区域，将从建筑中流出的雨水导入植被覆盖区域或雨水收集系统。

- ▶ **减少雨洪向市政管网或地表自然水体的直排**——将建筑和停车场布置在离自然水体排放点较远的地方，将雨洪径流通过分流器和滞留设施进行疏散。

- ▶ **使用现状空地**——引导径流经过植被覆盖的区域，使径流得到过滤，促进地下水补偿。

- ▶ **减少草坪的使用**——在空地种植地域性植被来替代传统的草坪，这样可以减少过量径流的产生，并减少传统草坪所需的维护工作。

- ▶ **将径流直接排入土壤入渗**——减少向硬质排水设施（如道牙、排水沟、雨水沟、混凝土河道或夯实黏土）的雨洪排放，促进雨洪入渗、补充地下水。

- ▶ **限制场地清理和平整**——要保护现状植被，包括林下的枯枝落叶层。

- ▶ **尽量减少开发面积**——在已开发地块上提高开发密度，而对未开发土地进行保护，减少不透水表面的面积。见图3-20。

3.2.1.2 植生垫

植生垫[1]是用于防止水土流失、减少地面径流、促进雨洪入渗和植物生长的预制物混合层，

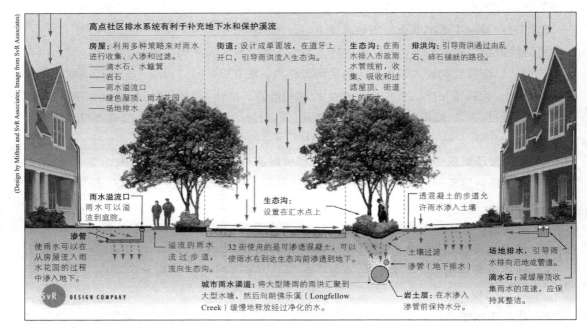

图3-20 高点公寓的街道设计是场地设计结合减少雨洪径流的良好范例

---

1 植生垫也称植生袋，包含植物种子、保水剂、复合肥等新型边坡绿化材料。——译者注

通常约 1 ~ 3 英寸（25 ~ 76mm）厚。这
种技术作为可在容易产生片流[1] 的情况下
广泛运用，包括陡坡、岩石类土壤、冻土
和现状植被周围等。

美国环境保护署总结了植生垫减轻水土
流失主要的 3 种途径：促进场地表面可渗透
性，进而延缓、减少地表径流；填补和掩盖
坡面的细小沟缝，有助于避免浊流[2] 和重力
流；促进植物生长，提高场地的稳定性。

植生垫可以手工、机械铺设，也可以吹
播铺设。研究证明，植生垫可比传统的草帘
等覆盖物提供更好的地表覆盖和保护，极大

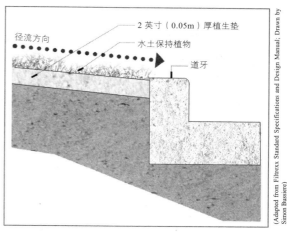

图 3-21　典型的植生垫做法

地减少径流量（U.S. EPA，2010）。在铺设前添加非入侵速生植物和乡土植物种子，可取得
更好的效果。通过这种方式，可以使水土保持策略成为场地永久景观的一部分（图 3-21）。

1. 设计方法

▶ 坡度要在 4 : 1 ~ 1 : 1 之间。

▶ 为了达到最佳植被覆盖效果，在植生垫铺设前混入植物种子。

▶ 从坡底到坡顶全面覆盖，避免汇成地表径流。

▶ 使用符合地方、州、国家标准的高质量植生垫（许多州的交通管理部门和环境部
门都设立了质量准入标准）。

▶ 植生垫中的生物固体肥必须符合《联邦环境保护法》第 503 条中关于 A 类生物固体
肥的要求。

▶ 美国堆肥协会的 STA 质量认证（Seal of Testing Assurance，STA），是对植生垫产品
的认证和评估标准。

2. 潜在限制因素

▶ 请勿在易形成重力流或高速径流的区域使用植生垫。

▶ 某些类型的堆肥营养物和金属离子含量较高。在运用中，应选择符合混入植物生长
的营养和 pH 值条件的腐熟堆肥。

3.2.1.3　自然场地和修复场地的雨洪管理

自然场地对雨洪管理的意义重大。场地的原始情况可作为评价雨洪管理效果和水平衡的
标准，也是各类雨洪管理策略力图模仿的状态。可持续景观场地设计将保护自然景观的完整

1　片流是降水在地表形成的片状水流，受地形影响较大，无固定流向。片流侵蚀范围广，侵蚀量大，是一种强烈
的地貌过程。——译者注

2　浊流是含有大量悬浮物质，因而相对密度大（可达水密度的两倍左右），并以较高流速向下流动的水体——译者注

性作为首要目标。新的开发项目应尽量在已开发的场地上开展，实现对完整自然生态干扰的最小化，保护自然水文功能。在已开发的场地上模仿当地自然植物群落而进行的植被恢复，可以作为雨洪管理综合措施的重要组成部分。

受保护的区域应该通过管理和恢复，形成符合场地环境条件的植物群落。虽然场地原生植物群落是重要参考，但现状土地利用方式和干扰可能要求新的生态平衡。具有类似环境条件（如生态区、流域、土地利用方式），已进入稳定阶段的场地具有极高的参考价值，通过分析这样的场地，可以为同类场地提供生态恢复的指导。而在此基础上提出的植物群落，可能与场地原生植物群落是不同的。本书第 4 章将进行进一步的探讨。

自然区域和生态修复的区域应具有丰富的功能，如兼具野生动物栖息地、休憩娱乐、雨洪管理和其他一系列生态系统服务功能。这些地区的价值是否被管理者或使用者认知非常重要，因为持续的管理和保护对于长期的成功非常重要。考虑到入侵物种、水和空气的污染、粗放开发带来的环境压力等，如果缺乏持续的维护和管理，被建设场地环抱的自然区域很难保持健康。见图 3-22 ～图 3-24。

图 3-22　自然区域、受保护区域可以提供多重生态和文化价值

图 3-23　在城市环境中保留自然区域有着多种重要的生态和文化价值

1. 设计方法

（1）在调研和分析的基础上，优先选择拥有下列环境特征的地区进行保护。

▶　连接滨水保护区的成片原生植被。

▶　自然水系，包括季节性、间歇性或常年河流、洪泛区、湿地等。

▶　地下水补偿区。

▶　拥有高渗透率或肥力高的优良土壤。

▶　陡峭的或水土流失严重的坡地。

▶　拥有良好的或珍稀的生态系统，或野生动物栖息地。

▶　大片的重要栖息地或成片的保护区。

（2）确定指导恢复目标和策略选择的场地标准条件（未开发前条件）或适合的参考场地。植被密度和植物多样性要力争模仿场地的标准条件或其他适合的标准条件。

（3）场地设计应与保护区或恢复区相适应和互补。

- ► 对保护区或恢复区进行管理。
- ► 控制入侵性外来植物。
- ► 控制粗放开发。
- ► 控制人类与野生动物的冲突。
- ► 控制审美和生态价值之间的平衡。

2. 潜在限制因素

- ► 保护措施可能与城市化地区的开发强度产生冲突。
- ► 在已开发区域中维持自然区域的健康需要通过人为管控来实现。
- ► 在城市环境中保护自然区域仅仅靠公共觉悟很难实现。准确地对生态系统效益做出评估，对项目相关利益方进行普及和教育有助于推动保护工作。

图 3-24　儿童和野生动物都特别喜欢的印第安纳州曼西市湿地和水塘，这个水塘接纳周边地区绿地过滤后的雨洪径流。栈道和其他设施由鲍尔州立大学风景园林专业的师生设计修建

（图中竖排文字：Design by Ball State Landscape Architecture Students and Faculty, Les Smith; Photo by Meg Calkins）

3.2.1.4　雨水收集再利用

雨水收集指的是对不透水表面产生的径流进行收集、储存、再利用的过程。屋顶和其他硬质表面产生的径流经过过滤和净化，进入雨水收集系统，如雨桶、水箱、排水井、集水塘等。收集的雨水适用于灌溉等其他非饮用用途，如冷却用水、冲厕用水等。如果经过相应的过滤处理，收集的雨水也可以用于饮用。

雨水收集系统的关键部分包括雨水收集区、过滤装置、水箱、配水系统等。虽然过去数十年间相关技术取得了突破性的进展，但基本的原理却已沿袭千年，非常简单。风景园林师和工程师今天面临的挑战是如何将这些技术的环境效益最大化。

除了满足项目或场地的用水需求，将在"3.3　水资源保护"一节详细论述，雨水收集还可以作为雨洪管理策略来应用。收集的雨水可以用于景观灌溉，达到效益最大化。多年以来灌溉被视为水资源的重要消耗方式，现在，利用收集的雨水进行灌溉难道不能作为雨洪入渗和地下水补偿的策略吗？

来自不同收集区的雨水应给予区别处理。镀层钢板、石板、褐陶以及其他材质的无污染屋顶更适于雨水收集。这类屋顶产生的雨水通常不含污染物，只要有简单的初期弃流装置和过滤装置就可以储存或用于非饮用用途。沥青屋顶、停车场或其他可能携带较多污染物的不透水表面上产生的雨洪径流，最好要经过如生态沟等自然过滤、入渗等处理。此外，绿色屋顶上产生的雨水径流可能携带氮磷、有机质等物质，应该引导其流入雨洪处理设施。见图3-25～图3-27。

1. 设计方法

▶ 雨水收集系统的规模应当根据雨水收集区面积、预计用途及场地入渗能力进行计算。

▶ 雨洪径流在进入雨水收集系统前应进行过滤或净化。

▶ 供水口阀门应安装在水箱侧壁上，以避免水箱底部淤积造成堵塞。

▶ 将雨水收集系统设置在低于集水区的地方，同时要建设足够支撑所储存雨水质量和收集设备的地基。

▶ 如果水箱埋在地下水位较高或洪涝风险较高的地方，水箱空置容易产生问题。

▶ 地下泵房应安装排水设施，以免被淹。

▶ 通常应该安装独立的非饮用水配水系统。

▶ 水箱的工艺和应用模式可针对不同地区选择多种形式。

▶ 基于雨水收集系统的设计容量和场地条件（如土壤承载能力），设计和建设相适应的地基。

2. 潜在限制因素

▶ 美国部分地区的法规会限制雨水的收集和再利用。

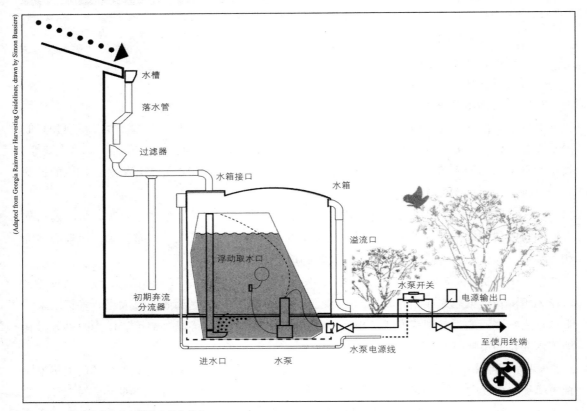

图3-25 典型的地上储水箱的配件和结构

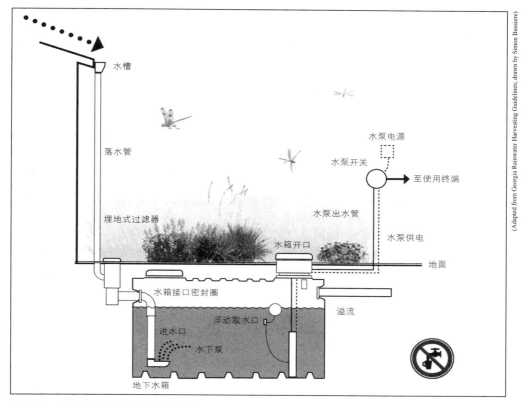

（Adapted from Georgia Rainwater Harvesting Guidelines; drawn by Simon Bussiere）

图 3-26 典型的地下储水箱的配件和结构

▶ 独立的非饮用水系统必须有清楚的标示。

▶ 在干旱条件下雨水收集的主要目标是储存雨水以供使用，不到降雨的时候不能排出水箱。

3.2.1.5 绿色屋顶

绿色屋顶是由轻型基质和植物构成覆盖屋顶的系统设施。绿色屋顶根据种植基质的深度，通常被分为两类：加强型和轻质型。加强型绿色屋顶有着更厚的种植基质 [大于 6 英寸（15cm）]，质量更重、价格也更高，但同时，深厚的种植基质为植物种类选择和引人入胜的空间营造留下了更大的余地。轻质型绿色屋顶 [种植基质大约在 1 ~ 6 英寸（2.5 ~ 15cm ）间] 在平屋顶上最易使用；此外，也可以在设施加

（Photo by Sebastian Sommer.）

图 3-27 北卡罗来纳州树木园中收集屋顶雨水用于灌溉的水箱

固和减缓雨洪径流的改造后运用于坡屋顶。绿色屋顶有着诸多优点，其中，雨洪消减和缓解热岛效应是两个最重要的方面（图 3-28、图 3-29）。

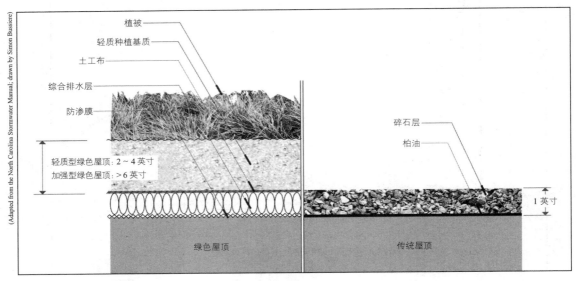

图 3-28　常见轻质型绿色屋顶的构成（1 英寸 =2.5cm）

图 3-29　北卡罗来纳州州立大学的轻质型绿色屋顶，种植着丰富的草本植物

绿色屋顶上的植被可以拦截降雨，与种植基质、排水层共同减少屋顶的雨洪径流，延长雨洪的汇流历时[1]。多数绿色屋顶的基质都具有极佳的渗透性，而排水层则可以收集降雨以供植物根系吸收。研究表明，轻质型绿色屋顶可以消减 50% ~ 90% 的年降雨径流量，同时将屋顶的汇流历时延长 2 倍（Scholz-Barth，2001；VanWoert et al.，2005）。

绿色屋顶可以为鸟类和昆虫提供栖息地，绿色屋顶常用的景天属植物也是传粉者们的蜜源。采取多样化的种植设计和乡土植物，可以提高绿色屋顶的野生动物栖息地功能。加强型绿色屋顶的种植基质越深，越能提供更大的植物选择余地，更好地营造栖息地。

在高密度城市环境中，绿色屋顶可能是人们视野中唯一能看到绿色的地方。绿色屋顶在硬质景观中提供了更多的绿色植物，软化了建筑环境，给人们带来积极的影响。它可以在不改变城市开发强度的情况下提供丰富的环境效益。在充分考虑安全性的条件下（铺装、护栏、可达性），绿色屋顶可以允许人们进入，进行娱乐和放松活动。在许多情况下，绿色屋顶可能是建筑中居民最容易到达的绿色空间。此外，绿色屋顶还可能用于生产食物等。关于绿色屋顶上植物的问题，本书第 4 章有进一步的介绍。

1. 设计方法

▶ 建筑结构必须能承担绿色屋顶吸水饱和时的荷载。

▶ 应明确屋顶是仅供观赏，还是可上人游览。

▶ 植物的选择应考虑栽培基质的深度和屋顶的小气候条件。

▶ 为了适应大雨和特大暴雨，应设计建设足够的排水设施。

▶ 不应在屋顶周边区域种植植物。应设置防护系统，防止大风吹落造成的威胁。

▶ 应了解当地是否有鼓励绿色屋顶的政策。

▶ 防水膜是绿色屋顶建设成功的关键，应按照厂家要求铺设和使用。

2. 潜在限制因素

▶ 即使绿色屋顶使用的种植基质拥有良好的吸水性，还是会有水渗出，应将渗出的水导向其他雨洪控制措施。

▶ 渗漏雨水不应直接进入雨水收集系统，特别是当雨水收集用于冲厕用水等用途时。

▶ 设计过程中应进行结构荷载计算，以确定建筑是否能承受绿色屋顶的重量。

▶ 种植基质的铺设可以通过起重机、直升机、升降机等完成。

▶ 在植物景观成活稳定前，应通过滴灌系统保持灌溉。

▶ 对绿色屋顶应经常监测，特别注意渗漏、植物存活、入侵性植物控制等。

3.2.1.6　透水铺装

透水铺装是具有多孔性和较强渗透能力的载重表面，可允许降雨渗透到铺装基层。材料通常为一定厚度的透水混凝土。透水铺装几乎适用于任何场地、项目，是很好的雨洪管理策略。透水铺装的形式、材料、造价多种多样，具有很强的适应性。

1　汇流历时：是指雨水管渠系统设计计算时设计点的径流集合时间。——译者注

透水铺装解决了不透水表面造成的主要问题——降雨无法渗透过不透水铺装，与土壤发生作用。由于可以促进雨水入渗，透水铺装可以作为开发场地模拟自然水文过程的重要途径。只要满足交通荷载的要求，透水铺装就可以运用在大多数类型的场地上。

透水铺装也有着教育意义——其功能非常直观，降水渗入地下而非形成径流；地面的积水不见了，积水产生的眩光和导致的机动车溅水现象也大大缓解。透水铺装的应用可以加强人们对自然过程的理解和认识，其多样性也使得美观性的实现更为容易。

透水铺装的设计中应注意避免泥土或污染物的沉积，这样会造成堵塞现象。尽管如此，由于能减少径流量，透水铺装仍然是雨洪水质保护策略的一个非常有效的组成部分。见图3-30、图3-31。

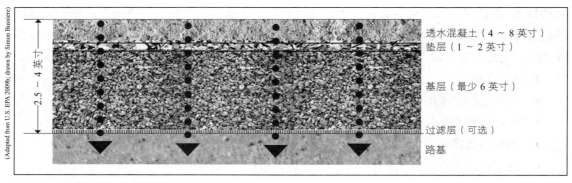

图3-30　典型透水混凝土铺装单元（1英寸=2.5cm）

图3-31　北卡罗来纳树木园，透水砖铺设在水洗小砾石上，具有保持10年一遇降雨径流的能力

1. 设计方法

▶ 渗透率 0.5 英寸 / 小时（12.5mm/h）以上的土壤上铺设透水铺装，形成较强的入渗能力。

▶ 透水铺装的路基应保证平整，以促进入渗，保证铺装结构的稳定性。

▶ 在透水铺装区域附近的水土流失源（如绿化地区）应做好排水设施。

▶ 铺装类型、厚度和基层特性取决于预测的交通荷载和期望的雨水滞留能力。

2. 潜在限制因素

▶ 不要在下列场地上使用透水铺装：

①场地坡度陡峭的地方。

②水土流失严重的地方。

③交通荷载超过铺装承载力的场地。

④污染严重，可能污染地下水的地方。

▶ 如果不进行清扫和维护，透水铺装可能发生堵塞。

3.2.2　增加蒸腾、蒸散和入渗，减少地表径流

雨洪管理的主要目标是避免开发对场地自然水文过程造成影响，因此人工建设环境产生的过量径流应就地滞留和处理。在充分了解场地开发前条件的基础上，需滞留和处理的径流量可以计算出来。除此之外，还有一些方法可以用来确定需滞留的径流量。如许多城市要求就地收集和处理初期雨水 [根据地区间差异，通常为 0.5 ~ 1.5 英寸（12.5 ~ 37.5mm）的降雨量]（Pitt，2009a）。美国环境保护署和一些组织要求场地可以就地滞留 95% 的中小型降雨，降雨量通常在 0.7 ~ 1.8 英寸（17.5 ~ 45mm）之间（地区差异）（U.S.EPA，2009a）。常用的减缓地表径流的规划原则是：减速、分散、吸收，即通过设计将雨洪径流减速；将径流分散到雨洪入渗区域；延长雨水在场地滞留的时间。通过运用以上原则，可以设计模拟自然景观过程的植草沟、改良型滞留池、绿色屋顶、水箱、生物滞留设施、渗透塘或可渗透铺装等（图 3-32）。设计策略包括：

▶ 综合利用雨洪管理的手段——将生物滞留、可渗透铺装、绿色屋顶等结合起来。例如，停车场的降雨可以排入滞留系统，然后溢流到入渗设施；经过过滤的雨水可以收集入水箱，供灌溉用水或非饮用用途。

▶ 雨洪管理系统应留有余量——通过设计多功能的、有余量的雨洪管理设施来提高雨洪管理系统的安全性和可靠性，减少发生问题的可能性。多个小型系统的组合比单一大型系统更可靠。

▶ 尽量减少对排水管、排水槽、道牙、硬化河道和其他地下基础设施的依赖。将雨洪管理设施保留在地表，增加雨水蒸发、入渗、过滤的机会；将雨洪管理系统设计得更容易监控和维护；尽可能地将雨洪管理设施与景观的设计建设结合起来。

▶ 保持雨洪的循环利用——通过雨水收集设施和滞留设施来收集屋顶、停车场、广场的降雨及雨洪径流，以用于灌溉和生活用水。在景观区域利用小型太阳能泵建设雨水收集和循环利用网，促进植物生长、循环用水、减少市政供水的使用。

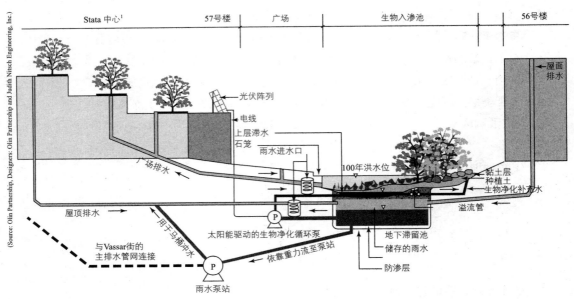

图3-32　麻省理工学院一个广场的横断面，很好地体现了如何通过综合性场地设计缓解过量的雨洪径流

　　下面的具体措施源自于对自然环境中降水、植物、土壤共生关系的理解。通过过滤和入渗措施，雨洪径流量会大幅减少，而水质也会得到提高。这些措施形式多样，不管是新建还是改造都非常容易。虽然这些措施通常需要大量的地表区域，但也有许多应对高密度场地的解决方案。许多已经商业化的解决方案可以在地下建设入渗、雨水收集设施，如在停车场、运动场等场所。还有许多成熟的针对油污／雨水／泥沙的分离装置，可以安装在下水道的集水井以改善雨洪的水质条件。

　　与直接用管道收集雨水、然后集中排出场地的传统雨洪管理方法相比，本节介绍的雨洪策略适于分散运用在场地中，并且在独立收集较小的汇水面积时，效果最佳。

3.2.2.1　雨水花园

　　雨水花园通常是用来临时汇集雨水，使雨水在短时间（一天）内入渗、蒸发的小型下凹绿地。从概念上看，雨水花园可被视为是模仿自然景观中常见的不规则洼地的一种策略。自然景观中倾倒树木的根穴、落水洞、动物巢穴都创造了储存、入渗地表径流的微型集水区。在人工开发地带，遍布场地的小型、多样的雨水花园与其他雨洪管理手段共同模拟着自然状况。

　　雨水花园最适于在土壤渗透率超过 0.5 英寸／小时（12.5mm/h）的区域发挥作用。因为能尽量靠近雨洪径流产生的源头（或不透水地面），当大量小型的雨水花园遍布场地时，其入渗雨洪径流的效率最高。与生物滞留设施不同，雨水花园系统通常不铺设暗沟排水设施。

1　Pay and Maria Stata 中心，是著名建筑设计师弗兰克·盖里的作品，又称 32 号楼。——译者注

雨水花园应该精心设计，选择种植适合的植物种类，以提高其物种多样性和景观效果。尽量选择乡土植物，以提高植物景观对干旱、洪涝等环境胁迫的抗性。许多适于洪泛区生长的物种适合这种要求，可以改善由于开发造成的栖息地消失问题（如积水坑对两栖动物的意义）。由于雨水花园面积较小，选用草本植物比木本植物更为适合，因为草本植物具备更强的营养吸收和生态屏障效果（图 3-33 ～图 3-35）。

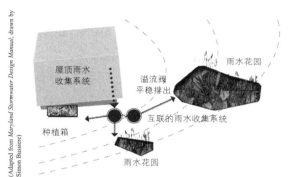

图 3-33　典型的居住区雨水花园

图 3-34　典型的居住区雨水收集池

图 3-35　"口袋雨水花园"——格伦·帕尔默（Glenn Palmer）创造的名字，通常比生物滞留池小，由精心维护的乡土植物、土壤组成

1. 设计方法

▶ 雨水花园可以收集来自各类铺装表面的雨洪、绿色屋顶的沥出雨水，以及雨水收集系统的溢流雨水等。

▶ 适于建设雨水花园的场地原始土壤应具有较高的渗透率，还应有充足的日照。渗透率过高的沙质土壤可以通过改良来降低其渗透率。此外，应避免在地下水位过高的场地建设雨水花园。

▶ 土壤渗透率测定的方法为：挖掘土壤至雨水花园的设计标高，灌水至饱和，然后测定土壤的渗透情况。应避免在土壤渗透率小于 0.5 英寸 / 小时（12.7mm/h）的场地上设置雨水花园；如必须设置，可设计具有地下排水系统的生物滞留设施。

▶ 将雨水花园设置在汇流区的下游，或低于建筑物标高的地方。

▶ 雨水花园的保水能力取决于径流量和土壤的渗透率，应具备所汇集的雨水能在 24 小时内入渗的能力。

2. 潜在限制因素

▶ 雨水花园通常只能负担面积很小的不透水地面的排水，其应在低于建筑物标高的地方进行串联式的布置。

▶ 过高的径流速率可能会对雨水花园底部和边缘产生侵蚀，造成下游径流泥沙和富营养化的升高，这会将雨水花园的好处变成坏处。

▶ 频繁的降雨会造成积水超过雨水花园的入渗能力，从而导致土壤过度饱和、长期积水，进而造成蚊虫滋生。

▶ 通常雨水花园需要不定期的灌溉，以便维持一些不耐旱植物的正常生长。

3.2.2.2 生物滞留设施

生物滞留设施是拥有植物和较高渗透性土壤的下凹洼地，可以过滤和入渗雨洪径流。这一理念在 20 世纪 90 年代被提出，经过近 20 年的发展，目前已成为运用最广泛的低影响雨洪管理措施。生物滞留设施有着高效性、灵活性、趣味性和高性价比等诸多优点。同时，生物滞留设施通常需要占用场地 5% ～ 10% 的地表面积来收集雨水，因此用地极其紧张的项目上运用生物滞留设施有一定困难。

如前所述，可持续雨洪管理的一个主要目标是模拟场地未开发前的原始水文过程，复制雨水在自然条件下发生的截留、蒸发蒸腾、入渗和径流现象等。生物滞留可以通过植物对降水进行截留和蒸发蒸腾、通过可渗透的土壤对降雨和雨洪进行入渗、通过分流或溢流实现大型降雨的安全排洪，进而促进可持续雨洪管理的实现。

分散布置小型生物滞留设施是最有效的生物滞留策略，这样生物滞留设施可以靠近径流产生的源头，更好地收集和净化不透水场地产生的受污染的雨洪径流。对于屋顶和没有机动车影响的硬质景观产生的较为清洁的雨洪径流，应首先考虑使用雨水收集，而后才是生物滞留。

生物滞留设施可通过将乡土植物和临时积水结合起来，创造富有吸引力的和启发性的景观，更好地表达项目的地域性。生物滞留设施可以为展示水文过程、城市雨洪管理、水资源保护等提供丰富的机遇，种植的植物也可以为野生动物创造栖息地。

生物滞留策略通过收集小型降雨来推迟或缓解雨洪径流的形成，此外，可以通过植被和土壤在雨洪入渗或排走前进行过滤。雨洪径流中被生物滞留设施吸收的水可以通过植物的蒸腾效应返回大气。

生物滞留策略也有利于雨洪入渗，但其应用受土壤渗透率、地下水深度、岩床位置、不透水层以及地下水污染风险等的影响。在生物滞留设施下铺设地下排水可能会影响入渗到土壤的雨水量。生物滞留设施应能在 48 小时内入渗所收集的雨水，以避免滋生蚊蝇。生物滞留设施不应设置在排水不良的地区或湿地区域，其土壤渗透能力最小应达到 9 英寸 /12 小时（19mm/h）。

生物滞留可以清除如雨洪中的沉积物、氮磷、重金属离子等污染物。但当植物根系处于水淹状态时，其对营养物质的吸收和转化可能会受到抑制。

最近的研究有助于明确生物滞留设计如何针对性地应对不同情况，如道路两旁、坡地、透水性差的土壤，以及针对特定污染物、污染源附近以过滤为主的滞留设施及其他特殊环境等。在项目中，设计师必须清楚地知道生物滞留设施需要解决哪些特定问题，然后调整生物滞留设计以满足这些特殊要求（图 3-36 ~ 图 3-39）。

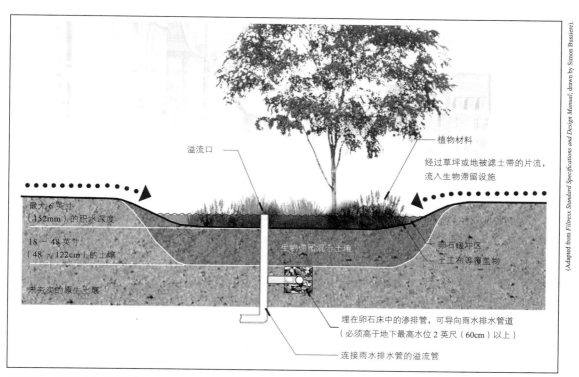

溢流口

植物材料

经过草坪或地被滤土带的片流，流入生物滞留设施

最大 6 英寸（152mm）的积水深度

18 ~ 48 英寸（48 ~ 122cm）的土壤

生物滞留混合土壤

卵石缓冲区
土工布等覆盖物

未夯实的原生土壤

埋在卵石床中的渗排管，可导向雨水排水管道（必须高于地下最高水位 2 英尺（60cm）以上）

连接雨水排水管的溢流管

（Adapted from *Filtrexx Standard Specifications and Design Manual*; drawn by Simon Bussiere）.

图 3-36 典型的生物滞留设施断面

图 3-37 北卡罗来纳树木园的生物滞留设施

图 3-38 俄勒冈科学与工业博物馆停车场的生物滞留设施，可以汇集附近铺装地面的径流

图 3-39 小学中种植乡土植物的生物滞留设施，用来净化来自屋顶的雨洪径流

1. 设计方法

▶ 根据降雨的设计重现期计算生物滞留设施的规模，分散布置生物滞留设施，单个生物滞留设施的汇水面积不应超过 1 英亩（0.4hm²）。

▶ 将生物滞留设施设置在尽可能靠近污染源的地方，以减少排水渠带来的流速和建设成本的增加。同时，在低于建筑物标高的地点设置生物滞留设施时要避免水渗入建筑物地下室或地下管沟中。

▶ 生物滞留设施的土壤厚度应满足植物生长和污染物过滤的要求。在美国东南部 4 英尺（1.2m）深的土壤可以有效地减少雨水的热负荷。

▶ 生物滞留设施的土壤应主要由惰性基质（约占总量的 85%）、粗沙和无杂草的混合肥料等组成。

▶ 选择的植物必须具有一定的耐湿性和耐旱性。

▶ 应为大型暴雨造成的径流设置溢流渠道以绕开生物滞留设施。

▶ 土壤紧实或渗透率低（小于 2 英寸 / 小时，即小于 51mm/h）的场地应该安装地下排水设施，以确保 48 小时内将水排尽。

▶ 地表积水时间要短，大约在 1 天就要排干。

2. 潜在限制因素

▶ 勿将生物滞留设施布置在排水不良的区域或湿地中。

▶ 勿将生物滞留设施布置在池底地下水位深度或岩床深度少于 2 英尺（0.6m）的地方。

▶ 在建设生物滞留设施时不应破坏场地上的现状植被。

▶ 勿将生物滞留设施布置在水井、化粪池排水区、建筑基础和地下室等设施的附近。

▶ 勿将生物滞留设施布置在排水迅速的沙质土中，由于沙质土入渗过快，雨水可能未完全过滤就入渗到地下水层，进而污染地下水。

▶ 生物滞留设施的建设时间应在场地建设施工工序的后期、场地基本定型的时候，这可以避免土壤碾压夯实导致的排水性能下降。

3.2.2.3 强化渗透塘或渗透渠

好的渗透塘是填充精选的水洗石、粗沙石的沟渠或洼地，较高的孔隙度可以将储存雨水的空间最大化，有助于雨水渗入土壤。渗透塘最适于净化和入渗未经污染的、清洁的雨洪径流，其最大的益处是补充地下水和削减雨洪径流量。

渗透塘 / 渗透渠不铺设地下排水设施，因此其土壤必须有足够的渗透性（大于 0.5 英寸 / 小时，即大于 12.7mm/h），以确保及时将收集的雨水排干。同时，进入渗透塘 / 渗透渠的雨水必须保证不含泥沙等淤积物，以尽量避免堵塞的发生；这可以通过减少排水沟的水土流失或对雨洪径流进行预处理来实现。见图 3-40。

1. 设计方法

▶ 尽量布置在靠近雨洪径流产生的源头，可以省去排水渠建设成本、降低径流速度。

▶ 如果需要，将入渗设施分布在场地中，并将单个入渗设施的汇水面积限制在 1 英亩（0.4hm²）以下。

▶ 通过沉淀池或其他方式对雨洪径流进行预处理，以防止径流中的悬浮颗粒堵塞入渗设施。

▶ 将入渗设施设置在土壤渗透率大于 0.5 英寸 / 小时（12.7mm/h）的地方。

▶ 对入渗设施进行估算（面积、沙石层厚度等），确保储水量可在 48 小时内排干。

▶ 水洗石孔隙度应大约在 40% 左右。

▶ 有多种渗透系统可用来替代水洗石，这类系统比沙石有着更高的容水空隙。

▶ 在建设渗透塘时，应建设观察井以检测渗透塘的运行情况。

2. 潜在限制因素

▶ 勿在污染严重的地区使用入渗设施，

(Photo from Stuart Echols)

图 3-40 强化渗透渠有助于小型降雨的入渗，缓解不透水表面的影响；但有时其美观性会受影响。图中俄勒冈会议中心（Oregon Convention Center）外的水渠，边缘种植着美观的乡土植物，渠中铺着引人注目的石块

这可能会导致地下水污染。

- ► 如果不在入渗设施中搭配植物，美观性可能大打折扣。
- ► 入渗设施必须在土壤渗透率大于 0.5 英寸 / 小时（12.7mm/h）的地方才能运用。
- ► 在喀斯特地貌情况下，入渗设施的应用应受到限制。

3.2.3 大暴雨径流的输送

由于入渗和生物滞留设施主要针对小型降雨，频繁的大型降雨会超过其设计容纳能力。因此，允许大型降雨产生的径流安全地通过场地，引导到合适的排放点或汇水水体就非常必要了。分流装置可以将初期雨水引导入相应的处理设施，而将超过入渗设施和生物滞留设施设计容量的高速过量径流导入排涝渠。排涝渠的设计也可应用过滤、入渗等策略，形成野生动物栖息地，体现美观性和教育性。

下列措施可以替代传统的排水管道和混凝土排洪沟渠，这些措施的特点是，通过植物、土壤、岩石、雨水共同作用来模拟自然的雨水排放过程。

3.2.3.1 植草沟和减力池

植草沟是种植着植被（最好是须根发达的乡土植物，草皮也可以）的开放式排水沟渠。植草沟的造价比传统的混凝土沟渠更为低廉，但需要一定程度的维护，占用更多的土地面积。植草沟优点众多，例如，对雨洪径流中的泥沙有一定的过滤作用、可以增加渠道的粗糙度（减缓径流速度）和提高雨洪渠道的观赏价值等。植草沟对雨洪径流中泥沙的过滤作用非常重要，将其作为雨洪径流的预处理设施，可以有效地避免侵蚀和泥沙淤积对其他雨洪处理设施（如渗透塘）的危害。植草沟主要用于输送 25 年一遇以上降雨的径流（图 3-41）。

针对不同的降雨强度，植草沟可以有许多种变形，如加强型植草格浅沟和减力池[1]排水渠等。当坡度限制植草沟的应用时，加强型植草格浅沟就成为非常好的替代形式。当雨洪径流速度超过植草沟的设计条件时，植草格可以用来加强植物的稳定性、抵御快速径流的侵蚀。临时性或永久性的植草格直接铺设在已播种的排水沟中，植物穿过被固定的植草格生长，形成稳定的结构。

当坡度特别大时，减力池排水渠会更合

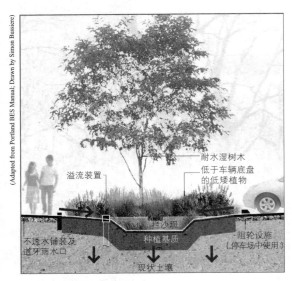

（Adapted from Portland BES Manual; Drawn by Simon Bussiere）

溢流装置
耐水湿树木
低于车辆底盘的低矮植物
泥沙面
种植基质
阻轮设施（停车场中使用）
不透水铺装及道牙雨水口
现状土壤

图 3-41　植草沟模式图

1　减力池，也就是阶梯—深潭系统，是山区河流中常见的河床微地貌。——译者注

适。减力池排水渠的作用与植草沟类似，也以降低雨洪径流速度为目的。减力池应由非侵蚀性材料建造，径流从连续的水塘系统逐级流下，以消耗其势能。设计中应注意水流的冲击力不能影响渠道的稳定性。在坡度较陡的地区，减力池是一种具备较高观赏价值的径流输送方式。对减力池的应用而言，造价和施工要求可能制约其广泛运用（图 3-42）。

1. 设计方法

► 植草沟适用于平坦地区，如果雨洪径流设计流速可能产生冲刷侵蚀，则改用加强型植草格浅沟或减力池。

► 宽度和沟渠形状要注意，确保雨洪径流流速最小化，安全地输送径流。

► 边坡坡度不得大于 2∶1。

► 确保植草沟有 100% 的植被覆盖，以防止水土流失（减力池池底除外）。

2. 潜在限制因素

► 比起传统排水沟渠，需要占用更多土地面积。

► 不能在土壤易受侵蚀的地区使用。

► 需要人工维护。

(Design by Megan Mailloux and Jon Calabria; photo by Jon Calabria)

图 3-42　加强型植草格浅沟（TRM）可以比植草沟承受更高的径流速度和更大的坡度

3.2.3.2 复杂型生态沟

复杂型生态沟本质上是一系列用来排导、过滤、入渗雨洪径流的生物滞留设施。生态沟的规划设计遵循与植草沟一样的原则和标准，包括土壤的工程改造、地下排水、植物滞留等一系列措施。在生态沟中设置拦沙坝可以有效地提高其雨洪入渗效果（拦沙坝会形成微型水塘，有助于雨洪的入渗）。

复杂型生态沟为雨洪排涝渠道的美化带来了良机。植被、渠道、微型水塘和入渗过程都是自然水文过程的重要组成部分，通过复杂型生态沟进行展示和介绍，可以促进公众对雨洪问题的认知和理解。见图 3-43 ~ 图 3-48。

图 3-43 巨大的高程变化需要有消能设计来应对雨洪的冲刷侵蚀，自然中连续的阶梯深潭系统（减力池）提供了美观而有效的解决方案

图 3-44 减力池将雨洪径流的侵蚀能集中在水池底部，而将其对沟边、岸基的侵蚀减到最小

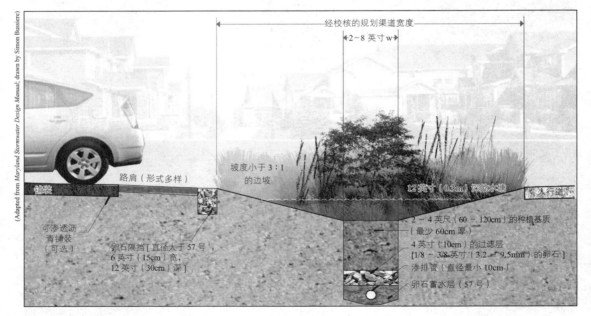

图 3-45 复杂型生态沟

1　57 号砾石的尺寸为直径 0.5 英寸（13mm）到 1.5 英寸（38mm）的砾石。——译者注

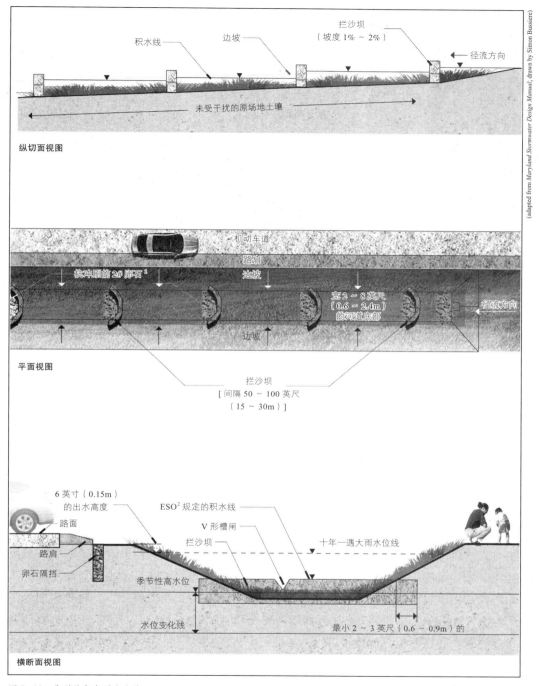

图 3-46 典型的复杂型生态沟

---

1 直径 2 ~ 4 英寸（5 ~ 10cm）的卵石。——译者注

2 Expedited Settlement Offer，雨洪快速解决方案，美国环境保护署 2003 年签署，2006 年进行修订的关于雨洪管理的备忘录。——译者注

(Design by Mac Franklin and Jon Calabria; photo by Jon Calabria)

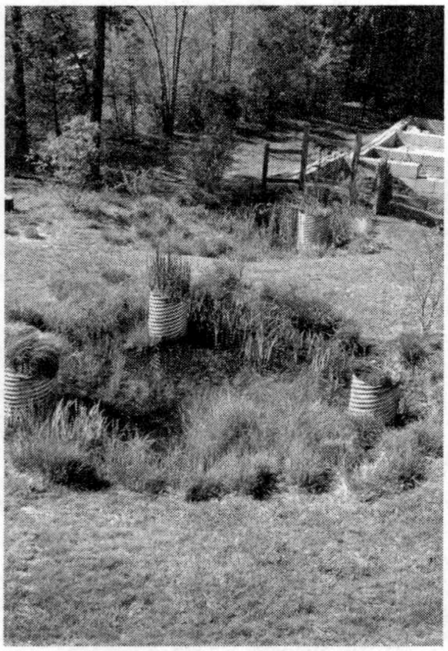

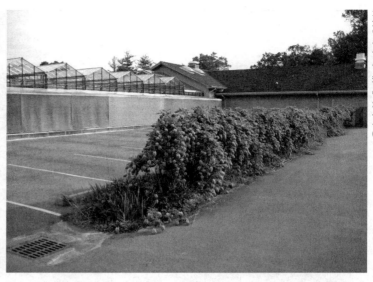

图 3-47　复杂型生态沟，屋顶和停车场产生的雨洪径流在通过沼地和水塘的过程中得到处理和净化

(Design by Mac Franklin; photo by Jon Calabria)

图 3-48　种植美国紫藤、变色鸢尾、灯芯草的生态沟，可以处理排入湿地前的停车场雨洪

1. 设计方法

参照“生物滞留设施”和“植草沟与减力池”的设计方法。

2. 潜在限制因素

- 在径流超过设计流速的情况下，需要设置分流装置或限制措施以缓解侵蚀或冲刷。
- 在短期连续降雨情况下，新的降雨带来的径流可能导致已沉淀的沉积物和污染物的再悬浮。
- 参考“生物滞留设施”和“植草沟与减力池”的潜在限制因素。

3.2.4　汇水水体的保护和修复

水自高处流向低处，直到流进地表水体，这是自然规律。传统的开发模式都会导致促进地表径流、减少壤中流和地下径流的结果，这会导致汇水水体的进一步退化。原则上，本书阐述的可持续雨洪管理策略力争使场地外排的雨洪径流与开发前保持一致。但在大型降雨事件中仍然会产生较大的雨洪径流，临近的场地开发和流域情况变化也会影响汇水水体。因此，汇水水体的保护和恢复仍然值得重视。

下列策略可用来控制场地径流，保护和恢复河岸水资源，进而保护汇水水体。

3.2.4.1　配水渠

配水渠是用来将集中、快速的渠道雨洪径流转变为低速片流的一种形式。这一设施可以将管道、涵洞、沟渠中排出的雨洪径流，在沿等高线布置的水平硬化沟渠中延滞和散流。在径流充满配水渠之后，水会溢出沟渠而变成低速的片流（Hathaway and Hunt，2006）。

　　配水渠在雨洪径流排放到植被区、自然地区、滨水缓冲区或其他雨洪处理设施时非常重要，可以极大地缓解快速径流带来的危害（图 3-49 ～图 3-51）。

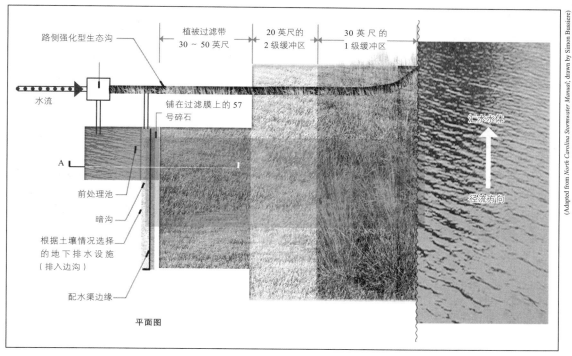

图 3-49　典型的配水渠单元平面示意（1 英尺 =30cm）

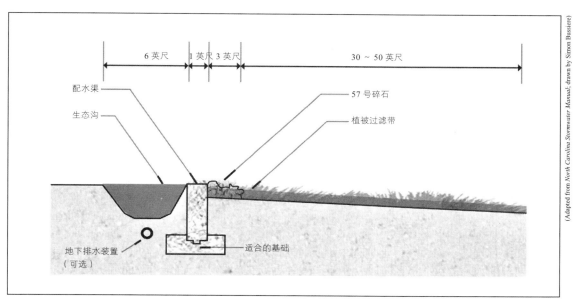

图 3-50　典型的配水渠单元剖面（1 英尺 =30cm）

（Design by Lappas+Havener, photo by Jon Calabria）

图 3-51　北卡罗来纳艺术博物馆（North Carolina Museum of Art），径流可以通过配水渠散入生物滞留设施

1. 设计方法

► 配水渠的长度取决于雨洪径流流速和散流区域的地表情况。在草地上每秒散流 1 立方英尺（0.028m³）的径流需要最少 13 英尺（约 4m）长的配水渠，而在覆盖物上每秒散流 1 立方英尺的径流则需要 100 英尺（约 30m）长的配水渠。但应注意，在任何区域，片流都可能重新汇集，对散流区造成冲刷。

► 配水渠要保证绝对的水平且不易受侵蚀，否则难以奏效。

► 散流区应比较平坦，且由植被永久固定。

2. 潜在限制因素

► 需要在较为平坦的场地使用。

► 需要较大的面积。

3.2.4.2　种植挺水植物的雨水湿地

雨水湿地实质上相当于缓慢渗漏的水塘。雨水湿地中大量种植草本植物，可以营造湿地环境、收集和净化雨洪径流。精心设计的雨水湿地景观效果优美，可以提供栖息地、净化雨洪径流中的污染物等。为了展示微生境和植物种类的特性，可在雨水湿地中设计起伏的地形和相应的伴生植物。需要说明的是，现状自然湿地不应用作雨水湿地，这可能会破坏自然湿地生态系统。

雨水湿地的种植形式应模仿湿地群落演替的早期阶段，并限制开阔水面的布置（仅设计在部分永久性积水区）。来自雨水收集区的径流，如经过其他雨洪控制措施的预处理，可直接导入雨水湿地。符合设计容量的雨洪径流进入雨水湿地后，会充满湿地中的浅凹区域，然后在若干天的时间内缓慢释放。

　　从设计角度看，雨水湿地是由一系列起伏的微地形和永久性水塘组成的。这使得挺水植物可以正常生长，其根部为净化污染物创造了不可或缺的环境。在非常平坦的场地中，雨水湿地的效果会大打折扣。雨水湿地被普遍认为是性价比最高的雨洪径流净化方式。

　　雨水湿地与本章后面介绍的人工湿地有着许多共同点。但雨水湿地通常主要依赖于降雨的水量补充，其水面面积随天气状况而变化。人工湿地通常有持续的进水补充，同时要对土壤进行防渗处理。雨水湿地的水深

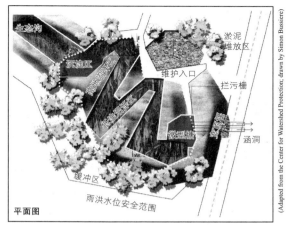

图 3-52　典型的雨水湿地平面。经沉淀池沉淀和减缓流速的雨洪径流，流入设计有池塘的迂回低洼沼泽区

最好不要超过永久积水标高以上 9 英寸（230mm）。雨水湿地的处理能力应以 72 小时下渗量和蒸发量为依据；设计容量范围的大型降雨径流可由泄洪道排出。雨水湿地的设计容量不仅应在下次降雨之前输排干净，而且要形成足够缓慢的排水过程，以促进其雨洪净化能力的发挥（图 3-52 ～图 3-54）。

1. 设计方法

　　多数雨洪径流是集中输送进雨水湿地的。沉淀池可以将泥沙和废弃物沉积下来（可进行定期清理）；经过沉淀池处理的径流，可以导入布置有池塘和多变微地形的湿地（可以为需要不同淹没深度的各类植物创造良好环境）。

　　▶　雨水湿地的面积受用地方式影响，一般为流域面积的 5% ～ 10%。

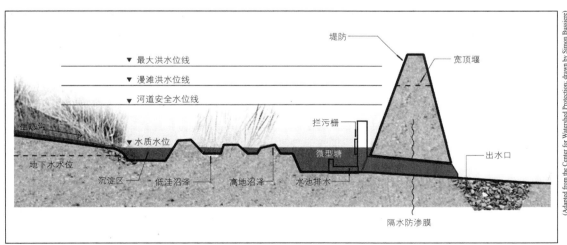

图 3-53　典型的雨水湿地剖面。在湿地底部做出起伏，已形成适合各类水生植物生长要求的水深和水塘

(Design and photo by Jon Calabria)

图 3-54　净化停车场雨洪径流的雨水湿地，种植着乡土挺水植物

▶ 雨水湿地应布置在建筑物和雨洪处理设施的下坡方向，其净化后的雨水应该导向配水渠或河边。

▶ 在施工程序方面，雨水湿地的建设应在场地竖向改造完成之后再开始。

▶ 为维持挺水植物的正常生长，可在其适宜生长的水位之下做防渗处理。

▶ 径流流过的顺序应该是：分流装置——沉淀池——湿地。

▶ 通常需要设计溢流设施，可以是排水孔，也可以设计成可调节的排水管，以控制流出水量。

▶ 雨水湿地设计中，应确保 72 小时内可排干 9 英寸（230mm）的积水，而这也通常是雨水湿地的设计容量。

▶ 强烈推荐在雨洪设计中考虑紧急排水设施，如水闸（可以与常规排水设备结合，如有溢流倒孔的水闸）等。

2. 潜在限制因素

▶ 有多种因素会影响雨水湿地的设计容量，但最重要的是流域面积，一个雨水湿地的流域面积应小于 5 英亩（2hm²）。通常，远离河道的洪泛区是最适于布置雨水湿地的，因为自然湿地常分布在这些区域。

▶ 低地下水位、沙质土壤等可能需要一定的措施保持水位，以维持挺水植物的生长。在这种情况下，黏土通常被用来取代防渗膜做防渗层，以减少入渗。如有地下水污染的风险，黏土防渗层和防渗膜都应使用。

▶ 雨水湿地设计雨洪容量需要在若干天之内排干（避免蚊蝇滋生），这常常需要设置小型的排水孔来辅助排水。而排水孔可能会由于悬浮物、泥沙或植物生长而堵塞，这就需要经常性的维护和清理，带过滤网的倒置排水孔会缓解堵塞情况。

▶ 对沉淀池的维护也很必要，应经常观测沉淀池中的淤积物，当淤积影响其功能时，应及时进行疏浚。如果沉淀池被淤积物填满，其淤积物会流入水塘，进而破坏水塘的生态功能。

▶ 入侵性外来植物及木本植物的无序生长也应受到监控，避免场地植物群落向木本植物演进（这会导致蚊蝇的滋生）。

3.2.4.3　滨水区、洪泛区的保护、加固和恢复

许多河流会由于土地利用方式的改变而变得不稳定，因为用地的改变会带来水文、土壤、污染物负荷的改变。即使流域中不透水面积产生少许增加（如仅将流域 3% 的面积变为不透

水表面），都会影响河流系统的稳定性及生态系统完整性[1]。河流的保护和恢复措施，主旨是在当前流域条件下保持河流输水量和沉积物的平衡。

当河流系统变得不稳定时，其滨水区和洪泛区的功能会受到很大影响。不稳定的河流可能会对洪泛区造成下切侵蚀，导致洪泛区的废弃。强侵蚀的河流水流会对岸边的植被造成冲刷，并破坏河岸的稳定性，这会导致更多的泥沙释放到河流中。这样产生的结果很可能是对台地或旧有洪泛区不断冲刷，直到在下游形成一个新的洪泛区。成功的河流保护和恢复措施应当保持洪泛区的稳定，并恢复河岸和洪泛区的功能。

滨水植被是指沿河的植被缓冲区，它有为河流中的生物提供食物、保持河岸稳定、过滤污染物和创造栖息地等一系列作用。但当滨水植被被改变或破坏时，以上功能都会减弱或消失。洪泛区可供漫滩径流和洪水淹没，而洪水中的沉淀物可为滨水植被的生长提供肥沃的土壤（图 3-55）。

1. 设计方法

▶ 应用各类参考案例来指导河道和洪泛区的加固。

▶ 保护和恢复设计，应以将流域产生的径流和泥沙全部输送为目标。

▶ 种植设计应考虑其演进更替的阶段性，以满足修复的动态要求。

2. 潜在限制因素

▶ 只有模仿参考流域案例和稳定河流的特点，河流保护和恢复措施才有可能取得最好的效果。如果流域不稳定，河流保护和恢复措施可能无法促进生物多样性的提高。

▶ 不透水面积占总面积超过 3%~5% 的区域，不利于河流生态的恢复，应考虑采取河流保护措施。

▶ 如果没有精确的预测和评估，流域环境的持续变化可能会影响河流生态系统的恢复和重建。

▶ 加固和恢复工程开始前应取得相关部门的许可。

▶ 如果没有适合的参照河段或当参照条件不包括恢复措施时，设计的主要目标应是河岸的加固和保护。

▶ 生物修复或加固措施可能需向防洪问题妥协，可能永远无法超过现有条件。

(Design by David Bidelspach and Dan Clinton; photo by Jon Calabria)

图 3-55 河流、河岸、洪泛区的加固和恢复对维护汇水体健康和稳定有着多重功能。弗莱彻镇绿道系统（Town of Fletcher Greenway System）中，易受侵蚀的河湾通过加强河岸与河中的构筑物来缓解侵蚀、提供栖息地，并为人们近距离接触河流创造了条件

---

1 生物完整性指数是目前水生态系统健康评价中应用最广泛的一个生态指标，其内涵是支持和维护一个与地区性自然生境相对等的生物集合群的物种组成、多样性和功能等的稳定的能力，是生物适应外界环境的长期进化结果。——译者注

▶ 如果任由入侵性物种发展而不对其进行控制，可能会危及河流的保护和恢复。

▶ 植被演替的过程与期望的美景可能并不一致，景观在恢复过程中可能不够美观。

▶ 河流传输沉积物和水，所以任何水中的污染物都可能被传输到下游去。

3.2.4.4 应对平滩流量的超大涵洞

尽管跨河桥是进入场地或社区所必需的，但应该尽可能地限制其数量。如果可能，桥应该被设置在平滩径流和洪泛区较窄的稳定河段。传统的解决方案是简单地使用符合洪水重现期要求的箱涵或管涵（通常是指 25 年 1 遇或 100 年 1 遇的洪水，取决于环境）。这样做的问题是会导致水流的收紧和压缩，进而导致径流速度的提高和对下游冲刷的加强，破坏河岸的栖息地功能，有时甚至会对上游和下游的连续栖息地造成隔离。

超大涵洞的宽度应覆盖整条河流的平滩流量宽度，如桥梁、涵洞、管涵等均应足够大，维持一致的河道宽度，可以形成一致的河床特性和提供栖息地功能。

不应仅考虑针对平滩流量的涵洞，洪泛区和洪水位线上也应设置额外的涵洞，供洪水通过，见图 3-56。

1. 设计方法

▶ 涵洞的宽度不仅应大于平滩流量时的河道宽度，也应大于河岸宽度。

▶ 设计能容纳平滩流量的涵洞和洪泛区涵洞，以便设计洪水安全通过。

▶ 确保涵洞不破坏河床特征的连贯性。

▶ 酌情考虑运用自然河道设计方法，如三角堰等，与桥梁结合，以保护河岸、提高河流控制能力。

2. 潜在限制因素

▶ 超大涵洞比传统的普通涵洞成本更高。

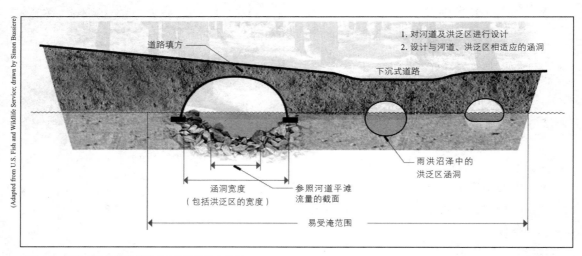

图 3-56 可以容纳平滩流量或更大流量的超大涵洞

3.2.5　水土保持

没有恰当的水土保持技术和措施，即使是进行生态修复也会适得其反。沉积物被降雨、风、冰冻消融等侵蚀力分离，然后随着风或雨洪移动。由于沉积物会危害健康、安全、公共福利，许多地方的规定提出尽可能地就地实施水土保持，防止沉积物流到滨水区。2010 年，美国环境保护署规定了关于河流中混浊度的限制规定。由于各州可能强制性执行这个标准，水土保持和水体排放过滤的策略正变得越来越重要。

多数的竖向改造活动都会受到管理，且必须遵循经批准实施的污染防治和水土保持规划。表 3-5 列出了部分水土保持措施，这些措施依据各地规定可能有所变化。

表 3-5　水土保持方法

侵蚀防治	稳固流域	精心规划，合理地安排竖向改造，尽量减少裸露地面。在土地裸露的区域，应对其表土进行保护，如用覆盖物、临时或永久的植被等来覆盖，也可以结合植生垫等来促进植被生长、减少侵蚀
沉积物控制	径流控制和输送	将雨洪分散到各类沉积物净化设施中，有助于沉积物的控制。沉积物的分散净化可在整个河流流域展开，有助于控制雨洪径流和河道径流的速度。排水渠应该用植被和护坡进行保护，以控制水土流失
沉积物控制	入流和出流的控制与保护	出流控制技术可以通过降低径流速度来减少冲刷和侵蚀。在地势较为平坦的地区，配水渠的效果很好。而入流的控制措施如过滤带以及各类卵石应用等也有很好的效果
沉积物控制	径流沉积物收集	可通过设置过滤网、表水取放装置、添加水处理剂等方式来提高沉淀池等的净化效率
沉积物控制	监测维护	对沉积物处理设施维护主要是定期检查、及时清理维护，以保证其正常运行

注：此表依据《北卡罗来纳州侵蚀和沉积物控制规划和设计手册》绘制（North Carolina Sedimentation Control Commission, 2009）。

预防侵蚀的当务之急是将建设扰动面积降到最小、限制裸露空地的面积以及保护现状植被。在建设扰动区应通过建植地被或工程措施来防止水土流失。尽管各地法规对工程建设过程中的水土保持有严格要求，但实际工程中精心安排施工工序能进一步减少对场地的扰动。在建设强度较大的地区，地面覆盖是减少侵蚀最有效的措施。通常是临时性或永久性地建植地被植物，也可能会辅以工程措施来予以加强。在永久性地被植物景观建植初期也可以结合覆盖物或植生垫等措施。

片流汇集后，其强大的侵蚀力会对滨水区造成冲刷破坏，应通过植被、护坡等方式对滨水区形成缓冲和保护。为此，雨洪径流应被导向符合管理部门要求的泥沙沉淀设施。这些设施无法从源头对沉积物进行控制，其效果难以和水土保持策略相比。近年来，实践中有一些对标准化设施的改良，如在径流路径上设置过滤网等，有效地提高了泥沙过滤能力。尽管如此，雨洪径流的泥沙含量还是可能超过美国环保署关于径流混浊度的规定，这种情况下，雨洪径流排入汇水水体前最好经过一系列沉积物控制设施来净化。

图3-57　装有过滤网的雨洪沉淀池。过滤网和表层水抽取装置有利于将进入汇水水体的雨洪混浊度和泥沙含量最小化

在场地施工过程中有效的水土保持规划应当是在场地中分散布置净化设施，避免使用集中式、大型的净化设施。这种策略最大的好处是可以在场地建设完成后，将沉积物控制设施改造成雨洪管理设施。因此，水土保持规划应参考和结合雨洪管理策略来制定，这样既能在短期内缓解场地建设对雨洪径流中沉积物含量的影响，也能实现长期的对场地自然水文过程的保护和模拟（见图3-57）。

3.3　水资源保护

可持续景观场地设计的一个重要目标就是要营造健康、美观、富有活力的景观，这就要求场地中的水成为可再生的资源。消除植物灌溉对珍贵的饮用水的消耗和对地下水、地表水及连带的栖息地的影响。虽然许多近自然或自然的景观（如绿色屋顶）仅仅依靠降雨就能维持其正常生长，但还是有许多人工植物景观需要额外补水以维持其生机。

为了尽量减少灌溉的用水需求，在场地运行过程中可应用一系列可持续场地策略。如为保证植物的正常生长和土壤保水性，营造和维护富含养分和有机质的健康土壤环境；选择适应本地气候的乡土植物或适应性强的植物也可以起到良好的节水效果；综合的病虫害防治、无害化的植物景观维护等可持续的养护措施可以提供稳定、适宜的栖息地；慢浇、深浇、减少灌溉频率可以产生更好的灌溉效果，也更节省水。

　　理想的可持续水资源保护方法是在可再生水（循环利用水、再生水）、补充水（如自来水）和植物景观用水需求之间取得平衡。例如通过收集、蓄存不透水表面的雨水以便在旱季利用，可以大量节约灌溉用水，也有助于促进自然水文循环。本节提出的两个水资源保护设计策略对于可持续景观场地设计是必不可少的——一是通过净化再生实现水的循环利用；二是实现水资源的高效输送和分配。

3.3.1　水的再生与循环利用

　　自然中的植物景观仅依靠场地中的降雨、地下水和露水就能旺盛生长。可持续景观场地中的人造景观或改造的自然景观，也应可以依赖场地中可获得的水资源而生存。场地中的水资源必须被视为可再生资源来对待——主要包括雨水，也包括凝结水、不透水或半透水表面产生的雨洪径流、净化后的污水等。为了使循环水、再生水满足景观的需求，这些水必须接近自然水的质量：低化学物质、低泥沙含量、接近环境的温度等。本章介绍的可持续雨洪管理策略整合在设计方案中有助于这一目标的实现。绿色屋顶、生物滞留设施、透水铺装以及人工湿地可以将不同来源的再生水滞留、净化、降温，进而用于可持续场地中的景观灌溉、创造水景等。

　　再生水协会（Water Reuse Association）将再生水、循环水定义为在回到自然水循环之前被使用过两次以上的水资源。水的循环利用通常是将收集的雨水或净化的污水用于景观灌溉、创造水景及地下水补偿等。此外，再生水还可以用于建筑或场地的非饮用用途——冲厕用水、清洁用水、工业生产和类似用途等。

　　制定水的再利用策略，需要确定场地潜在的可循环水来源、可能的使用方式，然后设计适合的收集、净化（如果必需）、蓄存、分配和输送方式，实现水的循环利用。见图3-58。

（Photo from Conservation Design Forum）

图3-58　伊利诺伊州凯恩县的米尔溪高尔夫球场，将非运动区设计成抗旱、无需灌溉的乡土自然景观；同时对附近居住区、商业区、学校等的生活污水进行就地收集净化，用产生的再生水对发球台、果岭、球道进行灌溉

3.3.1.1　统筹考虑设计问题

可持续场地中水资源利用的优化，是统筹考虑的整合型设计方法。水再生循环利用的理念非常简单，但有许多方面需要认真而细致的考虑。在考虑再生水的设计时，应考虑以下问题：

▶ 可收集、可循环使用的水的来源是什么？

▶ 再生水的潜在用途是什么？

▶ 再生水每种用途的日均需求量是多少？

▶ 适用于哪些地方法规和条例？

▶ 再生水是否可以用于生活用水？

▶ 人们是否可以接触到再生水，再生水是否作为公共设施而存在？

▶ 再生水是否将用于维持植物的生长？

面对这些问题，设计团队中要加入精于水资源管理的专家，与机械工程师、风景园林师、生态工程师、园艺专家、土壤专家等共同解决水的循环再生问题。

3.3.1.2　再生水的收集与转移

用于循环利用的水需要加以收集以便于净化和再利用。可以收集的水包括：

▶ 屋顶雨水。

▶ 降落在场地铺装地面的雨水。

▶ 灰水（厨房污水、洗涤污水）。

▶ 建筑运行产生的水（空调凝结水、通风设备凝结水等）。

▶ 净化处理过的污水。

雨水收集和输送设施的形式是多样的，可以成为美观、富有趣味性的场地设计元素。水渠、河道、渡槽、排水口等是取代地下管网的极佳选择，有助于人们对水资源的可持续利用产生更深的领悟和感知。这些设施的设计必须要符合当地气候，例如在气候寒冷的地区，雨水传输的渠道必须考虑冻结问题，以保证其全天候的正常功能（图3-59～图3-61）。

3.3.1.3　再生水的蓄存

如果再生水水质符合再利用的要求，可以将回收的水直接输向需要的地方，如雨水通过落水管直接导入雨水花园。这种方式称为被动式雨水收集利用。但更多的情

图3-59　纽约市法拉盛区皇后植物园（Queens Botanical Garden）的综合性雨洪管理系统，将雨水视为一种资源，通过多种形式对雨水进行回收和利用

图 3-60 收集的雨水可以营造可见、可达的水景，同时也能 起到对雨水的净化作用，并用于非饮用的用途

图 3-61 屋顶的排水口可以成为视觉的焦点，同时也能将屋顶 的雨水排入水体，便于循环利用

况是再生水的供应与需求无法直接吻合，这就需要将再生水蓄存起来便于利用。

再生水的蓄存需要一个临时保存再生水的设施，其容量应满足全年景观灌溉及其他用途的需求。蓄存设施容量的计算应基于再生水的供应和需求情况。通常而言，再生水供应量和需求量公式是可持续水系统设计的基础。

1. 再生水供应

▶ 净降水量（月度）× 降雨收集区面积（屋顶、铺装、草坪等）＝ 雨水收集量
净降水量 ＝ 降雨量 — 蒸发蒸腾量。

▶ 其他可利用非饮用水量（月度），如空调冷凝水、回收的灰水 / 黑水量等。

2. 再生水需求

▶ 景观灌溉用水量（月度；参考本章"需水量 / 灌溉区"一节）。

▶ 水景或其他景观用水量（月度）。

▶ 场地或建筑的其他非饮用水量（月度）。

如果雨水的供给超过需求，多余部分就可以直接导入其他雨洪管理设施，如生物滞留、入渗设施等。如果水的需求超过供给，那么场地设计应考虑如何削减用水需求，或者考虑其他的再生水来源，直到达到水的供需平衡。雨水蓄存设施的容量应小于最大月度需水量，在最大月

度需水量的 75% ~ 90% 间较为合适，按最大月度需水量计算会造成较大的浪费。由于降雨是波动的，雨水蓄存设施所需的体积即使经过精确的计算，也仅仅是估算。因此，为了应对长时间的干旱，雨水蓄存设施通常应该保持满水位状态。

下面是几种典型的雨水蓄存方式。

地表蓄水：地表蓄水指的是在景观中营造低洼地，蓄存用于灌溉等用途的雨水。通常为具备一定水质控制措施、积满水的水塘或水洼。雨水的收集主要依靠重力，这种方法会产生露天的水面，比较容易产生大量的蒸发。但如果作为景观元素的话，很容易整合在场地设计中。

蓄水箱：蓄水箱可以用来蓄存雨水，可安装在地上或地下——装在地下时可以使箱内存水保持较低的温度，进而有利于水质的保存。水箱既可依靠重力从屋面直接集水，也可靠水泵泵入。蓄水箱的形式和尺寸非常丰富，地上蓄水箱的材质通常为金属、混凝土或砖砌，地下蓄水箱的材质则多为玻璃钢或金属（图 3-62、图 3-63）。

改进型蓄水池：蓄水设施可以直接建设在可渗透铺装系统或入渗设施之下，用混凝土或预制结构砌筑。此外，蓄水设施也可以与建筑或场地设施巧妙地结合起来（图 3-64）。

其他设计要素：除了蓄水体积和水质问题，雨水蓄存设计还要考虑水泵的能源利用问题。长期来看，依靠重力或可持续能源集水的简单蓄水系统的运行和维护成本更低廉。此外，雨水蓄存设施也是进行可持续水资源保护教育的重要途径（图 3-65）。

3.3.1.4　再生水的过滤与净化

为了便于在景观、建筑或可接触水景中的使用，再生水必须达到一定的水质标准。理想状态下，再生水水质的净化是场地综合策略的一部分，场地设计过程中应给予充分考虑。

图 3-62　威斯康辛州一座办公建筑的体积 30000 加仑（136m³）的玻璃钢雨水蓄水箱，用于冲厕用水和耐旱植物景观的灌溉。其体积是通过估算可收集降雨量和日常非饮用水需求量的平衡来确定的

（Photo from Conservation Design Forum）

图 3-63　伊利诺伊州艾姆赫斯特的可持续住宅景观。简易雨水收集技术的蓄水装置——雨桶，可以直接从现有落水管将雨水导入，用于花园的灌溉。通常用于私家庭院，可进行艺术化的装饰，提高其观赏价值

（Photo from Marcus de la Fleur）

图 3-64　密歇根州安娜堡市政厅综合楼的雨水系统，在"雨台"广场下建设了地下蓄水箱，其蓄存的雨水可通过水景循环，同时用于耐旱植物的灌溉

图 3-65　德克萨斯州奥斯汀的约翰逊总统夫人野花中心，游人会被作为主入口的石渡槽所吸引，渡槽与入口处的湿地水池巧妙结合。湿地也是可持续性场地设计中成本高昂但极富观赏性的雨洪管理和利用形式

绿色屋顶、雨水花园、可渗透铺装都可以对雨水进行降温（或保持其冷却），也可以过滤泥沙；种有植物的处理设施（绿色屋顶、雨水花园）还可以吸收雨洪中的营养物质。对于其他来源的再生水，根据再生水所含成分的不同，还可用人工湿地、污水生物净化系统等来进行处理。

初滤可以去除径流中的碎渣、泥沙、悬浮物等。初滤可以通过绿色屋顶、雨水花园、生态沟、人工湿地等实现（图 3-66）。

图 3-66　爱荷华州查尔斯市（Charles City）的绿色街道，透水铺装系统和道旁的生态沟结合，有效地处理和入渗了绝大多数的降雨

(Design by BNIM Architects, Conservation Design Forum and Natural Systems International)

图3-67　纽约州莱茵贝克（Rhinebeck）欧米茄中心的生态处理系统，处理着周围500英亩（202hm²）范围内产生的生活污水，处理后的水通过停车场下的渗井实现入渗补充地下水

用于冲厕用水、喷淋消防或灌溉农业作物时，再生水的水质和水温应达到一定的标准。因此，再生水的净化是其蓄存过程必不可少的步骤。净化的方法包括自然系统净化、紫外线消毒、渗透膜过滤等。以上方法在本章"3.4 污水的就地净化、排放和再利用"一节中有详细的论述（图3-67）。

3.3.1.5　再生水的分配与输送

循环或回收的再生水要分配到场地需要的地方去。最理想的情况是通过重力或可再生能源驱动的水泵来完成分配，这样可以将投资和运行成本降到最低，但这会受场地条件等的限制。高效的灌溉系统对再生水的分配和输送非常重要。

3.3.2　高效灌溉

高效的灌溉系统应在保持植物景观正常生长的同时，降低水资源的消耗和浪费，减少不可再生能源的使用。在场地中划定哪些区域的植物不需要进行灌溉，然后在需要灌溉的区域考虑和规划再生水的使用，这样可以在场地设计中实现高效灌溉。一旦场地方案成型，景观中需要再生水补给的区域就可以确定，然后要在设计中考虑输送再生水到相应区域的问题。

灌溉系统应由专业的市政工程师设计，在设计过程中要同其他专业的设计师紧密协作。灌溉系统的安装、调试、运行和维护也应由专业人士完成，以确保其按照设计意图运作。

发挥综合效益的同时，高效灌溉系统的首要目标是将景观养护中的饮用水使用量降到最低。要考虑的因素包括：

- ► 根据场地可利用的雨水和再生水水量来确定需要灌溉的景观面积。
- ► 种植乡土植物或适应性强的植物除了可以更高效地利用水资源，也有利于生物多样性的提高。
- ► 采用高效的分配和输送系统，如智能控制的滴灌系统等。
- ► 场地可利用的雨水和其他水资源应该在景观设计中得以体现。
- ► 雨水收集和抽水的设备可与场地其他必需的机械系统整合起来。

3.3.2.1　灌溉系统类型

传统的景观灌溉系统用水效率极低，草坪、花园、花坛等景观更是耗水大户。浪费水的原因有些在于灌溉设施无法均匀地浇灌，有些则是由于维护不良导致的漏水或损坏所致（图 3-68）。

多数传统灌溉系统使用地面喷嘴或旋转式喷头来灌溉，喷头布置的原则是尽量覆盖灌溉区域并减少重复喷洒。虽然这类系统造价相对低廉，但很容易产生大量蒸发，也常造成地表径流，对水的浪费非常严重。

高效灌溉系统则将配给和传输技术结合起来，有针对性地满足植物对水的要求，在降低灌溉水用量的同时保证植物的正常生长。例如地下滴灌系统，由一系列分布在灌溉区域的细管组成，受传感器控制。智能滴灌系统可以将植物所需的水分直接输送到其

(Photo from David Yocca)

图 3-68　传统的地上草坪灌溉系统消耗的水远超过实际需求，通常是由过量喷灌、重复喷洒、渗漏、蒸发或设备维护不良导致的

根部附近，其用水量相对传统喷灌小得多。由于其管道较细且一般埋在地下，滴灌系统比较容易堵塞，此外也容易被施工切断，因此对智能滴灌系统进行精心的维护非常重要。

提供灌溉用水的方式还有灌渠、水塘等。这类方法可以就地收集雨水，并导入水渠来使雨洪分散到景观中去。这类方法可以避免地表径流，提高景观中的土壤湿度，也无需考虑抽水的能源等。这种方法总体上更适合对水分不敏感的大尺度景观。

在面积较小的区域，人工浇水也是可行的。这比安装固定设施的灌溉系统要便宜一些，也更适合低灌溉频率的景观。保证在适合的时间进行浇水对维持植物的正常生长至关重要。如果景观中有需要人工浇水的部分，则必须在景观养护方案中明确标出，并安排适合的人员和经费加以保证。

3.3.2.2　灌溉用水量和灌溉分区

不同的植物景观类型对水的需求也不同。景观中需要灌溉的部分应进一步根据灌溉需求分成若干灌溉区域，灌溉系统的设计、安装、运行也应以此为基础。灌溉计算公式可用来划分灌溉区域。估算用水需求时一般会考虑景观类型、蒸发、蒸腾、降雨量等。下面的专栏介绍了一种用于估算灌溉用水需求的常用方法。

SITES 景观灌溉用水需求估算

为了计算景观的灌溉用水量，SITES 提供了以下几种计算方法。计算景观的设计灌溉用水量（design landscape water requirement，DLWR）需要：场地灌溉极值月份的平均降雨量、灌溉分区的面积、植物类型、需水系数以及每个分区的灌溉均匀度要求。灌溉分区应覆盖场地需要灌溉的全部区域。DLWR 计算法取自于美国环环境保护署"唤醒水意识计划"（Water Sense）。

下页续

$$DLWR=RTM \times [(ET_0 \times K_L) - R_a] \times A \times C_u \qquad (3-8)$$

式中　RTM——运行事件系数，低位运行期灌溉均匀度的倒数；

　　　ET_0——灌溉极值月份的平均蒸发量（英寸/月）；

　　　K_L——各类植物的需水系数；

　　　R_a——降雨补偿（为灌溉极值月份平均降雨量的25%）（英寸/月）；

　　　A——灌溉区面积（平方英尺）；

　　　C_u——换算系数（使用加仑时取值为0.6233）。

全部灌溉分区用水量之和，即为场地的灌溉用水量（表3-6）。

表3-6　设计灌溉用水量估算示例

ET_0 = 灌溉极值月份的平均蒸发量（英寸/月）			R_a = 降雨补偿（为灌溉极值月份的平均降雨量的25%）（英寸/月）		
4			2		
A = 灌溉区面积（平方英尺）[a]	植物类型	K_L = 各类植物的需水系数[b]	灌溉均匀度[c]		灌溉用水量（加仑/月）
5000	乔木	0.5	0.75		6233
5000	草坪	0.7	0.75		9557
设计灌溉用水总量（加仑/月）					15970

a 各灌溉区应与场地布置永久灌溉系统的区域相吻合。
b 见表3-7。
c 见表3-8。

▶ 需水系数见表3-7。

▶ 灌溉均匀度见表3-8。

▶ 灌溉区的面积也就是汇水区的面积（平方英尺）。

表3-7　植物类型与需水系数（K_L）

植物类型	K_L		
	低	中	高
地被植物	0.2	0.5	0.7
灌木	0.2	0.5	0.7
乔木	0.2	0.5	0.7
草坪	0.6	0.7	0.8

注：K_L值取自美国环境保护署"唤醒水意识计划"（May 2009 revision）。

下页续

表 3-8　灌溉均匀度

灌溉类型	灌溉均匀度值（ *DU* 或 *EU**)
常规滴灌	70%
增压式滴灌	90%
固定喷灌	65%
微型喷灌	70%
地埋式喷灌	70%

a 低位运行期灌溉均匀度中 *DU* 值适用于喷灌， *EU* 值适用于滴管。

注：低位运行期灌溉均匀度值取自美国环境保护署"唤醒水意识计划"。

引自：美国灌溉协会（Irrigation Association），景观灌溉与水资源管理（IA 2005）。

专栏资料来源：SITES 2009。

3.3.2.3　灌溉的控制

灌溉系统一般通过控制系统控制，根据用水需求控制开关系统。有的简易系统是手动操控的，这需要非常精心的管理，以免导致过量灌溉和水资源浪费。有的系统使用自动定时控制器，可以每天定时开关。定时器可以根据周或季节等进行差别化设置。

最高效的灌溉系统更为精密，基于气象条件控制灌溉，可以由气象传感器（或土壤湿度传感器）来控制灌溉区域的开关。气象传感器监测天气和降雨情况，只有在降雨较少的时节才开启灌溉系统。气象传感器与中央控制器连接，可以独立地调控各个灌溉区。这类灌溉系统被称为智能控制系统，通过智能灌溉系统个性化定义每个灌溉区的灌溉模式时，可以用最少的用水量实现最大的灌溉效果。

另一种确定植物需水量的方式是土壤湿度传感器，可以直接监测植物根部土壤含水量的状态。只有降雨无法保持植物需要的土壤湿度时，植物才需要灌溉。因此当土壤含水量降到一定水平以下时，灌溉系统就开始工作。智能控制系统可以为土壤湿度设置上限，以防止过度浇水。

3.3.3　水景的用水效率

水景是景观中最令人愉悦、最具美感的元素之一。水体为鸟类、动物以及一系列水生生物提供栖息地，水塘、湖泊、小溪和河流悦动的流水和美景也深深地吸引着人们，可以说，水景比其他景观元素更能吸引人们的注意力，接近水景对人益处多多——可以为人们带来视觉上的放松、听觉上的愉悦等。人工水景同样可以为可持续景观场地提供珍贵、美丽、极富价值的功能。水景也可以与场地的雨洪管理和水质净化结合起来，实现多重的功能。人工水景可为可持续景观场地提供艺术化、生态化的雨洪管理和水质处理形式，很好地适应和展现场地的特质。

人工水景尺度多变，小到庭院的小小喷泉，大到几英亩甚至更大面积的水面。其形式也丰富多样，有水池、溪流、喷泉、水花园、人工湿地等所有临时性或永久性的水体。传统的水景营造常常是建设某种形式的防渗水洼，然后用循环泵、曝气装置或化学药剂来维护水质清洁。防渗水洼会由于蒸发而造成水位下降，这需要定期补水；某些未做防渗的洼地的水会渗入地下水，会导致其水质、水位的季节性波动。

可持续性的人工水景可以对场地的生态和水文过程带来正面的影响，同时也能将场地上可利用的水资源实现可持续利用。传统的人工水景通过饮用水、自然水系或抽取地下水来实现补给，这会消耗不可再生的珍稀水资源，并破坏当地生态环境。而可持续的水景，由于不依赖或很少依赖饮用水或自然的地表、地下水，因而可以长期保持健康和活力。实现可持续水景的最佳方式就是收集和利用场地的降雨和雨洪径流，这也可以成为可持续景观场地水系统策略的一部分。

水景用水效率问题中最重要的一点就是人工水景在实现多种价值和益处的同时，最小化地使用饮用水资源。要考虑的因素包括：

▶ 维持人工水景水质的同时，尽量少地使用饮用水资源。

▶ 在人工水景的建设和维护中尽量避免对地表水或地下水造成影响。

▶ 根据场地中可利用的再生水资源来确定人工水景的尺度和规模，设计应考虑雨水及其他再生水的特点。

▶ 对雨水的收集和再利用可与场地水资源管理和水土保持结合起来。而选择乡土植物或适宜树种也会促进生物多样性的提升。

▶ 水景设计和用水量平衡预算应和场地所有与水相关的工作协同考虑。

▶ 雨水收集和抽水设备可与场地其他必需的机械系统整合起来。

图 3-69、图 3-70 展示了两个高效利用水资源的水景设计案例。

3.3.3.1　模拟自然过程

面对不同的生态、气候与地质条件，可持续水景的形式各异。人工水景设计适应地方生态条件的最好办法，就是研究和分析当地自然景观中水资源配置的特征和模式，然后在场地设计中进行模拟。例如，芝加哥的佩吉·诺特巴特自然博物馆（Peggy Notebaert Nature Museum）就设计了较小的独立开放水面，成为其可持续景观的重要表现。自然中往往在地势低洼的地方形成这样的积水坑，其汇水来自于邻近高处的径流或地下水。而在人工景观中，这种水文模式可以得到很好的模拟，如可以从绿色屋顶收集雨水引入人工开放水面（应在人工水体中做防渗处理，维持水位来为水生动植物提供栖息地）。此外，还设计了用来储存池塘溢流水的地下水箱，可以用作对池塘水位的补充和植物灌溉。当池塘中的水位下降到一定程度，水泵就会自动启动（由建筑屋顶的光伏阵列供电），将水箱中的水补充回池塘中（图 3-71）。

图 3-69　可持续景观场地的一个要求就是为使用者提供可观可游、有益健康的水景。纽约市法拉盛区的皇后植物园主入口水景，艺术性地展示了水的魅力。泉眼中流出的是经过生物净化和紫外线灭菌的收集雨水，可安全地供人接触、嬉戏

图 3-70　印第安纳州切斯特顿市的咖啡溪中心公园，可持续水景是该公园的一大特点。将屋顶和路面上收集的雨水入渗，进而以基流的形式流入湿地；经过湿地处理的水流入景观水池、跌水、雨水花园等，在此过程中的曝气作用可以进一步净化水质，另一方面也能创造可观、可游的水景

图 3-71　佩吉·诺特巴特自然博物馆的入口，墙面被设计成天然大理石的水墙，绿色屋顶的溢流降雨可顺着墙面流入小型水池或湿地。水池的溢流水被储存在地下水箱中，通过太阳能驱动的水泵用于灌溉和水体水量补充，实现了水资源的高效利用

3.3.3.2　水量平衡预算

维持人工水景应与景观灌溉用水等一样，都应被纳入场地水量平衡的预算中来。作为整合设计程序的一部分，场地水量平衡预算将输入的水（雨水、场地外流径流、建筑运行凝结水等）、使用的水、入渗、蒸发以及其他用水情况全盘考虑。通过场地的水量平衡预算，可以得出开放水面的尺度和规模，也可以计算出雨水储存设施的体积。

3.4　污水的就地净化、排放和再利用

对污水进行就地净化、排放和再利用可以产生诸多的环境和经济效益。就地净化的污水可作为新的水源用于灌溉，进而起到保护水资源的作用。自然式的净化系统（如湿地等）可以创造野生动物栖息地，其处理后的污水水质也优于市政污水处理厂的处理效果。污水的就地处理可以缓解市政污水处理系统的负荷，如果在设计中整合更高级的净化系统，就地处理的污水还可用于地下水的补充。在雨污合排的地区，就地处理的每一升污水，都可以减少一升排入江河湖海等自然水体的污水。而经过多年的发展，污水就地净化系统的运行和维护成本也降到了比较低的程度（图 3-72 ～图 3-76）。

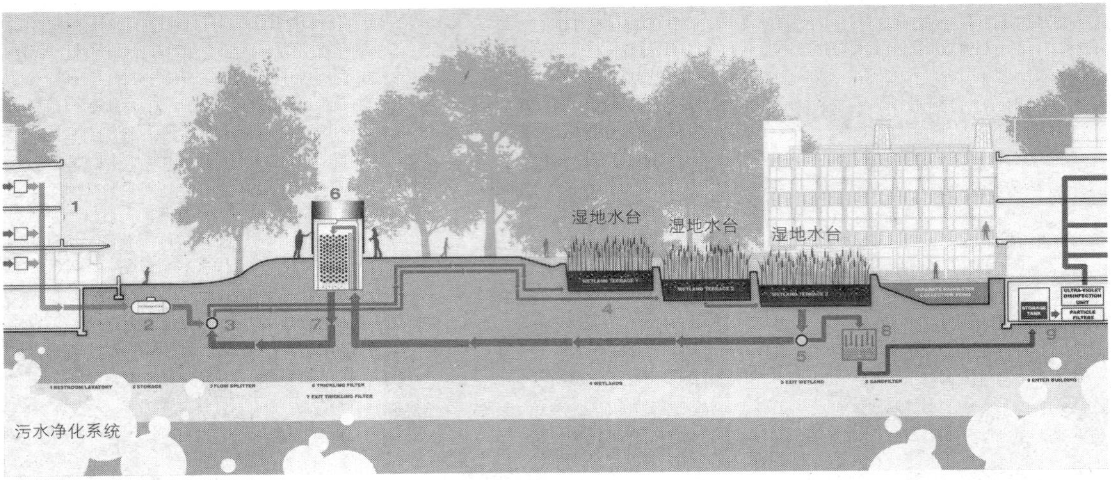

污水净化系统

图 3-72 西德维尔之友中学的可持续水利用体系，通过人工湿地使学校建筑、洗衣房的用水实现循环利用（由 Natural Systems International、Kieran Timberlake associates and Andropogon associated 设计，图片由 Kieran Timberlake associates 提供）

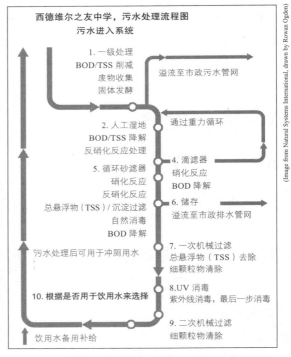

图 3-73 人工湿地利用生物作用来净化水体，为人们生动地展示了自然界中类似系统的作用机制（由 Natural Systems International、Kieran Timberlake associates 和 Andropogon associated 设计，图片由 Andropogon associated 提供）

图 3-74 西德维尔之友中学的污水处理系统。由循环砂滤、滴滤和一系列人工湿地水台组成，很好地与场地设计整合在一起，每天可处理 3000 加仑（136m³）的污水。

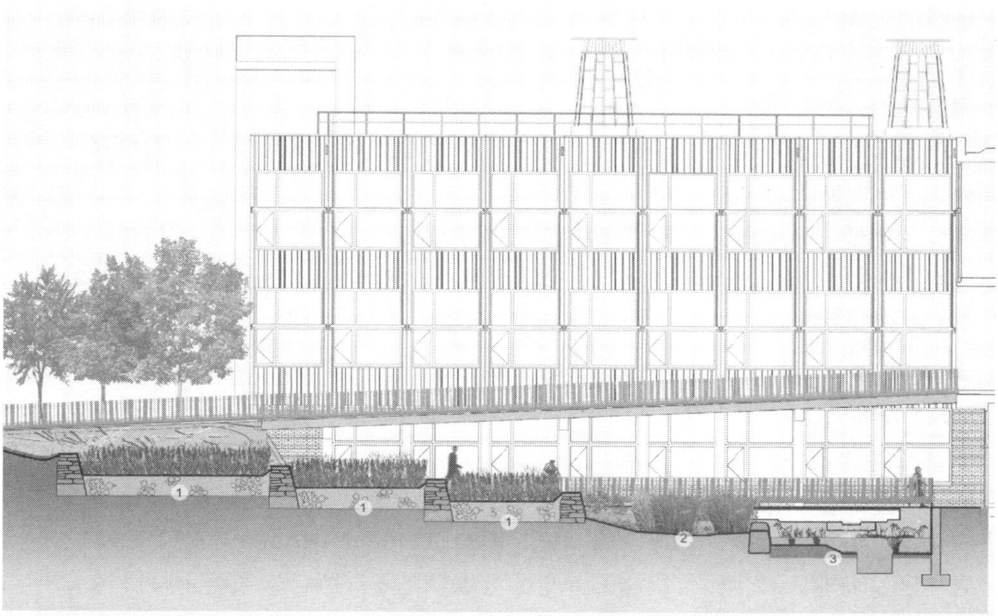

① 污水净化湿地
② 雨水花园
③ 水塘

DRAWING BY ANDROPOGON ASSOCIATES LTD

(Design by Natural Systems International, Kieran Timberlake Associates and Andropogon Associates, image by Andropogon Associates)

图 3-75　LEED 白金认证项目的综合水处理系统，由人工污水净化湿地系统、处理雨洪的雨水花园以及滞留水的池塘组成

(Sources: Kieran Timberlake, Andropogon Associates and Natural Systems International; Figure 3-74 drawing by Rowan Ogden)

图 3-76　西德维尔之友中学拥有华盛顿特区第一个可以实现场地就地污水处理的建筑。通过人工湿地和雨水花园
处理建筑排放的污水和场地雨洪

污水就地处理的推广也有一些限制因素。如业主需要承担维护和运行的责任和开销，进行日常监测，确保使用者不会向污水中排放有毒物质等。此外，系统需要一定的用地空间，也会占用土地的开发面积。

污水就地处理系统在新建建筑或无法连接市政污水处理厂的建筑中有大量运用；有些地方可能缺乏污水处理厂，或污水处理厂的处理能力已达极限，这种情况下也可使用污水就地处理系统。这类情况在美国的城市开发中越来越普遍，原因有二：

▶ 扩建污水处理厂常常由于资金缺乏无法进行，通常这需要发行债券和公众投票，而这常无法实现。

▶ 汇水水体通常都有着污染物排放的总量控制，许多地区的污染物总量已达到上限，无法容纳更多的污染物。

污水就地处理系统的规模通常比较小，通常日均处理量小于 100 万加仑（4546m^3）。多数项目的日均净化污水量小于 10 万加仑（455m^3）。一般情况下，污水的来源应相对容易净化，通常来自住宅、办公室、商店和饭店等。设计中最重要的问题是确定不同类型建筑产生的污水量，居住区、商业区、学校、饭店等产生的污水量是不同的。饭店特别是快餐店产生的污水中含有较高浓度的油脂，这是对净化工作挑战最大的部分。

污水产生的量也有着日变化和周变化，峰值流量与平均流量相差很大。如在学校中，污水峰值流量在午饭后出现；而居住区污水产生的每日峰值则出现在早晨和晚间；办公建筑在周末几乎没有污水产生等。不同的污水产生模式也会影响污水净化系统的规模。

3.4.1 污水的水质指标

对污水水质进行检测始于英国的维多利亚时期[1]，当时检测的指标有污水的生物需氧量、浑浊度和总沉淀物。随着微生物学的发展，病原体的检测被纳入污水水质检测体系中，大肠杆菌菌群数被列为主要指标。

近年来，研究发现饮用水中氮的含量对孕妇、婴儿和老人均有危害；而磷被确认为河流、湖泊等水体富营养化和水质恶化的主要原因。美国环保署等机构发布了一系列污染物质名单；同时，近来一些以前未被认为是污染物的常见物质，如抗生素、雌性激素、抗抑郁药、化妆品等物质也被发现对环境和水体有害。表 3-9 列出了目前污水水质检测中的一些主要污染物。

3.4.2 污水净化

污水净化过程一般分为一级处理、二级处理、三级处理 3 个阶段，由一系列的处理过程组成，每一阶段都能有效改善水质（表 3-10 ~ 表 3-12）。

1　维多利亚时期（The Victorian Era）即指维多利亚女王在位的时期，从 1837 年到 1901 年。——译者注

表 3-9 污水常见污染物及其水质测定

污染物类型	定义及其对环境和人类健康的影响	常见范围（mg/L）
碳质生物需氧量（carbonaceous biological oxygen demand, CBOD）	污水中的碳化合物分解稳定所需的氧气量。高浓度的碳化合物会造成河流水体氧气的缺乏，这将导致鱼的死亡、恶臭以及病原体的滋生	200 ~ 250
总悬浮固体（total suspended solids, TSS）	总悬浮固体是污水中直径在 $5\mu m$ 以上的固体，会影响水体透明度、味道以及滋生病原体	200
悬浮物（settleable solids，SS）	污水静置 1 小时后沉淀的沉积物	
铵态氮（NH_4^+）	铵态氮是化粪池处理后氮的主要形态。在自然水体中，受 pH 值影响，氮的主要存在形式是 NH_3，会对鱼等水生生物产生毒害	25 ~ 45
硝态氮（NO_3）	会引发水华，在浓度大于 10mg/L 时对胎儿、婴儿、老人有害	20 ~ 40
磷酸盐（PO_4）	是河流、湖泊和海洋藻类大量繁殖的主要原因	8 ~ 10
大肠杆菌菌群	是病原体的指标菌群，尽管某些株系可能有致命的危险，但通常症状为痢疾	1000000+
溶解性固体（dissolved solids, TDS）	通常为钙化合物，也包括钠化合物、碳酸盐、硝酸盐等。易在管道中沉积，会造成腹泻和血管硬化	50 ~ 1200+
pH 值	表示酸碱度，中性为 7，酸性则 < 7，而碱性则 > 7	6.5 ~ 8
重金属离子	铬、镉、汞、铅、砷、锑等离子，对人类及多数生命形式都有毒，毒性取决于重金属离子的类型和浓度	视具体情况
主要有机污染物	目前美国环保署规定了 126 种主要污染物，这些物质对人有致癌，诱发基因变异，导致内分泌、神经系统紊乱等毒副作用，还能危害人类的大脑、肝脏、肺、肾等器官	<10ug/L

表 3-10 一级处理工艺

一级处理工艺	优劣
筛滤：筛滤的主要目的是去除污水中较大的漂浮物和悬浮物。这一步骤常常伴随着恶臭，因此较大的处理厂常采用自动化处理。筛滤装置通常有格栅和筛网两类	优：格栅结构简单，易于建造维护； 筛滤可以防止污垢、悬浮物影响污水的后续处理工艺； 筛滤可以有效清除悬浮物等固体废物 劣：这一步骤会产生恶臭； 容易滋生蚊蝇； 人工维护的筛滤装置需要每天进行清理； 自动维护的筛滤装置成本较高，且需经常维护
沉淀池：沉淀池的作用是使污水中的悬浮物下沉，使水澄清。与化粪池或厌氧消化池不同，沉淀池不依靠生化反应，而主要依靠重力的物理作用。在经过一定时间的沉淀后，受布朗运动的影响，沉淀池一般只能去除 50% 左右的悬浮物。沉淀池的体积一般应为日均污水量的 1/6 左右。溢流率为 400 ~ 600 加仑 /（平方英尺·日）的效果最好（1 加仑 =0.0045m³，1 平方英尺 =0.09m²）。沉淀池对于大型污水处理设施（大于 25000 加仑每日）是极具性价比的处理设施。但由于需每日清除淤积物，增加了其运行成本	优：易于建造 运行成本低廉； 不产生额外污染； 造价低廉 劣：需每日清除淤积物； 产生臭味； 不适于小型污水处理设施； 通常要用混凝土建造

一级处理工艺	优劣
混凝土池：最常用的一级处理池建造材料为混凝土。不管是独栋住宅的化粪池，还是居住区污水处理设施的沉淀池，混凝土池都是最合理的选择。混凝土池可兼具两个功能：沉淀和厌氧消化。居住区的一级处理池——也就是化粪池，按照联邦法律，根据处理区卧室数量计算，约1000～2000加仑。其沉淀物和浮渣应定期清除	优：造价适度； 　　良好的结构性能； 　　维护简便； 　　可兼具沉淀和厌氧消化功能； 　　基于重力，不耗费能源； 　　修建在地下，可布置在场地以外 劣：成分中含水泥，其在生产过程释放大量 CO_2； 　　沉重，安装必须借助起重机； 　　需要定期清理和维护； 　　如维护不当易受腐蚀； 　　安装需进行挖方
玻璃钢池：玻璃钢是理想的一级处理设施建设材料，质轻、耐腐蚀。通常体积可达1000～50000加仑。可单独也可成组使用。承载能力强，适合布置在停车场、景观场地或建筑等各类地区。沉淀物和浮渣应定期清除。	优：质轻而强度高； 　　耐腐蚀； 　　易安装； 　　基于重力，不耗费能源； 　　修建在地下，可布置在场地以外 劣：造价高昂； 　　制造过程产生毒性副产物； 　　安装时的挖方量较高； 　　运输成本高； 　　需定期维护

3.4.2.1　一级处理

污水的一级处理主要去除污水中呈悬浮状态的固体杂质，某些项目的一级处理还包含了厌氧消化等步骤（如在化粪池中）。污水一级处理一般都依靠重力流，可以去除40%的 CBOD 和50%的 TSS。通常经过一级处理的污水，其 CBOD 的含量一般在140～160mg/L，TSS 的含量一般在100mg/L。如果在一级处理前端加装过滤器，TSS 可以得到进一步地清除。表3-10列出了常见污水一级处理的一些方式。

3.4.2.2　二级处理

在污水的二级处理中，CBOD 和 TSS 可以进一步减少到30mg/L 的水平。在人工湿地中，需要对污水进行一定程度的循环或曝气。此外，也需要对其进行一定的消毒。

1. 潜流人工湿地

人工湿地常用来处理一级处理出水，以进一步降低其中的 CBOD 和 TSS。这是二级处理方法中最节能的方法。此外，潜流湿地也对清除污水中的氮和病原体有很好的效果。潜流湿地在日污水量小于10万加仑（455m³）的情况下最为合算。潜流湿地由填充填料的湿地床和种植在其上的乡土湿地植物组成。填料、植物根系及生长在其中的微生物对污水起到净化作用。污水由湿地的一端流入，流过填料和植物根系。在这一过程中，污水与填料和植物根系的微生物发生反应，得以净化。植物不断向根系输送氧气，为微生物的净化作用提供条件（图3-77）。

图 3-77 潜流人工湿地

潜流人工湿地的优点:

▶ 易于建造。

▶ 景观价值良好。

▶ 可作为栖息地。

▶ 材料一般可在本地解决。

▶ 对于处理 CBOD 和 TSS 很有效。

▶ 其运行不需要能源维持。

▶ 对于去除污水中的氮效果很好。

潜流人工湿地的缺点:

▶ 比污水处理厂需要更多的用地。

▶ 需要每年定期对植物进行收割。

湿地对温度很敏感,一月份的气温是决定湿地面积的一个关键因素。日均污水流量和 CBOD 量也是重要的参考因素。尽管许多欧洲的标准不要求人工湿地设置一级处理设施,但在美国这是基本要求。

人工湿地的一个重要优点是有较高的观赏价值,可以作为景观设施。潜流湿地的填料床是各种植物生长的理想场所。香蒲、蔍草、苔草等是适于各地使用的湿地植物。当然,在湿地植物选择中也应避免使用入侵性物种。

在污水一级处理区域,通常使用香蒲、蔍草等适应性较强的物种。湿地植物选择的基本原则就是尽量使用乡土植物种类,因为其比外来物种有着更强的适应能力。还有许多外来植物种类可以在湿地边缘使用,美国农业部(USDA)的湿地数据库显示有大约 7000 余种植物,如水仙、郁金香等，适于种植于湿地之中。

砾石是比较理想的种植基质，许多植物（包括非湿生植物）都可以在其上生长。当然，野草也很容易在湿地床上生长，因此需要给予一定的维护。

为了便于处理污水和计算体积，潜流湿地常被建设为矩形，但湿地边缘可以处理成不规则形。湿地的直角处应该处理成椭圆形。潜流湿地边缘之外的区域是理想的雨水花园建设区域。

2. 表流人工湿地

表流人工湿地也可用于净化一级处理出水中的 CBOD 和 TSS。同潜流人工湿地一样，表流湿地的运行也不需能源，且对去除氮和病原体有很好的效果。表流湿地与潜流湿地的不同在于其不需填料填充，而代之以约 12 ～ 18 英寸（30 ～ 46cm）的土层作为基质。表流湿地水位一般低于 18 英寸（46cm），最高不超过 24 英寸（61cm）。表流湿地也可以作为景观设施，同时也是很好的栖息地。表流湿地中微生物群落生长的载体是植物的茎干。决定表流人工湿地面积的影响因素与潜流湿地是一致的。

表流湿地一般作为大型污水处理设施的组成部分，日污水量大于 10 万加仑（455m³）的情况下较为合算。

由于水深较浅，可利用的植物种类有限，表流湿地的景观营造会受到一定的限制。也受水深的影响，大多数美国农业部数据库里观赏价值较高的湿地植物只能用于表流湿地的边缘。由于表流湿地一般尺度较大，所以其作为鸟类栖息地的价值更大。表流湿地中应形成茂盛的植物景观，高度至少达到 12 英寸（30cm），以为边缘观赏价值较高的植物起到背景的作用（图 3-78）。

图 3-78 表流人工湿地

表流人工湿地的优点：

▶ 易于建造。

▶ 景观价值良好。

▶ 提供栖息地。

▶ 材料一般可在本地解决。

▶ 对于处理 CBOD 和 TSS 达到二级标准很有效。

▶ 其运行不需要能源维持。

▶ 对于去除污水中的氮效果很好。

表流人工湿地的缺点：

▶ 比污水处理厂需要更多的用地。

▶ 需要每年定期对植物进行收割。

▶ 由于湿地中的水常为污水、不可饮用，因此需尽量避免人们接触、饮用或游泳。

3. 垂直流人工湿地

垂直流人工湿地的原理是，污水从种植植物的湿地表面纵向流入，从填料床的底部流出。垂直流湿地对于清除 CBOD、TSS、氮等非常有效。其内部生态特征与潜流湿地类似，但垂直流湿地更依赖填料的作用。这类湿地在欧洲应用广泛。

由于植物根系在净化污水中的作用非常重要，因此垂直流湿地应使用深根性的植物，如苔草、蘖草等。但同时，垂直流湿地的边缘仍是营造植物景观的良好区域选择。

表流人工湿地的优点：

▶ 对 CBOD、TSS、氮等有着极好的去除效果。

▶ 材料一般可在本地解决。

▶ 其运行不需要能源维持。

表流人工湿地的缺点：

▶ 比污水处理厂需要更多的用地。

▶ 较容易堵塞。

▶ 需要每年定期对植物进行收割。

4. 砂滤池

砂滤池也称单向砂滤池，对于去除 CBOD 和悬浮物效果极佳，可以用于多种一级或二级处理形式的出水处理。砂滤池是由一系列砂石填料床组成的，污水由顶部流入，经过填料后渗出。砂石填料中含有大量微生物群落，可以有效去除 CBOD 和悬浮物。但应注意，尽管砂滤池可以除去悬浮物，但在砂滤池之前必须通过一级处理将污水的总悬浮物降到 30mg/L 以下，否则将极大地缩短其使用寿命。

砂滤池的优点：

▶ 易于建造。

- ▶ 对于处理 CBOD 和 TSS 达到二级标准很有效。
- ▶ 其运行不需要能源维持。
- ▶ 运行维护简单。

砂滤池的缺点：

- ▶ 会提高污水中硝酸盐的含量。
- ▶ 较容易堵塞，寿命有限。
- ▶ 对填料要求较高。

5. 过滤沙丘

过滤沙丘是一种用于过滤和入渗污水的处理设施，它有两个功能，即污水净化和排放。沙丘是小型独立污水处理系统的良好选择。沙丘中的微生物群落可以有效去除 CBOD 和悬浮物。而其排放面积的大小，取决于沙丘以下土壤的渗透性。测定建设区域土壤的渗透率，对场地进行平整是建设过滤沙丘前的两个前提条件。土壤渗透率影响着沙丘的大小和造价；土壤的渗透率越小，沙丘的体积就应越大。对沙丘覆盖土层、种植花草后，可以形成良好的景观。沙丘的使用寿命受污水中悬浮物含量的影响，可通过一级处理尽量降低污水中总悬浮物含量，以延长沙丘的使用周期。

过滤沙丘的优点：

- ▶ 易于就地取材。
- ▶ 对于处理 CBOD 和 TSS 达到二级标准很有效。
- ▶ 其运行对能源的需求很少。
- ▶ 运行维护简单。

过滤沙丘的缺点：

- ▶ 较容易堵塞，寿命有限。
- ▶ 需要对土壤状况进行测量和研究。
- ▶ 整体增加了工程的复杂程度。

6. 滴滤池

滴滤池可在污水经一级处理后，将污水中的 CBOD 从 140 ~ 150mg/L 降低到低于 30mg/L 的水平。这是借氧气和好氧菌净化污水，降低 CBOD 的一种非常经济有效的方法。早期的滴滤池是在圆形混凝土池中堆满直径 2 ~ 3 英寸（51 ~ 76mm）的石块，然后将污水通过旋转式布水器淋布在石块上。现在的滴滤池在技术上做了许多改进，如用高密度聚乙烯取代石块，增加接触面积，为微生物菌落的着生提供了更多的基质。

滴滤池的优点：

- ▶ 简单，易于建造。
- ▶ 对于处理 CBOD 和 TSS 达到二级标准很有效。
- ▶ 高效的好氧生物处理方式。
- ▶ 运行维护要求低。

滴滤池的缺点：

- ▶ 需建设水泵和旋转式布水器。
- ▶ 需在滴滤池下游建设二次澄清池。
- ▶ 布水器需要定期清理维护。
- ▶ 可能会出现堵塞，造成短流现象。

3.4.2.3　三级处理

经过三级处理（表 3-11），污水中的 CBOD、TSS 被降低到 10mg/L 以下，病原体也得到杀灭，总磷含量也降低到可排放标准。

表 3-11　污水的三级处理

三级处理方式	优	劣
硝化池：污水中的 CBOD 含量经过一、二级处理降低到 30mg/L 以下后，就可以通过硝化细菌将污水中的氨氮氧化为硝态氮。硝化处理对污水三级处理达到总氮小于 10mg/L 的要求至关重要。硝化池处理后的污水应进入好氧环境，促进反硝化作用的发生（硝态氮转化为氮气）。	结构简单，易于建造；氨氮转化为硝态氮的效率很高；高效的好氧生物处理方式；运行维护要求低	需建设水泵和旋转式布水器；需在后端建设二次澄清池；旋转布水器等设备需要定期维护；可能会出现堵塞，造成短流现象；硝化菌对温度、pH 值等非常敏感
循环砂滤池：二级处理的出水通过多次砂滤池处理（3 次以上），可以有效降低 CBOD 和 TSS 的含量（小于 10mg/L）。如所有的二级、三级处理一样，进入循环砂滤池的污水应得到足够的前处理，否则就无法达到预期效果。 由于循环砂滤池属于好氧系统，因此会促进氨氮向硝态氮的转化。总体上，循环砂滤池可以降低污水的总氮，但在缺乏厌氧处理的情况下，无法达到三级处理的要求。如果结合反硝化处理，循环砂滤池出水的总氮可以降低到 2mg/L 以下。如果进水的悬浮物控制在 30mg/L 以下，该系统的使用寿命将大大延长。	易于就地取材；能有效地将 CBOD 和 TSS 处理到三级处理标准；可以较全面地完成硝化反应；易于运行维护	产生硝态氮；需要水泵和控制系统；对填料要求较高；能耗相对较高
细网筛：细网筛的主要功能是去除一、二级处理中剩余的微小悬浮物、泥沙（80 ~ 100μm）等，为进一步的净化和消毒做准备。细网筛处理可以使后续的紫外线消毒或臭氧消毒效率更高。此外，细网筛也可以用于中水灌溉系统的前端，以保护和延长中水灌溉系统的使用寿命。需要注意的是，细网筛只对清除悬浮物有效	可以清除一定级别以上的细悬浮物；促进后续消毒步骤的效果；有利于进一步净化	需要定期维护和更换；其运行需要水压，能耗相对较高
袋式过滤器：袋式过滤器的主要功能是进一步清除细网筛无法滤除的细微悬浮物（5 ~ 10μm）。任何大于过滤直径的细悬浮物都可以被清除。经过袋式过滤器过滤后的污水，消毒效果更好。在过滤器前加装过滤网，能延长其使用寿命。需要注意的是，袋式过滤器只对清除悬浮物有效	可以清除一定级别以上的细悬浮物；促进后续消毒步骤的效果；有利于进一步净化	需要定期维护和更换；其运行需要水压，能耗相对较高

续表

三级处理方式	优	劣
筒式过滤器：主要功能是进一步清除细微悬浮物（0.25～5μm）、细菌、病毒等。任何大于过滤直径的细悬浮物都可以被清除。经过袋式过滤器过滤后的污水，消毒效果更好。当污水处理后的出水用于建筑时（如冲厕用水时），这一步骤必不可少。美国一些州要求排放到江河的再生水，必须经过这一步骤的处理	可以清除一定级别以上的细悬浮物；促进后续消毒步骤的效果；可以去除部分细菌、病毒	需要定期维护和更换；其运行需要水压，能耗相对较高
臭氧消毒法：臭氧可以破坏细菌的细胞壁和DNA、病毒的RNA，因此是很好的消毒处理方式。此外，臭氧还能对污水中的氨氮、硫化氢、铁离子、着色剂（如鞣酸）等进行氧化。臭氧消毒前的净化处理非常重要，水质越好，消毒效果越好	排放后不会产生副作用；对去除病原体非常有效；处理时间短；可以清除铁离子和着色剂等	需定期维护；在作用于细菌、病毒前，会先与氨氮、铁离子、硫化氢等发生反应；耗能较高；如泄露对人体有害
次氯酸钠消毒法：次氯酸钠能有效杀死细菌、病毒。在小型污水处理系统中，次氯酸钠消毒简便易用，处理效果很好。尽管次氯酸钠对致病菌的消毒效果无出其右，但其也有一些副作用。如氯离子与氨基酸结合形成的氯胺，与其他有机物反应产生的氯仿（三氯甲烷）等，都是致癌物质。为了进一步清除其副产物，美国环境保护署要求次氯酸钠消毒法中添加亚硫酸钠，可以中和处理后残留的氯离子	成本低廉；使用方便；对病原体消毒很有效	有毒性；产生致癌副产物

表3-12　各类处理方式的对比

处理类型	处理级别	成本（美元/加仑·日）	环境影响	运行能耗	景观中运用的潜力	可建造性	维护要求
潜流人工湿地	二级处理	3.6	低	0	高	易	低
表流人工湿地	二级处理	2.1	低	0	高	易	低
垂直流人工湿地	二级处理	4.1	低	0～极低	中	易	低
砂滤池	二级处理	2～4	低	低	中	易	低
过滤砂丘	二级处理	5～10	低	低	中	难	低
滴滤池	二级处理	5～8	中	低	中	易	低
硝化池	三级处理	5～8	中	低	中	易	低
循环砂滤池	三级处理	3.9	低	低	高	难	低
袋式过滤器	三级处理	0.001	低	较低	无	易	低
筒式过滤器	三级处理	0.01	低	较低	无	易	低
细网筛	三级处理	—	低	低	无	易	中
臭氧消毒法	消毒处理	0.06	低	低～中	无	中	高
次氯酸钠消毒法	消毒处理	0.001	高	0	无	中	低
紫外线消毒法	消毒处理	0.04	低	低	无	易	中

3.4.3　再生水的利用

污水处理方式的选择取决于排放水质要求或土地利用许可的规定。如果处理后的水用于灌溉，那么水质要求就比直排入河湖的要求低。事实上，对处理后的再生水，不断循环利用永远比直接排入地表水体更环保。

在污水就地处理的问题上，如何利用处理后的再生水远比污水处理过程本身更具挑战性。用于灌溉需要合适的土壤和足够的面积（或储存体积），以容纳每日产生的再生水。污水直排似乎方便得多，但相关法规对排放污水的标准要求非常严格，总磷总氮必须达标才能直排。

污水排放和再利用要服从于地方和国家的相关规定。在开始设计工作之前走访相关的管理机构非常重要。在美国，污水的排放和再利用是监管最严格的公共事务，因此，在项目开始时解决排污许可等一系列问题往往是最重要的工作（表 3-13）。

表 3-13　各类再生水利用方式的要求

利用类型	污水处理级别要求	成本（美元/加仑每日）	环境影响	能耗	景观利用潜力	可建造性	维护要求
喷灌	二级处理	0.5 ~ 2	低	中	高	易	低
滴灌	三级处理	1.5 ~ 5	低	低	高	中	低
冷却塔用水	三级处理	较低	低	低	低	易	低
冲厕用水	三级处理	较低	低	中	无	中	高

3.4.3.1　灌溉

再生水利用的一个很重要的方式就是灌溉。这种方式的优点在于，再生水中含有的氮、磷可以促进植物的生长。不管是作物、树木还是草地，都可以从中获得益处。再生水用于灌溉也可以避免造成江河湖泊的富营养化。再生水灌溉在 SITES 和 LEED 评估体系中都有重要的引导方向。此外，再生水灌溉还解决了污水处理中极难去除的物质的净化问题，如抗生素、化妆品残留、除草剂、杀虫剂等。

再生水灌溉最为经济的选择是使用摇臂式喷灌系统。由于喷灌系统固有的特点且易受风影响，喷头之间须留出缓冲区，且对场地和管理要求较高。而滴灌系统则不存在类似问题，在商业办公景观、公园和居住区景观中应用较为普遍。

3.4.3.2　建筑的再生水利用

一般建筑用水来源主要是饮用水。但冲厕用水不必使用饮用水，喷淋灭火系统、空调冷却塔等也不需要使用饮用水。水质达到污水三级处理要求的再生水，就可以满足以上用途的要求。使用再生水的优点除了可以节约饮用水外，还可以减少污水排放量。

许多建筑的空调冷却用水占建筑用水的比例很高，而一般情况下其来源是饮用水，再生水可以替代饮用水。随着水资源的日益紧张，再生水循环利用有着越来越重要的经济价值和环境价值。美国和国际的暖通规范都对再生水回用做出了相关规定，明确再生水管用紫色水管，以示与饮用水管的区别。

3.4.4　就地污水处理的审批

每一项就地污水处理工程都需符合国家和地方政府的水质排放标准。审批审查可能会占用大量时间，牵涉多个部门，并与法规、场地的环境敏感度、场地周边情况有着错综复杂的关系，整个审批过程可能持续几个月甚至几年。因此，在项目开始的时候邀请有经验的污水处理工程师和环境管理部门介入是非常重要的，这样可以明确审批的各项要求。污水处理的方案设计工作应该在这之后再开展。由于污水处理涉及复杂的公共安全问题，监管部门要求由具备专业执业资格的人员来进行污水处理方案的设计工作。

3.4.5　再生水处理的能耗及能源效率

估算污水处理的单位能耗也非常重要。各类污水就地处理方式的能耗不同，某些方式耗能比较高。例如，由化粪池、人工湿地组成的被动型污水处理系统，一般处理 1000 加仑（$4.55m^3$）污水的能耗约 0.5kW；而延时曝气处理系统处理 1000 加仑污水的能耗约需 4 ～ 5kW。此外，水质要求与能耗也正相关，水质要求越高，能耗越高（表 3-12）。由于污水处理的技术选择种类很多，因此估算单位处理能耗有着很重要的意义。

3.4.6　就地污水处理系统的类型

目前广泛运用的就地污水处理技术中，大多数是非专利的公开技术。表 3-14 简要列举了污水处理系统中主要单元及其模拟的生态过程。

表 3-14　污水处理系统各单元及及其模拟的生态过程

处理单元	模拟的生态过程
化粪池	池塘底部——在池塘底部的厌氧淤泥中的微生物群落，与化粪池中的微生物群落是一致的
沥滤场	土壤——土壤中的矿物质和腐殖酸支持着高度多样性的微生物生态系统，可以有效处理污水中的残留化合物
砂滤池	滨水区——滨水区的砂石区里含有多种微生物群落，植物、树木的根系和各种动物，有着强大的净化能力
灌溉系统及植被区	草原、林地——草原、林地的复合生态系统为多种类型的微生物群落提供支持，植物根系、真菌等提供了几乎一切去除污水中污染物的能力。植物也能完美地利用污水中的氮磷，促进碳汇
滴滤池	瀑布——跌落的流水会产生曝气效应，促进细菌、苔藓、藻类等的生长，促进有机物的循环
人工湿地	湿地——人工湿地的多样性虽然远没有自然湿地那么丰富，但还是能创造极富功能的生态系统，可以清除有机物、氨氮、重金属、病原体等

通过将各种生态过程集合在一起，就地污水处理可以达到预期的排放水质标准。污水处理系统一般是由两种或两种以上的处理单元集合在一起，可能是化粪池结合沥滤场（如图 3-79）；也可能是化粪池后接人工潜流湿地，然后接沥滤场。选择处理单元需考虑以下条件（图 3-80、图 3-81）：

▶ 污水的流量和日变化量。

▶ 污水的 CBOD 浓度。

▶ 污水的总氮含量。

▶ 再生水利用方式——灌溉或建筑用水。

▶ 排放水质标准的要求。

▶ 场地条件。

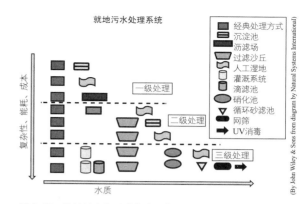

图 3-79　就地污水处理系统的可能组合。最上面一类是最简单也是最常见的处理方式，其造价最为低廉，但处理后水质标准也相对最低。最下面一类由各类一级处理措施、滴滤池、硝化池、湿地、消毒等步骤组成，处理后的水质可以满足建筑用水的标准。处于中间的一类处理后的水质介于前面二者之间，可以满足特定的要求，如用于灌溉的再生水。采取的处理方式越复杂，建造和运营成本越高，但水质处理效果也越好

图 3-80　玛丽·李（Merry Lea）环境教育中心承担着高盛学院（Gosher College）的环境科学研究项目和教育科普功能。在这里，污水通过由人工湿地和循环砂滤池组成的第一阶段、由滴滤池和氧化塘组成的第二阶段，实现总氮的处理。滴滤池和氧化塘实现污水的硝化反应，然后在湿地中进行反硝化反应。最后一步反硝化反应发生在砂滤池中，以实现排放前总氮的进一步降低

(Source: Natural Systems International; drawing by Rowan Ogden)

玛丽·李中心污水处理原理图
污水进入系统

1. 一级处理
消减 CBOD 和 TSS；
拦截垃圾；
固体发酵

循环

2. 滴滤池
（第二阶段）
硝化作用；
消减 BOD；
产生少量悬浮物

3. 曝气塘
（第二阶段）
硝化作用；
消减 BOD

4. 人工湿地单元
#1（第二阶段）
硝化反硝化；
消减 BOD/TSS

5. 人工湿地单元
#2（第一阶段）
反硝化

再利用

6. 循环砂滤池
硝化反硝化；
滤除 TSS；
消减 BOD；
自然消毒

排入市政下水管网

图 3-81　玛丽·李环境教育中心污水处理的原理图。硝化和反硝化反应对于污水净化非常重要

(Source BNIM Architects and Natural Systems International)

图 3-82　纽约州莱茵贝克欧米茄中心的太阳能生物净化系统（SAS），由 John Todd Ecological Engineering and Natural Systems International 设计，成为整个建筑及场地综合水系统的一部分

3.4.6.1　专利技术

除了公开免费使用的技术，还有许多基于水塘原理、可整体购买、易于安装、拥有专利的集成污水净化系统。这类集成污水处理系统通常采用机械曝气的方法来处理化粪池的出水。这类集成系统的优点是很容运输和安装，但缺点是需要设备商提供定期维护服务，其效果和运行与设备商提供的服务密切相关。

3.4.6.2　太阳能生物净化系统（solar aquatic system，SAS）和人造自然机（living machine，LM）

太阳能生物净化系统与人造自然机是由约翰·托德（John Todd）博士发明的基于生态塘原理的集成污水处理系统，均取得了专利并注册了商标。太阳能生物净化系统是一个以太阳能为基础，将多种植物、动物、微生物结合到一起的污水净化系统；人造自然机则是在此基础上增加了生态流化床。这类系统都是基于温室环境，通过曝气塘中的大量漂浮植物、微生物实现污水净化的。这就给建筑师、风景园林师提供了营造优美景观的机会，也大大地提升了污水处理设施的科普价值（图 3-82 ～图 3-84）。

SAS 和 LM 系统的进水需要经过一级处理，如果其出水用于建筑冲厕用水，需要进一步处理。一级处理可以是化粪池，然后是 SAS 和 LM 系统的沉淀池。SAS 和 LM 集成系统的第一组池塘装有曝气装置，以为植物根区提供氧气；后续的种有漂浮植物的池塘对氧气的需求量逐渐减少；最后一般是硝化池，因此 SAS 和 LM 系统之后一般都设计有潜流人工湿地（起反硝化作用）和循环砂滤池（最终过滤）。

图 3-83 欧米茄中心太阳能生物净化系统（SAS）温室外的人工湿地，可以就地处理污水和雨洪径流

图 3-84 欧米茄中心污水处理系统原理图。各组成单元之间的顺序不是严格的，同时，各组成单元均需一定程度的一级处理

参考文献

Calabria, J., and D. Nadenicek. 2007. *Restoration of Urban Riparian Area: Case Study.* NOVATECH: 6th International Conference on Sustainable Techniques and Strategies in Urban Water Management (June 25–28, 2007). Lyon, France.

Chesapeake Bay Foundation. (n.d.) *Future Growth in the Washington, D.C. Metropolitan Area.* Available at www.savethebay.org/land/landuse/maps/future_growth.html.

Coffman, L. 2000. *Low-Impact Development Manual.* Prince Georges County, Maryland Department of Environmental Resources.

———. 2001. "Low Impact Development Creating a Storm of Controversy." *IMPACT*, Vol. 3 No. 6 (November).

Echols, S., and E. Pennypacker. 2006. "Stormwater Special: RainArt—Art for Rain's Sake (Stormwater Management)." *Landscape Architecture,* 96(9):24ff.

Ferguson, B., 1998. *Introduction to Stormwater.* New York: John Wiley and Sons.

———. 2005. *Porous Pavements.* Boca Raton, FL: CRC Press.

Ferguson, B. and T. Debo. 1990. *On-Site Stormwater Management* (2nd ed.). New York: Van Nostrand Reinhold.

Hathaway, J.H., and W.F. Hunt. 2006. *Level Spreaders: Overview, Design and Maintenance* (AGW-588-09). Available at www.bae.ncsu.edu/stormwater/PublicationFiles/LevelSpreaders2006.pdf.

King County, WA, Department of Natural Resources. 1999. *The Relationship Between Soil and Water How Soil Amendments and Compost Can Aid in Salmon Recovery.* Available at http://depts.washington.edu/cuwrm/publictn/s4s.pdf.

National SUDS Working Group. 2003. Framework for Sustainable Urban Drainage Systems (SUDS) in England and Wales, www.environmentgency.gov.uk/commondata/105385/suds_book_902564.pdf.

North Carolina Sedimentation Control Commission. 2009. *Erosion and Sediment Control Planning and Design Manual.* Available at www.dlr.enr.state.nc.us/pages/publications.html#eslinks (accessed 12/2010).

Pitt, Robert. 1999. "Small Storm Hydrology and Why It Is Important for the Design of Storm-water Control Practices." In *Advances in Modeling the Management of Stormwater Impacts,* Vol. 7. (W. James, ed.). Guelph, ON: Computational Hydraulics International, and Lewis Publishers/CRC Press.

_____. 2000. "The Risk of Groundwater Contamination from Infiltration of Stormwater Runoff," in *The Practice of Watershed Protection* (Thomas R. Schueler and Heather K. Holland, eds.). Ellicott City, MD; also available as Technical Note #34 from *Wat. Prot. Techniques.* 1(3): 126-128.

Pitt, Robert, Shirley Clark, Keith Parmer, and Richard Field. 1996. *Groundwater Contamination from Stormwater Infiltration.* Chelsea, MI: Ann Arbor Press, Inc.

Scholz-Barth, K. 2001. *Green Roofs, Stormwater Management from the Top Down. Environmental Design and Construction.* Available at www.greenroofs.com/pdfs/archives-katrin.pdf.

Stahre, Peter. 2006. *Sustainability in Urban Storm Drainage: Planning and Examples.* Stockholm, Sweden: Svenskt Vatten.

Strecker, E. W. 2001. "Low Impact Development (LID): How Low Impact Is It?" *IMPACT,* Vol. 3, No. 6 (November), 10-15.

U.S. Department of Agriculture. 2000. *Summary Report: 1997 National Resources Inventory* (revised December 2000). Natural Resources Conservation Service, Washington, DC, and Statistical Laboratory, Iowa State University, Ames, IA. Available at www.nrcs.usda.gov/technical/NRI/1997/summary_report/report.pdf (accessed May 19, 2011).

U.S. Department of Housing and Urban Development. 2000. *The State of the Cities.* Available at: http://archives.hud.gov/reports/socrpt.pdf.

U.S. Environmental Protection Agency (EPA). 1987. *Agricultural Chemicals in Ground Water—Proposed Pesticide Strategy.* Washington, DC: Office of Pesticides and Toxic Substances.

_____. 2009a. *Technical Guidance on Implementing the Stormwater Runoff Requirements for Federal Projects under Section 438 of the Energy Independence and Security Act.* Washington, DC.

_____. 2009b. *Pervious Concrete Pavement.* Available at: http://cfpub.epa.gov/npdes/stormwater/menuofbmps/index.cfm?action=factsheet_results&view=specific&bmp=137&minmeasure=5

_____. 2009c. *WaterSense Landscape Water Budget Tool.* Available at: http://water.epa.gov/action/waterefficiency/watersense/spaces/water_budget_tool.cfm

_____. 2010. *Compost Blankets.* Available at: http://cfpub.epa.gov/npdes/stormwater/menuofbmps/index.cfm?action=factsheet_results&view=specific&bmp=118

VanWoert, N. D., D. B. Rowe, J. A. Andresen, C. L. Rugh, R. T. Fernandez, and L. Xiao. 2005. "Green Roof Stormwater Retention: Effects of Roof Surface, Slope, and Media Depth." *Journal of Environmental Quality,* Vol. 34, No. 3, 1036-1044.

第4章
场地设计：植物

史蒂夫·温德哈格（Steve Windhager），马克·西蒙斯（Mark Simmons）

雅各布·布鲁（Jacob Blue）

    对风景园林师而言，植物是各种设计元素中功能最强大的一种。在场地设计中，选择了适应场地条件的植物，也就提供了重建场地各类生态系统服务功能的能力。

    近来的研究已经揭示了人们与植物接触可以获得的各种益处，如可以缓解人们的精神疲劳（R. Kaplan and Kaplan，1989；S. Kaplan，1995）、产生愉悦（Chenowith and Gobster，1990）、促进身体康复（Ulrich，1986；Ulrich *et al.* 1991）、降低犯罪率（Kuo，2001）等。缺乏与植物接触机会和户外活动，会导致人们特别是儿童的肥胖率增加等一系列问题（Louv，2005）（图4-1）。

（Design by Andropogon Associates）

图 4-1　华盛顿特区的西德维尔之友学校，湿地景观为学生提供了休憩娱乐和教育的机会

　　任何植物都能提供一定的生态服务价值，大量使用植物景观的场地往往会对更大范围的环境带来益处（SITES，2009b）。恰当的植物选择可以产生营造栖息地、污染物控制、节能等一系列效益：

- ► 缓解热岛效应。
- ► 减少雨洪径流，改善水质。
- ► 改善空气质量。
- ► 提升开放空间的美观性和功能性，提升土地价值，有益人类健康。

景观场地设计中植物的作用

　　人工环境的建设开发应确保其能持续提供与开发前一致，甚至更好的生态系统服务，这是可持续性场地的基本要求。SITES 评价标准中有关植物方面的规定，是确保在场地植被的设计、建设和维护中，不仅要实现资源投入的最小化，也要确保场地可以提供至关重要的一系列生态系统服务。

　　SITES 评价标准中有关植物方面的规定和条款可以主要分为三类：

　　（1）尽可能保护健康的现状植被群落。

　　（2）选择适应场地条件、不会对场地产生不利影响的植物。

　　（3）通过植物提供一系列的生态系统服务。

　　SITES 强调场地中生态价值高的重要地区，应避免受到开发建设的破坏。此外，场地上保留或新种植的植物，应适应建设后的场地条件和需求。这里的关键是入侵植物的控制和适宜物种的选择。SITES 评估体系推崇乡土植物的使用，也鼓励恢复适合场地所在生态区特点的植物群落。

　　植物提供的生态系统服务非常重要，良好的植物景观可以使景观从"无害"变成"有益"于场地及周边地区。SITES 鼓励的植物景观策略有：

- ► 保护和促进地表水水质。
- ► 保护和恢复适宜的植物量。
- ► 降低建筑能耗。
- ► 缓解城市热岛效应。
- ► 避免灾难性山火的发生。
- ► 促进人与植物的接触和联系，缓解人的压力。

　　SITES 评估体系中关于植物的方面有助于推动资源的保护（如石化燃料、水甚至时间等），也有助于提供对人类、野生动物等至关重要的生态系统服务（SITES，2009a）。

4.1　植物与场地设计

4.1.1　理解场地

可持续景观场地设计不仅要了解建设前的场地情况，也要了解和掌握建设后的场地情况，这样才能保证项目的成功。SITES 评估体系中种植设计的核心原则可以归结为一句话：适地适树。

SITES 非常重视对健康生态系统的保护，因为健康的生态系统对投入的要求最少，而其产生的生态服务则最多。因此，SITES 非常鼓励对现状棕地或灰地的开发。棕地或灰地的生态系统已经遭受严重的破坏，对这类场地进行可持续开发可以获得生态系统服务的"净"提升。正因为这个原因，在棕地或灰地上进行的再开发更容易在 SITES 评估中得到高分。

确保选择适合场地需求的植物不意味着一定要选择场地原有植物。不管是在城市还是乡村，人工开发活动都会不可避免地改变场地原有的生态条件，土壤、水文、小气候、光照等都可能发生改变。

不存在适应各类条件的植物，植物的选择应取决于场地及其所属地区的条件。设计师也应考虑每一种植物或每一个群落可以为场地提供什么样的生态服务。

选择植物的时候，应了解和收集场地建设前的条件，并对建成后的条件进行模拟，然后将二者进行对照分析，以便确定植物的选择。这就要求设计师要有识别和收集项目场地或参考场地一系列环境条件的能力。参考场地对植物选择非常重要，因为可以在项目场地附近的参考场地上观察植物群落和植物的生长情况，并对其作出评估。例如，雨水花园经常要经受长期的干旱胁迫（Beuttell，2008），这就要求使用的植物有很强的耐旱性；在项目场地所属的生态区内，自然生态系统中的类似生境（如季节性河流）就承受着类似的水文条件，因而其植物种类和群落就可以作为项目场地的模型加以借鉴。表 4-1 列出了一般情况下植物选择所需收集的场地信息。

表 4-1　与植物选择有关的场地信息收集

土壤和水文条件	场地属于干旱、湿润还是干湿适中？ 土壤的排水和紧实度情况？ 土层深度和可用土壤容积？ 土壤的 pH 值？ 土壤中是否存在养分失调？ 土壤的盐碱化程度？ 土壤中的病虫害情况如何？ 场地是否受到洪水或潮汐的影响？
植被和现状植物群落	区域中的主要生境是什么样的？ 场地现有植物群落的情况？ 是否存在与场地条件类似的自然群落和天然生境？ 区域内或场地中主要的入侵植物是什么？

环境条件和地理地貌	场地的区位？ 场地及周边区域的生境如何连通？ 场地的日照情况如何？ 场地的海拔多高？ 场地的降雨量情况、气候带情况如何？
文化和人工环境条件	场地使用者与植物如何发生关系？ 使用者在哪里可以看到植物？ 期望植物提供哪些生态服务？

4.1.2　适地适树

植物选择最重要的就是其是否能够适应场地的条件和要求，如果不符合场地条件，不管是乡土植物还是外来植物，都是不可持续的。同时要考虑植物自身的生长变化、在群落中的作用、对场地的影响、管理养护要求等，在可持续景观场地设计中植物选择非常重要。场地是不断变化的，选择植物的过程也要包含对场地变化的预判。设计师选择植物应基于其特性和在群落中的作用，同时也要判断植物在新的场地条件下会有什么样的表现。

植物应满足场地生态系统的需求，这意味着要根据植物在自然群落中的作用，来确定其是否能够适应新的场地。也可以理解为植物群落的构建应符合场地对生态系统服务的需求。

- ▶ 植物选择应考虑其自然特性是否能满足场地生态系统服务的需求。例如，在滨水或潮湿的场地上，应选择来自潮湿自然群落的植物种类。
- ▶ 应以解决场地限制因素或解决具体生态问题为目的来选择植物，如生态修复或提供遮荫功能等。
- ▶ 植物种类选择应满足生境构建、提供庇护或食物来源等生态系统服务功能需求。

适地适树不是只重视乡土植物，而是需要设计师了解场地生态条件最适合什么样的植物生长。

为了预测特定植物的表现，可以核查下列问题：

- ▶ 这种植物最常见的地区的植物群落是什么样的？
- ▶ 该种植物在自然群落中的作用是什么样的？
- ▶ 这种植物会在自然植物群落的哪个部位演化发生？
- ▶ 在群落中，该种植物的显著度如何，原因是什么？

恰当地选择和配植植物，要求设计师对土壤、水文、气候、养护等都有深入的了解。除此之外，设计师还要考虑建成后植物或群落的寿命问题。人工和自然干扰在人工环境中也很常见，植物对各类损伤和干扰的抗性也很重要（表4-2）。

表 4-2 植物适宜性评价标准

适应性和抗性	选择的品种应能在各种场地条件下（日照强烈 / 遮荫、干 / 湿、冷 / 热、贫瘠 / 富饶）正常而苗壮生长
功能	选择的品种应能提供期望的生态系统服务和功能
养护管理	选择的品种应来自合适的苗圃，易于养护管理； 所选的植物对场地或地区不应成为入侵物种
设计目的	应符合遮挡、装饰、空间划分等设计目的的要求。

4.2 植物与生态系统服务

在景观中，不论植物在哪里，都能产生生态系统服务。植物提供的大多数生态系统服务都来自于其物理作用（如遮荫、防风等）和生理过程（如蒸腾散热、生物产量和营养循环等）。设计、运营和维护一个真正可持续性的场地，至关重要的就是要确保场地提供不少于（或大于）开发前（或再开发前）的生态系统服务。这一目标是景观规划设计目标的一个极大拓展，代表着一种新的思维模式。景观的生态效益应当与安全性、美观性、经济性等同等重要（Windhager *et al.*，2010）。

兼有多重生态服务的植物景观是确保场地建设后生态服务功能达到或超过原有生态条件的最便捷方式。设计师的目标应该是创造类似于自然植物群落的可持续性植物景观（表 4-3）。

表 4-3 植物提供的生态系统服务

产生氧气	植物通过光合作用将二氧化碳和水转化为糖和氧气
碳汇	植物可以将二氧化碳吸收并储存在组织中（可达上百年），或通过根、叶等器官脱落而将碳储存在土壤中（超过数千年）（Lal，2003）
清洁空气	臭氧、二氧化硫、二氧化氮、有机挥发物（VOCs）等污染物都可被植物吸收和滞留（Nowak，Crane and Stevens，2006）
净化土壤 / 水体	植物可以有效富集水体、土壤中的污染物、重金属离子等（Weis and Weis，2004）
蒸腾作用	蒸腾作用对于去除地下水非常有效，如降低地下水水位有利于减轻土壤盐碱化（Schofield，1992）；此外，蒸腾作用也可以蒸发绿色屋顶的雨水积水（Dunnett et al.，2008）
降温	植物不仅能提供遮荫，降低热辐射；还能通过蒸腾作用带走热量，降低空气温度（Hunhammar，1999）
野生动物生境	植物为许多生物提供食物和掩体
产生食物和药物	人类大多数的食物来自于植物，此外，大多数的药物也来源于或提取于植物

4.2.1 植物生理与生态系统服务

植物的生态系统服务是其生理功能的产物。其中，植物最基本的生理功能——光合作用和水的吸收——发挥着氧气合成、碳汇、水质改善、生态修复、降温减噪等一系列重要作用。了解植物生理的本质是理解植物生态服务的关键。

4.2.1.1　生物量密度

植物提供的生态系统服务的数量和质量常直接由植物的生物量决定。生物量密度可以一定程度上指示场地能提供的生态系统服务的情况。

SITES 导则将生物量密度指数（biomass density index，BDI）作为生态系统服务的指标，定量地表示一块场地可提供的生态系统服务功能。通过场地调研收集的信息，计算各类植被（复层乔木林，单层林，灌木，沙生植物，一、二年生植物，地被，草坪，湿地等）覆盖占总面积的比例可以得出 BDI。

SITES 导则中提供了可以通过各类植被的叶面积指数来估算其各自生物量密度的方法。将各植被类型的覆盖度与相应的生物量密度值结合计算，可以确定场地的 BDI 数值。BDI 指数因区位而易，取决于场地所处区域的生态系统类型、气候和其他地理要素。

4.2.1.2　光合作用

植物生理最基本的过程是光合作用，植物能通过光将二氧化碳和水合成为生长代谢必需的碳水化合物，释放出氧气。在这一过程中，可以直接或间接地产生碳汇、水质净化、洪水控制、空气净化、氧气生产等一系列生态系统服务。

光合作用公式：$\qquad 6CO_2 + 6H_2O \xrightarrow{\text{光}} C_6H_{12}O_6 + 6O_2$　　　　（4-1）

4.2.1.3　植物与水

水是植物生理过程必需的物质，在许多重要生理产物的合成过程以及营养物质运输、蒸腾降温等过程中起重要作用。这些过程都要经过植物的吸水作用。植物对水的吸收和释放受到根系、空气以及土壤自由水含量等的影响。

土壤自由水含量受土壤质地、密度、有机物含量、微生物共生关系等因素影响。土壤质地越细，土壤孔隙度越低，其保水能力就越强。这些因素综合决定土壤中自由水的含量。

植物根系也需要氧气。土壤长期受淹会引发根部呼吸受阻，进而导致植物根系的死亡。相反，土壤水分过少也会导致植物缺水。土壤自由水包括重力水和毛管水。多数情况下，土壤中多余的水会受重力影响排走，但土壤的毛细现象使得一部分水可以保持在土壤中。当空气流过植物叶面的时候，气孔的呼吸会造成水分的散失，这一过程称为脱水，这会诱发植物从根部土壤吸水的机制。当土壤压力势降低到一定程度，植物就无法继续从土壤中吸水。当植物失水达到凋萎点之后，就无法恢复，进而造成植物死亡（图4-2）。

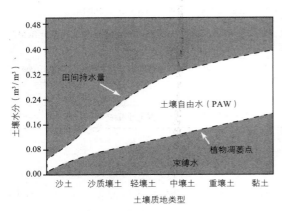

图 4-2　土壤质地、土壤自由水、田间持水量和植物凋萎点之间的关系

对大多数植物而言，质地适中的土壤（轻壤土）最利于自由水的保持。幸运的是，植物的多样性意味着其可以适应多种类型的土壤。通过调查土壤质地，设计师可以更好地解决雨水储存和节水问题，也可以更好地选择适合的植物，满足场地需求。

4.2.1.4　氧气的合成、碳汇和降温作用

植物的呼吸作用是光合作用的基础，也是二氧化碳转化为氧气的基础过程。植物的光合作用吸收二氧化碳，释放氧气。在呼吸过程中，植物体内的非结合水会释放出去，这一过程可以带走热量，也就产生了降温的效果。

4.2.1.5　净化空气

通过光合作用去除二氧化碳只是植物净化空气功能的一个方面。植物呼吸还能带来增湿效果，进而通过叶片表面的凝结效应等作用降低空气中花粉、尘埃、污染物的浓度。植物还可以通过防风、降低风速来产生滞尘的效应（Bernatzky，1983；Bolund and Hunhammar，1999；McPherson *et al.*，1997）。

枝叶致密的常绿树，比落叶树净化空气的能力更强（Beckett，Freer-Smith，and Taylor，2000）。研究表明，大量的树木可以有效地降低空气中的尘埃，也可以降低气温 0.5 ~ 3℃（Taha，Konopacki，and Gabersek，1996）。还有研究表明，树木可以将尘埃和酸雨沉降成氮氧化合物、臭氧等物质（Akbari，Pomerantz，and Taha，2001）。

关于树木净化空气能力的研究很多，但关于其他植物净化空气的研究也越来越多，如草地的碳汇能力等。Whittaker（1975）发现草地的碳汇能力（100 ~ 2000g/m² / 年）并不低于森林（600 ~ 2500g/m² / 年）。

4.2.2　植物缓解热岛效应

有三种利用植物缓解热岛效应、促进能源保护的策略：替代（replace）、覆盖（cover）和清除（remove）。采取何种方式决定了应用哪种植物类型（表 4-4）。

4.2.3　植物的节能和微气候调节作用

通过适当的设计，植物可以为建筑或场地提供遮荫、阻风或引导微风。因此，植物景观可以成为有效的被动节能策略，也可以调节微气候环境、增加室外空间人体舒适度。

树木成排或成片种植时，可以很大程度上影响风的作用。高度足够的防风林可以改变盛行风的风向，使其绕过建筑物。同时，

（Design by Ten Eyck Landscape Architects, Inc.; Photo by Bill Timmerman）

图 4-3　TenEyck 景观设计公司设计的索诺兰（Sonoran）景观实验室外环境，通过树木遮挡装铺地面，以缓解热岛效应

表 4-4　用植物缓解热岛效应的策略

	释义	策略
替代效应（用植物取代硬质景观和反光表面）	植物的反射率比大多数的铺装和屋顶都低，可以减少日照的吸收（Akbai，Pomerantz，and Taha，2001）；同时还有提高空气湿度、遮荫降温的作用（Huang，Akbari，and Taha，1990；Kurn et al.，1994）	减少太阳光直射的硬质景观表面，用吸收光照的植物景观替代。扩大植物种植的面积，有利于提高空气湿度（Bell *et al.*，unpublished）
覆盖效应（用植物覆盖硬质景观和反光表面）	使用可以遮荫的植物也可以减轻热岛效应。但需要植物缓解热岛效应的地方，其环境往往不利于植物生长。植物的作用有： （1）吸收热量； （2）净化空气； （3）反射日照； （4）促进蒸发	遮荫植物应选择喜阳好光的种类，有较强的耐旱性和耐火性，如原产热带草原和森林的种类。叶片较小的植物也更适合这种要求，因为其叶面积较小能更好地适应阳光或风造成的失水问题。土壤深度不适合树木生长时，可以用藤本植物来起覆盖遮挡的作用。可用植物进行遮荫的场地有： （1）停车场、道路等铺装地面； （2）建筑的东侧和西侧 [乔木种植在举例楼体 5 ~ 50 英尺（1.52 ~ 15.2m）的范围内]； （3）屋顶； （4）室外人流聚集的空间； （5）水体、河流沿岸
清除效应（清除污染物和二氧化碳）	植物可以起到滞尘净化空气的作用。树林和草地对清除空气中的颗粒物和 CO_2 非常有效。在洛杉矶的研究发现树林可以有效清除空气中的颗粒物（Rosenfeld *et al*，1998）；Akbari 等（2001）的研究发现，植物清除空气中颗粒物的能力，比火力发电厂的排放环保设施效果更好	植物可用于： （1）空调出风口、废气较多的地方，可起到遮荫、冷却和净化的作用； （2）可在建筑物北面种植，以阻挡冬季寒冷的风； （3）可将草坪换为地被，以减少养护频率，节约能源

　　植物也可以通过摩擦效应减慢风速。在温带气候条件下，常绿树由于其致密的枝叶和树形，防风能力最强；落叶植物也有一定的调节微气候的作用。

　　防风林应设置在可以阻挡盛行风的位置上，靠近但不要太贴近所保护的建筑。防风林距离建筑应最少在树林高度的 1/2 以上，建筑与防风林之间的空间应保持开敞，在此区域内存在"静风效应"，能对寒风产生阻隔效果。此外，树木应成行成列种植，垂直布置在盛行风风向上。建议防风林的纵深是其成熟植株高度的 10 倍（Wilson and Josiah，2010）。

　　植物也可以用来引导风向。在这种情况下，树林的布置应与风向平行或成漏斗状，以捕捉和引导风的走向。引导风向除了改变风向外，还会对风速产生加速效应（图 4-4）。

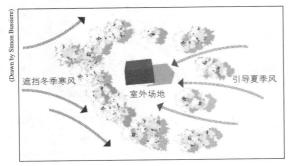

（Drawn by Simon Bussiere）

遮挡冬季寒风　室外场地　引导夏季风

图 4-4　植物可用于防风或导风。在气候较温和或寒冷的地区，常绿树可在建筑北侧或西北侧遮挡冬季盛行风；树木也可以引导夏季盛行风为建筑或场地降温

木本植物最适合用于防风或导风。植株较高的多年生草本植物对风速有一定的摩擦减速作用，但不如灌木的效果大。

长久以来，植物的遮荫作用一直得到人们的重视和应用。当种植在建筑的南侧或西侧时（北半球），植物可以在一天中最热的时间段对建筑形成遮荫；通常北侧或东侧对遮荫要求不高。树形、树高对庭荫树的树种选择较为重要，高大、树冠开展、枝叶浓密的树木遮荫效果更好。藤架、树墙等形式可以满足更多的遮荫需求（图 4-5、图 4-6）。

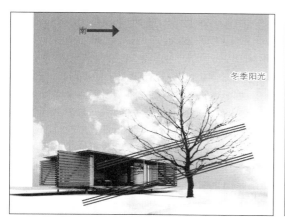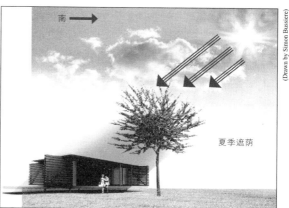

图 4-5　在建筑南侧或西南侧的落叶树可以在夏季提供遮荫，降低降温荷载；而在冬季可以允许阳光穿过。这是有效的被动节能措施

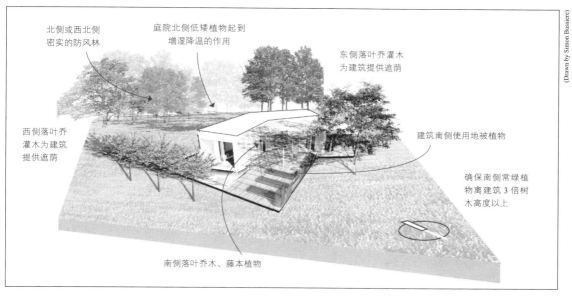

图 4-6　精心设计的植物景观可以大量消减建筑能耗，并全年营造室外舒适的环境空间。本图中展示的设计模式主要适于气候温和和较寒冷的地区，但其遮荫效果的运用也适于炎热干燥和潮湿地区

由于树冠和叶片更大，落叶树常被用作庭荫树。此外，落叶树可以提供季节性的遮荫效果。夏季光照强烈炎热，落叶树遮挡效果最好；冬季落叶后，可以使建筑得到阳光的照射和加温（表4-5）。

表4-5 不同气候区的植物景观设计策略

受地形、植被、建筑影响的因素	干燥炎热地区	湿润炎热地区	气候温和地区	寒冷地区
阳光	避免使用吸热量大的材料。使用厚实的墙壁或半地下结构。用廊架和植物遮荫；建筑采用较大的挑檐	最大化营造植物遮荫区域。利用凉棚、廊架提供遮荫。建设有遮荫的阳台，缓解建筑主体受阳光直射受热的情况。建筑采用较大的挑檐	将建筑设置在场地南坡向的区域，以保证冬季的太阳加温。种植落叶树以遮挡夏季午后的阳光。建筑采用适合的出檐以防止夏季阳光直射屋内，而冬季阳光可以照进屋内	将建筑设置在场地南坡向的区域，以保证冬季的太阳加温。种植落叶树以遮挡夏季午后的阳光。建筑采用适合的出檐以防止夏季阳光直射屋内，而冬季阳光可以照进屋内
风	将建筑布置在坡脚，以便于夜间凉风的吹拂。利用墙体、植物遮挡炎热干风	将建筑布置在坡顶，以便于微风不断吹拂。避免过度的地形改造，造成湿热空气的滞留。综合利用有大型树冠的树种和低矮植物，引导风向进入场地	将建筑布置在坡的中上部，以便于微风进入，避免疾风吹袭。利用地形、植物、建筑来阻挡冬季的北风，引导夏季的凉风	将建筑布置在坡的中下部，避免疾风吹袭。种植松柏防风林带，以阻断冬季风。避免地形过于平坦，造成冷空气地不断侵袭
水	使用保湿节水的植物景观。尽量限制不透水界面，以减少地表径流	避免将建筑布置在死水周围。最大化雨洪的下渗能力	利用雨洪滞留区提升场地的蒸发降温作用。建筑、铺装的基础一定要排水良好，避免冻融造成的伤害	利用雨洪滞留区提升场地的蒸发降温作用。建筑、铺装的基础一定要排水良好，避免冻融造成的伤害

（Adapted from Dines 1998）

4.2.4 植物修复

植物修复是利用植物的生理反应净化、富集、转化污染物的环境治理技术。被污染的土壤、水和空气都可以通过植物的生长、营养吸收等生理反应得到净化。通过植物修复可以储存、降解、转化各类污染物（如有机物、重金属、杀虫剂等）。

蒸腾挥发和富集作用是植物修复净化污染物的两个主要机制。在植物从土壤中吸收水和营养以维持其水循环和营养循环的过程中，污染物就被植物吸收到体内。由于植物生长发育的需求，污染物就会被植物分解利用，进而无害化。其他形式的植物修复还有：植物与土壤微生物的共生关系降解污染物质，植物与太阳辐射共同作用等。

经过吸收和富集，污染物质往往停留在植物组织内，只有将植物清除才能将污染物质从场地上带走。因此植物修复技术需要清除或收割植物，以促进进一步的污染物清除。根据污染物质的不同，清除或收割的植物应得到妥善处理（表4-6）。

表 4-6　植物修复技术原理

根际生物降解	通过植物的共生微生物来降解污染物质
根滤作用	通过植物根系吸收和富集污染物
植物固定和植物转化技术	通过植物的新陈代谢作用将污染物固定、降解或转化成其他物质
植物超富集作用	将污染物汇集到植物体中
植物挥发	植物将污染物吸收、转化为气体形式，然后释放
植物降解	在植物组织中将污染物降解

　　植物修复工作的开展需要生态毒理学、环境工程方面专业人士的参与，以确定主要污染物及相应的植物种类和修复策略。由于美国联邦和各州政府的环境标准对污染物的限制越来越严格，许多工厂或单位的排放越来越难以达标，因此对植物修复工作的需求也日益高涨。

4.3　植物保护技术

　　现状植物和新种植的植物在场地建设过程和建成后的维护过程中可能受到各式各样的影响和干扰。常见影响有：

- ▶ 擦伤和机械损伤。
- ▶ 整地、挖方、钻孔等。
- ▶ 工程材料、设备的堆放（包括土壤）。
- ▶ 铺装。
- ▶ 土壤紧实。
- ▶ 对现状水文模式的改变。
- ▶ 与场地新栽植物施工相关的影响：挖坑、灌溉、覆膜等。
- ▶ 整形、修剪工作。
- ▶ 受污染的地表径流，如冲洗混凝土车的污水、含泥沙的地表径流等。

　　为了保护现状植被、新栽植被、孤植树、脆弱生境，以及湿地、海岸、滨水区等水生态系统，应该设立一定的保育区。保育区还可以用于保护重要的土壤资源、特殊的植被类型和群落、濒危植物等。树木是否需要保护取决于其珍稀程度、规格以及与其他珍稀物种的关系（如为珍稀濒危物种提供生境的植物）。

　　对单株或成片的特定植物的保护需要精心地规划。植物保护分为两种情况：一是保护现有植物，二是对新栽植物的保护。

4.3.1　现状植物的保护

　　对现状植物的保护主要通过围挡等措施来限制机动车或其他设备的干扰。围挡的设置应能同时保护植物的地上和地下部分，通常应设置在群落或树冠投影的外围，大致覆盖树木的营养根。实际上，保护范围应考虑树种特点，有些树种的根系延伸范围很大，可能超过树冠投影的范围（图 5-34）。

　　一些树种能承受一定程度的干扰，如修剪、整形、空气修根等，但大多数树种则难以抵抗这种干扰。树龄对树木的抗性影响很大，对老龄树的干扰和伤害更容易导致病害的产生。

　　受保护植物还需要定期养护管理。一般需要的养护工作有：

- ▶ 定期浇水。
- ▶ 修剪。
- ▶ 施肥。
- ▶ 防寒防风。
- ▶ 覆盖护根。

　　现状植物的保护还应考虑新栽植物的影响。株距过近的新栽植物会挤压大型乔木的根部或树冠，造成不良影响。这可以通过留够栽植距离来解决。

　　宿根植物群落可以通过适合的方式整体移栽。草皮的整体切割、卷包、移栽在许多项目中已有成功运用。

4.3.2　新栽植物的保护

　　新栽植物的保护同样需要精心地规划。要预测新栽植物可能遇到的威胁和干扰，可以考虑下列的保护策略：

- ▶ 选择适合的植物是新栽植物保护的第一步。不适于场地条件的植物应谨慎地加以清除，否则可能会因不适应场地条件而死亡。
- ▶ 将植物布置在适当的地点与选择适当的植物同样重要。植物应避免栽种在可能阻碍其正常生长的地方。
- ▶ 未来可能的干扰也包括场地上其他植物的影响，如遮荫或化感作用，或者空间、水或其他资源的竞争等。植物株距的适当控制、选择合适的物种有利于上述问题的解决。
- ▶ 制定病虫害防治规划，应小心选择对已知病虫害敏感的植物种类。对病虫害的预测很难，但可以通过避免使用高度一致的树龄和树种来缓解。
- ▶ 保持植物景观种类的多样性是减轻病虫害危害的一种有效方式。同时，使用不同规格和树龄的植物可以保持景观的稳定性，避免大量使用同规格树木时由于病虫害死亡导致的景观破坏。
- ▶ 其他新栽植物保护的策略还有：土壤改良和保护，改善灌溉条件，控制入侵植物，加深对植物、场地和项目的理解，制定适合的养护管理规划等。

SITES 导则中的植被和土壤保护区（Vegetation and Soil Protection Zones，VSPZ）

　　SITES 框架中保护珍贵生境的最重要手段就是建设"植被和土壤保护区"（下称保护区）。保护区的设立可以使目标保护区和生态敏感区在得到一定程度开发利用的同时，减少开发建设带来的破坏。保护区在项目建设全过程中都被隔离保护，其设置和管理应遵循以下要求：

▶ 场地建设活动不应削弱保护区对目标植物的保护能力。例如，保护区外的建设活动不应改变保护区内的水文条件和微气候条件。

▶ 保护区应有明确的保护范围和固定实体护栏（动物可穿越），以防止车辆、机械、材料堆放或其他建设活动的影响。

▶ 所有的建设和养护管理人员都应被明确地告知保护区的范围和保护要求。在相关文件中应向施工方明确破坏或忽视保护区可能造成的后果。

▶ 保护区可以用来保护单株植物也可以保护多株植物的集合。

▶ 保护区仅有很小的一部分可用于建设小径或野餐区等影响较低的开发区域。

▶ 应在项目的养护管理规划和日常管理活动中保障保护区的完整性。

4.4　可持续植物景观设计与管理

4.4.1　重视乡土植物

　　重视使用乡土植物可以实现以下目的：

▶ 选择最适合场地或区域的植物，进而减少养护管理的需求。

▶ 为本地生物提供良好的生境。

▶ 再造场地感，实现地域性设计。

　　人工开发的场地环境，在自然界中都能找到与之类似的生境。在对植被特点、土壤、气候等条件及其相互关系深入理解的基础上，选择适应城市环境的乡土植物具有很高的可行性和适应性。例如，最能代表人工环境的屋顶花园，在自然界中就有类似的生境：位于山地风口和季节性河流边的植物群落，面对的季节性缺水、疾风、高日照、土壤瘠薄等环境条件，就与屋顶花园的环境类似。

　　乡土植物具有很强的适应性。美国得克萨斯州的研究表明，一系列种类的乡土植物组合达到群落稳定的速度，比入侵植物百慕大草快 4.5 倍之多（Tinsley，Simmons，and Windhager，2006）。乡土植物往往比外来植物拥有更好的综合表现。通常，项目场地周边 250 英里（约 400km）范围内，可以作为乡土植物选择的范围。某些特定条件下，可选择的范围更大。

　　对乡土植物适宜性的评价与其他植物没有区别，即适应性和抗性、能否提供丰富的生态系统服务、是否便于养护、能否符合设计要求等（图 4-7）。

图 4-7　西雅图的华盛顿互助银行（Washington Mutual Bank）屋顶花园的乡土植物，整个屋顶花园模拟了美国西北太平洋沿岸的地域性景观

4.4.2　节水型景观

　　节水型景观的目标是形成建成后不需灌溉的室外景观。现在，这一理念的外延不断扩大，从节约用水扩大到各类资源的节约，即不需施肥、土壤改良、低维护的节约型景观。在美国，20 世纪 70 ～ 80 年代时，许多居住区景观或商业景观由于业主无法承担地埋式灌溉系统，都采用了不需灌溉的抗旱性植物，这实际上就是一种节水型景观。

　　选择仅依靠自然降水就能存活的植物，需要设计师了解建设前场地上哪些植物的表现最好，然后评估这些植物是否能在建设后仍然表现良好。然后再考虑还有哪些植物或生境形式可以满足场地建设后的条件，最后综合考虑植物种类的选择。

　　丹佛水厂提出了节水型景观的 7 个原则：

▶　场地规划设计以节约用水为指导思想，收集雨洪、再生水等用于植物灌溉。

▶　限制草坪的面积，因为草坪是浅根系且需频繁修剪，耗水量非常高。

▶　选用抗旱性强的新品种。

▶　改善土壤，提高土壤的持水能力。

▶ 利用护根、覆盖物等减少土壤失水。

▶ 采用高效灌溉的方式（如滴灌），精准、定时地进行灌溉。

▶ 对景观进行维护。

如果不考虑场地和区域条件的话，节水型景观设计的第一步是一样的：筛选植物，制定节水抗旱植物表。原则是选择那些成活后不再需要额外灌溉的植物。尽管如此，也不代表场地上的雨洪不能排入节水景观区域。在气候温和适中的地方，雨水花园就是非常好的节水景观设计形式。雨洪可以提供抗旱植物生长所必需的水分，节水抗旱植物表中的植物应可承受长期的干旱和短期的水湿条件。节水型景观可以在雨洪管理、废水利用（如空调凝结水）等过程中发挥重要作用（图 4-8）。

4.4.3 入侵植物

美国为了控制入侵植物每年花费数以亿计的资金，因为入侵植物对现有资源和农业产生的竞争、抑制作用，正对许多经济领域产生威胁。因此，入侵物种的控制和管理应在植物景观方案成型之前就开始，以避免使用已知或潜在的入侵植物。美国联邦入侵物种顾问委员会将入侵物种定义成："非当地生态系统原有的，可能或已经对人类、动植物带来危害，或带来环境威胁、经济威胁的物种"（表 4-7）。

图 4-8 索纳兰景观实验室（Sonoran Landscape Laboratory）的广场遮荫植物，其 83% 的灌溉用水来自再生水。由于选择的植物具有很强的抗旱性，这一项目中的植物景观有望完全依靠再生水存活

（Design by Ten Eyck Landscape Architects, Inc.; Photo by Bill Timmerman）

表 4-7　入侵植物的特性

一般特点	生长迅速。 得到机遇或干扰时，反应迅速。 对能影响处于类似生态位的乡土植物的竞争压力（火烧、放牧、收割）不敏感。 通常在多数生境中适应良好
竞争力强	化感作用，通过释放化学毒素来抑制其他植物的生长（Callway and Ashehoug，2000）。 竞争光照，通过对竞争植物的遮蔽而取得竞争优势（Blue，2000，未出版数据）。 极强的适应性，使得入侵植物可以在环境多变，水、营养、日照有限的条件下取得竞争优势（Hoffman and Parsons，1991）
易于扩散	大量生产种子，或通过地下走茎、葡匐根扩散。 许多入侵植物由于经济或观赏价值被大规模种植
风险	当在入侵植物可控环境下应用或种植时，有散逸的风险。 曾经被认为在特定生态区发生的入侵植物，由于气候变暖，其分布区会向北扩散

　　不是所有的外来植物都是入侵植物。就全美国而言，约 15% 的外来物种形成了生物入侵（Czarapata，2005）。迄今为止，大多数外来植物对人类和其他生物都是无害的，事实上，美国大多数规模化种植生产的植物（Pimentel，Rodolfo，ard Morrison，2005）都不是原产的，大多数观赏植物也都是无害的外来植物。目前各地区都制定了入侵植物名录，如许多州和地区都有的"外来有害生物防治委员会"（Exotic Pest Plant Councils, EPPCs）；除此之外，各州和联邦相关法律也对全国性的入侵植物做出了规定（SITES，2009a）。不幸的是，许多名录都不完整，并且只在发生植物入侵后才将其列入名录，导致预防工作很难开展。尽管如此，入侵植物特有的一系列特点还是有助于设计师发现一些潜在威胁。

　　入侵植物防治的最大挑战是，应在向新的环境引入植物种类时识别哪些种类有可能形成生物入侵。大多数入侵植物在开始都增长缓慢，达到拐点后才出现指数级的剧烈增长（Radosevich，

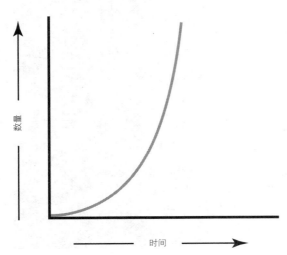

图 4-9　入侵植物的扩散速度在初始阶段较低，一旦达到拐点之后，会出现指数级的增长

2006）（图 4-9）。许多入侵植物需要用很长时间才能达到拐点，但一旦其达到，就会产生繁殖数量的大爆发。这使得入侵植物的控制很难（如果可能控制的话），且代价高昂。此外，植物入侵性与种群数量成正比，还受到引入方式的影响（Williamson，1989）。外来植物引入时间越长，其形成入侵的可能性也越高（Rejmánek，2000）。因此，避免引入潜在的入侵植物，是防治入侵植物唯一可行的办法。

　　当某种植物突破物理和生物隔离扩散，形成大规模传播的时候，这一物种就形成了生物入侵（Rejánek，2000）。生物入侵与植物驯化是有区别的，植物的驯化一般在引种

20 年内仅在引种地附近很小的范围内扩散，不会发生大规模扩散（Tutin *et al.*, 1964）（图 4-10）。

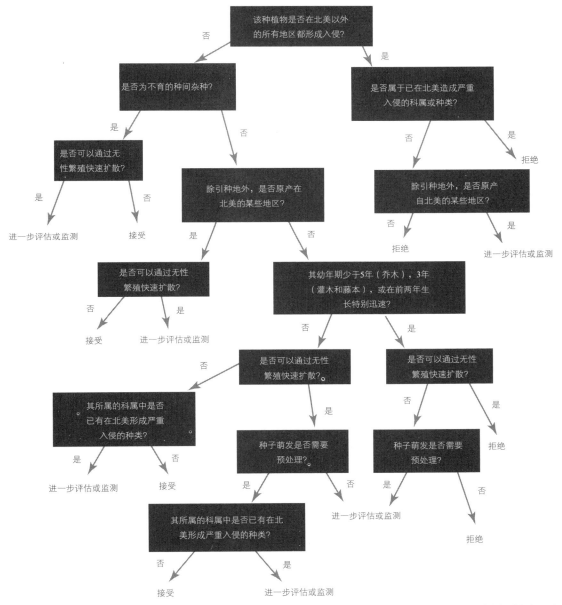

图 4-10　赖卡德（Reichard）和汉密尔顿（Hamilton）（1997）提出的入侵植物判断树形图，为设计师选择植物提供依据。这一方法有助于减少入侵植物的意外引入

4.4.3.1　避免引入入侵植物

即使进行进一步的评估，也仍然无法完全准确预测哪些植物会形成入侵。如果设计师无法确定某种植物是否会对场地周边的生态系统造成影响，那么就应该放弃使用该种植物。

　　在施工建设阶段，入侵植物不应被有意引入场地的任何地点，哪怕仅仅是作为临时保持水土的措施。实际上，即使不是有意引入，入侵植物还是有许多途径在建设阶段就扎根场地。例如，入侵植物可能从相邻的场地通过机械携带、动物或风等传播过来。在施工阶段防治植物入侵的关键措施，在于尽量减少对正常生态系统的干扰（完整、健康的生态系统对生物入侵的抵抗力更强）。还可以将裸露地面用设计植物表内包含的植物种类进行覆盖，以填补空缺的生态位，抑制入侵植物。选用的临时地被植物可由冷季型草、暖季型草以及地被植物组成，种类越多越能提高其稳定性以及对入侵植物的抗性。

4.4.3.2　处理场地中已稳定的入侵植物

　　场地上发现的现有入侵植物应加以控制，以避免进一步地扩散和对生态系统服务的破坏。根据入侵植物类型、特点、扩散传播方式的不同，其控制措施也大有不同。对场地现有入侵植物的控制手段包括：改变常规的场地管理方式、定向机械清除和定向化学清除等。所有的控制手段都应与场地养护管理规划中的病虫害综合防治规划整合在一起，以有效控制植物入侵的发生（表4-8）。

表4-8　入侵植物控制手段

规避	场地不应引种入侵性植物，也要避免在施工建设过程中受到入侵植物的侵袭和污染。应确保场地土壤和客土中不含杂草种子；工程机械进入场地前应彻底清洗；使用未受入侵物污染的覆盖物、护根；最小化裸露土壤的面积等
常规场地管理方式	常规的场地管理手段不针对某一种植物，而是针对场地上所有的植物，通常大范围实施（如烧荒，图4-11）。包括：计划内人工烧荒火烧（变量：季节、强度、类型）；义剪（变量：频率、高度、季节）；放牧（变量：动物类线、强度、持续时间）等。改变某些常规管理方式，可以有针对性地控制入侵植物
定向机械清除	即选择性地针对入侵植物进行义剪。对木本和二次萌发力弱的植物种最有效。持续的机械清除可以清除某些入侵植物，但某些植物则不受这类手段的影响
定向化学清除	即大范围使用选择性除草剂或针对某些区域使用广谱型除草剂。小规模爆发的或对其他控制手段不敏感的入侵植物，可以采用这种方式。有些入侵植物只能用化学手段控制。在由具有执业资格的专业人士人员正确操作的情况下，化学处理是非常安全的（图4-12）
非定向生物清除	虽然很难用生物处理的方式完全清除入侵种，但许多生物也可以用来控制入侵植物。在某些情况下，生物处理方式能将入侵植物数量降低到可控范围内。如山羊对控制葛根的入侵就很有效。生物控制方式需要额外的管理，如对山羊的管理。但在这一例子中，用山羊控制葛根可以获得入侵植物控制和山羊养殖的双重利益。生物处理的缺点是针对性和可控性较差，如山羊除啃食葛根外，也啃食其他植物

　　确定最适的入侵植物处理方法是很难的。项目设计团队应聘请当地的生物入侵控制专家，以便提出最适合的控制方法。对植物入侵威胁的识别和确认，应该在设计前的场地评估阶段就开始，但相关的信息在设计、建设、长期运营管理中都非常重要。

　　在对入侵植物进行初步控制后，应注意确保其无法进行种子繁殖（如通过定期修剪或收割）；在场地建设期间，确保其种子不要被带到场地的其他区域。无法扦插成活的木本入侵植物，结籽之前的地上部分可制作成护根等覆盖物，用于场地的水土保持。如果其枝干等混

图 4-11　技术人员正在烧荒，以促进草原的生长

图 4-12　明尼苏达州的一个草原恢复项目，技术人员正针对入侵植物点喷除草剂以控制其蔓延和传播

入了种子，就必须进行彻底的堆肥腐熟，然后才能用作覆盖物。受植物入侵的区域应在施工图和文件中明确标出，从这一地区挖走的填方或表土必须进行充分的堆肥，以杀灭入侵植物的种子或植株；将土壤深埋于表土 18 英寸（50cm）以下亦可避免入侵植物的繁殖。

4.4.4　可持续性的苗圃生产

适宜的植物选择还包括对植物生产商的选择，应鼓励和促进生产商可持续性生产方式的应用。苗圃业是一个资源密集型产业，需要大量的能源、水、肥料和土地资源。选择具备环境保护意识、资源集约利用的生产商，可以向整个苗圃业传递信息，让他们认识到可持续性生产方式的重要性。

苗圃通常位于临水或水资源便捷的地方。理想的苗圃应该能证明其保护水资源的能力，包括：在生产区域和生态廊道之间留有足够的缓冲区；对雨洪和灌溉漫水进行收集和净化；精确施肥以防止水体富营养化等。

可持续性的生产方式包括：

- ▶ 减少草炭和其他不可再生资源的使用。
- ▶ 采用集约型灌溉方式，减少灌溉用水的损失。
- ▶ 减少能源的消耗，包括减少设备造成的温室气体排放和增加可再生能源的使用。
- ▶ 推行病虫害的综合防治方法。
- ▶ 将饮用水的使用降到最低，多使用再生水。
- ▶ 减少固体垃圾的产生和排放。
- ▶ 使用再生有机肥料。
- ▶ 不要生产和销售已知的或潜在的入侵植物。
- ▶ 要有合适的种子来源和繁殖母株，苗圃应能证明种子和繁殖母株是购买的还是通过其他途径获得。植物应来自合法采集或交易（越本土化、地方化越好）。

4.4.5　植物的抢救性保护和再利用

对希望保留的植物个体进行就地保护有时难以实现，如果合适的话，应对其进行保护和抢救，以用于其他位置。这对无法在市场上购买到的乡土植物特别重要。例如，场地设计的道路可能会影响一棵健康而优美的树，那么将这棵树移栽到场地的其他地方就比砍掉这棵树更好。

- ▶ 对健康树木的抢救性保护有利于其生长和景观的快速成型。对老龄树木而言，则成本较高而成功率较低。
- ▶ 移栽对树木根系的保护要求很高，特别是深根性树种，要保证足够大的完整根系。
- ▶ 为了移栽，树木的营养根可被切除。但较大的伤口会导致植物受感染。
- ▶ 移栽树木的过程中，应将其对场地的破坏降到最低。
- ▶ 假植的树木应给予防风、遮荫等保护，并定期浇水。
- ▶ 伤折枝应彻底剪除。
- ▶ 移栽对树木会产生胁迫，树木会对病虫害较为敏感，移栽后树木应做好病虫害防治工作。
- ▶ 有些植物不适于保护和再利用，如块根马利筋（*Asclepias tuberosa*），其根系非常深，成活后几乎不可能进行移栽。

> ▶　对有些物种而言，其插条可能比整株树更有用。

4.4.6　城市环境中的植物

植物在城市环境下可以发挥其最重要的生态系统服务功能。行道树可以消除空气中 70%的污染物（Bernatzky，1983）；麦克弗森等（1997）的研究发现，芝加哥城区的乔木每年净化空气的价值达到 900 万美元；行道树作为颗粒物的主要清除者，对空气起着重要的净化作用（Bolund and Hunhammar，1999）；据估计，行道树提供的遮荫和挡风作用，使单个建筑能源开支可以每年节约 50 ～ 90 美元（McPherson *et al.*，1997）。

由于人为干扰更多，城市环境下比郊野环境下选择植物要难得多。城市雨洪径流更集中，含有更多的污染物；城市土壤紧实度高、土壤结构差，有些还含有杂质或建筑垃圾；城市中的硬质景观折射强光和热量，也不利于植物生长，大型建筑还造成严重的遮荫；此外，城市交通密集，行人、自行车、机械车辆的数量都比郊野环境下多很多。

人工环境中光照的类型、强度和持续时间也不同于自然环境。在自然环境中，植物受到的照射和遮荫是均匀的；而人工环境则由于建筑反射、遮荫等造成某些时段日照强烈、某些时段遮荫严重，极不平衡。温度也类似，例如同样日照和气象条件下，停车场周边环境的气温就与草地的气温相差很大。

另一个城市植物景观运用的问题是如何平衡多样性和同质性。植物种类过多容易显得杂乱，而同质性过强则导致对人为干扰和病虫害的抵抗力较差。这对乔木而言尤为显著，荷兰榆树病在美国的传播就是例证。20 世纪 20 年代，榆树是美国和英国城市的主要绿化树种，这导致了荷兰榆树病的快速传播和大规模爆发。美国广泛应用的美洲榆（*Ulmus americana*）遭受了毁灭性的破坏，当时大多数北美城市选择这一树形优美的树种作为行道树，过度使用使其遭受了灭顶之灾。更近的例子是吉丁虫（*Agrilus planipennis*）对常见行道树白蜡（*Fraxinus*）的大破坏。

植物必须忍受的城市环境条件包括：

▶　贫瘠的土壤。

▶　土壤的板结、排水不良。

▶　机械损伤。

▶　水质不良。

▶　极端高温。

▶　空气污染。

▶　干旱胁迫。

▶　生长发育受限。

许多繁殖力和寿命很长的乡土植物在城市环境下都被认为显得过于杂乱和粗野。这种观点使一些人认为在城市环境引用外来树种是最好的办法（举例来说，可参见 Del Tredici，2006），这种策略也许的确有效，但却为周边的生境和生态系统带来潜在威胁，可能会造成植物入侵。事实上，只有外来物种才能适应城市环境的假设也是不成立的（Simmons and

Venhus，2006；Simmons，Venhus，and Windhager，2007），那些需要外来植物的环境，都可以找到适合的乡土植物加以替代。

城市环境中的乔木

城市环境中的乔木选择需要特别的考量。城市环境下，乔木可能是单株体量最大、成本最高的植物。除了病虫害问题外，乔木较大的体量也使其容易受到外界的影响，如土壤板结、标识悬挂、机械损伤等。树木的生长也最容易受到城市环境各类胁迫的影响，相比而言，草本植物植株矮小且每年地上部分都会枯死，故不容易受到影响。如汽车对草坪碾压和对树木擦伤造成的伤害就大不相同。

城市环境中土壤板结和地上空间的限制是影响乔木正常生长的两种主要因素。康奈尔大学的研究表明，客土改良根系土壤、防止板结、提供足够养分和水分可以显著延长乔木的寿命（Trowbridge and Bassuk，2004）。根系生长空间受阻是另一个影响树木生长的重要因素（Urban，2008）。乔木正常生长需要足够大的地上和地下空间。很多情况下乔木都种植在地上、地下空间较局促的位置，以至于其树冠和根系不可避免地对近旁的硬质景观（如混凝土步道、铺装等）和设施造成破坏。在这种情况下，有些植物可以适应，但有些则会损害景观设施或受胁迫无法存活。因此，种植乔木时一定要留有足够的地上、地下空间以及水肥资源，这是乔木正常健康生长的必要条件。

确保乔木在城市环境中存活的策略包括：

▶ 使用客土或其他设施，避免乔木根部土壤板结。
▶ 为乔木生长发育留有足够的地上和地下空间，一般乔木根系需要的空间与其成熟后树冠的范围接近。
▶ 提供正常生长所需的水肥条件。
▶ 布置乔木时考虑其成熟后所需的最大空间，在乔木和建筑、设施、机动车之间留有足够空间。
▶ 控制其他生物的影响（如芝加哥的树坑就成为穴居鼠的藏身地，对乔木根系造成很大危害）。
▶ 根据环境光照特点选择树种（喜光或喜阴）。
▶ 减少其与风媒污染物和水媒污染物的接触机会。
▶ 尽量避免疾风的影响。
▶ 选择耐热性强的树种。

除了确保成活外，乔木还需在城市环境中表现良好。某些树种的自身特点决定其不适于在城市中应用，如：

▶ 易坠落果实的树种。
▶ 分枝力弱的树种。

下页续

> ▶ 走茎、根蘖分生繁殖力强的树种。
> ▶ 枝叶稀疏的树种。
> ▶ 生长缓慢的树种。
> ▶ 根系生长活跃的树种。

4.4.7　雨洪管理设施的植物景观

近年来，雨洪管理的方法得到了革新，越来越重视消减径流和提升径流水质。尽快将雨水直接排出场地的思路已不合时宜。这种重大的转变也使得我们应该重新思考，雨洪管理设施的植物景观应该如何营造？

直到最近，大多数传统雨洪设施（如雨洪滞留池）都种植草坪，原因是草坪易建植、易养护、造价低。此外，草坪也符合传统雨洪处理的功能要求，即可以使水快速流到湿地、河流湖泊中去。草坪与混凝土设施容易结合，而不用担心其根系对设施造成破坏。

以滞留、入渗、过滤和净化水质为目的的雨洪管理系统，需要使雨洪径流减速、停留，这就要求其植物景观既能适应干旱也要适应水涝条件。适合雨洪设施的植物需要具备一系列的特点（图 4-13），表 4-9 详细列出了这些要求。

（Design by Conservation Design Forum）

图 4-13　纽约法拉盛皇后植物园的湿地种植着大量乡土植物，起着净化雨洪和灰水的作用

表 4-9　雨洪设施植物景观的要求

功能性要求	有较强的抗旱性和耐水湿性； 能抵抗快速的水流冲刷； 对泥沙淤积有较强的抵抗力和恢复力； 生长旺盛而无侵略性； 适应性强； 抗污能力强； 具有富集污染物的能力； 具有较强的保持水土的能力
美观性要求	具有一致的颜色和质感； 易管理； 低维护下可正常生长； 符合设计要求

雨洪管理设施的植物景观元素需要考虑：

▶ 水的体积、水位、停留时间、频率等。

▶ 径流流入和流出的速度、方式。

▶ 径流的来源和水质。

▶ 设施的类型（湿地、沼地、雨水花园、缓冲区等）。

▶ 场地位置和地形。

▶ 植物景观的功能要求（水流减速、入渗、净化、栖息地等）。

▶ 雨洪设施与场地整体设计方案的关系。

▶ 潜在的人为干扰（接触、可视、不可视等。例如，使用者是否可以进入雨洪设施，自行车、游憩活动造成的影响等）。

▶ 雨洪设施的使用寿命。

▶ 雨洪设施中可用于植物景观的面积和空间。

▶ 雨洪设施的土壤情况及可能的土壤改良方法。

▶ 雨洪设施的现状植物和周边潜在影响（光照条件、径流区可能带来的植物种子、潜在入侵植物等）。

4.4.8 绿色屋顶的植物景观

绿色屋顶在城市环境中越来越受欢迎，因为它可以提供丰富的生态系统服务功能，如就地雨洪处理、栖息地功能、缓解热岛效应等。在高度城市化的环境里，绿色屋顶可能是人们视野中仅有的绿色空间。绿色屋顶是高度工程化的系统，在提供植物种植的同时实现一定程度的雨水滞留。同时，在种植植物、滞留雨水的情况下，绿色屋顶系统的质量还不能超过建筑的荷载。为了满足以上前提，绿色屋顶的结构通常由种植基质层、阻根层、雨水滞留层和防水层等构成。

只要有足够深度的基质和水分，几乎任何植物都可以在绿色屋顶上种植。种植基质是绿色屋顶植物选择的主要限制。深根性植物不适于用在绿色屋顶上，大型木本植物也不适合，不仅因为其较大的体量，更因为其根系会对整个屋顶系统产生破坏。

绿色屋顶的植物选择需考虑的变量包括：

▶ 灌溉的便利性。

▶ 种植基质的深度和类型。

▶ 风的影响。

▶ 土壤温度。

▶ 阳光照射情况。

▶ 气候特点。

适于绿色屋顶的植物种类应有很强的适应性，具备忍耐长时间干旱和水湿条件的能力。适于绿色屋顶的植物种类有：

▶ 多肉植物。

▶ 球根植物。

▶ 一、二年生，可自播繁衍的植物。

▶　匍匐或植株低矮的植物。

▶　湿地常见植物。

一些非禾本科的宿根植物和灌木也能很好地适应绿色屋顶的环境。多肉植物特别是景天属植物，几十年来一直是备受青睐的绿色屋顶植物，原因是它们原产地的环境干旱缺水，气候条件与屋顶环境类似。

景天属植物还有许多优点，如维护简便、抗旱性强、繁殖栽培难度低。尽管如此，随着绿色屋顶的不断发展和广泛应用，特别是在温带地区以外的应用，设计师们已经开始探索其他植物种类的应用（图 4-14）。

图 4-14　密歇根州特洛伊市克莱斯格基金会的绿色屋顶庭院，种植着各种规格的植物

在极端寒冷、炎热或潮湿的环境下，多肉植物的表现比其他宿根植物、灌木的表现都要好（Heinze，1985）。寻找多肉植物替代者的研究还处于起步阶段。但研究表明，如果绿色屋顶是以降温和雨水滞留为首要目标的话，禾本科植物、非禾本草本植物和灌木的表现则更好，原因是它们具有更高的呼吸速率和吸水快等生理特点。对于禾本科植物而言，应注意选择生物量较小的种，以避免带来火灾隐患。

绿色屋顶的种植条件限制因素较多，因此需要选择植株健壮的种类。绿色屋顶的限制性条件包括：

▶　灌溉条件差（许多绿色屋顶缺乏灌溉条件）。

▶　环境干旱。

▶　土壤保水能力差（绿色屋顶的种植土都选择排水良好的基质）。

▶　种植基质深度较浅（通常情况下绿色屋顶的种植基质对一些物种而言过浅）。

▶　光照条件不均（可能存在完全背阴或全光照的情况）。

▶　热岛效应和辐射热显著。

▶　缺乏维护。

绿色屋顶的生态效益显著，如可以为野生动物提供栖息地（Dvorak and Volderb，2010；Getter and Rowe，2006），在绿色空间极为缺乏的城市中，提高城市的生物多样性是应优先考虑的问题。对于绿色屋顶栖息地功能的营造，可以选择具有类似环境条件的典型自然植物群落，然后在绿色屋顶上对其进行模拟（Kadas，2006；Lundholm，2006）。在欧洲，基于这种思路，研究人员通过提高植物物种丰富度和使用当地自然土壤，已成功地招引各类常见或珍稀动物。

4.4.9　绿墙植物景观

与绿色屋顶类似，绿墙的独特种植条件也需要选择适宜的植物。垂直绿化植物应满足一些功能需求，如植株致密、遮蔽性高、抗旱性强、生长迅速且不会疯涨蔓延。

不管是工程化的绿墙，还是绿篱及各类垂直绿化，都可以提供生态系统服务和景观功能：

► 遮荫。

► 雨洪控制和净化。

► 遮挡视线。

► 缓冲。

► 建筑隔热。

► 美化环境。

一般而言，绿墙以结构形式而言可分为三类：容器型绿墙、棚架型绿墙和嵌板型绿墙；木本植物做绿篱不需要结构支撑。

（1）嵌板型绿墙由模块化构件组成，其种植组件中可放置种植基质和植物，适合的植物主要有适应垂直生长条件的苔藓、地衣或其他原生于悬崖、陡坡的植物。

（2）容器型绿墙由依托于墙面或支撑结构的种植容器组成，同样，浅根性、攀缘植物适用于容器型绿墙，原生于石漠化地区的植物种类最能适应这种环境条件。

（3）棚架型绿墙提供了脱离建筑墙面的绿墙建设选择，可在地面容器中种植植物，然后使植物攀缘其上。如果棚架作为建筑的附属物，则应在每一层楼都设置种植容器。

绿墙的设计要点：

► 绿墙等垂直绿化系统通常无法汲取地下水，因此高度依赖人工维护，否则无法保证植物的存活和正常生长。

► 风以及缺乏遮荫往往是垂直绿化植物正常生长的障碍。

► 栽培基质应专门配制。

► 当绿墙应用于建筑物时，应在建筑物上采取防水措施，以避免发生渗漏。

► 设计绿墙等垂直绿化形式时，应考虑维护活动的需求。

4.4.10 食物生产与植物景观

长久以来，以食物生产为目的的园艺活动，一直是人与植物关系中的重要主题。人类的健康、营养来源和福祉都依赖于植物。社区花园和可食用景观有着同一个显著的特征：那就是服务于人。除此之外，社区花园和可食用景观还有利于减少能源消耗、降低碳足迹、改善社区关系、加强人与自然亲密联系等多重功能。在场地中有社区花园和可食用景观存在时，应尽量加以保留，因为人们可以从中获益良多。可食用景观只有在有人管理、采收时才能真正发挥其作用，因此这类景观在公园等公共空间的适宜度较低。

4.4.10.1 社区花园

社区花园是一定区域的居民开展集体园艺活动的场地，通常该地块会被划分成较小的单元，每个单元都分给固定的个人或小组进行管理。实际上，类似的社区园艺生产在全世界都广泛存在。在美国，社区花园生产的产品直接由生产者使用，而不会用于零售等商业用途。

社区花园除了产出园艺产品之外，其营造社区氛围、强化人与人关系、点缀日常生活的作用也不容忽视（图 4-15）。

在美国，社区花园的组织形式多样，既有通过报名——分配的形式免费使用的，也有以租赁形式存在的。社区花园的植物选择与普通私人花园没有什么不同，一般的要求是：

图 4-15　西雅图市高点社区的社区花园，为加强新居民与社区的联系提供了有效机制

- ▶ 植物的来源应符合联邦或地方法律。
- ▶ 通常选择一、二年生花卉。
- ▶ 社区花园的植物景观设计中，可采用经纬网格的形式划分单元。
- ▶ 选择的植物要符合地区气候条件。

由于通常有人精心维护，只要有足够的水分，种植多种植物的社区花园很容易形成良好的景观。当一季开花过后，下一季即将来临的时候，花园应加以清理，以种植新一季的观赏植物。

4.4.10.2　可食用景观

可食用景观为城市植物景观赋予了新的功能：为人类提供食物。需要注意，虽然人类与动物的食物结构类似，但可食用景观主要是为人类提供食物，因而应与招引野生动物的栖息地区别开来。与社区花园不同，可食用景观不是在一片单独辟出的地块集中起来，而是要整合进场地的植物景观之中。这类景观通常选择的植物都是多年生植物，而且其中很多是木本植物。

社区花园的植物选择标准较为单一（单纯的观赏或食用），而可食用景观对植物的要求较高，要既能生产食物，又具有观赏价值。幸运的是，大多数结果的植物都有显著的花朵，具有较高的观赏价值（图 4-16）。

可食用景观应是低维护的，选择的植物应符合审美和功能的要求。

适用于可食用景观的植物有：

- ▶ 除了常规维护外不需要额外维护的植物，因为可食用景观要融入场地植物景观中，频繁的修剪维护会造成整体景观的不协调。
- ▶ 植物选择过程中，除了考虑植物提供食物的能力，还要有其他符合景观设计方案的特征（如遮荫、美观、节水等）。
- ▶ 选择不需深加工就能食用的植物，许多植物的果实需要进一步加工才能食用。如橡树的果实可制成可食用的橡子粉，但需要复杂的步骤以去除单宁等物质。最好的选择就是果实可以直接食用的植物，如蓝莓、草莓、木瓜等。
- ▶ 选择多年生植物，避免一、二年生植物。可食用景观的目的是使景观有持续产出的能力，而一、二年生植物每年种植过程中的整地、栽植等活动会对周围植物造成影响，影响景观的稳定性。
- ▶ 应有很强的抗病虫害的能力。

图 4-16　芝加哥盖里·康默青年中心（Garg Comer Youth Center）的屋顶花园同时也是食物花园，这种复合式的应用形式也鼓励都市中的年轻人能在可持续的食物生产中发挥积极作用

4.4.11　提供栖息地功能的植物景观

在设计招引野生动物的植物景观时，应考虑 4 个因素：庇护所、食物、水源和空间。但这些因素对各种动物而言是不同的，应结合具体情况考虑。大多数成熟稳定的景观可以吸引鸟类和哺乳动物的广布种和边缘种，产生这种效应的植物景观通常具备以下特点：

▶　具备树形开展的乔木。

▶　有大量的观花、观果树种。

▶　具有枝叶繁茂、郁闭度高的低矮乔木。

▶　拥有较高的植物多样性。

▶　具有一定程度的干扰。

对于分布较少的生物种的吸引则需要认真考虑目标种对栖息地的要求。如要吸引蝙蝠，需要有供其停留栖息的植物，根据不同种而异。

美国鱼类和野生动物管理局已经发布了一系列动物种的栖息地适宜度指数模型（Habitat Suitability Index，HSI）。虽然这些模型主要用于描述现有栖息地对特定种的适宜度，但是也可以通过这些模型来推理如何为生物营造更适合的栖息地。物种栖息地适宜度指数模型可以在许多政府网站上下载，如美国鱼类和野生动物管理局、美国地质勘查局、陆军工程兵部队、美国国家湿地研究中心等。

此外，栖息地的需求不仅包括活的植物。这也许无法在所有项目中得到实现，但如有适合的死亡植物，如枯立木、倒伏的树木甚至落叶层，都对某些类型的野生动物非常重要。

在一块人工开发场地上建立栖息地，可以更好地完善区域性生态廊道，能在更大尺度上满足保持和提高生物多样性的需求。即使仅把植被当作栖息地核心要素来营建，也有利于维护和改善区域栖息地的破碎化问题。人工景观是一个斑块的混杂体，可能适合广布种栖息，但对大部分生物种则不适宜。因此改变这种状况，即使局部增加栖息地斑块的连续性，也有助于增加区域生态系统的生物多样性。

成功的栖息地设计取决于是否能识别既需要招引又适合场地条件的生物种：

▶ 研究穿过或与场地相邻的区域生态廊道和栖息地斑块。
▶ 确定利用现有生态廊道和斑块的物种，以及项目场地提升后可能选择这些廊道、斑块的物种。
▶ 对现状生态廊道的生境进行研究，并与潜在的栖息地生境进行对比。
▶ 对改善生态廊道和目标招引生物种的可行性进行评估。
▶ 将潜在的廊道、斑块与目标招引物种的生境需求（庇护所、食物、水源和空间）进行对比。
▶ 按照目标招引物种栖息地的生境特征来选择植物进行配植。

乡土植物可以满足乡土动物的需求，提供适合的庇护所、适合的筑巢材料，甚至适合的食物营养。一些非本土植物，如忍冬、鼠李，虽然可以为本土动物提供碳水化合物，但可能会导致动物的营养不良。植物的选择应与保护区设置、植物群落恢复、栖息地保护结合起来。

4.4.12 防火型植物景观

北美的许多地区都很容易发生野火（山火）。许多乡土动植物都直接或间接地依赖于这种"火烧周期"才能繁衍生息。火会"重启"自然进程或促进生物演替，维持这些地区生态系统的多样性。例如，在美国南部大平原上，野火可以清除草原上枯草残枝，这样阳光可以照射到草的茎基，以促进来年发芽，灰烬中的营养物质也可以得到循环利用；野火还能促进野生花卉的发芽和开花繁盛，维持草原的繁荣。如果在这样的系统中，长期（数十年）没有野火发生，就会演替出乔木和灌木群落，将草原变成稀树草原进而变成森林，造成草原生态系统的毁灭。与之类似的还有美国西部的山地针叶林以及新泽西州的沙砾土松树林，野火都对其稳定的维持产生重要作用。花旗松由于其坚厚的树皮可以抵御火烧，而黑松等植物则无法从野火中幸存，尽管如此，黑松被松香严密包裹的松果则会因受热而开裂，释放出种子，以完成生命的繁衍。

由于野火在景观中会自然发生，因而其对人类生命财产的威胁是不可回避的。野火迅速蔓延、火势凶猛的特点使得其一旦发生，控制火势就会非常艰难。在易发野火的地区，有效的建筑布置和景观设计可将火害对人类财产和活动的影响降到最低。

美国国家消防协会（National Fire Protection Association，NFPA）为了给居民、社区领导、规划师、开发商、消防部门等致力于防止人民生命财产受害于野火的人们提供指导，制定了社区防火计划。NFPA针对建筑和景观设计都提供了详尽信息。下面简要介绍其景观防火设计导则。

最有效的防火景观设计应基于当地历史上的火灾发生情况、场地的相对位置、盛行风风向和气候特点、资产评估状况、植物景观特点（可燃性、可燃物荷载）、灌溉情况等。防止野火的最重要措施就是对可燃物的管理，易燃植物材料的数量、集中度、分布情况直接决定了一场野火的严重程度。

社区防火计划建议对建筑周边环境进行分割，如一座房屋，可以分为4个区域（图4-17）：

► 区域一：在建筑周边30英尺（9m）范围内。应围绕建筑物设置灌溉良好、不易燃的植物缓冲带。区域一可以保护建筑免受火灾，也能提供消防设备的给水口。植物应选择不易燃的种类，并留出有效间隔。

► 区域二：距建筑30～100英尺（9～30m）的区域。应选择不易燃、生长缓慢的植物，如有必要可种植少量乔木。

► 区域三：距建筑100～200英尺（30～61m）的区域。应选择生长缓慢的植物，树木之间留有足够空间。如需控制可燃物荷载，则应定期修剪。

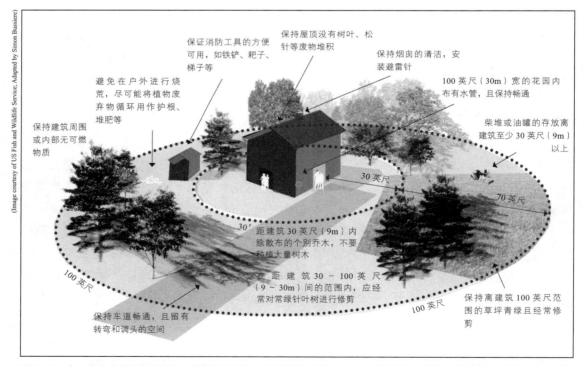

图4-17　为了降低对房屋的破坏和火势蔓延的风险，可将房屋周边划分为4个种植区域。区域一到区域四，随着距离房屋越来越远，逐渐提高植物的高度、密度和物种多样性

▶ 区域四：距建筑 200 英尺（61m）以外的区域。可以正常配植植物景观，但要对高可燃性的植物进行修剪或管理。

其他防火植物景观设计的基本原则有：

▶ 对植物通过修剪、收割、积薪等活动将潜在可燃物的量最小化。

▶ 在适合的区域建设行车道、草坪等景观元素，以起防火隔离的作用。

▶ 对乔木要精心布置，树与树之间尽量留下开阔空间。

▶ 清除"火梯"——连接树冠和地面的植物，"火梯"会导致火烧上树冠，造成火势快速蔓延。

▶ 修剪乔木距地面 6 ~ 10 英尺（1.8 ~ 3m）范围内的枝条。

▶ 可多选用落叶树种，因为相对于常绿树，其枝叶中有更高的含水量，防火效果更好，在冬季落叶后，可燃物也较少。

▶ 选择不会产生大量废物（如凋落的枝条、针叶等）的植物，或选择树冠开展、枝叶稀疏的植物。

▶ 将植物配植成小型、不规则组群，因为大片的密林会导致火灾风险的增加。

▶ 利用观赏石等来分割大片的植物群落。

▶ 使用护根，其能保湿且能防止野草丛生，但应避免使用松树皮或松针来做护根，这些物质极易燃烧。

4.4.13 生态恢复

国际生态恢复学会（The Society of Ecological Restoration International，SER）将"生态恢复"定义为："恢复已退化、被损害或破坏的生态系统的过程"。而生态恢复可以指场地历史生态系统修复和再现，缓解对生态系统的破坏；也可以是创造场地历史上不曾出现过的生态系统。

生态恢复包含着以下五种现象：

▶ 复原：即将退化或被破坏的生态系统恢复到以前正常的状况（如，将过度放牧的草原恢复成健康的高草草原）。

▶ 更新：将被完全破坏的生态系统更新成新的与之前相同的生态系统（如，人工培育草地变成高草草原）。

▶ 转化：由于区域情况的改变，使得场地的历史景观不再能继续维持，而将生态系统转变同一生态区的另一类生态系统（如，将过度放牧的草地转变为湿地）。

▶ 新景观植入：当原有景观无法继续支撑场地的历史生态系统时，就需要植入场地所在生态区从未出现过的景观。新的景观可能由新的物种和群落组成，但要符合场地的环境条件（如，入侵市政排水渠道的喜湿高草草原植物不会影响排洪，因此可以稳定下来）。

▶ 生态系统植入：当没有任何信息可以确定场地的历史状况时，就需要在没有依据的情况下重新建立一个生态系统（如，入侵市政排水渠道的、由乡土植物组成的滨水林地，就像是历史景观的遗留一样）。

为了成功地实现生态恢复，对景观的人工干预应有助于建立具有反馈调节机制和自我平衡能力的生态系统。如果食物链上的关键种濒临灭绝，那么整个食物链就会崩溃，这就是一种反馈机制。生态系统自适应实现平衡需要具备一定的条件，如生态系统需要植物为土壤提供有机物和营养元素，进而促进更多种类的植物生长来提高生物多样性和生态系统稳定性。创造自适应的生态系统就是生态恢复。

生态恢复项目不仅要求选择合适的植物种类，还有必要确定所选种类的来源——是直接移栽，还是自然繁殖的种子，抑或是商品化培育而来。种质的基因组分会影响生态系统的成功建立。

4.4.13.1 遗传型

不恰当的种质来源也可能污染场地的基因库，并改变其生态演替的走向（Gustafson *et al.*，2004）。对于什么是适合的乡土植物，美国联邦政府和各地方都有不同的解释和定义。如果考虑到基因库，种子的选择往往将距离参数或耐寒性的限制作为主要参考因素。如果有更多的参考因素，会有助于选择适合项目和场地的植物。

物种基因多样性的主要控制因子是其生长所处的生态系统，因此许多种质选择导则中都要求选择"当地基因型"的植物材料。这通常被理解为将植物繁殖体来源地和目标恢复场地之间的距离限制在一定范围内。对于这一问题，还应该考虑种质供区的环境条件，特别是种子传播能力有限或育种造成的遗传分化减弱的植物种类。对于种质收集场地的选择，气候、土壤类型、海拔、植物群落等条件应尽量与目标恢复场地一致。对于可能已经产生基因交换的物种（如风媒植物），繁殖体应尽量选择在生态条件与目标恢复场地接近的场地进行采集，且应尽量扩大繁殖体的来源范围，以确保基因型的多样性，提高生态恢复的成功率。

由于便捷性和经济性，商品化、品种化的乡土植物被广泛应用于生态恢复项目中，使用乡土植物的栽培品种会导致场地原生植物基因型的改变，特别是在引入植物数量远多于场地原生植物的情况下。一些研究表明，栽培品种会最终改变植物的群体遗传结构，久而久之，也会改变植物群落的功能和生态系统结构。

4.4.13.2 什么是生态恢复

生态恢复是将被破坏（人为或其他原因）的场地恢复成特定生态系统或生境的过程。它包含以下活动：

- ▶ 描述要恢复的目标生态系统。
- ▶ 研究参照性的生态系统。
- ▶ 研究场地的历史生态过程或场地上已不存在的、需要重建或模拟的生态系统驱动力。
- ▶ 研究导致需要进行生态恢复的历史事件。
- ▶ 对场地进行全面评估，以确定目前的生态系统驱动力。
- ▶ 研究可能限制生态恢复或修复的场地因子。
- ▶ 对场地所属的生态区系进行研究，特别是植物种类和食物链中的"关键"动物种。研究和评估在场地内恢复这些物种的可行性和方式。

▶ 描述恢复场地的景观文脉，并研究可能限制、加强、抑制生态恢复所需生态机制（如抗涝机制或人工火烧机制等）的因素。

▶ 研究可能造成进一步破坏或恢复生态系统的生态反馈机制。

▶ 研究生态恢复项目的植物种质来源，应考虑遗传学和当地种源等问题。

▶ 研究哪些是必要的管理措施（人工火烧、入侵物种控制、采伐更新），并确定实施这些措施的检测项目和阈值。

▶ 制定覆盖项目完成之后十年以上的生态恢复计划，为评估生态恢复的轨迹、提出相应的改进措施，确定应观测哪些具体信息或指标。

▶ 确定生态恢复的"终点"，以表明从生态系统的恢复转向维护工作，考虑如何衡量生态恢复的成功与否。

参考文献

Akbari, H., M. Pomerantz, and H. Taha. 2001. "Cool Surfaces and Shade Trees to Reduce Energy Use and Improve Air Quality in Urban Areas." *Solar Energy*, 7(3):295-310.

Beckett, K.P., P. Freer-Smith, and G. Taylor. 2000. "Tree Species and Air Quality." *Journal of Arboriculture*, 26(1):12-19.

Bernatzky, A. 1983. *The Effects of Trees on the Urban Climate: Trees in the 21st Century*. New York: Academic Publishers, pp. 59-76. Based on the first International Arborcultural Conference.

Beuttell, K. 2008. "A Paradox of Nature: Designing Rain Gardens to Be Dry." *Stormwater* 9(7). Available at www.stormh2o.com/october-2008/dry-rain-gardens.aspx.

Boland, P., and S. Hunhammar. 1999. "Ecosystem Services in Urban Areas." *Ecological Economics* 29: 293-301.

Brenneisen, Stephan. 2006. *"Space for Urban Wildlife: Designing Green Roofs as Habitats in Switzerland." Urban Habitats*, 4.

Callaway, R.M., and E.T. Aschehoug. 2000. "Invasive Plants versus Their New and Old Neighbors: A Mechanism for Exotic Invasion." *Science*, 290: 521-523.

Chenowith, R.E., and P.H. Gobster. 1990. "The Nature and Ecology of Aesthetic Experience in the Landscape." *Landscape Journal*, 9(1):1-8.

Czarapata, E. 2005. *Invasive Plants of the Upper Midwest: An Illustrated Guide to Their Identification and Control*. Madison: University of Wisconsin Press.

de Groot, R.S., M.A. Wilson, and R.M.J. Boumans. 2002. "A Typology for the Classification, Description and Valuation of Ecosystem Function, Goods and Services." *Ecological Economics*, 41:393-408.

Del Tredici, P. 2006. "Brave New Ecology." *Landscape Architecture Magazine*, 96 (February): 46-52.

Dines, Nicholas T. 1998. "Section 220 Energy and Resource Conservation." In Charles W. Harris, Nicholas T. Dines, and Kyle D. Brown (eds.), *Timesaver Standards for Landscape Architecture* (2nd ed.), pp. 220.1-220.13. New York: McGraw-Hill.

Dunnett, N., A. Nagase, R. Booth, and P. Grime. 2008. "Influence of Vegetation Composition on Runoff in Two Simulated Green Roof Experiments." *Urban Ecosystems*, 11:385-398

Dvorak, B., and A. Volderb. 2010. "Green Roof Vegetation for North American Ecoregions: A Literature Review." *Landscape and Urban Planning*, (96):197-213.

Getter, K.L., and D.B. Rowe. 2006. "The Role of Green Roofs in Sustainable Development." *HortScience*, 42:1276-1285.

Gustafson, D.J., D.J. Gibson, et al. 2004. "Conservation Genetics of Two Co-dominant Grass Species in an Endangered Grassland Ecosystem." *Journal of Applied Ecology,* 41(2): 389-397.

Heinze, W. 1985. "Results of an Experiment on Extensive Growth of Vegetation on Roofs. " *Rasen Grünflachen Begrünungen* 16 (3):80-88.

Hoffman, A.A., and P.A. Parsons. 1991. *Evolutionary Genetics and Environmental Stress.* Oxford, England: Oxford University Press.

Huang, J., H. Akbari, and H. Taha. 1990. *The Wind-Shielding and Shading Effects of Trees on Residential Heating and Cooling Requirements.* ASHRAE Winter Meeting, American Society of Heating, Refrigerating, and Air-Conditioning Engineers. Atlanta, GA.

Hunhammar, S. 1999. "Ecosystem Services in Urban Areas." *Ecological Economics,* 29:293-301.

Kadas, G. 2006. "Rare Invertebrates Colonizing Green Roofs in London." *Urban Habitats,* 4.

Kaplan, R., and S. Kaplan. 1989. *The Experience of Nature: A Psychological Perspective.* Cambridge, MA: Cambridge University Press.

Kaplan, S. 1995. "The Restorative Benefits of Nature: Toward and Integrative Framework." *Journal of Environmental Psychology,* 15:169-182.

Kuo, F.E. 2001. "Coping with Poverty: Impacts of Environment and Attention in the Inner City." *Environment and Behavior,* 33(1):5-34.

Lal, R. 2003. "Global Potential of Soil Carbon Sequestration to Mitigate the Greenhouse Effect." *Critical Reviews in Plant Sciences,* 22:151-184.

Louv, R. 2005. *Last Child in the Woods: Saving Our Children from Nature-Deficit Disorder.* Chapel Hill, NC: Algonquin Books.

Lundholm, J.T. 2006. "Green Roofs and Facades: A Habitat Template Approach." *Urban Habitats,* 4:87-102.

McPherson, E.G., D. Nowak, G. Heisler, S. Grimmond, C. Souch, R. Grant, and R. Rowntree. 1997. "Quantifying Urban Forest Structure, Function, and Value: The Chicago Urban Forest Climate Project." *Urban Ecosystems,* 1:49-61.

Nowak, D.J., D.E. Crane, and J.C. Stevens. 2006. "Air Pollution Removal by Urban Trees and Shrubs in the United States." *Urban Forestry & Urban Greening,* 4:5-123.

Odum, Eugene Pleasants. 1959. *Fundamentals of Ecology* (2d ed.). Philadelphia: W.B. Saunders Company.

Owensby, C.E., P.I. Coyne, J.M. Ham, L.M. Auen, and A.K. Knapp. 1993. "Biomass Production in a Tallgrass Prairie Ecosystem Exposed to Ambient and Elevated CO_2." *Ecological Applications,* 3(4):644-653.

Pimentel, D., Z. Rodolfo, and D. Morrison. 2005. "Update on the Environmental and Economic Costs Associated with Alien-Invasive Species in the United States." *Ecological Economics,* 52:273-288.

Radosevich, S.R. 2006. Plant Population Biology and the Invasion Process. In *Center for Invasive Plant Management Online Textbook.* Available at www.weedcenter.org/textbook/ 2_radosevich_invasion_process.html#invasion_process.html.

Rejmánek, M. 2000. "Invasive Plants: Approaches and Predictions." *Austral Ecology,* 25:497-506.

Rosenfeld A.H., J.J. Romm, H. Akbari, and M. Pomerantz. 1998. "Cool Communities: Strategies for Heat Islands Mitigation and Smog Reduction." *Energy and Buildings,* 28:51-62.

Schofield, N.J. 1992. "Tree Planting for Dryland Salinity Control in Australia." *Agroforestry Systems* 20:1-23.

Simmons, M., and H. Venhaus. 2006. "Urban Design Without Ecological Risk." *Landscape Architecture Magazine*, May.

Simmons, M.T., H.C. Venhaus, and S. Windhager. 2007. "Exploiting the Attributes of Regional Ecosystems for Landscape Design: The Role of Ecological Restoration in Ecological Engineering." *Ecological Engineering*, 30:201-205.

SITES 2009a. *Sustainable Sites Initiative: Guidelines and Performance Benchmarks 2009.* Available at www.sustainablesites.org/report.

_____. 2009b. *Sustainable Sites Initiative: The Case for Sustainable Landscapes.* Available at www.sustainablesites.org/report.

Taha, H., S. Konopacki, and S. Gabersek. 1996. *Modeling the Meteorological and Energy Effects of Urban Heat Islands and their Mitigation: A 10-Region Study.* Lawrence Berkeley Laboratory Report LBL-38667, Berkeley, CA.

Tinsley, J., M.T. Simmons, and S. Windhager. 2006. "The Establishment Success of Native versus Non-Native Seed Mixes on a Revegetated Roadside in Central Texas." *Ecological Engineering*, 26(3):231-240.

Trowbridge, P.J., and N.L. Bassuk. 2004. *Trees in the Urban Landscape: Site Assessment, Design, and Installation.* Hoboken, NJ: John Wiley & Sons, Inc.

Tutin, T. G., V.H. Heywood, N.A. Burges, D.H. Valentine, S.M. Walters, and D.A. Webb. 1964–1980. *Flora Europaea.* Vols. 1 to 5. Cambridge, UK: Cambridge University Press.

Ulrich, R.S. 1986. "Human Responses to Vegetation and Landscapes." *Landscape and Urban Planning*, 13:29-44.

Ulrich, R.S., R.F. Simons, B.D. Losito, E. Fiorito, M. Miles, and M. Zelson. 1991. "Stress Recovery during Exposure to Natural and Urban Environments." *Journal of Environmental Psychology*, 11:201-230.

Urban, James. 2008. *Up by Roots: Healthy Soils and Trees in the Built Environment.* Champaign, IL: International Society of Arboriculture.

Weis, J.S., and P. Weis. 2004. "Metal Uptake, Transport and Release by Wetland Plants: Implications for Phytoremediation and Restoration." *Environment International*, 30:685-700.

Whittaker, R.H. 1975. *Communities and Ecosystems.* New York: Macmillan.

Wilson, Jon S., and S.J. Josiah. 2010. *Windbreak Design.* NebGuide. March 2004. Nebraska Forest Services. Web. 25. Available at http://nfs.unl.edu/documents/windbreakdesign.pdf.

Williamson, M.H. 1989. "Mathematical Models of Invasion." In *Biological Invasions: A Global Perspective* (J.A. Drake et al., eds.), pp.329-350. Chichester, UK: John Wiley and Sons.

_____. 1996. *Biological Invasions.* London: Chapman & Hall.

Windhager, S., F. Steiner, M.T. Simmons, and D. Heymann. 2010. "Toward Ecosystem Services as a Basis for Design." *Landscape Journal*, 29(2): 107-123.

第 5 章
场地设计：土壤

尼娜·巴苏克（Nina Bassuk）
苏姗·戴（Susan Day）

　　土壤是地球生命的基础。它由矿物质、水分、空气和有机质组成。我们生存必需的空气和食品都依赖植物提供，而土壤承载着植物的生长。维护土壤健康是可持续景观场地的一个重要属性。此外，土壤对保持生态系统的健康更有广泛的意义（图 5-2）。健康的土壤可以：

> ▶ 保护水的质量和供给。土壤过滤并保持水分，有助于水的净化，减少径流、侵蚀、沉积和洪涝。

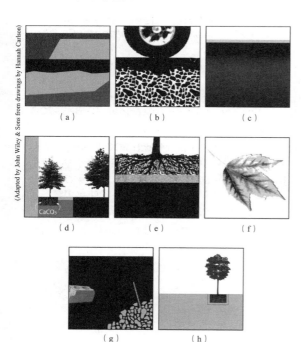

(Adapted by John Wiley & Sons from drawings by Hannah Carlson)

图 5-1　城市土壤的一般性状包括：（a）由于挖填方造成的土层变化；（b）土壤压实和团粒稳定性的丧失；（c）板结带来的不可渗透性；（d）土壤酸碱性改变；（e）压实造成排水不畅；（f）营养不良；（g）人工材料（建筑垃圾）；（h）土量太小无法满足植物生长。这些性状不仅对植物生长有害，也降低了自然土壤的价值和益处

> ▶ 固定二氧化碳，并为微生物种群创造条件。
> ▶ 降低维护植物和景观所需要的投入（如灌溉、杀虫剂、肥料）。
> ▶ 植物的健康生长。

　　然而，土壤的发育过程非常缓慢，且其很多益处极易在场地开发过程中丧失。土壤结构和质量会因水土流失、压实、污染和过度施肥而受损。在城市环境中的土壤多数已受到严重破坏（图 5-1）。

　　因此，可持续场地土壤管理的双重目标是：

> ▶ 对现状土壤令人满意的性状加以保护。
> ▶ 对土壤不令人满意的性状加以改进。

　　达到上述目标需要识别出哪些是健康土壤，对其进行保护，并且科学地创造土壤再生的条件。仔细的场地评价、设计和施工可以最大限度地实现土壤的可持续性贡献。本章介绍了在景观中理解场地土壤，保护、改良土壤条件的实地经验和方法。

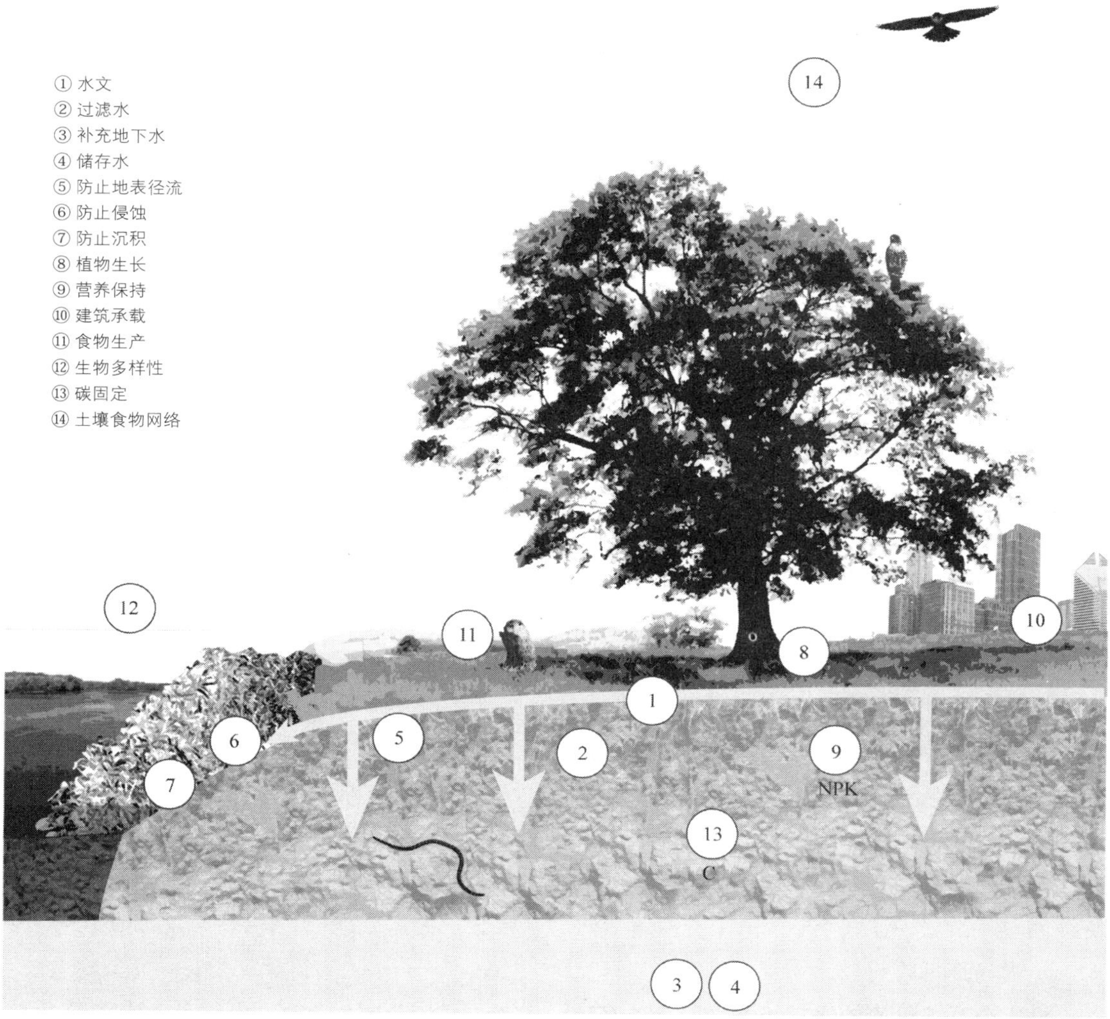

(Adapted by John Wiley & Sons from drawings by Hannah Carlson)

① 水文
② 过滤水
③ 补充地下水
④ 储存水
⑤ 防止地表径流
⑥ 防止侵蚀
⑦ 防止沉积
⑧ 植物生长
⑨ 营养保持
⑩ 建筑承载
⑪ 食物生产
⑫ 生物多样性
⑬ 碳固定
⑭ 土壤食物网络

图 5-2 土壤生态系统服务功能的亮点。土壤在健康生态系统中的角色很复杂，为了创造一个可持续性的景观，无论是在现在还是未来，这些功能都需要考虑

SITES 与土壤

《SITES 导则与评估体系》中有关土壤的部分聚焦于场地土壤的保护和修复，即使那些没有土壤问题或土壤不可用的场地也在其内。与其他方面相同，SITES 土壤相关评价的目的在于将生态系统服务的产出最大化。土壤决定着可建植植被的类型和状况；土壤特征与植被共同影响着场地的水文条件（如雨水收集的能力），因此，SITES 土壤方面的评分必须结合植被、水资源等的评价。土壤支持植被生长、水文循环及各种生态过程，是可持续性场地的基础。

下页续

SITES 评估把保护土壤健康放在很高的位置。即使是简易的交通利用或竖向变化，都会破坏长期形成的土壤，削减土壤的生态服务功能。SITES 评估体系中，把修复开发前或场地建设中被破坏的土壤，作为评估的先决条件。

土壤是所有场地的基础，承载着植物也支撑着建筑。它们复杂、多样，且与其他生态系统功能紧密相关。因此，SITES 评估的各个部分：场地选址、设计前的评价、场地设计、施工、运行和养护、监测更新中都设置了与土壤相关的评估项。在场地选址方面，限制高价值土壤的使用，如基本农田，这属于人类的共同财产。而在规划设计方面，土壤资源的评价、水土保持规划都是评估的必选项；植被土壤保护区的建立等被列入评分项。在建设、维护方面，土壤状况的监测和保护都设置了相应的评分项。此外，开发前的土壤干扰（如棕地问题）也被 SITES 关注。

5.1 将土壤与场地设计整合

可持续景观场地能够保护和利用场地潜能及其生态系统服务的价值。土壤是场地可持续性价值实现的重要保障，这种保障体现在很多方面。土壤承载着植物、道路和建筑；土壤决定了场地径流的路径以及场地储存水的潜力。

然而土壤条件高度多样且易受干扰。同时，土壤也随着时间的推移而改变，尤其是其与植物相互作用的时候。更重要的是，项目各个阶段并非线性排列，而是相互交织。基于土壤的评价结果、修复过程和养护要求（甚至未来的监测结果）进行调整，有助于更好地实现可持续性场地的设计。

土壤与场地设计整合导则如下：

将生态系统价值的保护与利用都涵盖在内。例如，碳固定是土壤的一项显著的生态系统价值。改变地形会造成土壤结构毁坏并加速有机质分解，造成碳向空气中释放。另外，有目的地利用健康土壤对水的过滤和存储能力，这便是利用土壤提供的潜在生态系统利益的典型案例。

认识到对土壤的投资可为增强场地各方面的可持续性创造机会。保护和修复土壤，尤其是那些被严重破坏的土壤，会带来一系列的间接效益。例如，植被根系可以从健康土壤中吸收充足的资源，而不需要过多的灌溉和维护，而这在被破坏土壤中则很难实现。

进行针对性的场地土壤分析。因为不同地块，即使距离很近，土壤条件也可能不同；同时场地设计方案对土壤分析的影响极大。学习解读场地土壤条件，并判断设计方案对土壤的改变情况（见本章"5.2.2 土壤的宏观评价"）。如在公路、人行道、建筑垃圾堆放的地方取样检测土壤 pH 值就毫无意义；如果据此做出设计，将对土壤酸碱性敏感的植物配植在不适合的土壤上，则不可能创造出可持续的景观。

为场地分析和方案修改提供足够的时间和灵活性。成功的场地评价必定包括多次的反复。制定设计方案需要土壤信息，但完整详细的场地评价在方案阶段既昂贵又浪费。例如，如果一个区域被设计用于建造建筑，那么为了种植植被而需要进行的非常细致的 pH 值调查在这个区域就没有必要。因此，需要对场地进行多次调研来获取设计和决策各阶段的相应信息。

为长期的土壤保护和土壤形成创造条件。 场地将使用修复的压实土壤还是未经干扰的土壤？也许设计的改变可以减少类似的影响。另外，土壤有可能能够达到修复的要求，但不可能在短时间内就完成修复。好的土壤修复过程要求场地创造各种条件（有机质输入、根系的活动等），然后随着时间的推移，逐渐形成高品质、结构优良的土壤。

5.2　场地土壤的评估

场地评估是建立可持续场地的首要步骤，通过场地评估，可以得到与场地预期功能相关的环境限制条件和机遇。场地评估阶段获得的有关土壤的信息，应在整个项目的布局和设计中得到体现。简而言之，设计应围绕土壤及其他场地资源加以塑造，充分利用有利条件，合理处理场地资源的限制性条件。这种观念很多人并不了解，却是提供生态系统服务的潜在条件和实现可持续性所不可忽视的条件。因此，了解场地土壤条件之前不应该进行建筑和道路的布置。设计团队需要清晰地了解从场地土壤评估中可以获得什么样的信息，以及在什么时候需要重回场地进一步获取信息。

场地土壤评估的第一步是识别现状土壤的类型和质量。需要明确的问题有：

▶　哪部分土壤被破坏过，以什么样的方式？

▶　哪部分土壤是健康的？健康土壤应给予优先保护和保留。

▶　被破坏的土壤中哪些部分是可以修复的？或如何保护和发挥其现有优良特质？

▶　是否有区域根本没有土壤存在？或哪些土壤是受到污染的？

以上任何一种情况都意味着提供生态系统服务的限制和机遇。所以，在设计阶段开始前的场地初步评估中，就应该对每一种区域的土壤情况和问题进行鉴定（表 5-1）。

表 5-1　土壤的大致分类

健康土壤	土壤因区域和气候不同而差异巨大，所以土壤健康与否不可一概而论。例如，土壤普遍营养含量低、含沙量高的干旱地区与有机质丰富的、土壤结构良好的温带平原地区，健康土壤的定义区别就很大。因此，定义场地健康土壤的时候，应该同时考虑当地自然状态下的土壤特征（即参照土壤），以及场地植物、营养循环、水文过程等对土壤的要求。 健康土壤的表现： ▶　土层结构与当地的参照土层结构相似； ▶　表层土和底土都没有被压实； ▶　有机质含量大于或等于参照土壤的有机质含量。土壤酸碱度、盐度、阳离子交换能力、矿物质含量等数据值与参照土壤相似； ▶　土壤不含有对预期种植植物有害的混合物； ▶　现状植物是乡土植物种群的代表。 没有被人类活动严重干预过的土壤更有可能是健康的土壤

轻微干扰土壤	"较小干扰土壤"指的是改造程度较小或轻微压实的土壤。SITES规定了各类土壤相应的最大单位体积质量（MABDs），见图5-19。轻微干扰土壤的表层压实程度可能会超过这个标准，但其不应被不透水表面覆盖，下层土壤未被夯实。这类土壤的例子有，表层土壤被大流量步行交通压实，但下层土壤没有经过人工改造和受到人工干扰，即属于轻微干扰土壤
中度干扰土壤	中度的土壤干扰在建筑周边和已开发场地上十分常见，如表层土不存在或下层土层被改造（如填挖方、地形修整或卡车碾压等）的区域。中度干扰土壤的表层土（如存在），很可能超过SITES规定的最大单位体积质量（MABD）；下层土也往往被改造、压实或混合。这类土壤的例子有：表土层可能与下层土发生倒置；填挖方区域和施工临时通道的土壤也很可能成为中度干预土壤
严重干扰土壤	严重干扰土壤是被铺装覆盖或受污染的中度干扰土壤的一些特征，但是有铺砌面或者受污染的土壤中存在。这类土壤的例子有，沥青铺装道路和建筑下方的土壤，以及棕地的土壤等

图5-3　土壤的分层在有的土壤中清晰可见，而在另一些土壤中则是不连续的或难以识别的。A层和B层很容易区分，部分由于农业生产从而形成了犁底层。注意图中翻耕造成的覆盖层和溶淋层（A层）混合表土，这在受干扰土壤中很常见

5.2.1　土壤分层

　　理解正常场地状况下土壤的分层情况，有助于了解和认识土壤干扰的原因。自然土壤存在着分层结构，主要有含有机质的表层或覆盖层（称作O层）、淋溶层（A层）、沉积层（B）、母质层和母岩层等。比起其他层，表层土一般具有更高的营养元素、有机质含量和微生物含量。在被干扰场地，表层土充满不确定因素，由于可能被移动或破坏，从而影响其正常功能。被干扰的土壤可能情况复杂，比如表层被建筑垃圾覆盖，或者土层结构不规律等（图5-3和5-4）。

图5-4　使用土样钻取器获得的土壤剖面样品。这是典型的多年耕作的壤土，请注意从左到右（表层土到底层土）的土色和土层结构

土壤分布图和土壤勘测一般比较粗略。在未受干扰或仅用于农林用途的地区，土壤分布图是比较准确的。但历史上有土地利用的任何改变，如道路、附属建筑物、开挖、倾倒、水利工程等，都会造成土壤的破坏，因而需要对场地进行针对性的调研和评估。因此，如果美国自然资源保护局的土壤分布图将某个区域土壤描述为某种"城市土地复合体"，那么这个区域很可能不再拥有该种土壤的特性了。这并不是说场地原生土壤对现状没有意义，土壤质地和化学性质即使经过长期的城市土地利用，仍然可以保持。但排水能力、酸碱度、土层情况经过这么长时间，已经难以与原生土壤的条件保持一致。因此，进行场地的实地调研和检测就成为唯一途径。场地评估不应该是坐在办公室看看地图就能完成，而应该是脚踏实地地接触场地、研究场地。每当获得一类信息，都应将其通过手绘或 GIS 落在图上，以便于将这些信息叠加，清晰地提供场地信息。

5.2.2　土壤的宏观评价

评价场地土壤的第一步应该聚焦于宏观的问题：这里过去曾经发生过什么？在场地中最重要的区域是哪部分？面临的最大挑战是什么？在管理控制方面有什么问题？现场的观察与评价是了解土壤宏观情况的有效方式，也有助于发现潜在的土壤问题。收集下列信息是项目设计决策流程的第一步（图 5-6）。

5.2.2.1　场地土地利用历史与土壤

场地的利用历史对理解现状条件极为重要。在漫长的时间内，土壤、水文、植被都可能由于土地利用或自然条件的改变而发生巨大改变，进而影响当前的场地使用或改造。通过观察评价和对场地土地利用历史的研究，可以揭示场地的生态变迁过程。旧的航片和地图也是了解场地历史的重要途径。掌握了场地的历史，可以帮助我们阐明场地的缺陷和潜在机会；也有助于更好地理解如何保护和提升场地的生态系统服务；此外，场地的土地利用历史还有助于了解土壤的历史状态和潜在的污染、限制条件。例如，曾经是湿地的土地中，土壤的压缩性可能较高，这会大幅增加开发的成本。

实地调研，与所有者、场地管理者、周边居民进行交谈，都是土壤评估必不可少的。这有助于迅速识别值得关注的土壤问题。实地调研时应该携带锹、取土器等，以确认和核实获得的信息（表 5-2）。

表 5-2　获取场地现状和历史信息的策略

关注点	可解读的信息
开发与建设活动	土壤可能被破坏并压实。这些区域原有的水文与植被状况可能被改变。有土壤污染的可能
地形改造，填挖方	建筑、停车场、运动场及其他平整场地附近的地形改造很常见，特别是自然地形起伏的区域。挖方会将下层土壤暴露在外，有的项目会进行表土层修复，有的则不会。填方土壤则品质良莠不齐，可能包含塑料、橡胶、建筑垃圾等。地形改造还会导致水土流失

续表

关注点	可解读的信息
堆放材料和建筑垃圾的区域	土壤很可能被压实。堆放材料如果包括石灰岩、水泥等，土壤碱性可能升高。土壤中可能埋有建筑材料；还可能由于不恰当的材料堆放造成地质不稳
机动车道和人行道	即使是临时道路也会导致土壤压实或更严重的后果，还存在污染土壤的可能性
土壤污染和堆填区域	如果土壤污染和堆填有对人体和植物有毒的物质，则需要对该区域展开进一步的土壤检验
现存或已拆除建筑	建筑周边区域的土壤很可能遭到严重破坏，视建设方式而定
汇水区内和场地周边土地利用方式	可以关注水在场地的转移方式。污染和水土流失可能存在一定的影响范围

5.2.2.2　现状植被与土壤

现状植被不仅可以增加对土地利用历史的了解，还有助于识别有特殊性质的土壤区域。有丰富植物学知识和经验的人可迅速识别哪些区域的土壤可能受到破坏，哪些区域的土壤现状优良。这也可以作为土壤抽样检测的依据。例如，树木叶脉间的萎黄可能代表着土壤酸碱度的变化或无机元素的失衡。某些植物种类的出现，如臭椿（*Ailanthus altissima*），可能是土壤被干扰的证据。植株较大且生长良好的树木可能表明场地土壤保护良好，或仅仅是最近才受到破坏。

表 5-3　通过分析现状植被景观解读土壤特征

关注点	可解读的信息
植被的生长状况。一些植株营养不良状况可从叶片颜色中发现（图 5-5）	植物的营养不良可能暗示土壤化学性质的改变。落叶、枯萎、生长势差可能表明土壤存在压实、干旱或排水不良等状况
灌溉系统	如果场地有正常工作的灌溉系统，在介绍与植物生长有关的土壤条件时，应加以考虑
树势衰弱。如秃顶、向心枯亡等现象	严重的树势衰弱往往是由于根系遭到破坏造成的。这种破坏可能在 20 年前就发生了。病虫害可能是另一个导致树势衰弱的原因
生长势弱，尤其是幼树应给予特别的关注。萌蘖也可能暗示着群落的压力	在被开发的场地或被破坏的自然场地，意味着存在土壤质量低下或胁迫（如土层薄、土壤压实等）
栽培良好或具有生态价值的植物种或群落	可能是一片健康土壤，应划定土壤和植被保护区加以保护
入侵物种	往往暗示着存在受到破坏的土壤
指示植物。寻找自然演替或自播繁衍发生植物	植物种可以暗示土壤受到破坏，湿土、瘠土以及土壤的质量等。需要有娴熟的植物学知识的人来鉴别
枯梢、丛枝病[1]或树叶灼烧枯萎	可能存在土壤盐化。寻找周围可能的盐分来源

---

1 枝条受害后，因顶芽生长受到抑制而刺激侧芽提前萌发成的小枝，不仅生长缓慢，且其顶芽不久也会受到病原物的抑制，而刺激其侧芽再萌发成小枝。如此反复进行，使枝条呈丛生状。——译者注

（Photo from Nina Bassuk）

图 5-5　树木叶片的脉间黄化现象意味着土壤碱化导致的微量元素缺乏，图中是沼生栎（*Quercus palustris*）的叶片，左侧为未黄化叶片，右侧为中度黄化叶片

5.2.2.3　地形、水文与土壤

　　场地水文条件是水在场地和土壤中的流动和分布模式，其受场地地形和土壤条件影响很大。同时，了解场地的水文和地形条件有助于更好地理解土壤情况。水文条件和土壤评价之间有着千丝万缕的联系，了解这一关系有助于更好地解决雨洪管理、高效利用水资源、补充地下水、就地滞留和净化水等一系列问题。侵蚀、内涝、沉积等水文现象可以提示哪些区域的土壤十分脆弱，哪些区域需要改良土壤的渗透性等。场地水文分析应包括地形图、汇水区分析、不透水地面的分布和面积、降雨蒸发量数据等。水文分析可以提供很多重要信息，如哪些区域需要保持现状？或如果开发不可避免地改变现状水文条件，如何通过场地设计给予补偿等。

　　在城市区域，场地与自然水资源的关系常被割裂，场地依赖于管网实现给水排水。当场地被孤立在流域之外时，了解场地上水的输送模式就很重要。获得现状地形图对分析场地水文模式、土壤情况非常重要；旧的地形图对于了解场地地形的变迁也很有意义，为了解历史上土壤干扰的方式提供了可贵的信息。

表 5-4　通过分析现状水文条件和地形解读土壤特征

关注点	可解读的信息
土壤侵蚀的预兆：沟蚀、浅流、沉积、携带泥沙的雨洪径流等	易发生侵蚀的区域，说明其土壤状况脆弱，汇流历时较短，也可能由于地形过于陡峭
原始地形、洪泛区	原始地形有助于了解哪些区域的土壤可能出现改变。洪泛区的土壤可能非常肥沃
不透水地面以及其产生的径流路径	降雨时大量雨水冲刷的区域易造成土壤侵蚀。附近区域的土壤可用于雨洪的收集
低浅水洼、排水缓慢、湿地植物	在人工干扰强度较小的场地，排水缓慢可能与土壤和植物群落有关。在人工场地，出现水洼说明该区域土壤排水性差或存在压实

5.2.3　土壤信息收集和制图

通过以上的前期工作，场地和土壤的基本情况已经比较明确了，下一步就是在地形图中将上述信息综合表现出来。这一阶段土壤评价的目标是将场地各类土壤分布标识出来，以此作为场地初步规划设计的基础，也为编制土壤取样分析方案提供指导。土壤分类既要考虑现状条件，也要考虑未来的利用方式。为了协助分类，要寻找不同区域各种条件的变化，例如：

- ▶ 历史上发生的管理、开发、土地利用等方面的变化。
- ▶ 土壤类型的变化，例如客土。
- ▶ 土壤养护、管理的不同。
- ▶ 存在步行或车行交通的区域。
- ▶ 植物生长或植被类型不同的区域。
- ▶ 临近人行道、停车场、建筑的区域。
- ▶ 使用过 / 没使用过融雪剂的区域。
- ▶ 发生侵蚀 / 未发生侵蚀的区域。
- ▶ 坡度不同的区域。
- ▶ 比较干旱 / 湿润的区域。
- ▶ 存在露出地面的岩层及矿层的区域。
- ▶ 划分汇水区。

类似的线索不可穷尽，但方法就是这样。场地最开始的调研如同破案，要寻找一切关于场地、土壤的蛛丝马迹。利用这些信息，可在图纸上总体表示出土壤的分类和分布情况，进而基本反映出场地土壤特征的变化情况。得到土壤条件和分布的总体情况之后，制订详细的土壤抽样检测计划之前，是场地初步规划的最佳时机。保持场地设计的灵活性，有利于场地可持续性的实现。整个设计过程一定要不断循环往复，而不是线性进行的。

5.2.3.1　土壤概况制图

第一步：将土壤大致分类（表 5-1）。

健康的土壤——优先保护。

轻微干扰土壤——可能需要一定程度的土壤修复。

中度干扰土壤——很可能需要进行土壤修复。

严重干扰土壤——需要进行重点土壤修复或有咨询专家的必要。

没有土壤或被覆盖的土壤——需要进行重点土壤修复或引入客土，也可能是适建区域。

不可分类——现状建筑或其他维持不变的功能。

第二步：识别出上述类型中土壤特征具有特点的或将要发生变化的区域：

土壤 pH 升高的区域。

土壤压实度大于平均水平的区域。

土壤排水情况可能变化的区域。

土壤易发生侵蚀或压实的区域。

土层过深或过浅的区域。

土壤可能被污染的区域。

5.2.3.2　土壤勘测图

土壤勘测图往往是足够细致的，有助于了解场地基本情况和土壤类型的变化。但其在城市区域常不可靠；此外，自然场地的局部人为干扰也很容易导致土壤条件的改变。因此，在土壤勘测资料的基础上，场地土壤调研必须进行抽样检测，才能更好地了解场地土壤现状。

常规的土壤勘测信息可通过下列途径获得：

美国农业部，美国自然资源保护局土壤信息网。

美国农业部，美国自然资源保护局土壤勘察在线网。

5.2.3.3　后续工作

基于前期场地土壤分析的信息，可以做出一系列判断，如从场地的哪些位置采集土壤样本，哪些区域需要改良和保护等。然后土壤的相关信息要与其他方面的场地评价信息综合考虑，以指导场地的初步规划设计。

但需要谨记的是，这只是场地土壤评价的基础性工作，可持续景观场地的设计过程还需要更多的详细信息。进一步的工作不只是土壤化验的操作，更重要的是决定在哪里进行取样。有效的土壤评价重点不是抽样样本的多寡，而是抽样设计的逻辑是否合理。这样的土壤评价将会是一个可持续场地土壤管理规划的可靠基础（图 5-6）。

5.2.4　土壤抽样和检测方案设计

初步场地评估获得的地形图、土壤调查、历史变迁等信息，以及从土地所有者和受访者处获取的信息，经过上一阶段工作，这些信息应该已被解译为图纸信息，以便于空间落位。

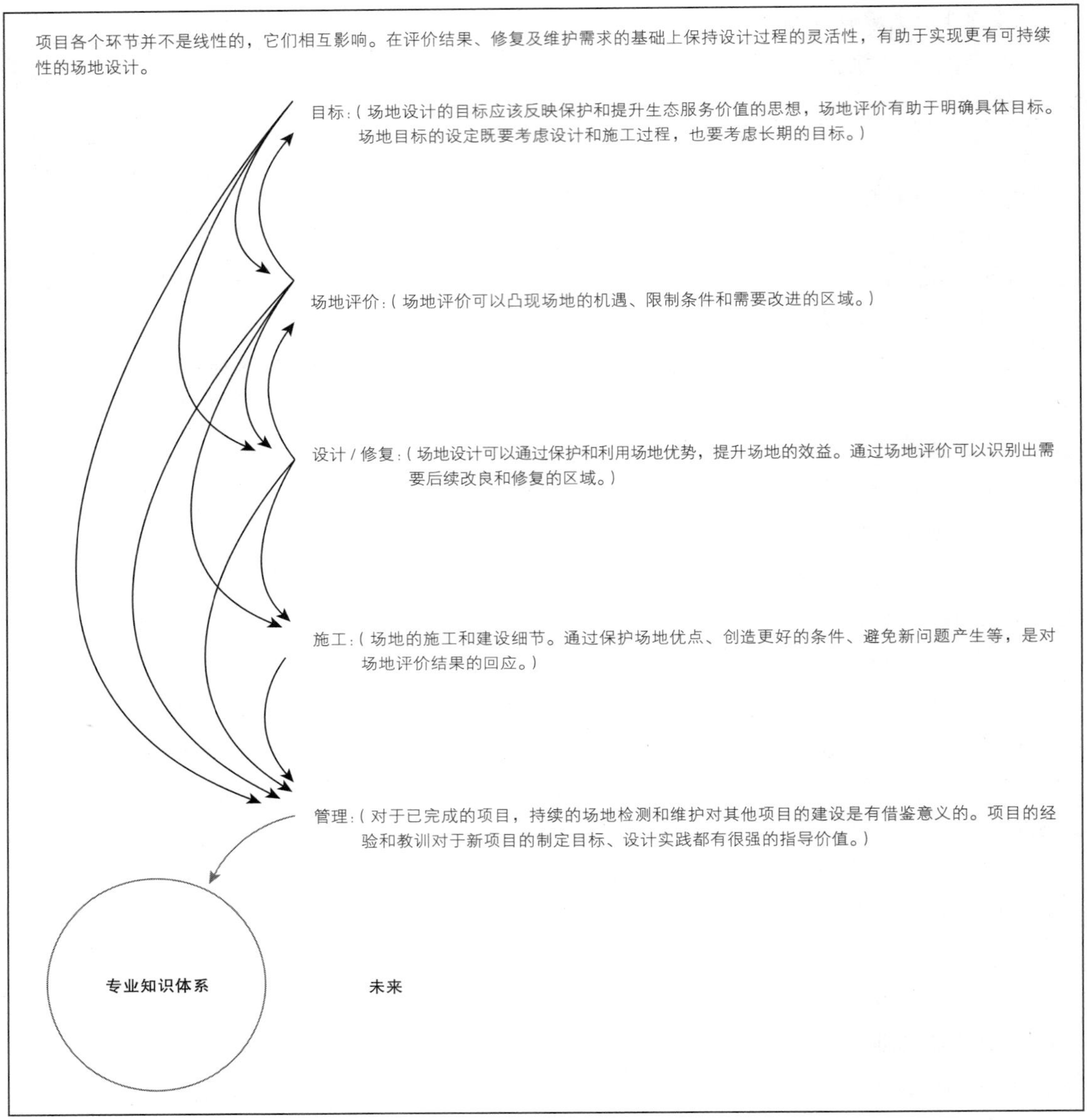
项目各个环节并不是线性的，它们相互影响。在评价结果、修复及维护需求的基础上保持设计过程的灵活性，有助于实现更有可持续性的场地设计。
目标：（场地设计的目标应该反映保护和提升生态服务价值的思想，场地评价有助于明确具体目标。场地目标的设定既要考虑设计和施工过程，也要考虑长期的目标。）
场地评价：（场地评价可以凸现场地的机遇、限制条件和需要改进的区域。）
设计 / 修复：（场地设计可以通过保护和利用场地优势，提升场地的效益。通过场地评价可以识别出需要后续改良和修复的区域。）
施工：（场地的施工和建设细节。通过保护场地优点、创造更好的条件、避免新问题产生等，是对场地评价结果的回应。）
管理：（对于已完成的项目，持续的场地检测和维护对其他项目的建设是有借鉴意义的。项目的经验和教训对于新项目的制定目标、设计实践都有很强的指导价值。）
专业知识体系
未来

(Adapted by John Wiley & Sons from drawings by Hannah Carlson)

图 5–6　可持续场地设计的决策流程图展示了场地土壤评价结果如何影响项目目标等一系列设计过程

场地分析显示有潜在差异的区域，都应进行详细的土壤抽样。场地中需要进行修复、保护或用于种植的区域，应优先抽样检测。因此，根据场地情况和设计的复杂程度，土壤抽样存在两种情景，详见表 5-5。

本章主要聚焦于场地评价更清晰细致的情况 A，后面将介绍一系列土壤化验和调查方法，提供在情况 A 条件下进行土壤抽样和测试的评估体系。但情况 B 需要进一步的说明。下面是一些情况 B 的案例，这些案例在进行详细的土壤抽样检测前需要更多的信息来辅助决策。其中多数场地情况比较复杂，且需要更多其他方面的信息。

表 5-5 可能的土壤取样情况

情况 A	情况 B
场地分析经过全面走访、简单测量、现状观察和推理、土地利用历史研究等，已基本获得全面的场地信息。场地分析的结果已经足够支撑方案初步设计中的土地利用和植被、建筑、硬质景观的布置等。这种情况通常出现在尺度较小和情况较为简单的场地上，这称为情况 A，达到情况 A 后，应制订详细的土壤抽样计划以完成场地建设前评估	场地土壤信息基本满足"土壤信息收集和制图"的要求，但未完成整个场地的走访和深入调研。这种情况常常出现在尺度较大或比较复杂的场地。初步设计仅能大致确定建筑和道路的选址，而无法进行更深入的调研；需要进一步进行场地调研，这称为情况 B。这种情况下，先制订一个粗略的土壤抽样计划，在得到更多信息后，以达到情况 A 的前期分析水平

▶ 某场地是一片森林，在此将要建造一个游客服务中心。初步设计需要额外调研的信息，包括树木生长状况、植被类型、现状珍稀树木、有重要价值的植物等。如果仅是场地中的某一部分将用于建设或进行植被改造，详细的土壤化验就应该集中在这个区域。很明显，如果对整片森林都进行详细的土壤化验是一种浪费。

▶ 场地中有一块疑似湿地。在进行详细的土壤化验之前，要准确地划定湿地范围。请记住，划定湿地范围（包括法规要求的缓冲区）需要有经验的专家来完成。美国各州对湿地的定义不同，通常根据土壤类型、植物种类或是否存在水来确定。

▶ 在实地考察中，发现了植被生长不良的区域。这一区域可能适合用作停车场；如果这一区域的植被有重要价值，则可以进行土壤修复以改善植物生长。但无论哪种方式，都需要更多的场地信息。在这种情况下，应在这一区域进行进一步的土壤条件分析和信息挖掘，直到可以制定土壤抽样和检测方案。

▶ 在森林中有一条古老的便道，没有植被生长意味着存在土壤压实的情况。可以考虑将其修建成干道，但需要进一步确定土壤是否稳定、是否可以支撑路面。从道路的若干部分抽样检测可用于快速判断评估修建干道是否可行。

5.2.4.1 土壤抽样方案的制定

土壤抽样的原则很简单。不论是人工场地还是自然场地，抑或兼而有之，其抽样方案应满足以下标准：

▶ 样品对目标区域的特征具有代表性。

▶ 不同区域或类型的土壤样品不能混在一起。

这两条标准看上去有时是矛盾的。一方面，如果具备相似特征的一个区域要选取代表性样品，就应该从场地若干点采集少量样品，混合后拿出一部分用于检测。这样可以防止避免随机取样而遇到与区域特征不同的土壤，场地中这种概率是很高的，因为土壤是不均匀连续分布的，而一些检测方法的取样量又很少，少量取样获得的样品差异性可能非常大。但另一方面，反映不同区域土壤特征的样品又不应该混合，应分别检测并在地图上反映其位置及差异。

例如，假设需要测定一个混凝土步道环绕的庭院中土壤的 pH 值。假如抽样方案设计者对混凝土步道及其路基将提高土壤 pH 值的特点一无所知，那么他（她）会在庭院范围内均匀采样，并将土样混合，混合土样的 pH 值测定为 7。因为混凝土步道 2 ~ 3m 范围内的土壤 pH 值比庭院中心土壤的 pH 值要高很多，很可能在步道旁 2m 内土壤的 pH 值是 8.1，而庭院内部土壤的 pH 值则是 6.4。这样的话，土壤抽样检测的结果就很难准确地描述庭院土壤的酸碱度，并可能导致错误的植物选择和土壤改良。

发现和识别土壤特性可能发生改变的位置和程度，是制订土壤取样计划的重要工作之一。好的土壤抽样方案设计依赖于对土壤特征多样性的理解。鉴定这种细微的差别需要丰富的经验。幸运的是，有许多快速、粗略的现场测试方法可以帮助新手。上面的例子中，新手可以利用快速的现场检测测定土壤的 pH 值（用 pH 计进行粗略检测），以便测量土壤 pH 值变化的位置与程度（图 5-7）。

有时土壤抽样检测的结果会不符合预期。这种情况下，应在该区域进一步采集土样以验证结果，并确定新土壤条件的范围。这也是场地评估循环往复的一部分。抽样的数量取决于场地的尺度和场地评估发现土壤条件的多样性。增加样本的数量可以提高结论的可靠性。

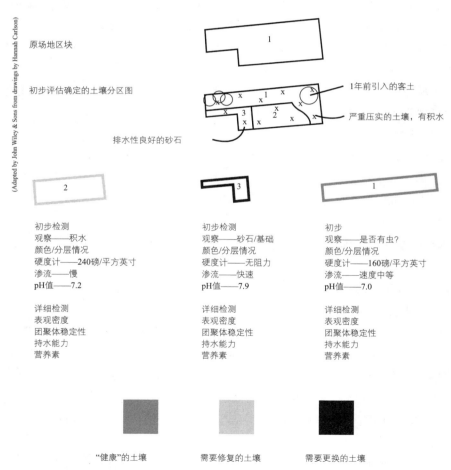

图 5-7　基于初步分析和土壤分布图的土壤理化性质特点分析图。场地清晰地分为 3 部分，制定了进一步测定土壤条件的抽样方案

各类土壤关于多样性的准则将根据不同的特征在以下的讨论中将分别展开。

5.2.4.2　土壤样本

下面描述的土壤化验很多都可以在现场进行。不管在野外还是在实验室，土壤化验结果的可靠性都取决于严格的样本选择、精确的仪器和正确的检测程序。进行土壤化验的实验室应具备一定的专业技术实力，不仅应具备系统进行各类土壤化验工作的能力，也应能对检测结果做出正确解读。一般而言，标准化的检测项目在检测报告中应列出检测方法、检测结果阐释等说明。此外，应注意土壤抽样取样时，做好样品、取样点和实验室检测的相应标注工作，以确保结果的可靠。

对在现场进行的检测，需要在每个土壤样品区至少进行一次检测。把每项检测的所有结果记录在场地地图或数据表中。如果检测分析要由实验室进行，则需要遵循特定实验室的操作规程。不同的检测项目可能需要略微不同的土壤取样步骤。一般而言，每个土壤特征区都要抽取若干个土样，除非土壤条件明显一致的情况下，可以采用混合抽样的方法。在上面庭院的例子中，样品一定要分别取样保存，不要混合，这样才可以比较场地不同部位的土壤情况。下面的土壤取样方法选自美国康奈尔大学土壤评估手册（Gugino *et al.*，2009）：

- ▶ 清除土壤表面的杂物，如覆盖物或草等。
- ▶ 挖一个洞，深度达到预期种植植物所要求（或其他要求）的深度。
- ▶ 从洞的侧壁取下约 2cm 厚的土样，深度符合上一条的要求。或者，用土壤取样器钻取所需深度的土样。
- ▶ 对于单独取样，要尽量保持土壤团粒结构，将土样轻轻放置到取样容器中，不要弄混。
- ▶ 对于混合取样，在目标区域中 6 ~ 10 个不同的位置重复取样，然后放置在一个桶中（逐层进行取样）。彻底混合样品，同时注意不要破坏土壤团聚体。取样量通常不超过 0.25 L，可按实验室要求进行。
- ▶ 在样品分析之前，应避免阳光直射。将土样存放在冰箱或冷凉的地方。不要对潮湿或结冰的土壤进行取样。存放和操作的影响取决于检测项目的要求。

5.3　土壤性质及其测定

本节叙述了一系列土壤性质及其检测方法。针对每一种性质，都介绍了其重要性、可能的结果及其意义。下一节介绍了建立在土壤化验结果的基础上的土壤改良手段。本节介绍的土壤性质检测可单独或综合运用，视场地情况而定。

5.3.1　土壤质地

5.3.1.1　定义和检测

了解土壤的质地对于理解本章中大部分检测结果都是非常重要的。土壤中存在三种类型的颗粒：沙粒、粉粒和黏粒，其划分的依据是颗粒的直径大小，沙粒最大，黏粒最小。三种颗粒的比例决定了土壤的质地，而土壤质地则影响着土壤的结构特性、持水能力、排水能力等。例如，沙土排水迅速，而黏土则能更久地保持水分。土壤质地分级的作用是用来描述土壤的表现方式。图 5-8 显示了土壤分级与三种颗粒类型比例的关系。从图中可以看到，黏土所占的范围最大，原因是少量黏粒就能对土壤质地产生很大影响，例如土壤中只要有 **20%** 的黏粒，就可以被认为是黏土。场地土壤评估中，现场快速检测是很有用的检测方式（表 5-6、图 5-9 ～图 5-12）。

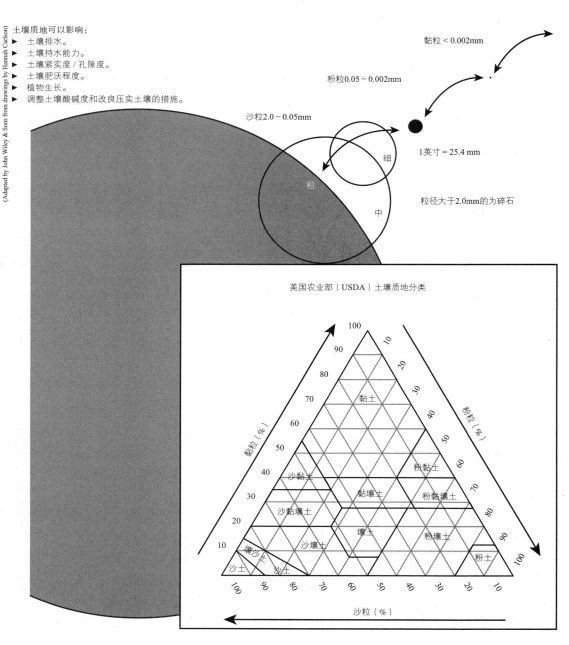

土壤质地可以影响：
► 土壤排水。
► 土壤持水能力。
► 土壤紧实度 / 孔隙度。
► 土壤肥沃程度。
► 植物生长。
► 调整土壤酸碱度和改良压实土壤的措施。

黏粒＜ 0.002mm

粉粒 0.05 ～ 0.002mm

沙粒 2.0 ～ 0.05mm

细

粗

中

1 英寸 = 25.4 mm

粒径大于 2.0mm 的为碎石

美国农业部（USDA）土壤质地分类

黏粒（%）

粉粒（%）

沙粒（%）

黏土

沙黏土

粉黏土

黏壤土

粉黏壤土

沙黏壤土

壤土

粉壤土

沙壤土

壤沙土

沙土

粉土

图 5-8　美国农业部的土壤质地分类法

表 5-6　感知法土壤质地检测

材料	水； 毛巾或洗手的地方
程序	取小把泥土，加入适量水，以土壤充分湿润挤不出水为宜（图 5-9）； 将土壤捏成条状（图 5-10），按感知法测定流程记录其长度（图 5-11）； 弃去大部分土壤，保留约一茶匙的土壤在手掌中，将其加水至过饱和（图 5-12）； 在掌心搓揉土壤（图 5-11）； 感知法测定流程得出土壤质地
优点	简单易行，可在现场快速完成
缺点	仅能得出土壤质地的类别，无法确定沙粒、粉粒和黏粒的比例，因此无法用于确定土壤最大容重（MABDs）
建议	推荐用于场地初步评估和土壤既往干扰的研究。如要得到精确的分析结果，应在实验室进行

5.3.1.2　土壤质地有关的标准规范

▶　ASTM D422-63（2007），土壤粒级分析的标准检测方法。

▶　ASTM D2487，统一土壤分类系统——过筛土壤质地检测方法。

5.3.1.3　土壤质地的含义

土壤颗粒对土壤性质的影响很大。沙粒是相对比较大的，而黏粒则较微小。因而黏粒的表面积更大，可以留住更多的水。黏粒往往是带负电荷的（因此可以保持营养，也对土壤 pH 值的改变有抵抗作用），其结合力也可以促进土壤团粒结构形成和固碳。

土壤质地也与容重有关。土壤容重是一定体积的土壤烘干后的重量，可以用来衡量土壤压实情况，单位为 g/cm³ 或 kg/m³。细质土壤（即更多黏粒和粉粒，较少沙粒）在正常状态下容重一般较低。可在 Pedosphere 网站（www.pedosphere.com/resources/ btAkdensity/ triangle_ us.cfm）上查询典型土壤容重数据。因此，对土壤质地的了解是解释许多土壤其他特性和确定土壤改良与修复方案的必要条件。对于可持续场地而言，改造土壤质地通常是不可取的。了解现状土壤质地条件及其与土壤结构、排水性、酸碱度等的关系，比改造土壤质地更为重要。

（Photo from Nina Bassuk）

图 5-9　土壤质地感知法中的样品准备

（Photo from Nina Bassuk）

图 5-10　用拇指和食指将土样捏成条状，图中显示了一条捏好的土条

(Source: Journal of Agronomic Education)

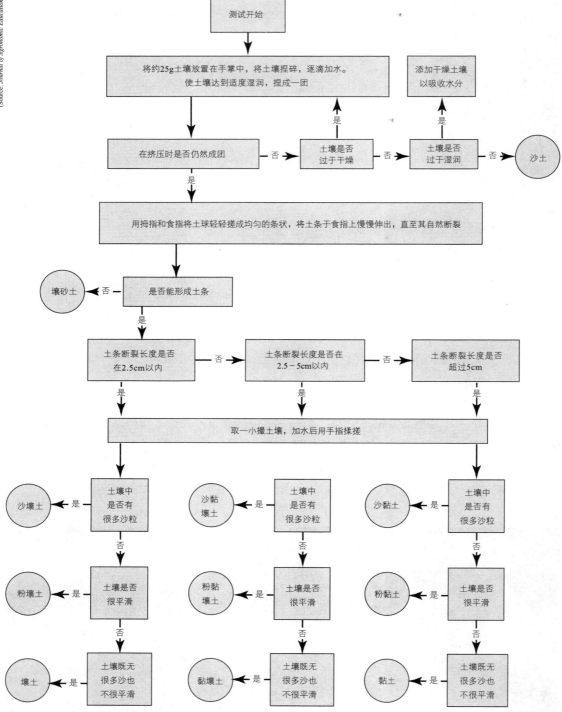

图5-11 土壤质地感知法流程。按此方法可以比较准确地做到土壤质地的归类。这一流程由S.J.Thien（1979）改编自美国农业部的土壤质地快速调研法

5.3.1.4　土壤质地的落图

在结合其他场地信息、设计信息的基础上，生成土壤质地分布图有助于从设计方案和景观可持续性的角度，确定应得到保护或有改良潜力的区域。改良土壤质地通常需要大量的投入，却很难达到理想效果。由于土壤的许多特性取决于其结构、生物活性等，其理想的特征应该是内源的，而很难人为创造。因此，场地设计应该因地制宜，而不是把目标放在土壤的置换或改造上。

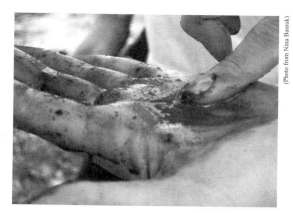

(Photo from Nina Bassuk)

图 5-12　在掌中加水揉搓土壤是土壤质地感知法检测的最后一步

5.3.2　土壤有机质

有机质来源于生物体，既包括有生命的也包括无生命的，例如堆肥、枯枝落叶和粪便等。有机质是微生物的食物，土壤微生物可以将有机质降解成植物可吸收的营养物质，增加储存营养的腐殖质，以及分泌黏液促进土壤团聚形成（图 5-13）。

有机质对土壤健康至关重要，对形成良好的土壤结构、渗透性、持水能力、有效养分有着重要意义，还可以促进微生物的活动和新土壤的形成。温带地区最优良土壤的上层 30cm（12 英寸）包含的有机质应达到 3% ~ 5%。土壤有机质含量在不同土壤中区别很大，某些土壤有机质含量很高（如湿地），而另一些土壤有机质含量则可能非常低。在这种情况下，确定适合的"参考"土壤对场地设计和管理非常有用。在某些区域高比例的有机质可能使土壤更易被压缩和压实，这类区域不适于承载高密度的交通。

土壤有机质可以影响：

▶　土壤结构。

▶　土壤紧实度。

▶　营养保持能力。

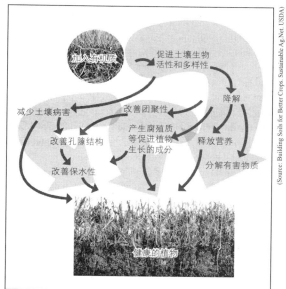

(Source: Building Soils for Better Crops, Sustainable Ag Net, USDA)

图 5-13　有机质在土壤中的作用。有机质是维持土壤健康的关键，需要不断补充。除了人为加入堆肥等之外，有机质来源还包括落叶、根系、植物分泌物、微生物、节肢动物和其他生物等

> ▶ 土壤结构改良的潜力。

> ▶ 土壤生物活性。

> ▶ 土壤营养循环。

> ▶ 土壤持水能力。

5.3.2.1　土壤有机质的检测

通过目测就可以判断土壤的有机质含量，颜色越深表明土壤有机物质的含量越高。蒙塞尔（Munsell）土壤比色卡可以提高视觉判断的一致性和可靠性。但更精确的检测需要在实验室完成。此外，土壤有机质在检测样品取样后马上就开始丧失，所以土样应储存在冰箱中（4℃），并在一个月内完成检测。土壤有机质的检测方法很多，各有优劣（表5-7）。

表5-7　土壤有机质含量检测方法比较

灼烧法（LOI）	
原理	灼烧法的原理是将土壤高温灼烧，然后测定有机质中的碳经灼烧后造成的土壤失重，然后用校正因子校正后得出土壤有机质含量
优点	一种直接的、价格低廉的、易操作检测方法。精度符合场地评估要求
缺点	在黏土或碳酸盐含量较高的土壤中可能一定程度地高估有机质含量。当土壤有机碳含量非常低的时候，可靠性也会减弱。
稀释热法	
原理	用酸将无机碳酸盐除去后，将有机碳通过湿式氧化除去。改良的重铬酸钾容量法比较准确并运用广泛
优点	是一种快速、廉价、便捷常用的实验室检测方法，比灼烧法更精确
缺点	需要使用有毒试剂；有机碳可能出现氧化不完全，需要附加试验或校正因子修正
外加热法	
原理	完全去除无机碳酸盐后，土壤被加热到极高的温度以确保全部碳的燃烧。碳的损失可以通过称重来估算，但更常用的方法是将释放出的气体通过分光光度法进行分析。这一方法有许多不同的做法，比较准确的是预处理中去除样品的无机碳
优点	可能是现有最准确的方法
缺点	昂贵。需要昂贵的专用仪器

5.3.2.2　有关土壤有机质的标准

> ▶ ASTM D2974，检测泥炭及其他有机土壤中的水分、灰分、有机质。

> ▶ TMECC 05.07A，灼烧法土壤有机质检测方法。

5.3.2.3　土壤有机质的含义

土壤有机质含量小于3%～5%，一般表明土壤结构和保水能力存在问题。缺乏有机质，会导致土壤团粒结构差、保水能力不足、排水不畅、有效营养缺乏等一系列问题。植物对营养的需求会更依赖人工施肥。堆肥可以修复土壤有机质缺乏带来的问题。建立稳定的土壤结构和有机质含量需要时间，也受加入的改良物质影响。某些有机质如果加入过量，如粪肥、淤泥等，会造成氮或磷的过量，进而对植物造成危害，产生非点源污染等；粪肥、淤泥等也可能造成土壤盐分过高，对植物造成毒害。土壤有机质检测结果应与其他检测结果综合考虑，然后再确定土壤修复的策略。应全面考虑土壤有机质的含量问题，包括场地建设完成后如何处理有机质的来源、降解速率问题，以营造可持续的土壤系统。

5.3.2.4　土壤有机质的调节

如果土壤有机质含量与正常土壤或参考地区土壤相比偏低，要探寻根本原因。否则，即使向土壤输入有机质，有机质也可能迅速分解，土壤重新回到有机质缺乏的状态。土壤有机质含量本质上是输入、存储和损失的问题，理解碳循环系统有助于更好地处理土壤有机质调节的问题（图5-14、表5-8）。

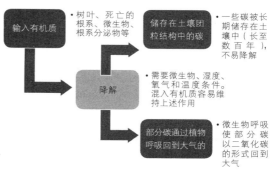

图 5-14　了解土壤中的碳循环有利于创造土壤有机质的平衡。注意，碳停留在土壤中的时间可从几个星期到数百年

表 5-8　土壤中有机碳的输入、存储和损耗

土壤中有机碳的输入

类型	说明
树叶	落叶和常绿植物每年都会落下叶子
根系	一些须根的代谢周期仅有几个星期
微生物	数量众多，代谢周期快，其分泌物也可增加有机质
无脊椎动物	其活动影响土壤结构
土壤改良	堆肥、农家肥、污泥等

注：部分来源（根、生物体）可以加速有机质分解，促进有机质与土壤的结合。

土壤中有机碳的储存

类型	说明
自由有机质	活跃的有机质，容易快速分解。受存在时间与土壤的结合程度和环境条件影响
存在于团粒结构中的有机质	碳存储在团粒结构中，被保护而免受进一步分解，并且停留时间可达数十年
与土壤矿物质结合的有机质	这种碳可以保留数百年

注：接触面积、温度、湿度和空气都会影响降解过程，因此混入土壤的碎叶比整个叶片更容易分解。

土壤中有机碳的损失

类型	说明
通过微生物的呼吸作用释放的二氧化碳	微生物通过呼吸作用分解化合物时释放能量和二氧化碳

注：土壤可储存大量的碳，但碳也很容易分解释放到大气中。地形改造、耕作和其他土壤干扰活动会加速碳的释放。

5.3.3　土壤结构

土壤结构是土壤颗粒（团聚体）的排列组合形式，与有机质含量密切相关。黏粒和有机质作为黏合成分，使土壤颗粒形成团聚体。团聚体间的大孔隙可以使空气和水分渗透下去；水分则通过附着力、张力保持在团聚体中的毛细孔隙中。良好的土壤结构，在具有足够的大孔隙而具有良好排水性的同时，因其毛细孔隙也会具有良好的持水能力。形成良好的土壤结构需要很长时间，但很容易被地形改造、挖掘、交通等干扰所破坏。

含有较多黏粒和有机质的土壤更容易拥有良好的土壤结构。保护和优化土壤结构是构建可持续景观场地的关键，特别是在质地细密的土壤中。土壤结构是一种定性的检测，但也有许多量化的指标可间接表征土壤结构。它们包括团聚体稳定性、土壤排水能力和土壤紧实度等。

土壤结构可能影响：

- ► 土壤排水能力。
- ► 土壤持水能力。
- ► 土壤生物活性。
- ► 土壤透气性。
- ► 土壤有机质的保持能力。

5.3.3.1　团聚体稳定性

团聚体稳定性是衡量团聚体抵抗水力、风力或其他因素破坏能力的指标。不稳定的团聚体会造成土壤板结、增加地表径流和土壤侵蚀。地面覆盖物可以对团聚体起到一定的保护作用，但土壤总的团聚体稳定性决定了土壤对水流冲刷的抵御能力。土壤的团聚体稳定性影响了土壤中水和空气的流动、生物活性、营养循环、根系生长和有机质含量（图5-15）。

5.3.3.2　土壤紧实度

相比土壤的其他物理性质，高度压实的土壤对植物生长的限制最大。板结的土壤被压缩，

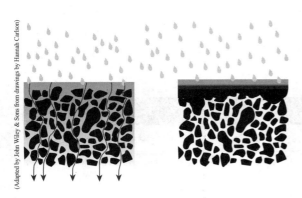

（Adapted by John Wiley & Sons from drawings by Hannah Carlson）

图5-15　右图土壤表面的团粒结构已被破坏，土壤板结，造成土壤中水输送路径的中断

其结构被破坏；水分渗透、气体交换、生物活性所需的大孔隙和毛细孔隙大大减少。依靠植物种类选择无法解决土壤紧实带来的问题，必须尽可能地在满足场地建设要求的情况下进行土壤结构的重建。机动车和行人交通都可能造成土壤压实，特别是土壤湿润的时候。土壤混合、地形改造、挖方及其他建设活动是土壤压实的主要原因，如果这些活动不加以控制和解决，土壤结构重建很难实现。

土壤紧实度可能影响：

▶ 根系的生长。

▶ 土壤排水能力（进而影响透气性）。

▶ 土壤持水能力。

▶ 土壤生物活性。

▶ 土壤有机质含量。

▶ 植物抗旱性。

▶ 植物的选择和生长状况。

5.3.3.3　土壤紧实度检测

检测土壤紧实度有两种基本方法。一是测定土壤容重，即固定体积的土壤密度。土

图 5-16　一种廉价的土壤硬度计。平头适用于松软土壤

壤容重是衡量土壤压实程度的静态指标，与土壤质地关系很大。二是土壤硬度，用金属柱塞或探针压入土壤时的阻力表示。由于土壤质地变化会影响土壤的紧实程度，因而土壤紧实度属动态指标。湿润的土壤较软，干燥的土壤较硬。两种方法各有利弊，可结合使用（表 5-9、图 5-16）。

表 5-9　土壤硬度计测量土壤紧实度

条件	土壤硬度计； 如果硬度计是手动的，则需记录员（可选）； 如需进行土壤紧实度对比，则需要土壤湿度计
步骤	土壤湿度：如需对场地不同区域进行对比，则应在统一的土壤湿度水平下进行比较。由于土壤干燥时硬度计很难压入土壤，最好在降雨几天后进行测量。通常，这对调研来说已经足够。如果无法在同一土壤湿度条件下测量，则应该同时进行土壤湿度的检测。 　　使用土壤硬度计时，动作宜缓慢，将硬度计垂直均匀地压入到土壤中（速度为 4 秒每 6 英尺（1.83m）左右），压入过程中记录读数。自动硬度会在固定深度记录读数。读数单位一般为 psi（磅／平方英寸）。 　　记录硬度计压入土壤最深的深度，及其在压入过程中读数的变化，可以反映出土壤的变化（如黏土层）。 　　如果硬度计碰到石头，则在相邻区域测试。在石块较多的土壤中则无法使用硬度计，可测量土壤容重作为替代

优点	该方法可对整个场地的土壤紧实度和土壤深度进行测量，可简便、易行地调查场地土壤紧实度的变化。也可用于土壤修复工程的质量控制。确定土壤紧实度时只需大概的土壤质地情况
缺点	要求土壤潮湿。为了标准化或提高结果可比性，对土壤含水量的要求较高，否则结果可靠度下降
使用建议	适用于场地初步调研的快速检测方法。土壤干湿适中时可通过检测获得较多信息，不适用于土壤石块过多的区域

5.3.3.4　土壤表观密度

土壤表观密度是指田间自然状态下，每单位体积土壤的干重，通常用 g/cm³ 表示。土壤表观密度一般的测量方法是：从场地取一定体积的土样，在 103 ~ 105℃的烤箱中烘干至恒重；用干重除以体积，即可得到土壤表观密度。土样中应捡除石块和根。不同场地条件下可考虑使用相应的检测方法。

不同质地土壤的孔隙度也不同，因此，应确定土壤的质地以更好地理解土壤表观密度的检测结果（表 5-10 ）。

表 5-10　通过表观密度检测土壤压实

材料	滑动锤； 至少有两个样品环刀，注意：一次不要只使用一个环刀，会导致样品的不完整或压实； 铝箔； 削土刀； 铁锹； 干燥箱； 天平（精度至少到 1g ）
步骤	用铁锹清理取样点的草皮、覆盖物等杂物，挖好取样剖面。 将两个环刀放入采样器中并将其拧在滑动锤上（注意：顶部环刀起缓冲作用，以避免压实样品）。 将采样器垂直打入土中，直到土壤进入顶部环刀中部。 移出取样器。在质地较硬的土壤中需要小心取出，用铁锹挖去环刀周围土壤，避免剧烈摇晃震动（图 5-17 和 5-18）。 小心地将环刀取出，用削土刀修平环刀两侧土壤。将环刀和土壤包装在铝箔中，防止样品散失。贴上标签，用于烘干。 在 105℃下烘干样品至少 24 小时。 对烘干样称重，然后除以环刀容量，即可得到样品的土壤表观密度
优点	在土壤表层和杂物较少的区域进行土壤化验时速度较快；结果相对准确，易于对比
缺点	没有过程信息。测量过程须挖相当大的坑。如果有大量石块或根系的区域，可能无法获取不受干扰的样品。对于对应深度土壤的质地有一定要求，才能进行进一步释译。由于样量相对较小，取样手法对结果影响较大
使用建议	这是测定土壤表观密度的标准方法，但需要一些前期设备成本。由于测量样品量较少，最好与土壤硬度计结合使用，取样也应考虑不同土壤深度；此外，重复取样也有利于精度提高。根据情况，可选其他测定方法（ Lichter and Costello，1994 ）

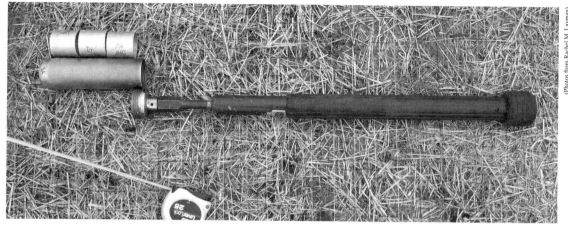

图 5-17 土壤取样器、滑动锤和环刀

5.3.3.5 土壤紧实度的含义

保护土壤不受压实，可能是维持土壤功能的最重要措施。虽然从支撑植物生长的角度来看，土壤紧实度不能太低；交通、边坡稳定等也都会产生一定程度的土壤压实。但人为干扰会导致土壤特性的破坏，因此在植物种植区域要尽可能避免土壤压实的出现。这里我们将讨论土壤紧实度与植物生长、土壤生物过程、水文过程的关系。

土壤紧实度指标的解读需要考虑很多因素。比较土壤紧实度最客观的指标是土壤容重，但了解土壤质地的信息是解读这一指标的基础。不同质地的土壤在未压实的情况下，其表观密度的范围、可压实程度都不

图 5-18 用滑动锤进行的土壤取样

同。例如沙土在正常情况下表观密度较高，但较难压缩。要确定压实作用对根系生长的影响，已知表观密度土壤的土壤质地必须是已知的。沙质土（容重约 1.7g/cm³）比黏质土（容重约 1.3g/cm³）容重高，但并不会严重抑制根系的生长（图 5-19、图 5-20）。

土壤最大表观密度（MABD）的含义也需考虑多重因素。未达到最大表观密度的土壤不一定是未被压实的，植物根系仍有可能受限制。不管土壤处于何种状态，土壤压实都会对植物根系的生长形成限制。只要土壤被进一步压实，植物生长都会受到影响。形成"抑制生长"或达到"最大容重"的土壤，往往已经对植物根系生长造成了严重的压制，甚至造成植物生长的停止。

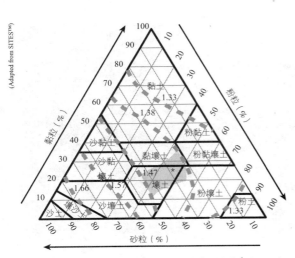

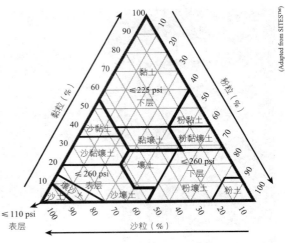

图 5-19　与土壤质地相对应的最大土壤表观密度[1]（MABD）。图中标有星号（*）的土壤为例，其含 24% 的黏粒、46% 的粉粒、30% 的沙粒，其最大土壤容重为 1.42g/cm³

图 5-20　与土壤质地相对应的最大土壤硬度[2]。对沙质土而言，最大土壤硬度主要看表土；对于壤土和黏土来说，主要看下层土

土壤硬度检测可以测出"有效"土壤的深度。硬度越高的土壤排水越差，这会限制水的渗透和保持，并限制植物的生长。

5.3.3.6　相关标准

▶ ASTM D4564，土壤密度和单位土壤重量的标准就地测定方法（环刀法）。

▶ ASTM D2167，土壤密度和单位土壤重量的标准就地测定方法（橡胶气球法）。

▶ ASTM D6938，土壤密度和含水量的标准就地测定方法。

▶ ASTM D3441-05，土壤硬度机械测定法的标准测定方法。

5.3.4　土壤容量

当土壤限制条件较多，或被道路、建筑围合的时候，就要考虑土壤容量的问题了。植物的生长需要充足的土壤，以吸收水分和养分。

土壤容量会影响：

▶ 植物的最终体量。

▶ 植物的寿命。

▶ 植物的健康和活力。

▶ 灌溉或施肥的要求。

乔木种植区域的土壤容量一般受到比较多的关注，但灌木和其他植物也可能受土壤容量的影响。对于大树甚至古树名木，这更是最重要的问题。场地设计中保障充足的土壤容量是可持续景观设计不可或缺的部分。如果有效土壤有限，就应该通过调整设计方案，或改良土壤，

1　最大土壤表现密度指植物生长可接受的最大土壤表观密度。——译者注

2　对植物生长而言。——译者注

或选择适宜的植物等方式加以解决。土壤容量不足会导致供水不足，影响植物的生长和成熟后的体量（表 5-11）。

表 5-11　现状土壤容量的测定

测定条件	在被铺装或建筑围合的场地上，满足下列任一条件的情况应测定其土壤容量：（1）面积 <80m²，或（2）任意方向距建筑、铺装距离 <5m。种植两棵以上乔木的场地，也应考虑这一问题
材料	场地尺寸（设计或现状）； 土壤硬度计或设计详图
步骤	计算土壤裸露面积。 在土壤比较潮湿时通过 5 ～ 10 次的土壤硬度测量（如读数超过 300 ～ 350psi 或 2 ～ 2.3 兆帕），以确定可能严重阻碍根系生长的土壤深度。 求上述测试结果平均值以确定土壤平均深度。如果深度大于 1m，则选 1m 供下一步计算。 将土壤平均深度乘以面积，以得出土壤容量。 注意：树池或种植池等需要单独计算
优点	相对快速、简便
缺点	土壤硬度计读数误差可能很大，特别是当地下有石块或其他杂物时
建议	仅在植物根系生长受到限制的情况下使用

土壤容量问题必须放在将要种植什么植物的语境下。有若干种方法来确定适当的土壤容量，但依据都应该是植物的预期体量。灌溉会影响植物所需的土壤容量，尤其是在干旱地区。与植物所需土壤容量大小相关的还有土壤持水能力、土壤质地。用叶面积指数法可以依据植株个体和土壤类型计算所需的土壤容量。但通常而言，每 5m² 植株树冠投影至少要求 3m³ 的土壤容量。理想的有效土壤深度约为 1m，但许多情况下土壤达不到这一深度。如果根系空间受限，植株就很难达到应有的体量，生长速度和寿命也都会受影响。

5.3.5　土壤排水性

土壤排水性是水分沿土壤剖面移动的难易程度。排水性差会限制土壤中氧气的运动，也会影响植物根系功能。土壤中的任一部分不能自由传输水分都会出现问题。例如，在土壤表层限制水向下运动可能会导致水土流失、雨水径流以及下层土壤缺水；水在下层土壤运动受限可导致涝根、土壤缺氧乃至植株死亡。

土壤排水会影响：

▶　土壤持水能力。

▶　土壤生物活性。

▶　土壤透气性。

▶　植被类型。

▶　土壤紧实度。

▶　气体交换。

(Photo from Nina Bassuk)

图 5-21　简单的土壤渗透率检测可以迅速估测土壤的排水性

5.3.5.1　土壤排水性检测

通过简单的土壤渗透率检测，就可以判断种植区域的土壤排水性（图 5-21）。土壤渗透率是指水在土壤中向下移动的速度，单位为 cm/h。它取决于土壤质地、土壤结构和土壤紧实度等。土壤渗透率对于植物选择非常重要，因为排水速度将会对植物生长产生至关重要的影响。城市场地中同一区域的不同点位之间，渗透率差异常常很大（表 5-12）。

表 5-12　测试土壤排水性——渗透率检测

材料	水； 铲子； 尺子； 计时器
步骤	土壤在进行测试时处于潮湿或饱和状态最理想的。 去除地表植被。 挖一个 12 ~ 18 英寸（30 ~ 46cm）深、12 英寸（30m）宽的坑，坑的深度取决于评估的土壤深度。常常是对种植影响较大的深度。 如果土壤不够润湿，向坑中倒水，直至四周土壤达到饱和。 然后将坑用水灌满，测量其深度。 15 分钟后，再次测量水位，得到下降的深度，用该数乘以 4 得到在一个小时内水分运动的距离。 再次重复这个过程，确保结果稳定，以防土壤事先未达饱和
优点	相对快速、简易，不需要专门的设备； 进行多次重复可以获得比较准确的结果
缺点	某些情况下，水的下渗出现短流，会导致结果偏高；可通过确保坑四周土壤饱和来避免
建议	如果土壤存在不透水层，可在多个深度分开进行，但一般用于土壤的整体评估。经常在场地调研的各个阶段反复进行

5.3.5.2　土壤排水的含义

渗透率测试结果：

▶　< 1 英寸 / 小时（< 25mm/h）= 极恶劣的排水状况。

▶　1 ~ 4 英寸 / 小时（25 ~ 102mm/h）= 排水不畅。

▶　4 ~ 8 英寸 / 小时（102 ~ 203mm/h）= 排水良好。

▶　> 8 英寸 / 小时（> 203mm/h）以上 = 排水过度。

排水过度可能是由于土壤下层存在砾石较多或管道设施，这在城市场地中很常见。谨记土壤条件是多变的。如果土壤中存在水流路径，就可能导致水分都从该路径流走，这样土壤排水性就不能反映这一区域（或土层）的土壤持水能力。不过在这种情况下不会出现土壤积水的情况。

5.3.5.3　排水性及土壤水分

土壤结构和质地很大程度上决定了土壤的持水能力和土壤水的变化（图 5-22、图 5-23）。水在土壤中的运动就像在海绵中一样，土壤水分达到饱和以后，多余的水由于重力而流走，此时土壤中大部分的水都可供植物吸收，这被称为田间持水量。

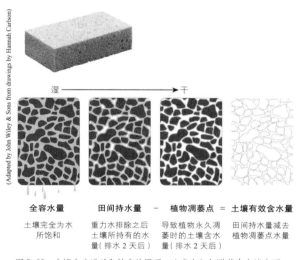

全容水量　　　田间持水量　-　　植物凋萎点　=　土壤有效含水量

土壤完全为水　重力水排除之后　导致植物永久凋　田间持水量减去
所饱和　　　　土壤所持有的水　萎时的土壤含水　植物凋萎点水量
　　　　　　　量（排水 2 天后）量（排水 2 天后）

图 5-22　土壤水分运动和储存的原理。注意水如何附着在土壤表面

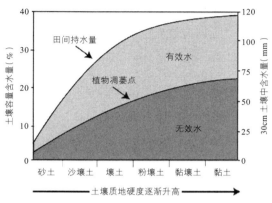

图 5-23　土壤质地与土壤含水量的关系。请注意，土壤结构的改变也会对土壤水分产生影响（Brady and Weil，1996）

土壤中大部分水被植物吸收后，还有一些水分在土壤微小孔隙中被牢牢吸附，植物根系很难吸收，这个状态被称为土壤的植物凋萎点。土壤结构和质地决定了土壤中的孔隙度，也就间接决定了土壤中有多少水分会被排走，又有多少水分植物无法吸收。还有一个判断土壤排水性的指标，即土壤潜育化，是指土壤长期滞水，严重缺氧，导致铁、锰等化合物转化，使土壤变成蓝灰色或青灰色的现象。

5.3.5.4　土壤有效水

土壤有效水是指一定体积的土壤中植物可以吸收的水量（available water-holding capacity，AWHC）。在砂质土中土壤容量仅有的 6% ~ 10% 的水分是可以利用的；在黏质土壤中可高达 15% ~ 20%。绝大多数土壤的有效水分不超过 20%。有效水和有效土量是决定植物种植选择的重要因素。

5.3.6　土壤化学性质和养分有效性

土壤化学性质包括酸碱度（pH 值）、阳离子交换量（CEC）、盐含量和重金属等化学污染物。棕地、矿区废弃地等严重的化学污染土壤不在此讨论范围。尽管如此，轻微的土壤化学干扰却是非常普遍的，是了解土壤性质、解决土壤问题不可回避的问题。土壤的化学性质之间互相影响，同时也受土壤的物理和生物性质影响。例如，土壤的 pH 值决定了养分的有效性，而土壤保持营养的能力（阳离子交换量）则与土壤质地紧密相关。

自然场地土壤的酸碱度和质地常是自然演变而来的，而在城市环境中，土壤化学性质则受到人类活动的显著影响。石灰石、混凝土、建筑材料等会导致土壤 pH 值上升；引入客土、融雪剂的使用和其他土壤污染物也会影响土壤的化学特征。

土壤化学性质可能影响：

- ► 土壤酸碱度。
- ► 土壤有效养分。
- ► 土壤生物活性。
- ► 植物根系生长。
- ► 植物种类选择。

5.3.6.1　土壤 pH 值

对于将要种植植物的场地而言，测定土壤 pH 值非常重要。pH 值的范围为 0 ~ 14，高于 7 即为碱性，低于 7 即为酸性。因为 pH 的量度是对数，pH 值 8.0 与 7.0 的土壤其碱性相差 10 倍。土壤的典型 pH 值介于 4 ~ 9 之间，pH 值高于 7 的土壤多存在于城市和受干扰区域。土壤化学性质非常复杂，污染或人为干扰可能造成极端的土壤 pH 值。在开发区域，人行道、建筑物基础和一些建材都会提高土壤的 pH 值。有的区域土壤 pH 值非常低，如煤矿开采区。

土壤的 pH 值决定了植物养分的有效性。例如，土壤 pH 值升高时，铁（Fe）会被吸附在土壤固相上。对某些植物来说，这足以引起严重的（甚至是致命的）营养缺乏，甚至在中等土壤 pH 值的情况下也会发生。在 pH 值为 6.0 ~ 7.5 的范围之内，大多数植物营养是满足植物生长需求的（图 5-24）。

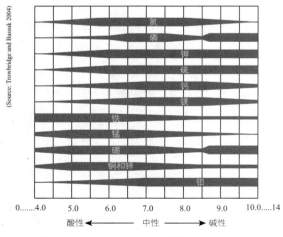

（Source: Trowbridge and Bassuk 2004）

图 5-24　不同土壤 pH 值下各类营养素的有效性。碱性土壤（高 pH 值）中常缺乏的微量元素是铁（Fe）和锰（Mn），从其变窄的右侧条带可以明显看出

植物的生长过程要求特定的土壤酸碱度，因此，详细了解场地的土壤 pH 值对植物的选择至关重要。植物对土壤 pH 值的适应性也不同，适应于碱性较高土壤的植物可能进化出特殊机制，可以从高 pH 值的土壤中获取营养物质。一些物种也因此可用作评估土壤的指示植物。八仙花（*Hydrangea macrophylla*）的花色就可以指示土壤酸碱度，其花色受植株吸收铝元素数量的影响，土壤酸性越高其吸收量越大。八仙花花色越蓝，其土壤酸性越高；花色越偏粉色，土壤碱性越高；pH 值为中性的土壤中，花朵通常为紫色。当土壤处于中性或微碱性（pH 值为 7

左右），沼泽栎（*Quercus palustris*）和柳叶栎（*Q. phellos*）等可能表现出脉间失绿。尽管土壤酸碱度可在一定程度上人为改造，但通常很难持久（表 5-13）。

表 5-13　土壤 pH 值测试方法的比较

土壤 pH 计	
使用方法	将水和土壤（约 50：50）混合在一个容器中。将 pH 计电极插入其中，直到读数稳定。测试前将混合物静置一段时间，结果更精确
优点	直接、快速的现场测试方法。结果足够精确（±0.1）
缺点	pH 计（特别是老旧型号）的稳定性不够高。需要用缓冲溶液标定。必须认真遵守厂商说明：例如必须保持电极湿润
土壤酸碱显色法	
使用方法	将化学试剂加入到少量土壤样本中。将颜色的变化对照色卡来确定土壤 pH 值
优点	耐用，无需电池
缺点	颜色的变化可能被土壤颜色影响。测试量较少，影响了结果的稳定性。可能需要更多次的测试来确定结果。只能精确到 ±0.3 或 ±0.4
实验室分析	
使用方法	将土壤干燥并研磨。用去离子水、氯化钙（氯化钾）将土壤样本制成悬浮液。用电极来确定该悬浮液的 pH 值
优点	也许是目前最准确、最稳定的检测方法。能降低现场调研中二氧化碳及盐分的干扰
缺点	周期长。成本较高

5.3.6.2　相关标准

ASTM D4972-01（2007），土壤 pH 值的标准检测方法。

5.3.6.3　土壤生物活性

土壤生物活性是影响土壤健康的重要方面。然而，如果没有其他方面的检测和说明，对土壤生物活性的直接检测意义不大。土壤生物活性与土壤结构和养分的有效性关系密切。土壤中的各类微生物有利于土壤团粒结构的形成，也会将营养物质降解以便植物吸收。微生物支撑土壤的健康，但它们也需要特定的生活条件。大多数土壤微生物的生存都需要氧气，而无法在排水不良或过酸、过碱的土壤中生活。因此，评估土壤中各类影响微生物正常活动的条件更有价值，如食物源（有机碳）、足够的空气和水分是否存在等。

土壤生物活性会影响：

▶ 养分的循环、保持和有效性。

▶ 土壤碳储量。

▶ 土壤碳释放。

▶ 有机添加物的持久性。

► 土壤结构的建立。

5.3.7 土壤有效养分

植物生长发育所必需的营养来自于土壤。土壤营养元素分为大量营养元素和微量营养元素（表 5-14）。

土壤有效养分失衡会影响：

► 植物生长发育的各个方面。

► 植物活力。

► 叶色和叶形。

► 植物抗病害能力。

► 营养循环。

► 采用有机养护方式的可行性。

表 5-14　土壤有效养分

植物大量营养元素	植物微量营养元素
氮（N）	铁（Fe）
磷（P）	锰（Mn）
钾（K）	铜（Cu）
硫（S）	锌（Zn）
钙（Ca）	钼（Mo）
镁（Mg）	硼（B）
	氯（Cl）

以上都是植物必需的营养物质。所有养分的有效性都受土壤酸碱度影响（图 5-24），同时，养分之间、养分与土壤矿物质之间还存在着复杂的互作反应。因此，土壤营养检测结果中的营养缺乏，就需要进行仔细而全面的分析。一般而言，各类大量元素重组的正常土壤，可以满足大多数景观植物的要求。土壤营养不足一般不是因为营养缺乏，更多是由于酸碱度失调导致的。在集约耕作的土壤中，需要对土壤有效养分进行更频繁的监测。

5.3.7.1　土壤有效营养的检测

土壤有效养分应该在实验室进行分析。测试结果一般提供的是土壤有效养分的含量，而不是营养物质的绝对值。因此，检测报告及实验室的意见对于检测结果的解读非常重要。虽然植物需要营养物质以保持最佳生长，但过量的营养物质则可能有害。营养元素过剩不仅对植物和微生物造成危害，还可能通过雨水径流或渗入地下水而对生态系统造成更大的影响。如果营养缺乏影响植物生长发育，那么应该在采取措施之前先确定营养缺乏的原因。

5.3.7.2 土壤阳离子交换量

土壤阳离子交换量（cations exchange capacity，CEC）是衡量土壤肥沃程度的指标。它代表了土壤保持阳离子(包括许多植物营养元素)的能力。有机质和黏土具有较高的 CEC 值，而粉土和沙土则较低。土壤阳离子交换量过高也可能造成重金属富集，如铅。这一特性可用于降低重金属对地下水的污染。在土壤受重金属或其他有毒物质污染的情况下，应向相关领域的专家咨询。

5.3.7.3 标准

ASTM WK20984，用于无机细粒土中可溶性阳离子（soluble cations，SC）、束缚阳离子（bound cations，BC）和阳离子交换量（cations exchange capacity，CEC）检测的新方法。

5.3.7.4 土壤可溶性盐

土壤中过量的可溶性盐会危害植物正常生长发育。融雪剂（NaCl 或 $CaCl_2$）或过量施肥都可能造成土壤的盐浓度过高,从而造成植物吸水困难和失水。灌溉水含盐量高(例如循环水)也可能造成土壤可溶性盐的增加。丛枝病可以指示土壤可溶性盐的水平过高。

过量的土壤可溶性盐可引起：

► 叶焦枯。

► 植物干枯。

► 丛枝病。

5.3.7.5 土壤可溶性盐的检测

土壤可溶性盐的检测方法是电导率（EC）检测，单位是：dS/m。使用电导仪可以比较容易地测得这个数值。电导率检测通常是实验室土壤化验中的一项，一般无需另取样。

5.3.7.6 土壤电导率的含义

有两种值得关注的情况：一是可溶性盐含量非常低，说明土壤贫瘠；二是可溶性盐含量非常高，表明可能对植物产生盐害。此外，还要注意盐分的来源，并注意检测的时间。土壤可溶性盐含量可能是季节性变化的，受融雪剂、施肥、降雨强度（如大雨可将盐分淋洗）的影响（表 5-15）。其他一些需要注意的事项：

► 单位不同，可能需要单位换算。

► 单位换算：1dS/m=1mS/cm=1000QS/cm=1mmhos/cm=1000Qmhos/cm。

表 5-15 稀释倍数法电导率检测

释义	EC 值（DS/M）
低 EC 值（肥力）	< 0.38
理想值	0.38 ~ 0.75
可接受值	0.75 ~ 10.5
不能接受的值（普通盐害）	> 1.5

5.3.8   土壤污染

如果场地历史上有可能导致土壤污染的活动或设施，或者该区域寸草不生，就应该取样进行土壤污染情况检测。城市场地的污染物通常包括铅、镉（油漆）、镍、砷和硫酸铜（除草剂）等。

土壤污染可能影响：

- ► 植物根系生长。
- ► 植物生长发育。
- ► 植被种类。
- ► 人类健康（尤其是儿童）。

5.3.8.1   土壤污染的检测

土壤污染治理手段和时机，取决于污染程度、污染物性质和场地的预期用途。有一系列的手段和策略用于土壤污染修复或控制污染的扩散。每种情况都会有具体的特殊的要求，应选择针对性的处理方法，新技术、新方法也在不断涌现。面对土壤污染问题时，应向环境专家咨询并与其紧密合作，以确定如何既满足土壤修复要求，又满足植物景观的需要。依赖于植物生理原理的土壤污染植物修复技术，在第 4 章的"植物修复和生物修复"一节已有介绍。

5.3.8.2   标准

ASTM E1903-97（2002），场地环境评估标准导则。

5.4   可持续场地的土壤管理

场地评估得到的土壤各项属性，可以描绘出实现可持续场地需要解决哪些土壤问题。场地评估和土壤评估的结果应结合起来考虑，以更好地理解场地现状条件。本节提供了一系列解决土壤具体问题的方法。但也不能就事论事，土壤问题还是应该结合项目目标、项目要求、设计方案等来分析。

土壤方面需要考虑的问题包括：

- ► 场地现状条件是否可以支持形成蓬勃发展的生态系统？
- ► 设计方案是否符合 / 反映现状条件？
- ► 设计方案是否应根据现状条件进行修改？
- ► 场地是否要根据项目目标进行改造？
- ► 场地或设计方案是否需要修改，以缓解现有环境压力或改善生态条件？
- ► 为了支持可持续生态系统形成及生态服务的发挥，如何对场地或方案进行修改？

对大多数项目而言，都需要考虑土壤改良和土壤长期健康的问题。接下来的章节将介绍土壤改良、施工中的土壤保护、土壤健康长期保护管理等方面的内容。

5.4.1 现状土壤修复

土壤修复技术的选择要考虑土壤评估检测结果和设计方案的要求。各类技术的成本、复杂性和可持续性都有区别。表 5-16 总结了主要的土壤修复策略及特点。

表 5-16 土壤管理及修复策略介绍

管理目标	策略
保护	如果场地存在健康、理想的土壤，对其保护不仅成本最低，还可以保护现有的生态系统服务。 保护健康的、功能正常的土壤。 保护理想的植被。 保护土壤免受施工影响（见"5.6 场地土壤管理计划"）。 考虑长期的土壤管理计划（见"5.6 场地土壤管理计划"）
就地恢复或修复	如果土壤测试结果差强人意，或在施工前或施工过程中收到扰动，就地恢复的干扰程度较低，且成本也更低。 在必要时修复土壤，恢复其功能正常。 将计划告知工程承包商（见"5.6 场地土壤管理计划"）。 考虑长期的土壤管理计划（见"5.6 场地土壤管理计划"）
改善土壤排水	如果存在土壤修不能解决的压实和渗透率低的情况，可以新建或改造排水系统来促进土壤排水。 排水系统应与其他场地水文设施相结合。 思考场地需要如何进行调整，以满足设计目标。 通过地形整理或改扩建排水系统来促进土壤排水
土壤掩埋	对条件极其恶劣的土壤，为增加土壤容量或封锁污染土壤，可以用新土掩埋旧土。 用新土覆盖整个种植区域，或在新土掩埋的区域堆筑土埂。 确保排水系统通畅。排水不良的土壤即使掩埋也无法改善排水能力。 如果掩埋是污染土壤治理工作的一部分，应先与专家商讨如何将污染土壤密封。 确定新土的各项性质
土壤置换	用新土替换现有的贫瘠土壤，或者向原本没有土壤的场地中引入新土，成本很高。同时，如何实现旧土的可持续处置也应给予考虑。但换土仍是快速、高效地营建优良景观的方法。 探究现状土壤性质不良的原因，并研究哪些问题是难以解决的，哪些是可通过改良加以解决的。 要考虑是换土，还是将这些区域用作硬质景观、构筑物或其他用途。 对换土的施工程序进行详细说明（确保所有土壤都被合理处置）。 确定新土的各项性质
增加土壤容量	对于土壤容量不足的区域，可加入新土或其他基质，以满足设计方案和园艺植物的土壤要求。 调整设计方案。 在城市环境中创造植物生长条件，如在人行道下使用结构承载性土壤。 结构承载性土壤为树木生长提供更多的土壤容量

5.4.2 土壤的保护

未受干扰的健康土壤可以提供巨大的生态系统服务价值——从植物生长到雨洪缓冲以及碳汇等。在整个项目实施过程中，都应注重对土壤及其中的植物、微生物的保护。

土壤保护的目的是保护场地种植区域的健康土壤，免受地形改造、表土堆积、挖方和建筑活动的破坏。土壤保护要对土壤整体及其特有属性进行全面保护，即使挖方回填也应避免，因为这会对土壤结构造成破坏。虽然土壤修复中有着挖方回填的做法，但这与土壤保护是有区别的（请参阅后面有关"土壤修复和改良"的章节）。

土壤保护与植被保护应齐头并进，特别是乔木的保护。如果土壤保护区内有乔木存在，那么保护区应涵盖乔木的大部分根系。乔木根系的保护半径为，每英寸树干直径1～2英尺（依树木的生长状况和种类）。因此，一株直径44英寸的成年美洲白橡（*Quercus alba*），需要保护196英尺的区域 [44×2=88英尺（27m）为半径，88×2=196英尺为直径，约60m]。一株生长旺盛的10英寸（25m）干径的榉树（*Zelkova serrata*），需要直径20英尺（6m）的保护区。要注意保护树木不是简单地计算保护区，还需要向树木专家咨询相关问题。

土壤保护的策略：

▶ 在保护区外围设立坚固围栏，防止施工过程中的破坏。

▶ 保护区范围内禁止所有车辆穿行。

▶ 禁止在保护区内堆放物料，停泊车辆等等。

▶ 通过监督、教育和处罚等手段确保保护成效。

5.4.3　土壤就地修复

土壤改良最具可持续性的方式就是就地修复。

土壤就地修复措施可用于改变：

▶ 土壤压实。

▶ 土壤酸碱度。

▶ 土壤排水性。

▶ 土壤质地和结构。

▶ 土壤有效养分含量。

▶ 土壤生物活性。

有许多材料可以用于土壤就地修复，现状土壤的检测结果是选择的依据。对修复之后的土壤各项性质进行检测（酸碱度、可溶性盐含量、有效营养含量等指标），也可以验证修复措施的效果。土壤就地修复的作用巨大，会影响植物种类的选择。项目中加入有经验的园艺专家和土壤专家可以在确保土壤修复成功的同时，不破坏周边的健康土壤。

一般情况下，仅修复紧紧围绕植物的土壤是错误的。土壤的修复应该解决整个种植区域的问题，如果仅对新栽植物或种植穴进行土壤修复，会带来场地土壤渗透的不均衡，种植穴会成为场地的"渗水井"。况且，植物根系的未来发展才是最重要的。

压实土壤的修复：

在新建场地或再开发场地中，土壤的压实是最常见的问题之一。为了彻底解决这一问题，应先确定被压实的是土壤的表层还是下层（表5-17）。压实土壤的修复通常有三个步骤：

▶ 打散压实的土壤。

▶ 限制交通避免土壤立即被二次压实；引入保持土壤团粒结构的措施（如添加有机质）。

▶　创造长期的土壤结构形成条件（透气、有机质和黏土）。

表 5-17　恢复建筑施工中造成的土壤压实

情境	适用于因地形整理和建筑施工造成的土壤压实修复
原理	借深翻将有机质混入下层压实的土壤
步骤	如果有表土，可在表土下（被压实的底土）或表土上添加10cm 有机堆肥；如没有表土，则需要添加更多堆肥，达到20cm。 用挖沟机将堆肥和底土混合、深翻，打散土块。 如可能，覆盖 10～20cm 表土（可持续性方式取得）。 覆盖表土后，重新深耕20cm，以重建土壤剖面结构（图 5-25）
优点	挖沟机深翻在受限制的空间内效果很好。被压实土壤的结构改良可有效促进树木生长、雨水下渗，减少树木的干旱胁迫
缺点	挖沟机深翻费时费力；深翻后的土地无法行走

5.4.4　有机质对土壤的改良

　　用有机质改良土壤是一种维持土壤健康的可持续性方式。虽然有机质的添加不会改变土壤质地，但从长远来看，它可以增加土壤的保水性、排水性、微生物数量及有效养分。有机质可以帮助缓解土壤压实，降低土壤表观密度。近年来，商品化、品质稳定的有机堆肥已广泛应用。粉状堆肥可直接作表土使用，甚至可以覆盖在草坪上；而用于掺入土壤时，其粒度并不重要。用于土壤改良时，有机质掺入沙质土壤的体积可达 25%、掺入黏质土壤的体积可达 50%（表 5-18）。

5.4.4.1　有机质的使用策略

▶　尽量寻找当地材料作为有机质源。

▶　尽量选择环境影响最少的材料，只施用可再生材料。

▶　使用性质稳定的有机质（如堆肥），可以促进水在土壤中的渗透和保持。

▶　将有机质运用在整片种植区，而不只在种植穴中。

▶　对于木本植物至少混合 18 英寸（46cm）深度的土壤，对于草本植物至少混合 12 英寸（30cm）。

▶　为了减少干扰，应在种植前混入有机质。

▶　有机质与土壤要充分混合。

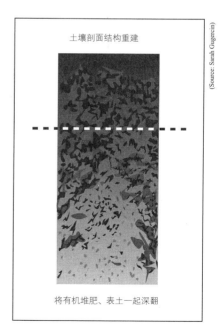

土壤剖面结构重建

将有机堆肥、表土一起深翻

(Source: Sarah Gugercin)

图 5-25　土壤剖面结构重建的原理。将有机质深翻入土壤有助于加强土壤团粒结构、促进植物根系生长

表 5-18　有机质的类型

种类	用途
纸或植物修剪垃圾	堆肥的良好材料
枯枝落叶	堆肥的良好材料
市政垃圾（庭院废弃物、污泥）	污泥的重金属含量应明确标识，一些重金属离子可能是影响其使用的潜在问题。污泥应符合地方和国家的环保标准
厨余堆肥（消费者使用后的、家用的、餐厅用的、公共机构用的）	非常稳定、不易获得；可以增强土壤持水能力；对促进土壤团粒结构形成作用有限
动物粪便	畜禽粪便能够增加土壤中的氮磷钾含量。动物粪肥有固体也有液体。粪肥可以经堆肥（腐熟）处理，也可以直接施用。直接施用可增加土壤团聚体、阳离子交换能力、改善土壤酸碱度、增加孔隙度等；但过多或不适时地施用会造成烧苗，并使雨洪径流富营养化
绿肥（遮盖作物）	增加土壤肥力、微生物多样性、团聚体稳定性和渗透性
酒糟	良好的堆肥来源。应详细列出其生产工艺情况，以及营养物质、可溶性盐和有机质的含量
泥炭苔	虽然泥炭开采技术越来越成熟，但由于其不可再生性，因而是一种不可持续的材料
泥炭腐殖质	稳定、质地细。通常不易获得
木材加工废料、造纸废料	施用前需要堆肥处理。未腐熟的木材废料会减少土壤中有效氮的含量

- ► 尽可能使用场地现有机器进行有机质与土壤的混合。
- ► 有机质的总量可占到土壤干重体积的 4% ~ 8%。
- ► 有机质应该充分堆肥腐熟，否则会在降解过程中吸收大量氮元素。堆肥腐熟度可以使用试剂盒方便地在现场进行检测。
- ► 如果有机质的酸碱度与土壤不同，可能会改变土壤酸碱度。
- ► 确保有机质的可溶性盐含量不要太高。

5.4.4.2　用覆盖物修复土壤

虽然覆盖物一直被认为是养护手段，但其也可以用于长期的土壤修复。有机覆盖物可以维持土壤的有机质水平，尤其是在建筑结构和硬质景观对土壤自然养分循环造成影响时。有机覆盖物可用场地植被的枯枝落叶制成，进而促进场地资源的循环利（图 5-26）。每个项目都应该尽量使用覆盖物遮盖土壤，因其可为土壤健康带来多重益处。包括：

- ► 加强对雨水的滞留。
- ► 调节土壤温度。
- ► 减少杂草生长。
- ► 减少水土流失。
- ► 减少机械对土壤的破坏。

(Photo from Nina Bassuk)

图 5-26 康奈尔大学百年纪念园（Centennial Garden）现有的土壤充斥着建筑碎片和压实的黏土。原有土壤混入 1∶1（体积比）的有机质。多余的土壤用于地形改造以控制雨洪径流的方向。在改良的土壤上每年添加 3 英寸（7.6cm）的覆盖物以补充有机质流失

有机覆盖物可以比无机覆盖物好处更多。有机覆盖物能够：

▶ 提供营养物质。

▶ 改善土壤结构。

▶ 提供多种生物活性。

▶ 增加土壤有机质。

▶ 最终增加土壤容量。

5.4.5　改良土壤紧实度及植被区土壤排水性

当树木附近的土壤必须被修复时，可以采取改良部分土壤、对根系破坏较少的方法。例如可在树木周边放射状地进行部分土壤的修复。

5.4.5.1　挖掘放射沟

在土壤条件差的区域，挖掘放射沟，以局部改良土壤，促进根系对水分的吸收和植物生长发育（图 5-27）；参见"5.4.9　改善土壤排水"一节。

图 5-27　通过挖掘放射沟来改善欧洲鹅耳枥周边土壤的排水，4 年后树木生长繁茂

5.4.5.2　掺沙的土壤改良效果

沙质土壤一般不易压实，比黏质土具有更好的排水能力。因此，使用沙土改良排水不良的黏重土壤似乎是一个好办法。但实际上，使用沙土修复土壤是很困难的。通常需要掺入大量的沙子（达到土壤容量的 50% ~ 75%），并且对粒级要求很高（介于中等和粗糙之间）。加入的沙如果粒级过小或级配均匀，会造成土壤孔隙度下降，表观密度增加，使原本不良的排水变得更差。此外，如果掺入大量的沙子，会造成土壤保水、保肥能力下降，需要增加水肥管理的要求及相应开支。综上，土壤掺沙改良并不是可持续性的土壤修复做法（图 5-28）。

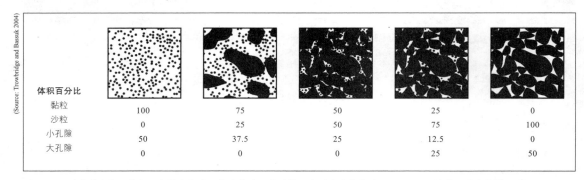

体积百分比					
黏粒	100	75	50	25	0
沙粒	0	25	50	75	100
小孔隙	50	37.5	25	12.5	0
大孔隙	0	0	0	25	50

图 5-28　对黏重土壤、排水不良的土壤采取掺沙做法，需要掺入达到土壤容量的 50% ~ 75% 的沙子才有效果

5.4.6　高盐土壤的改良

土壤含盐量高的原因有很多，如融雪剂的使用，地下水 / 地表水矿化度高，灌溉水、有机肥可溶性盐含量高，或位于沿海地区、干旱地区等。在进行评估和改良时，除需要对现状土壤进行含盐量检测外，也要对修复用的客土和有机质进行含盐量检测。如客土或改良剂的可溶性盐含量也比较高，由于未来使用的融雪剂或化肥很可能使土壤含盐量维持在高位，那么在这样的区域就要选择耐盐植物。耐盐和盐敏感植物的名单可通过向专家咨询或资料查询得到。

降低土壤含盐量的方法：

- ▶ 如果土壤可溶性盐含量非常高，可以考虑灌水排盐。要反复对土壤进行灌溉，以便将盐分排走；如可能，尽量在降雨时进行。土壤排水良好是实施灌水排盐的先决条件。
- ▶ 如由于场地使用而使土壤存在未来高盐含量的风险，则可以通过调整维护措施来解决。通过合理的除冰融雪、施肥和灌溉等维护管理计划，可以将土壤含盐量维持在比较低的水平。

5.4.7 土壤酸碱度的改良

改变土壤酸碱度既困难，又往往是不可持续的，特别是对质地较细的土壤或母质为石灰岩的土壤来说。因此，最优的选择应是使用抗性强的植物。如果改变酸碱度不可避免，应在种植植物前数月选择小块样地进行试验，以研究土壤酸碱度调整的可行性。如要将土壤维持在特定的 pH 值，则需要长期不断的处理。这对于要求常年性景观的场地来说是不切实际的。由于土壤强大的缓冲能力，pH 值的大幅度人为调整很难实现。例如在被石灰石等建筑垃圾污染的土壤中，如不将大量碱性垃圾清除，就不可能将土壤 pH 值调低。土壤酸碱度改良工程的时间，应远早于种植工程，以便于修复措施发挥作用。

某些情况下可以采用酸碱度符合要求的土壤进行置换，但是即使是这样，土壤 pH 值也可能因环境而随时间推移发生变化。场地的各种材料和物质都可能对土壤酸碱度产生很大影响，如土层下方基岩、场地的历史用途和建筑材料等。石灰基础或砾石导致土壤碱化，硝酸盐化肥也有同样效果。有机堆肥有中和酸碱的效用，可以使土壤酸碱度趋于中性。如需大幅改变土壤 pH 值或大片区域需进行酸碱度改良，则必须采用土壤掩埋和土壤置换的措施。

5.4.7.1 降低土壤碱性

降低土壤碱性最好的方法是添加硫磺，一般易于施用的是粒状或丸状的硫磺。其他如硫酸铝、硫酸铁和硫酸铵等也都可用于降低土壤碱性。除了硫酸铝之外，硫酸铁和硫酸铵都需要微生物活动的作用，才能完成降低土壤碱性的过程。因此，降低土壤碱性需要一定的土壤温度、湿度等环境条件，也需要一定的时间周期。如果需要大幅度降低土壤的 pH 值，硫磺可能是唯一合理的选择，其他硫化物用量更大。此外，一些硫化物含有的物质不适于大量添加到土壤中，如硫酸铵中所含的氮素。大多数情况下，选择抗性强的植物是可持续景观场地设计的合理手段。大幅度的土壤酸碱度调整既花费高昂，也很难成功。

5.4.7.2 降低土壤酸性

石灰石粉可以用于降低土壤酸性。但如果有现状植被，则不能使用这种方式。采用这一方式降低土壤酸性时，了解土壤质地是必不可少的，有助于确定合适的用量。

5.4.8 增加土壤有效养分及施肥

除非在检测中发现土壤养分缺乏，否则没有必要通过施肥的方式进行养分补充。如果土壤有效养分情况很差，应首先考虑土壤酸碱度和土壤质地方面的问题。pH 值往往是影响土壤养分是否可用的主要因素，最好的解决办法是选择抗性强的植物品种。如果土壤有机质含量低，添加有机质会带来多重效益，如提高阳离子交换能力和土壤营养水平等。这是最可持续的施肥改良土壤的方式。例如有机堆肥，除了能提高土壤有机质含量外，还可以缓慢释放氮素。对于特定的营养缺乏症，可以施加相应的肥料，但一定要明确造成营养缺乏的原因是什么，以及该元素与其他土壤物质是否存在化学反应等。

如需施加肥料，应符合下列要求：

- ▶ 尽量选择只包含必要营养元素的肥料。
- ▶ 对各类肥料进行充分比较，如缓释肥料、低溶解度氮肥及有机肥等。
- ▶ 考虑养分释放和根系活动的周期，尽量使其保持同步。
- ▶ 确认最佳的施肥时间。施用时间和用量都很重要，错误的施用时间或过量施用会对植物生长和生态环境造成危害。
- ▶ 下雨前不要施肥，以减少雨洪径流和地下水的营养负荷。
- ▶ 不要在靠近地表水的区域（如河流或湖泊）使用化肥。
- ▶ 不允许任何肥料散落在道路或硬质景观上（应打扫干净）。
- ▶ 尽量通过创造健康的土壤条件，使土壤养分正常循环而使肥料的使用最小化。

大部分土壤养分改良剂都可以找到有机（天然）的来源。它们的优点是释放周期长、可以有机参与土壤生物活动、较低的碳足迹等。其缺点则依不同改良剂而不同，主要是营养效率低和成本较高。对于有机肥料而言，确保制造过程的可持续性、不含污染物（如重金属）是最重要的（表 5-19）。

表 5-19　天然有机营养源及其提供的营养

植物营养	来源
氮（N）	紫花苜蓿，干血，棉籽，羽毛，鱼，鸟粪，海产品，尿，粪
磷（P）	骨骼，鸟粪，磷矿石，野豌豆
钾（K）	海带，草木灰，海藻
钙（Ca）	蛋壳，牡蛎壳
镁（Mg）	泻盐（硫酸镁）

微量营养元素

在个别情况下，可以施用微量营养元素来治疗植物的微量元素缺乏症。虽然这类微量元素的缺乏，都是由于土壤酸碱度的变化造成的。施用微量元素时，一般使用该元素的螯合物，这可以防止其与土壤物质发生反应，而便于植物吸收，例如，乙二胺二邻羟苯基乙酸铁就是一种有效的铁离子螯合物。要注意，并不是所有螯合物都可以在强碱性土壤中发挥作用。

5.4.9　改善土壤排水

如不考虑人工排水系统的话，土壤排水性主要取决于土壤的质地和结构。如果土壤中存在明显的不同质地分层情况，水将水平移动，直到过饱和后才可能向下渗透。解决土壤排水问题的方法有：植物种植、人工排水系统、放射沟或掺沙修复等。

5.4.9.1　植物种植

即使对土壤进行改良和修复，仍有可能无法完全解决土壤排水的问题。如果修复后的土壤某些部分仍然存在排水不良的现象，可以考虑用种植植物来解决。特别是对下层土壤排水不良的情况。

5.4.9.2　人工排水系统

下层土壤改造：下层土壤整理和改造的理念已出现几十年了。其做法是，在表土未铺填前，结合表层土壤地形要求对下层土壤的地形进行改造，在下层土壤中形成低洼地。然后将表土或改良后的土壤回填。这样就避免了水分在土层中的水平流动问题。

集水管：在平坦场地中，可以通过在种植穴底部设置集水管来收集土壤中多余的水分。做法一般是将集水管从土壤表层垂直铺设至植物根部以下 [至少 3 英尺（约 90cm）]。这种方式在降雨量很大的地区表现不佳，因为多余的水会回灌到根部及地面，植物根系附近的排水情况得不到根本改善，至多只是延缓而已。

地下渗排系统：改善植物根系排水的最佳方法，是在排水良好的土层（表土或修复后的土壤）和排水不良的土层（下层土或压实土壤）之间，设置排水系统，将多余的水迅速排走。铺设地下渗排系统时，渗排管排孔向下，需设置一定坡度（0.5% ~ 1%）以便重力流排水；渗排管应铺设在碎石中，用无纺布包裹，以防止泥土堵塞；管线应铺设在植物根系以下 18 英寸（46cm）的深度，并与排水系统或雨水花园相连。实践中，也可以用碎石沟取代渗排管（图 5-32）。

5.4.9.3　放射沟

放射沟是改善种植在压实土壤上的现状树木根系排水状况的常用技术。操作方法是用挖掘机在阻碍植物根系生长的压实土壤上，沿树木种植穴放射方向挖沟。深度在 12 ~ 24 英寸（0.3 ~ 0.6m），长度 8 ~ 10 英尺（2.4 ~ 3m）。放射沟中的土壤可被移除、改良、置换，然后用覆盖物覆盖。可以在不同方向上开挖数条放射沟。放射沟可促进植物根系的快速生长，有效改善根系附近的土壤排水性和树木生长情况。

5.4.9.4　掺沙修复

对土壤进行掺沙改良，可以降低土壤板结压实、促进排水，但有一些注意事项需要注意（参见本章"土壤掺沙修复"一节）。由于需掺入大量沙，并可能在沙土开采运输中造成环境影响，因而掺沙改良土壤被认为是一种不可持续的方法。进行土壤改良前，要考虑本地的气候因素如平均降雨量等。尽量通过选择耐水湿植物来应对土壤排水不良的状况。

如果基于生态、规划或设计目标的需要而必须解决场地的排水问题，可以从上述方法中选择适合场地具体条件的设施。在城市场地中，表层土壤也许排水相对良好，而下层土壤则多被压实。在多数情况下，即使土壤经过修复或置换，设计中也应考虑排水系统的设置。

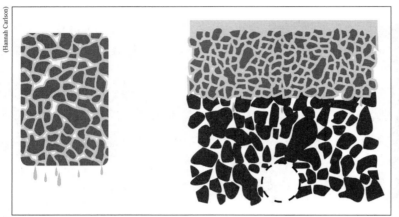

图 5-29　如不考虑人工排水系统的话，土壤排水性能主要取决于土壤的质地和结构。如果土壤中存在明显的不同质地分层情况，水将水平移动，直到过饱和后才可能向下渗透

图 5-30　通过对下层土壤的改造，使水分可以流走。排水不良、压实的下层土壤也可以实现良好的排水

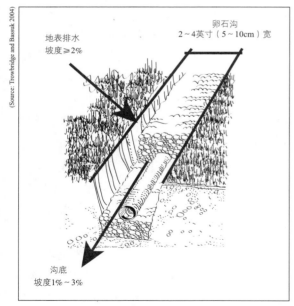

图 5-31　渗排系统，渗排管布置通过重力流将水分导向雨水排水系统

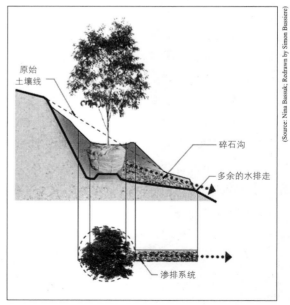

图 5-32　当树木种在坡地上时，可以将碎石沟（法式排水）布置在较低的一侧，使得多余的水顺着斜坡排走

5.5 换土及特殊处理的土壤

总有一些情况需要将土壤置换或掩埋，如棕地等。有的场地可能根本不存在土壤，或土壤质量非常差而不能被有效地修复。此外，在一些人工构筑环境中，土壤可能需要具备一定的特性，如载重能力等。

5.5.1 用好土掩埋丧失功能的废土

用好土掩埋丧失功能的废土是一种土壤置换的有效策略。下列情况适于使用这种方法：

▶ 现状土壤的排水性很差。

▶ 现有土壤的压实严重并且无法缓解。

▶ 地下水位较高，对植物根系形成涝害。

▶ 需增加土壤体积。

▶ 土壤被污染。

在掩埋土壤时应对土壤总体积予以考虑。如果现状土壤压实严重或排水不良，新土的体积必须满足植物生长的要求。每平方英尺的预期种植树木树冠下至少保证有 2 立方英尺（0.0566m³）的土壤。

5.5.1.1 土壤掩埋的排水问题

土壤掩埋的排水问题应在引进客土前考虑。对于大面积土壤掩埋的情况而言，为了在新旧土的界面上形成水的蓄积，应该对下层土壤进行改造，以避免造成植物根系涝害。

5.5.1.2 堆筑地形

有些情况不需要对整个场地，而只需对部分设计区域进行土壤掩埋。这种情况下新土可以在需掩埋的局部堆成地形或丘陵，四周通过护坡或挡土墙处理。利用有机质、改良土壤或混合沙土堆筑地形，是处理局部废土的良好策略。下列情况应考虑地形堆筑：

▶ 场地中特定区域的大型木本植物需要更多的土壤。

▶ 场地中存在不同的土壤条件——一些区域需被保护，另一些区域的不良土壤则需要改良用于种植植被。

▶ 由于设施或污染等原因不能进行土壤完全掩埋的区域。

▶ 资金限制无法进行全面土壤掩埋。

更改场地地形时需注意的问题：

▶ 新堆筑的地形与现有的地形之间应该平滑衔接，不应突兀。

▶ 如果地形坡度超过 1:3，则需要采用特殊的水土保持措施。

▶ 应采取排水措施限制堆筑地形增加场地的地表径流。

▶ 护坡可采取提高渗透、减少径流的措施。

▶ 虽然堆筑地形在某些情况下可以改善土壤条件，但有可能破坏现状土壤结构，增加土壤碳的释放。

5.5.2 换土的注意事项

通常，城市土壤是由外来表土、填方土和压实土壤等混杂而成的。由于资金、时间、现状条件等的限制而无法对现状土壤进行改良时，换土就成为设计健康景观的必选途径了。从其他场地引入表土会带来可持续性方面的威胁，表土不应该从绿地采集。此外，由于表土运输也会带来高昂的环境风险，因此运输距离应尽量缩短。使用场地的现状土壤是最优选择。然而，在高度城市化的场地中可能没有现有的土壤，这种情况下应选择适当的方式（表 5-16）。

换土不只是随意地"引入"客土，而应由专业人员出具书面说明，制定详细的操作规程，以保证工作的正常实施。施工方应负责将换土样品送检，并在施工前解决送检结果反映的问题，如养分缺乏等。客土运抵施工现场后，应再次进行土样抽检，以确保符合相关标准和设计要求。书面说明至少要包括：

► 土壤粒级和土壤质地。
► 土壤成分的来源。
► 添加有机质的类型、稳定性以及质量百分比。
► 可溶性盐含量。
► 化学性质（包括 pH 值）。

异地运来的土壤应该是：

► 天然、肥沃而疏松的壤土或沙质壤土。
► 4% ~ 8% 的有机质含量（ASTM F-1647）。
► pH 值在 6.5 ~ 7.5 之间。
► 有效养分的含量（AOAC 标准）。
► 最小的阳离子交换量数值。

土壤说明中还可以包括的内容有：

► 土壤中应不含直径 1 英寸（25mm）以上的石块，也不应含有其他对植物生长有害的物质。
► 当土壤处于冻结或泥泞状态时，不宜运输或用于种植。
► 尽量使用当地材料。如果通过消耗其他场地的土壤而获取健康表土，这样的场地不是可持续的。

5.5.3 增加土壤容量

依据场地的土壤容量计算结果和植物种植规划，场地可能需要更多的土壤。如果种植区域没有足够的空间（主要在硬质景观，如停车场、人行道上），可以使用工程化土壤进行硬质景观的施工。工程化土壤可以在路面（或草地）下使用，增加了土壤容量的有效空间。有关计算土壤容量方面的信息，可参阅《城市景观树木》（*Trees in the Urban Landscape*）一书（Trowbridge and Bassuk，2004）。

5.5.4 工程化土壤

铺装下的土壤一般需要夯实，以达到一定的荷载要求。铺装下层土壤的夯实密度一般需达到 95%（ASTM[1]D-698）。当这样的土壤种植树木后，根系生长将受到严重抑制（或无法向种植穴外发展）。而当根系生长受到限制时，树木正常生长所需的水、养分和氧气也受到限制。

道路土壤的承重要求使得人们开发出了工程化土壤，这种混合土壤的压实度可达 100%，在满足道路荷载要求的同时，满足植物根系生长的需要。

工程化土壤由碎石和土壤混合而成，也可以加入少量的水凝胶，以防止泥土和碎石在混合和施工中分离。工程化土壤的要点有：碎石的级配必须非常严格，直径一般在 0.75 ~ 1.5 英（19 ~ 38mm）的范围内；不含细粉粒，以提供最大的孔隙空间；土壤与碎石干重的比例应为 80%：20%；添加的土壤应有较强的营养保持能力。在这样的配比下，可以确保工程化土壤中的碎石形成刚性结构。夯实后，道路的荷载可由碎石来支撑，而填充在碎石间空隙中的土壤，则不会被压实。

工程化土壤的体积要求比较高，如预期栽植树木的树冠，每平方英尺需要有 2 立方英尺（0.0566m³）的土壤容量。推荐的土层深度为 36 英寸（0.9m），即使有的项目成功地使用了 24 英寸（0.6m）厚的工程化土层。工程化土壤根据夯实程度不同，每平方英尺的保水能力在 7% ~ 12%，大约接近壤沙土或沙壤土的保水能力。从持水能力角度看，对于种植在沙壤土中同样规模的树木，工程化土壤的体积大约应为沙壤土体积的 1.5 倍。由于其排水性好，喜排水良好土壤的植物更适于种植在工程化土壤中。工程化土壤中碎石的种类可能会影响其 pH 值。

与其他土壤相同，铺装路面的透水性非常重要，应尽量使雨水渗透到工程化土壤中。建议树木周围约 50 平方英尺（4.6m²）的范围内保持高度透水（图 5-33）。

5.5.4.1 工程化土壤的雨水收集

工程化土壤的渗透速率很快（>24 英寸/小时，即 >19mm/h），并且在夯实后依然有出色的持水能力。普通壤土压实到 100% 的密度时，入渗速率仅为 0.5 英寸/小时（13mm/h）。这一特性允许工程化土壤结合透水铺装可以进行雨水收集。如取消地下排水管线，还可以促进雨水滞留和地下水补充。但如果没有排水管线，则建议设置溢流管，且储水装置应具备 48 小时内排空的能力。

5.5.4.2 沙土垫层

沙土为主的工程化土壤，是由粒级均匀的沙土（粒径中等或偏大）、有机堆肥和壤土组成的混合物。沙土粒级均匀，因而可以在高度夯实情况下保持较低的土壤表观密度和疏松度。其典型重量配比为 80% 的均匀沙土，20% 的粉土和黏土。这种土壤可成功承受 90% 密度的夯实。

---

1 ASTM：美国材料与试验协会。——译者注

(Adapted by Simon Bussiere from drawings by Hannah Carlson)

图5-33 工程化土壤种植乔木的典型横断面。请注意其中的树坑是开放式的，表土应放在土球的周围，但工程化土壤可以放置在树木下方，可预防树木沉降

5.5.4.3 结构支撑型铺装

硬质景观中保持土壤性质的另一种方式是结构支撑型铺装。即用建设土建结构负担荷载的方法避免土壤夯实。这种做法的投资要求较高。

5.6 场地土壤管理计划

场地土壤管理计划的制定应与施工计划相结合。土壤管理计划要在施工过程中和施工完成后的场地管理维护中实现对土壤的保护、检测和改良。其制定过程应引入土壤、园艺、林学、工程等方面的专家。由于土壤广泛存在于场地各处，因此与施工方、设计方等的交流也非常重要。施工方案与土壤健康的保护不可分割，应确保施工方全面、清晰地了解土壤保护计划的所有细节。为了保持土壤健康，施工期间需提供以下方面的信息：

▶ 保护现场有利条件，限制干扰因素。

▶ 材料的存放和再利用情况。

▶ 施工后土壤修复情况。

5.6.1　保护场地有利条件

健康或改良后的土壤是可持续景观场地上极易被破坏的宝贵资源。重型机械对潮湿土壤的一次碾压就足以造成巨大的伤害。存在现状植物特别是大树的地方，保护土壤也意味着保护植物。因此，植物和土壤的保护区域通常放在一起考虑。

5.6.1.1　设立土壤和植被保护区

▶ 在施工图中清楚标明需保护的现有植被和土壤。

▶ 在规划中清楚标明施工区和保护区的范围，明确材料堆放的区域。对各个区域的具体要求进行详细说明。

▶ 在建立保护区时，请检查其是否会受到相邻施工区域水土保持方面的不利影响。尽量划定足够大的保护区域，从而真正实现对土壤和植被的保护。

▶ 注意施工过程中机械停放、操作以及材料堆放的需求。要在尽量保护场地有利条件的同时，满足施工的需要。

▶ 如果可能，对一片树林的保护比单株树木的保护更有意义。

▶ 对树木根部周围的区域进行保护，保护区域可能远超过树冠滴水线范围（参见前文"5.4.2　土壤的保护"一节）（图 5-34）。

▶ 灌木的保护区域半径应为灌丛直径的两倍。

5.6.1.2　保护围栏

坚固的防护围栏可保护土壤和植被免受施工期间的交通、机械损伤等干扰。金属网围栏成本较低、易于维护，比木质围栏适用性更好；但木围栏可重复使用，也更坚固（图5-35、图 5-36）。

施工方案应考虑：

▶ 在树木根系保护区外围设置围栏，可以超出根系的范围。

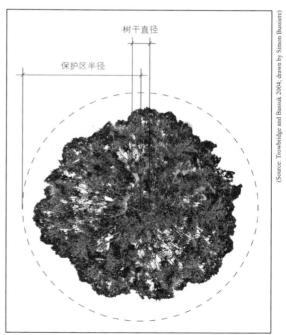

(Source: Trowbridge and Bassuk 2004, drawn by Simon Bussiere)

图 5-34　施工过程中保护树木周边的土壤结构和根系至关重要。一般的原则是，每英寸树木胸径要求的保护区半径为 1.0 ~ 1.5 英尺（30 ~ 46cm）

图 5-35　这一施工现场没有对现状树进行保护。因此在树木的根部附近有机械设备使用和材料堆放的情况发生

图 5-36　这一场地设置了良好的施工围栏，但其保护范围不足以保护树木的整个根区

▶　对保护手段、规模和施工要求等做详细说明。围栏的大小、强度取决于项目要求，但为了获得好的保护效果，围栏的高度应达到 6 英尺（1.8m）。

▶　应明确土壤和植被保护区不能用于机械、车辆停放或材料堆放。

▶　应在施工方案中注明围栏的定期检查和维护要求。

5.6.1.3　避免土壤压实

利用重型机械进行地形整理、场地现状土壤的移动都可能破坏土壤结构。施工方案应与设计方案结合，尽量减少地形的改造。当地形改造不可避免时：

▶　不要在湿润或冰冻的土壤上使用重型机械。

▶　限制曾受干扰区域土壤的挖填方。

▶　为保护土壤免受重型机械破坏，应在土壤表层添加至少 10 英寸（25cm）的覆盖物、护根，或铺设模板。

5.6.1.4　水土保持

在施工方案中：

▶　除了集水口的过滤格栅外，利用干草或护坡等对汇水区进行保护，预防水土流失。

▶　施工方案中，在施工区域的下游，除了过滤格栅还应具体说明护坡等水土保持方法。控制水土流失有很多措施，应根据具体问题来选择。控制水土流失的方法包括：

▶　种植地被植。

▶　覆盖。

▶　泥沙过滤沟或收集池。

▶　护坡。

5.6.1.5　施工开始前会议与实地考察

确保土壤规划得到贯彻的最佳保障，就是在施工开始前与施工方、业主开会，向他们介绍土壤保护、管理、修复项目的要求。这可以避免错误、建立共同目标，使施工方在土壤管理中发挥积极的作用。施工开始前或施工过程中，风景园林师应尽可能到现场，配合施工图设计和问题解决（地形整理、土壤、植物等方面）。没有什么比定期到现场监督土壤管理计划的执行更有效的了。

▶　作为质量管理工作的一部分，请务必核实施工图、土壤化验结果、植物的运输和种植、工程化土壤的施工等。

▶　保持与施工方和现场工作人员关于土壤保护方案的持续沟通，确保施工图等文件中细节说明得清楚明了。

5.6.1.6　场地中材料的存放和再利用

▶　如果场地中的好土在施工过程中必须被干扰，就应在施工开始前将土壤在场地就地堆放并覆盖好，以免被风吹走或遭到降雨侵蚀。

▶　尽量缩短土壤堆放的时间，土堆高度也要尽量低。如果等待时间超过几个月，土壤中的厌氧条件会对土壤微生物造成不利影响。

5.6.1.7　土壤修复

▶　场地设计应考虑对施工中造成的土壤压实进行改良。

▶　施工完成后，对施工造成影响的区域进行取样和土壤化验。

▶　根据化验结果，按照本章土壤改良部分推荐的策略进行修复。

▶　如果施工过程中造成土壤污染，请参阅"5.5　换土及特殊处理的土壤"中的策略。

5.6.2　土壤管理：维护与监控

保持土壤长期健康的最好方法，是制订一个长期的管理计划。该计划应包括初步的维护计划和监测要点。监测为评价设计是否有效，以及对设计和维护措施如何调整提供了依据。在项目初始阶段确定项目目标的时候，土壤的长期监测和维护就应得到关注。

跟踪监测

土壤化验应每年或每半年进行，以确定场地土壤的缺陷和土壤的健康状况。长期的监测结果可以为管理维护计划的调整提供依据。在长期维护中，土壤改良和施肥可能停止，排水系统、植物种植、冬季除雪工作等都可能需要调整。土壤退化的潜在原因有：行人或机动车交通导致的土壤压实、场地雨洪管理的变化导致的土壤板结等。

进行过修复的土壤可能还需跟踪观察。土壤修复工程的方案中都有具体的修复目标，而土壤管理维护计划应对上述目标进行跟踪。例如通过添加有机物改良土壤紧实度的修复项目，在经过一段时间后有必要进行有机物的补充，以实现土壤的持续改良。

在项目初步设计阶段进行的土壤化验，可以在维护阶段继续进行，这样土壤情况的任何变化都可以被记录下来。请参考"5.2 场地土壤的评估"一节，建立跟踪观测的项目清单；前期的各版规划和计划都应保留，以便为后续工作参考。

场地土壤监测结果的备案和交流，有助于对本项目和其他项目提供参考。而维护和恢复健康的土壤，也有利于可持续景观场地的各项元素。

参考文献

Craul, P.J. 1985. "A Description of Urban Soils and Their Desired Characteristics." *Journal of Arboriculture*, 11:330–339.

Gugino, B.K., O.J. Idowu, R.R. Schindelbeck, H.M. van Es, D.W. Wolfe, J.E. Moebius-Clune, J.E. Thies, and G.S. Abawi. 2009. *Cornell Soil Health Assessment Training Manual* (2.0 ed.). Ithaca, NY: Cornell University, College of Agriculture and Life Sciences.

Lichter, J.M., and L.R. Costello 1994. "An Evaluation of Volume Excavation and Core Sampling Techniques for Measuring Soil Bulk Density." *Journal of Arboriculture*. 20:160–164.

Thien, S.J. 1979. "A Flow Diagram for Teaching Texture by Feel Analysis." *Journal of Agronomic Education,* 8:54–55.

Trowbridge, P., and N. Bassuk. 2004. *Trees in the Urban Landscape: Site Assessment, Design and Installation.* Hoboken, NJ: John Wiley & Sons.

第 6 章
场地设计：材料与资源

梅格·卡尔金斯
（Meg Calkins）

在过去的 100 年中，建筑材料工业已经发生了重大变革。材料的应用从本地化的利用转变为规模化生产与全球化分配；从粗加工转变为深加工；从简单材料转变为工程合成材料、装配材料；化学添加剂的应用也极大地丰富了材料和产品。但这种转变也为环境和人类带来健康问题。1992 年的地球峰会上，各国领袖宣布："全球环境持续恶化的一个主要原因是不断增加的材料生产、消费与排放"（UNCED，1992）。材料开采、加工和运输过程直接影响了生态系统及其提供生态服务功能的能力。原材料采掘的最主要的用途正是在建筑材料方面。2006 年，美国用于建设的矿物和金属占据了工业原材料总量（不包括食品与原油）的 77%（Matos，2009）。

场地建设材料随着很多 20 世纪的变化而改变：熟练的工匠转变为廉价的劳动力；国际化的标准难以顾及地域性条件；建材产品的集中化生产；"廉价"、"取之不尽"的资源（并未计算生态破坏和环境污染的成本）；广泛运用的合成材料；全球化的建材工业等。

这最终形成了资源密集型、污染严重而单调的建材产品（如混凝土、沥青、合成板材、考腾钢等）。地域性、低碳的建设材料和建设，如美国西南地区的黏土砌筑、新英格兰地区的石块干砌等形式，由于劳动力成本的日益高涨、技术工人的逐渐凋零、建设标准法规的制约等，极大地阻碍了其应用。

发展中国家丰富的资源、廉价的劳力以及阙如的环境法规已经深刻地改变了国际建材产品的生产模式。这进一步限制了设计师对建材生产造成影响的理解。砂石可能从距离场地 200 英里（322km）以外的采石场用火车运来；门把手的铝材说不定已经周游列国。考虑到建材的重量，其能耗不可小视，可以说，建材运输产生的能耗已远胜往昔。

21 世纪的景观建材需要面对一系列的全新问题：全球气候变化、空气污染、能源价格上涨、生态退化、生物多样性丧失等。这些因素正借由不断高涨的可持续性发展潮流，重新塑造着建筑和景观建设行业。

而这也必将带来建材行业的深刻变革。新的趋势可能包括：避免产生废料的闭合循环的材料生产系统；利用可再生能源进行材料的生产、加工、运输等；建筑拆除带来的"原材料"；有害化学物质的显著减少，以及在材料生产、利用与处置过程中相应减少的对人与环境的毒害；追求建材加工的简化、本地化；以及更多的场地设施就地循环利用。

　　尽管状况正得以改善，但从降低对人与环境影响的角度选择建材产品，仍然困难重重、争议不断。如何在可持续景观场地建设中选择合适的材料，仍然受到目标诉求、地域性问题、项目预算、功能需求等诸多影响。有的项目强调使用再生材料以保护资源；有的则强调材料的耐久性；有的强调闭合循环的生产方式；还有的项目强调产品的低排放、低毒性；也有项目把降低生态影响或保护水资源作为目标。目标诉求多样而广泛，而可用的选择则更是数不胜数。例如，波特兰水泥混凝土对强调材料耐久性或本地化生产的项目而言，属于"绿色"环保材料；而对那些重视全球气候变暖，抵制高耗能、高排放产品的人，则属于"不环保"材料的范畴。木塑对于担心砍伐破坏森林和生态的人们而言，是替代木材的良好选择；而对在意闭合循环生产过程的人而言，木塑的复合材料则无法符合要求。

　　当然，环保绿色材料也并非毫无缺点。理想的绿色材料可能是自然的、可再生的、本地化、无害化、低能耗的，如用于固坡的柳条或夯土挡土墙等。但这些材料不一定能满足所有情况的要求。其性能可能无法达到现行标准规范的要求，施工人员也可能不具备相应的技术和经验，又或者它们无法满足项目的建设和功能要求。

　　同时，建材行业也往往将"绿色"作为噱头来宣传。设计师很难透过重重迷雾判断出材料到底有多么"绿色"，更别说从若干选择中寻找到最"绿色"的产品了。材料的对比选择有时简直是风马牛不相及。一种产品强调其可以缓解气候变暖，而另一种产品则可能含有致癌物质；而第三种产品虽然有着高能耗生产过程，但却比前两种拥有更好的耐久性。对于这类问题，本章将探讨可持续评价技术和全生命周期评估，并提供一系列的信息和数据作为参考。

　　在此需要指出本章所讨论的策略并不都能等量齐观。仅从填埋场中回收废旧材料显然是不够的，然而这确实是向正确的方向迈出了一步。回收材料的实际用途会决定这一步是大还是小。在资源保护方面，与可持续景观场地设计的其他方面一样，"绿色"是存在瑕疵的，程度的轻重也有所不同。例如，将回收的老橡木房梁粉碎成护根，虽然不管是从理念还是实践上说，都是绿色的，但这并不是最佳的利用方式。如果这根房梁是从废弃谷仓中拆下来的，那么就不如保留那座谷仓，赋予其新的用途，这样不管是那根房梁还是整个结构，都可以得到保留，也不会产生运输的能耗和开销。这可能才是真正的"绿色"。

　　可持续的材料与产品是那些资源利用集约化、生态影响低、对人体和环境健康无害、能够支持可持续场地策略的材料。在此定义下，表 6-1 列出了可持续场地材料的特点，这些特点将在本章中详细展开。

表 6-1　可持续性场地材料

集约化材料或产品
使用更少材料的产品；
现场原有结构的再利用；
循环再生材料、产品；

续表

集约化材料或产品
再加工材料；
农业废弃物制成的产品；
具有再利用潜力的材料或产品；
具有回收潜力的材料或产品；
可拆卸结构的设计；
可再生材料；
可快速更新的材料；
耐久性强的材料与产品；
回收产品的生产商生产的材料或产品

低环境影响材料或产品
使用可持续性开采方式获得的材料；
最少加工的材料；
开挖、生产、使用或丢弃活动中低污染的材料；
开挖、生产、使用或丢弃活动中低用水的材料；
开挖、生产、使用或丢弃活动中低耗能的材料；
开挖、生产、使用或丢弃活动中低排放的材料；
可再生能源制成的材料（如，风能，太阳能）；
本地材料

对环境与人体健康低风险的材料或产品
低排放材料与产品；
全生命周期中无有害物质或有害伴生品产生的材料或产品；
维护保养过程无毒的材料与产品

有助于支持可持续场地设计策略的材料与产品
通过减少雨洪径流量并提高水文质量促进场地水文健康的产品；
减少城市热岛效应的产品；
减少场地运行中能源消耗的产品；
减少场地运行中水消耗的产品

续表

由具有可持续社会、环境与合作实践活动的公司企业生产的材料或产品
采用环保型管理系统的生产商；
公开化学添加成分明细的生产商；
环保意识强的生产商，例如减少气体污染物、有害水体污染物排放，以及减少废弃物生产；
进行全生命周期评价（LCA）或环保产品申报（EPD）的生产商；
开展节能减排和减少水资源消耗并使用可再生能源的生产商；
重视安全生产，保护工人的安全、健康与福祉的生产商；
为所有工人公平提供合理补偿、舒适工作环境和平等机遇的生产商；
在促进环境、健康与社会公正方面透明而锐意进取的企业

注：本表各条目重要性不按顺序排列。

SITES 与材料

　　与其他部分一样，SITES 评估体系中与材料相关的内容关注的是生态系统服务功能的保护和再生。区别之处在于，由于大多数建造材料是在远离项目的区域进行开采、提炼和加工的，因而 SITES 评估体系中材料相关的评分保护的生态系统服务也在远离项目场地的地方。

　　SITES 评估鼓励以下保护资源的方式：场地结构的再利用、现场或异地回收材料的应用、场地废弃材料的再利用、对拆除设施进行设计以及地方性材料的使用等。评估体系中也提出必选项要求来禁止使用珍稀濒危树种的木材，对使用认证木材也给予加分，以促进自然资源与敏感生态环境的保护。

　　评估体系中还有两项评分项是针对场地建设材料行业的。其中一项鼓励苗木生产者采用节水、可持续的苗木繁殖生产方式；另一项则鼓励材料生产商通过节能减排、改善水资源和各类资源的使用效率、材料全寿命评估、积极响应环保政策等，改进其生产过程。其他的评分项则旨在通过降低材料、产品生产过程中有害物质的排放，改善人类和环境健康，缓解城市热岛效应等。

6.1　场地建设材料的生命周期

　　场地建设材料的生命周期，自原材料开采而始，到废弃或循环利用而终。大多数材料的生命周期相对而言是线性的，材料在完成使用后便被废弃。但有些材料可以通过再利用、循环利用或改造而实现可持续、可循环的生命周期。受经济全球化的影响，更多的材料或产品生命周期变得愈发复杂。更细化的专业分工和广阔的地理分异，使得材料生产不管是来源还是去向，都跟环境之间发生错综复杂的关系。理想的材料生命周期应该是一个闭合循环，某个过程或产品的废弃物应是另外一个过程或产品的原料，而向环境排放的废弃物为零（图 6-1）。

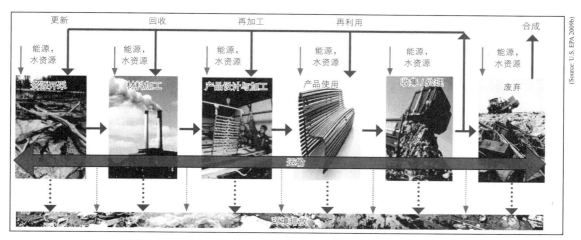

图 6-1　材料或产品生命周期的典型阶段，其中包含每个阶段的能源输入和废弃物输出。处置阶段可能涉及再利用、再加工，或者回收利用

6.1.1　原材料的获取

材料带来的许多环境影响是在其生命周期初始伴随着大规模开采而发生的。开采区域的生物栖息地通常随之被破坏，而周边的生态系统也受排放到空气、土壤和水体中的污染物影响。如果废弃物是有害的，例如在金属开采冶炼过程中产生的尾矿氧化后的产物，会造成严重的水污染问题。

采矿和森林砍伐带来的水土流失会造成表土流失和河道淤积；采砂和采石会使粉尘在植物叶面沉降，阻碍光合作用过程，从而直接或间接地破坏生物栖息地。

6.1.2　材料的粗加工与精加工

这一阶段是造成废弃物大量产生的阶段，在进入制造阶段前，原材料的一大部分都会遭到废弃。例如，铁和铝的冶炼中，矿渣与粗加工成品的比例约为 3∶1；铜矿冶炼的比例则更高。

在这一阶段会产生大量废气、废水、固体废弃物，甚至有害物质。这一阶段产生的部分废气、废物可以净化后排放或循环利用，而另一部分则无法受到控制。不同类型企业的有毒废弃物及其排放量差异很大，金属生产相对产生的有毒废弃物更多；石材加工企业产生大量的粉尘，但毒性很小。

材料的粗加工和精加工能耗很高，故而带来大量额外的排放。例如，生产 1kg 铝需要

12kg的原材料和290MJ的能量。这相当于每生产1kg铝会产生约15kg的二氧化碳（Gutowski，2004）。

用回收材料代替原材料可以大大减少自然资源和能源的消耗。例如用回收的废旧铝材代替铝矿的话，可以节约大约95%的能源，减少95%以上的温室气体排放（Aluminum Association[1]，2003）。

6.1.3　制造

制造阶段包括次级加工、锻造、组装和表面加工等。与粗加工阶段相比，制造阶段造成的环境影响较小，部分原因是这一阶段处理的材料量较少。

制造阶段对环境与人体健康产生影响的主要是清洗溶剂和涂层的使用。在为材料清理和涂镀面层的时候，经常会使用到各类有机溶剂。许多有机溶剂会含有有害成分，并释放挥发性有机物，对人体健康和空气质量造成不良影响。

一些生产商已经开始逐步减少其生产过程对人和环境伤害，例如在产品中循环利用废旧材料和副产品；尽量减少生产过程中的能量和水资源消耗；减少有机溶剂的使用；使用新能源等。

6.1.4　产品运输

产品运输阶段涉及包装和运输两个部分。运输贯穿产品生产的很多环节：从开采处运输到加工厂；然后运输到分销商和项目现场；发挥价值之后，还要运输到垃圾处理场。运输使用的燃料往往是不可再生能源，并释放许多污染物（挥发性有机物、二氧化碳、一氧化碳、可吸入颗粒物以及硫化物和氮氧化合物等），加剧空气污染、人类健康和全球气候变化问题等。

2005年全美温室气体排放总量中，由各类运输活动带来的排放量占总排放量的28%，1990年以来已经增长了32%（U.S. EPA，2007b）。其中，货车、舰艇、船舶和火车占据了其中的53%。运输业使用大多数的燃料都是石油产品，如汽油、柴油、航空汽油等。

建材产业的全球化发展，使得有时自然资源在一个国家开采，在另一个国家加工，而在第三个国家消费。但总体而言，建材生产通常在资源开采地的附近。例如，木材总是在其采伐地区进行加工（Wagner，2002）。

运输距离可能是设计师主要的考虑因素之一，因为场地建设的材料和产品通常重量和体积都很庞大。如果生产地距离场地太远，用于材料运输的能耗可能会比生产所需的能耗还多。例如，一卡车砖运输350英里（563km）所需的能耗基本等于它们生产和烧制所需的能耗（Thompson and Sorvig，2000）。

利用本地材料可以有效节约运输所需的不可再生的化石燃料，缓解相关的空气污染与气

1　美国铝业协会。——译者注

候变暖问题。可能的话，碎石、混凝土和砖等较重材料的开采、加工地点，距离场地不应超过 100 英里（161km）；中等重量的材料距离场地不应超过 500 英里（805km）；轻质材料距离场地不超过 1000 英里（1609km）。

产品的包装会在很短的使用周期内消耗大量的材料。包装的生产、利用和丢弃发生在很短的时间段内，而且大部分包装都会被丢弃而不是回收。一些场地建造材料是无需包装的，如碎石，可直接由卡车运送到场地上。

6.1.5　建造、使用与维护

从环境保护和人体健康角度看，建材产品的使用和维护非常重要，因其在很长时间段内处于使用状态。因而产品的耐久性就成为其最重要的衡量因素之一，其使用的时间越久，更换得越少，由资材生产带来的资源消耗和废物产生也就越少。所以，产品的预期寿命与场地或设施的预期寿命一致就很重要了；同时，产品废弃后的再生或回收也很重要。

塑料、防腐木、黏合剂、抛光剂、封闭剂以及建设养护常用的清洁剂可能含有有害化学物质。应该了解各类资材对有害建设养护材料的要求，或尽量使用低毒的建设养护材料。

包含灯具、泵机、控制器等电器的产品在使用阶段会带来很大的环境影响，因为它们一般会长时间使用。所以，能源效率可能是其选择的最重要依据。

6.1.6　废弃

资材的废弃可能包括再利用、再加工或再生，但更常见的是直接送往填埋场或垃圾焚烧厂。在美国的一些地区，填埋场的使用越来越少，尤其是在人口稠密的东北部地区。一些州已经停止新建填埋场，开始推动垃圾减量的政策，希望借助经济方面的措施促进垃圾循环利用的发展。有毒废弃物的填埋受到严格控制，处理有毒废弃物的代价越来越高。

由于污染问题，垃圾焚烧在美国不受欢迎。垃圾焚烧可与发电设施结合，以实现"能源再生"。虽然垃圾焚烧的污染排放可以得到一定程度的控制，但相关设备价格高昂；同时，由于垃圾来源的不可控，垃圾焚烧可能带来一系列不可预知的排放物。在美国，生活垃圾焚烧厂是二噁英的最大来源之一。二噁英是一种很难清除的危险化学物质和致癌物质（U.S. EPA，2003）。

一些资材的寿命比场地和构筑物的寿命长，如何处理其再利用问题就很重要了。"拆解"（而不是"拆除"）就是一个很好的策略。虽然拆解花费时间更多，人力成本也比拆除高，综合来看还是比填埋的花费要低（美国的背景下）。不管是整体还是部分地出售拆解资材，都能得到一定的额外收入。

资材全生命周期的环境影响很大程度上取决于在使用阶段之后如何处理它们。通过再利用或回收来延长材料的寿命，可以很大程度上缓解材料在最初开采、加工和生产的过程中对环境和人体健康造成的不利影响。

（Adapted from Lippiatt 2007.）

原材料

能源

水

单元
过程

气体排放

水体排放

固体排放

其他排放

过程材料或最终产品

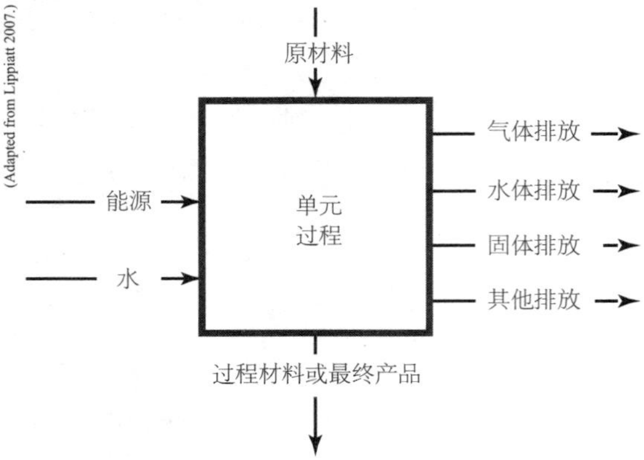

图6-2　本图展示了场地建设资材生命周期中特定加工单元的流程，一种资材的生产可能需要经过多个加工单元

6.2　材料与产品的环境影响

场地建设资材通常都是由多种成分构成，每一种成分都有一个由来源、产出和对外界的影响构成的复杂网络。这种广泛的网络可以延伸数百英里，覆盖全国，甚至全世界。对于那些选择和使用资材的人而言，这些都是不可见的。对环境和人体健康的影响从原材料的开采阶段就已开始，开采活动会破坏生态系统和栖息地；这种影响在资材的加工、制造和生产过程中不断加剧，大量废气、废液和废物被排放。运输、场地建设和养护带来的影响也不可忽视。

资材生命周期各个阶段中的原材料（资源、能量和水）与产出物（废气、废液与固体废弃物）对我们的生态系统、我们的星球以及人类自己的健康都造成了诸多的影响（图6-2、表6-2）。

表6-2　建设资材与环境问题

环境问题	与建设资材的相关性
全球气候变化 全球气候变化的定义是气温、降水、风及其他气候方面的长期波动。气候变化对地球有许多潜在影响：如海平面上升、冰川消融、飓风频发、生物多样性丧失、食品供应减少以及人口迁移等	材料生产（例如水泥生产、钢铁加工）、材料运输的能源消耗会使温室气体（GHG）排放增加
化石燃料枯竭 化石燃料是工业化世界最为主要的能源，其开采速度是更新速度的数千倍。由于其更新需要数百万年，因此被认为是不可再生能源。随着储量的减少，其开采和加工成本会不断增加	发电和燃料消耗；塑料、沥青以及封闭剂、溶剂与粘合剂的原料
臭氧层消耗 平流层臭氧层可以防止紫外线短波辐射对地表的危害。氯氟烃（CFCs，推进剂和制冷剂）与卤代烷（用于灭火系统）会造成臭氧层变薄，使紫外线影响植物、农业和人体健康	氯氟烃（CFCs）、氢氯氟烃（HCFCs）、氮氧化合物的排放（例如冷却、清洁，铝和钢的生产）
空气污染 空气污染物是通过空气传播的固体或液体颗粒以及有害气体，这些物质会对环境和人体健康造成风险。《清洁空气法案》的修订案1990年通过，法案指定美国环保局监管电厂和工厂的标准空气污染物（CAPs）和有害气体污染物（HAPs）的排放水平	化石燃料燃烧、矿物开采、材料加工，生产、运输、建造与拆除
雾霾 雾霾是由于工业废气和燃料排放在地平面受阻滞，受阳光照射后发生反应的一种空气污染。例如，挥发性有机物与氮氧化合物发生反应后产生的臭氧，成为雾霾的一种成分	化石燃料燃烧、矿物开采、材料加工，生产、运输、建造与拆除

续表

环境问题	与建设资材的相关性
酸化 当酸性气体（主要是硫化物与氮化物）在水体中溶解，或与土壤颗粒粘合，地表水或土壤就会发生酸化。主要以酸雨的形式通过干湿沉降到达地表	化石燃料燃烧、金属提炼等过程产生的以及酸洗、酸性采矿废水与清洁剂等排放中的硫化物与氮氧化合物
富营养化 氮磷等营养物质在土壤与水体中积累过多造成对植物生长的过度刺激。富营养化是个自然过程，然而人类活动加剧了这个过程，造成物种组合变化，以及生态多样性衰退	雨洪径流中的非点源污染、工厂排污、废弃物
森林砍伐、荒漠化与水土流失 森林砍伐造成大规模森林消失，对环境造成生物多样性丧失、全球变暖、水土流失和荒漠化等不利影响	商业化种植，资源开采，采矿，取土
动物栖息地干扰 人类活动造成植物与动物群落的结构变化时栖息地就会被干扰或被破坏。改变环境条件、侵占栖息地、引入或移除物种，都可能引发栖息地被破坏	开矿、材料的挖掘与开采；生物质材料的种植；工业废气、废水、固废的排放
生物多样性丧失 全球气候变化，森林与栖息地破坏，空气、水与土壤的污染等都造成生物多样性在过去几个世纪不断退化。生物多样性对生态系统健康至关重要，它对维持人与环境的平衡有很多益处	资源开采，水资源消耗，酸化，热污染，工业废气、废水、固废的排放
水资源枯竭 人类活动与土地利用变化正在导致水资源枯竭，水的用量超过地下水供应能力，人类活动阻碍地下水补给。水资源枯竭的后果非常严重，水文循环受干扰，可用水资源越来越少，水污染越来越严重	水资源消耗；工业废气、废水、固废的排放
生态毒性 与那些对人类健康有消极影响的成分一样，通过空气、水体和土地传播的有害物质可能对生态系统的功能与健康造成消极影响，危害动物与植物	建筑材料开采、生产、利用、维护与处置过程中排放的固体废弃物和废气

资料来源：Ayers 2002; Azapagic et al. 2004; Graedel 1996; Gutowski 2004; UNEP 1999.

6.2.1 标准空气污染物

标准空气污染物（CAPs）被美国环境保护署认定为广泛分布的环境与人体健康威胁。CAPs 包括可吸入颗粒物（PM_{10} 和 $PM_{2.5}$）、近地面臭氧、一氧化碳、硫氧化物、氮氧化合物和铅。因其有害性，挥发性有机物、氨与 CAPs 一样在受监控之列。CAPs 主要来自为采掘、材料加工、制造、运输、建造与拆除活动提供机械动力的化石燃料。氮氧化合物、硫氧化物和可吸入颗粒物等 CAPs 会造成雾霾，影响人类呼吸系统功能、造成肺部损伤（U.S. EPA）。这些损害健康的影响带来了巨大的社会医疗负担。

6.2.2 有害气体污染物

有害气体污染物（HAPs）的排放和其他气体排放物占 2008 年有害化学污染物排放（TRI）的 29.5%（www.epa.gov/triexplorer）。虽然这些气体排放物造成了严重问题，但是随着污染控制设备、燃料、设备和生产工艺的改进，其排放已经减少了 30%，降低到 2001 年以前的水平。表 6-3 列出了 2008 年部分行业就地或异地排放的持久性生物积累有害物质（PBTs）、致癌物质、有害气体污染物和金属化合物的总量。

表 6-3 部分建材行业 2008 年废弃物排放总量

行业	排放总量（磅 / 年）			
	PBTs	致癌物质	HAPs	金属 / 金属化合物
金属开采	343291410	431355787	477827311	1122128731
木材产品	61680	2086350	6904342	592068
塑料与橡胶	88130	12763059	26578939	3728054
石材、玻璃、黏土	661095	2179146	7658525	2802761
原生金属	24282674	42174282	91522334	254953653
已加工原材料	863108	6907150	18427193	21376209

注：数据基于"就地和异地废弃物排放总量"。

6.2.3 水体的有毒废弃物排放

资材生命周期的所有阶段都会对水质造成影响。排向水体的污染物主要是废水排放，虽然与气体污染物相比，水体污染物负荷较小，但考虑到水对生物的重要性，可能会造成重要的大规模环境影响。向水体直接排放的有毒废弃物不足有毒废弃物排放总量的 1%，但是气体有害污染物常会沉降到水体中。而且排放在土壤中的污染物也最终会进入地下水和地表水中。

（Photo from the National Asphalt Pavement Association）

热拌沥青（115℃）
311°F

温拌沥青（110℃）
230°F

图 6-3 降低沥青铺装时的温度有助于减少排放和能源消耗。并列两辆卡车展示了降低混合温度减少排放的对比

即便排放量较小，废水对水质和水生态健康的影响却可能很大。原材料采掘会干扰和破坏栖息地、增加雨洪径流，向溪流、河道、湖泊和湿地输送泥沙和污染物。材料与产品的加工和制造会产生废水，污染水体。材料与产品的装配会影响场地周围的水质（例如清除混凝土和砂浆的场地清理活动），而且材料与产品的废弃会影响地下水和地表水的水质。

6.2.4 有害废弃物

排向土地的工业废弃物约占有害化学

污染物排放总量的 15%，2005 年达到 6.43 亿磅（1 磅 = 0.454kg）。这些污染物在垃圾堆放、渗沥过程中排放到地下水、地表水或土壤中去。还有约 18%（7.87 亿磅）采取普通填埋或弃置处理。9.72 亿磅实现就地或异地通过 I 级地下回灌井或有害废弃物填埋场处理。在 1990 ~ 2005 年间，地表水污染排放增长了 24%；而除填埋场或地下回灌处理之外的土地污染物排放增加了 350%（U.S. EPA，2007a）。

6.2.5　能源消耗与可再生能源

工业是最大的能源消耗部门，比运输和建设部门还要多。不可再生的化石燃料是美国包括建材生产在内的工业行业的主要能源（U.S. EPA，2007c）。美国工业企业的能耗主要来自于燃料和热电联产，这部分能耗比其购买电力带来的能耗还高。虽然燃料投入比电厂的能源效率要高（避免了电力传输的损耗），但由于许多企业像电厂一样没有装备高标准的污染净化设备，这样做会带来更大的空气污染。最近燃料价格的上涨可能促进工业企业提升能源利用效率或寻找替代能源。这对能耗集中的水泥和金属行业尤为重要。

6.2.6　碳排放的影响

化石能源的开采和使用主导了材料生产产物的物质流，二氧化碳的排放达到所有工业废弃物总质量的 80%。这使得大气成为工业废弃物最大的垃圾场（WRI，2000）。

在工业部门中，温室气体排放的直接来源是化石燃料的燃烧，间接来源是工业消耗所需电力的发电过程。二者结合占据了 2005 年 CO_2 排放总量的 27%。由于产量、能源要求以及燃料种类的不同，不同工业行业的温室气体排放量各不相同。

非能源相关的生产或工艺环节，也有温室气体排放。这类排放占到 2005 年美国温室气体排放总量 5%（U.S. EPA，2007b）。一些材料处理工艺借助化学反应，会释放 CO_2、CH_4、N_2O 等废气。建材生产制造过程中释放大量温室气体的有钢铁生产、水泥制造、石灰生产、玻璃生产、锌的生产（用于电镀和合金）等。

石油是沥青、塑料、合成橡胶、粘合剂、封闭剂和溶剂的制造的主要原料。这类产品的制造会产生成全球变暖潜能值（GWP）的排放。产品使用过程中也会造成排放，例如溶剂使用时的挥发。化石能源的非燃料用途也可导致碳固定[1]。2005 年，化石燃料的非能源利用造成的碳固定相当于 3 亿吨 CO_2 当量（U.S. EPA，2007b）。沥青、柏油与木材是使用阶段主要的碳固定来源。

6.2.7　材料与产品的隐含能

一种材料或产品生命周期中所有阶段的能源消耗被称为隐含能（embodied energy，EE）。隐含能指的是建材产品在原材料开采、制造、运输、使用和废弃过程中所消耗的总能耗。相对于加工程度高或工艺复杂的材料，加工程度低的材料隐含能更低（图 6-4、图 6-5）。

1　碳固定：碳在较长时间尺度上（譬如千年以上量级）稳定聚集的存储称为"碳固定"。——译者注

图 6-4　如果石材是当地开采和加工的，则属于隐含能相对低的材料。在纽约泪滴公园，迈克·凡·范肯伯格事务所为公园中的水冷壁和其他构筑选用的青石，都是从距离场地100英里（160.93km）以内的采石场开采的

图 6-5　迈克·凡·范肯伯格事务所在威利斯利大学校友之谷生态恢复项目中，在沼泽地的边缘修建了蜿蜒的草地和林地小路。植被为主的路面成为一种隐含能非常低的道路表面

设计：Michael Van Valkenburgh Associates；摄影：Elzabeth Fellicella

　　如果一种产品在粗加工中具有较高的能源要求（如不锈钢和铝），可以通过尽量增加回收成分的比例来减少生产这种材料的能耗。

　　量化产品生产消耗的所有能耗极具挑战。隐含能的分析可以设定不同的参数。例如，隐含能的核算一般既包括单向生产流程（原材料开采到出厂），也包括循环生产流程（原材料开采到回收再生）；也能用于评估某一个制造环节。如果产品很复杂（由多种材料制成，例如由钢材和木材制成的坐凳），那么坐凳的隐含能既包括来自两种组件的能耗输入，也包括组装过程的能耗输入。常见场地建材的隐含能数据见表6-4。

表 6-4　场地建材的隐含能和隐含碳

建材（1t）	隐含能（MJ/t）	隐含碳（kgCO$_2$/t）	备注 *
热混沥青铺装（零回收材料）	10583[b]	185[b]	包括原料的能量值； 数据基于加拿大平均应用； 统计范围为开采到出厂
热混沥青铺装（20%回收材料）	8890[b]	177[b]	包括原料的能量值； 数据基于加拿大平均应用； 统计范围为开采到出厂
波特兰水泥	5232[b]	908[b]	加拿大平均值
波特兰水泥（21%～35%粉煤灰）	4450～3680[f]	740～610[f]	

续表

建材（1t）	隐含能（MJ/t）	隐含碳(kgCO₂/t）	备注 *
波特兰水泥（36% ~ 65% 高炉矿渣）	4170 ~ 3000[f]	630 ~ 380[f]	
混凝土	750[f]	100[f]	具体到特定种类有助于提高计算精确性；假设 12% 的水泥
混凝土铺装	790[b]	116[b]	加拿大平均值是 30MPa 下 13% 粉煤灰和 18% 高炉矿渣；统计范围为生产到出厂；不包括钢筋
钢筋混凝土	1790[f]	172[f]	每 1m³100kg 钢筋
预制混凝土	1200[f]	127[f]	常规混合
混凝土砌块	1855[c]	180[c]	数据基于多伦多平均值；统计范围为生产到出厂
常规黏土砖	4584[c]	232[c]	数据基于加拿大平均值；统计范围为生产到出厂
普通砖	3000[f]	230[f]	
砂浆（1：3 水泥—砂拌和）	1330[f]	208[f]	数值根据 ICE 水泥、砂浆和混凝土标号估算而来
砂浆（1：4 水泥—石灰—砂拌和）	1340[f]	200[f]	数值根据 ICE 水泥、砂浆和混凝土标号估算而来
砂浆（1：2：9 水泥—石灰—砂拌和）	1030[f]	145[f]	数值根据 ICE 水泥、砂浆和混凝土标号估算而来
瓷砖（陶瓷）	12000[f]	740[f]	数据范围极大且数据量有限
水泥及土混合料	680[f]	60[e]	水泥含量 5%
夯土	450[f]	23[f]	水泥量无规定
砾石	83[f]	4.8[f]	根据英国实测工业燃烧数据估算
粒料基层	90[b]	7[b]	统计范围为生产到工地（加拿大平均水平）；细骨料和粗骨料 50/50
粒料底基层	75[b]	6[b]	统计范围为生产到工地（加拿大平均水平）
级配砂石	300[e]	17[e]	
花岗岩	1100[f]	640[f]	
进口花岗岩	13900[a]	747[a]	英国从澳大利亚进口
石灰石	1500[f]	87[f]	
砂	81[f]	4.8[f]	
石灰（水合物）	5300[f]	760[f]	隐含碳估算难度较大

续表

建材（1t）	隐含能（MJ/t）	隐含碳(kgCO₂/t)	备注*
铸铝产品	159000ᶠ	8280ᶠ	原料 14.3MJ/kg; 全世界平均回收材料含量: 33%
铝（挤制）	154000ᶠ	81260ᶠ	原料 13.63MJ/kg; 全世界平均回收材料含量: 33%
铝（轧制）	155000ᶠ	8260ᶠ	原料 13.8MJ/kg; 全世界平均回收材料含量: 33%
黄铜	44000ᶠ	2460ᶠ	数据不足; 受矿石品级影响较大
铜	42000ᶠ	2600ᶠ	假设回收材料含量 37%; 数据范围较大; 受矿石品级影响
铅	25210ᶠ	1570ᶠ	假设回收材料含量为 61%
钢（棒材）	17400ᶠ	1310ᶠ	假设回收材料含量为 59%
钢（镀锌板材）	22600ᶠ	1450ᶠ	回收材料含量: 59%
钢（管材）	19800ᶠ	1370ᶠ	回收材料含量: 59%
钢（板材）	25100ᶠ	1550ᶠ	回收材料含量: 59%
钢（型材）	21500ᶠ	1420ᶠ	回收材料含量未说明
钢（薄板材）	18800ᶠ	1300ᶠ	回收材料含量: 59%
钢（线材）	36000ᶠ	2830ᶠ	
不锈钢	56700ᶠ	6150ᶠ	假设回收材料含量为 42.3%; 304 级不锈钢世界平均数据
钛	361000 ~ 745000ᶠ	19200 ~ 39600	初级品数据; 无近起数据，数据范围较大，样本容量较小
锌	53100ᶠ	2880ᶠ	不确定碳估计值（一般燃料构成估算而来）; 假设回收材料含量为 30%
普通聚氯乙烯（PVC）	77200ᶠ	2610ᶠ	原料（包含）能: 28.1MJ/kg; 假设为欧洲建筑行业普通 PVC
PVC 管	67500ᶠ	2560ᶠ	原料能耗（包含）: 24.4MJ/kg
PVC 注模	95100ᶠ	2690ᶠ	原料能耗（包含）: 35.1MJ/kg。如生物量作用包含在内，可将 CO₂ 降到 2.23kgCO₂/kg，将 GWP 降至 2.84kgCO₂/kg
普通聚乙烯（PE）	83100ᶠ	2040ᶠ	欧洲建筑行业各种常用 PE 的平均原料能耗: 54.4MJ/kg; 根据欧洲建筑行业各类型的平均消耗
高密度聚乙烯（HDPE）	76700ᶠ	1570ᶠ	原料能耗（包含）: 54.3MJ/kg。不包括最终装配
HDPE 管	84400ᶠ	2020ᶠ	原料能耗（包含）: 55.1MJ/kg
低密度聚乙烯（LOPE）	78100ᶠ	1690ᶠ	原料能耗（包含）: 51.6MJ/kg; 不包括最终装配

续表

建材（1t）	隐含能（MJ/t）	隐含碳（kgCO₂/t）	备注*
丙烯腈—丁二烯—苯乙烯共聚物（ABS）	95300[f]	3050[f]	原料能耗（包含）：48.6MJ/kg
尼龙6	120500[f]	5470[f]	原料能耗（包含）：38.6MJ/kg； 不包括最终装配； 据欧洲塑料贸易协会了解，在欧洲有 2/3 的尼龙用于纺织品、地毯等纤维制品，而其余绝大部分则用于喷射铸模； 一氧化二氮和甲烷排放对 GWP 具有较大作用
聚碳酸酯	112900[f]	6030[f]	原料能耗（包含）：36.7MJ/kg； 不包括最终装配。
聚丙烯（注模）	115100[f]	3930[f]	原料能耗（包含）：55.7MJ/kg
发泡聚苯乙烯	88600[f]	2550[f]	原料能耗（包含）：46.2MJ/kg
聚氨酯弹性泡沫塑料	102100[f]	4060[f]	原料能耗（包含）：33.47MJ/kg； 原料能数据可用性较差
软木木材（小尺寸，未烘干）	2226[d]	132[d]	2×6 及以下产品； 统计范围平均为生产到美国场地
软木木材（小尺寸，烘干）	9193[d]	174[d]	2×6 及以下产品； 统计范围平均为生产到美国场地
软木木材（大尺寸，未烘干）	1971[d]	101[d]	2×8 及以上产品； 统计范围平均为生产到美国场地
软木木材（大尺寸，烘干）	9436[d]	179[d]	2×8 及以上产品； 统计范围平均为生产到美国场地
胶合梁	20440[d]	505[d]	统计范围平均为生产到美国场地
平行胶合材	17956[d]	529[d]	统计范围平均为生产到美国场地
单板层积材	10431[d]	262[d]	统计范围平均为生产到美国场地
胶合板	15000[f]	1070[f]	化石燃料和生物量分裂碳数据（0.42fos+0.65bio）

*：除非另作说明，否则系统边界均指从开采到出厂。

[a] Hammond，G. 和 C. Jones.，2006。所有数据均基于在英国使用的材料。数据来源于英国和欧盟以及在世界范围内的平均值。数值可能与美国的数据有所差异，但可用于材料间的比较。

[b] 雅典娜可持续材料研究院（Athena Sustainable Materials Institute），2006年。（数据由立方米换算而来；沥青铺装的密度假设为 721kg/m³；混凝土密度假设为 2354kg/m³。CO₂ 相关数据为总 CO₂ 当量。）

[c] 雅典娜可持续材料研究院，1998年。

[d] ATHENA® 建筑物影响估计器，2.0 版。雅典娜可持续材料研究院，加拿大安大略省梅里克维尔。（数据由立方米换算而来。软木木材密度假设为 550kg/m³，平行胶合材密度假设为 630kg/m³，单板层积材密度假设为 600kg/m³。CO₂ 相关数据为"全球变暖潜力"总 CO₂ 当量。）

[e] Hammond，G. 和 C. Jones.，2008。所有数据均基于在英国使用的材料。数据来源于英国和欧盟以及在世界范围内的平均值。数值可能与美国的数据有所差异，但可用于材料间进行比较。

[f] Hammond，G. 和 C. Jones.，2011．"碳 & 能储存清单"，2.0 版。英国巴思：巴思大学机械工程系。

6.2.8 材料与产品的隐含碳

隐含碳（embodied carbon，EC）指的是材料和产品的生命周期中所释放 CO_2 的总和。由于化石燃料是材料或产品生命周期大部分阶段中最为主要的能源，所以隐含碳值一般而言与隐含能值一致。具有较高隐含能的产品，一般也会具有较高的隐含碳。也存在一些例外情况，如使用了可再生能源或清洁能源，就会出现隐含能高而隐含碳低的情况。隐含碳的分析参数也比较复杂，一般包括单向生产流程和循环生产流程。

建材隐含能和隐含碳分析的局限性

隐含能和隐含碳分析是一种材料或产品评估方法，有较大的实际意义。但在进行材料和产品评估或比较时，不宜只考虑这两种因素。隐含能和隐含碳分析的局限性有：

（1）与生命周期评价（LCA）不同，这两种方法不能直接评价材料生产和加工期间产生的排放物、环境影响和废物；

（2）隐含能无法区分能源之间的优劣，如无法体现煤炭比天然气造成更大的环境影响；使用可再生能源时，隐含碳值会降低，但隐含能则不会；

（3）隐含能和隐含碳数据波动幅度较大，因种种原因（如分析参数和方法、国家、运输距离、制造工艺、燃料投入以及回收品含量）有时可达100%。

（4）隐含能和隐含碳数据往往按材料的质量或体积表示，但由于材料的密度不同，进行比较时可能会出现偏离。例如，一t铝的隐含能数值可与一t钢进行比较，但由其制成的实际构筑物的质量（例如扶手）可能会出现较大的不同。根据大多数估算值，铝扶手与1/3的钢扶手重量相当。

（5）有些隐含碳分析并不考虑材料生产期间释放的其他温室气体。例如，生铁冶炼和铸造工艺会产生烧结物，冶金焦炭会释放甲烷（CH_4）（甲烷是一种比二氧化碳危害大得多的温室气体）。隐含碳分析中考虑碳当量能提升其全面性。

6.3 材料对人体健康的影响

接触人造或天然的有毒材料会对人体健康产生不利影响。建筑材料生命周期中各阶段均有可能会有有毒化学品和有害物质。许多有害物质来自塑料制品 [如聚氯乙烯（PVC）、聚苯乙烯、丙烯腈 - 丁二烯 - 苯乙烯共聚物（ABS）、溶剂、粘合剂等] 的生产、使用或废弃。这些物质可能造成急性刺激、慢性疾病，甚至死亡。有些物质还是致癌物质、诱变剂、内分泌干扰物、生殖有害物、致畸物或致命毒素（表6-5）。

表 6-5　人体健康问题及其跟踪机构

人体健康与有害化学品的关系	跟踪相关影响的机构
致癌物：致癌物质是指会引起或增加癌症风险的物质。建筑材料中或在其加工、生产和废弃过程中，会含有致癌物或疑似致癌物。氯乙烯（常用于 PVC 生产）会引发肝癌；甲醛可能会引发鼻窦癌和脑癌；铬、镍和镉等重金属可吸入颗粒物会导致肺癌（Healthy Building，Network[1] 2007）	世界卫生组织下属的国际癌症研究中心（IARC）； 美国环境保护署下属的综合风险信息系统（IRIS）发布的致癌物清单； 美国国家职业安全与卫生研究院（NIOSH）致癌物清单； 按已知、可能、疑似等标准分类的致癌物质清单
生物累积性有毒污染物（PBTs）：PBT 是可在环境中长期存在，并在食物链中不断积累的有害化学物质，会对人类和生态系统造成严重危害。 PBT 的特点是很容易在空气、水及土壤之间传递，其传播也不受种群、地理、世代等因素影响。PBT 可对人体健康产生很多不利影响，其中包括神经系统疾病、生殖生育疾病、癌症以及遗传问题疾病等（EPAwww.epa.gov/pbt/pubs/<http://EPAwww.epa.gov/pbt/pubs/>aboutpbt.htm ）。 场地建筑材料相关部分的 PBT 问题有：PVC 和水泥生产以及 PVC 废弃易产生的致癌物二噁英；金属生产和加工中产生的铅、汞、铬和镉等重金属污染物	联合国环境规划署（UNEP）——持久性有机污染物公约； 欧盟联合研究中心、健康和消费者保护研究中心——化学物质信息系统； 美国环境保护署发布的首要 PBT 污染物清单
生殖或发育毒素：生殖毒素会扰乱男性和女性的生殖系统。致畸物是指在妊娠到出生期间引起发育缺陷的物质，或指会引起结构性或功能性先天缺陷的物质（有毒物质及疾病登记处）。化石燃料燃烧以及金属和金属饰面加工时释放出的铅和汞属于生殖毒素	欧盟委员会生殖有害物名单（见 76/769 号法案的附录 I）； 美国国家卫生研究中心（NIH）——国家毒理学计划（NTP）； 加利福尼亚州环境保护署的环境健康危害评估办公室（OEHHA）； 1986 年《饮用水安全与有毒物质净化法案》
高度毒性物质：美国职业安全和健康总署（OSHA）规定的高度毒性物质，是指仅一次接触或短时间接触既可能致命或导致器官受损的有毒物质。OSHA 根据剂量和受体重量设定了阈值。高度毒性物质清单是综合考虑其对公众健康的危害、存在的广泛程度以及接触容易度来设定的（CERCLA，2005）	美国卫生部有毒物质及疾病登记处发布的 CERCLA 首要危险物清单
内分泌干扰物：内分泌干扰物是一种会扰乱人体激素分泌，干扰发育的合成化学品	美国环境保护署，化学品安全和污染防治办公室——内分泌干扰物筛选计划（EDSP）； 欧盟委员会环境优先等级清单； 美国环境健康科学院（NIEHS）
神经毒素：神经毒素是指一种作用于神经系统的有毒蛋白质复合物	神经毒素研究中心（NTI）
诱变剂：诱变剂是一种会增加基因突变概率的物质。这种突变会导致细胞缺陷或癌症。诱变剂可能是某种生物或化学制剂，有可能由紫外线或电离辐射导致	美国环境诱变剂学会（EMS）； 马里兰大学发布的诱变剂清单（部分）

　　在建筑材料的生命周期中，人们接触有毒物质的途径众多，由于有毒物质的影响往往并不明显，因而常常被忽略。一些矿物的尾矿会导致栖息地和流域污染，造成毒素在鱼类体内富集，并最终进入食物链；加工和制造过程中的有害化学品可能被排放到水中，然后转移进饮用水中；某些加工工艺产生的有害物质可能通过呼吸或皮肤接触给工人的人身健康带来危

1　健康建筑组织。——译者注

险。沥青密封胶和 CCA[1] 处理的木材等材料在施工期间对接触者是有害的。常用的粘合剂、面漆、封闭剂和养护产品可能含有有毒物质和挥发性有机物；垃圾填埋可能威胁地下水源的清洁；而 PVC 等材料的焚烧会释放二噁英，并最终进入食品中。美国职业安全和健康总署的危险品标准对材料安全的标识有强制要求，凡可能对人体健康产生危害的材料/产品均需明确标识。

生态建筑挑战计划提出的材料黑名单

生态建筑挑战计划（LBG）是国际生态建筑研究中心制订的一项计划，其中有一项名为"材料黑名单"的硬性要求。LBG 要求参加认证的项目避免使用含下列成分（对人体和环境健康具有潜在影响）的建筑材料。

项目不得使用黑名单中的材料或化学物质 *：

（1）石棉；

（2）镉；

（3）聚氯乙烯和氯磺化聚乙烯[a]；

（4）氟氯化碳（CFC）；

（5）氯丁二烯（氯丁橡胶）；

（6）甲醛（添加）；

（7）卤化阻燃剂[b]；

（8）氢氯氟烃（HCFC）；

（9）铅（添加）；

（10）汞；

（11）石化化肥和杀虫剂[c]；

（12）邻苯二酸盐；

（13）聚氯乙烯（PVC）；

（14）含木馏油、砷或五氯苯酚的木材处理。

鉴于经济成本等原因，黑名单中一些材料暂时可以例外。

* 由于制造工艺的多样性，对于组成成分超过 10 种的合成产品，只有一小部分例外。组装产品的组件采用成分中有一小部分配件含有上述物质的可列入属例外情况并列入相关表格，但其重量和体积含量均必须低于整个产品的 10%。根据要求 14：合理寻购的规定适合的材料来源，如在分配区域内无法取得符合要求的材料或产品，允许跨区域；如在本标准原指定区域内能够取得符合规定的产品，则该项例外取消。

下页续

1　CCA 木材防腐剂主要化学成分为铬化砷酸铜（Chromated Copper Aarsenate），处理后的木材表面可以上漆。——译者注

例外要求必须以书面形式提交并需附有说明。许可例外的最终文件必须随信（保证产品采购不表示认可）连同该公司停止使用黑名单材料/化学制品的声明一起发送给制造商生产商。所有例外情况（包括本标准和用户手册中列出的情况）均要求发信向制造商生产商说明。信件模板样本见生态建筑社区网站。详情参见用户手册。

　　a 不包括 HDPE 和 LDPE。

　　b 卤化阻燃剂有 PBDE、TBBPA、HBCD、十溴二苯醚（Deca-BDE）、TCPP、TCEP、得克隆（Dechlorance Plus）及其他含溴或含氯的阻燃剂。

　　c 要实现生态建筑，则在认证期间或后续运营和维护时不得使用石化化肥和杀虫剂。

（资料来源：国际生态建筑研究中心生态建筑研究所，2010）

6.4　材料对环境和人体健康影响的评价

　　重视材料和产品生命周期对环境和人体健康影响，可以降低环境和人体健康维护的经济代价。然而材料的评价和选择可能是可持续性场地设计中最令人困惑和最有争议的部分。可持续景观场地设计的其他方面比较容易量化，例如，通过水文分析可以确定沿街道雨洪净化和入渗的生态沟的尺度和类型；但很难从环境影响角度，如街道铺装是选择沥青还是风化花岗岩这样的问题，通过量化比较的方式作出决定。

　　评估材料或产品对环境和人体健康影响的过程中，第一个问题就是："什么样的影响？"全面评价材料生命周期各个阶段、各种输入输出物质（能源），是一个浩大的工程，甚至可能是无止境的。这种方法称为生命周期环境影响清单（lifecycle inventory，LCI），其过程复杂，最好由材料专家和了解生产流程的专业人员执行。此外，LCI 需要专业人员进行解读，而且材料的对比离不开基于数据的主观评价和判断。

　　第二个问题是："进行材料和产品的对比时，各类影响的相对重要性、风险是什么样的？"这也是材料评价最重要的工作。确定某种环境和人体健康影响的权重很有挑战性，不同的权重会产生截然不同的结果。有人认为资源高效利用、闭合循环利用是重中之重（McDonough and Braungart，2002）；而有的人则强调全球气候变化和减少碳足迹是最重要的问题（www.architecture 2030.org）；还有人把减少建材对人体健康的影响作为首要目标（www.healthybuilding.net）。

6.4.1　材料的生命周期评价

　　材料的生命周期评价（lifecycle assessment，LCA）又称生命周期分析，是一种评估建材产品、服务和工艺对环境影响的定性评价方法。它是评估材料和产品对环境和人体健康影响最为全面的一种方法，但同时它也很难理解且往往无法得到明确答案。生命周期评价可在规定范围内 [从开采到出厂（cradle to gate），或从开采到废弃（cradle to grave）] 识别并量化产品的环境影响。所有输入（能量、水、资源）和输出（废气、废水和废物）都可定量。国际标准化组织（ISO）将生命周期评价定义为全面汇编评估产品整个生命周期输入、输出及其潜在影响的工具（ISO，1996）。生命周期评价共分 4 个阶段：目标和范围确定、清单制作和分析、影响评估和说明（ASTM，2005）（表 6-7）。

6.4.2 环保产品声明

环保产品声明（environmental product declaration，EPD）是公开产品生命周期环境影响的文件，反映了一个产品在其整个寿命周期内对环境的影响。环保产品声明采用参考生命周期综合评价数据，并符合 ISO-14020 系列国际标准的分类和标准，之后再经综合生命周期评价数据并按照国际标准化机构 14025 系列标准中的类型和准则执行。然后再经第三方的审计验证审核。理论上，这使得产品、材料可以基于统一的标准进行评估。这样可以按评估准则进行产品比较。目前，EPD 的主要使用者为制造商、生产商，但其也有助于设计师进行产品对比。挑战在于设计师进行产品比较时也可以采用环保产品声明，此时其难度在于找出具有环保产品声明的场地建筑产品。

6.4.3 产品的可持续性评价

当材料或产品没有生命周期评价信息时，也可以用不那么精确和量化的手段对其可持续性进行评价。对于收集材料生命周期各个阶段对环境和人体影响的相关信息，可持续性评价法（sustainability assessment，SA）有一系列的问卷和说明。信息收集完成后，可根据项目或业主的要求和具体目标进行评估（ASTM International，2003）。

表 6-6 列出了进行建材或产品可持续性评价时需要考虑的内容。该评价体系已经针对建材产品做了调整。因为收集到的信息可能纷繁复杂，因而评估体系不会得出所谓的最佳材料；同时，由于不同项目的重点不同，各项内容的重要程度也不尽相同。问题的设置主要是为了明确材料的主要环境影响、危害或机遇，目的是为材料或产品选择提供启示和参考。评估问题的解答来源丰富，包括厂商和经销商、政府资料和标准、美国和国际机构的健康风险统计、材料安全性数据说明等。此外，并非全部问题都适用于所有材料／产品，有些可能需要增加一些额外问题。

表 6-6　可持续性评价

可持续性评价问题（ASTM E 2129–10）	评估和评论
1　产品原料获得	
1.1　在获取产品原材料时是否已通过系统管理、场地恢复等努力减少或避免不利环境影响（如：影响珍稀或濒危资源或物种、释放有毒化学物质或有害气体污染物等）？如果是，请详细说明	获取原料时不宜采取滥伐、露天开采或疏浚等滥采、滥挖的方式； 参见参考：国际自然保护联盟（IUCN）的红名单保护名录；《华盛顿公约》（CITES）关于濒危物种国际贸易的规定；以及国际贸易公约和美国鱼类和野生动物保护管理服务局的相关规定

续表

可持续性评价问题（ASTM E 2129–10）	评估和评论
1.2 产品是否含有回收成分？如果是，标明回收成分的比例，并区分说明工业废品还是消费废品	回收材料推荐比例可参见美国环境保护署的《综合采购指南》。如条件允许，回收材料应从再生产品加工厂附近获得
1.3 （如适用）含回收成分的产品中回收成分比例是否符合美国环境保护署《综合采购指南》的推荐比例	如采购指南中无明确规定，产品含回收成分应最少含 25% 的工业废品和 50% 的消费废品
1.4 产品是否 100% 可回收？如果不是，请标明产品可回收的比例	较难拆卸或降解的复合材料和混合材料组件可能不具备可回收性
1.5 产品是否为生物质产品（例如农业或林业材料）？如果是，请标明来源和生物成分的比例。如只是某一组件而不是整个产品含有生物成分，请详细说明	建议采用有机农业生产措施；产品是否为美国农业部（USDA）《生物扶持采购计划》所指定的产品？如果是，产品是否达到或超过该计划的建议生物含量
1.6 产品是否由可再生资源制成？如果是，标明可再生循环周期以及产品中该资源的含量	如果产品的使用寿命长于材料的再生时间则可认为是可再生产品。例如：红杉木料如使用时间超过 25 年，就可认定为可再生产品
1.7 产品在使用中是否符合美国环境保护署挥发性有机物排放的（VOC）国家标准	
1.8 产品在使用中是否符合加利福尼亚南海岸空气质量管理区（SCAQMD）对挥发性有机物含量的规定	
1.9 产品质量 80% 的原材料是否是从场地 150 英里（241km）（高重量产品）、500 英里（805km）（中重量产品）或 1000 英里（1609km）（低重量产品）范围内开采、加工或回收而得	环境影响随运输方式而不同。铁路和水运运输与卡车或飞机运输相比燃料效率更高。运输过程中满载和直接交货燃料效率也较高

2　生产

2.1 在原材料开采到产品运往工地的阶段，生产商是否采取减少不可再生能源使用的措施？如果是，请详细说明	生产商应提供能耗信息；生产商是否加入美国环境保护、美国能源部等部门的节能计划；生产商是否使用 Green-E 认证的能源
2.2 产品生产过程中产生的废物是否实现就地回收？如果是，回收的比例是多少？如果没有，废物如何处理	生产商是否在场外的其他生产过程中实现废物回收；生产商是否加入废物再生或废物交换等工业生态化的行动
2.3 产品生产过程中是否使用美国环境保护署发布的"有毒排放物清单"（TRI）中的物质，且用量达到需申报的水平？如果是，标明单位产品释放的 TRI 物质的量	潜在影响评价要求参见表 6-5
2.4a 产品生产过程是否使用了美国国家毒理学计划（national toxicology program）报告中的致癌物质	2.4b 如果在生产过程中直接添加了国家毒理学计划报告中的致癌物质（或有供货商的产品中使用了相关致癌物质），其浓度是否超过了材料安全性数据说明中（MSDS）应申报的水平？如有，标明该物质名称、危害等级以及单位产品添加量。 2.4c 产品生产过程是否添加了美国环境保护署规定的持久性生物积累有害物质（PBT）或《斯德哥尔摩公约》"持久有机污染物清单"（POP）中的物质？或产品生产的副产物属于上述规定范围内

续表

可持续性评价问题（ASTM E 2129-10）	评估和评论
2.5 是否对生产工艺采取限制和减少不利环境影响的改进措施？如果有，请就并对衡量标准和改进程度进行说明	
2.6 如果生产过程使用了水，是否采取节水或水循环利用措施？如果是，对相关措施节水与总耗水比例进行说明	生产用水排放时是否经过净化、过滤处理
2.7 生产商是否采取以下措施？如果是，标明措施采取时间并对衡量标准和改进程度进行说明	2.7a 是否重新设计生产工艺以减少温室气体的排放； 2.7b 是否重新设计生产工艺以减少废水排放； 2.7c 是否重新设计生产工艺以减少有毒物质的使用； 2.7d 生产过程中是否使用较为安全的溶剂代替传统溶剂； 2.7e 是否采用更严格的防尘措施； 2.7f 是否安装烟囱集尘器或气体洗涤装置； 2.7g 是否设立厂内固体和有害废物减少项目或是否对其进行改进
2.8 加工厂区是否符合或超过相关职业、健康和安全要求	对生产或制造工作人员是否有材料安全性数据说明的要求； 制造厂是否符合美国职业安全和健康总署（OSHA）的要求

3 安装和运行

3.1 如适用，产品是否符合美国环境保护局"能源之星"评级或达到美国能源部"联邦能源管理计划"的推荐标准	
3.2 对产品能源效率及其影响进行说明	
3.3 对产品日常维护程序进行说明	产品维护是否可以避免使用有毒清洁剂、封闭剂或涂料
3.4 适当日常维护的条件下，产品在场地上可使用的时间	产品预期寿命是否满足或超过场地的预期寿命； 生产商是否提供产品使用寿命相关信息或鼓励根据行业准则确定产品的使用寿命
3.5 生产商在产品交付到施工现场时是否一起提供合理使用和维护所要求的详细说明以确保产品使用寿命	
3.6 产品安装中是否有对工人有危害的组件？如果有，对降低上述影响可采取的措施进行说明	详情参见材料安全性数据说明（MSDS）的要求
3.7 如适用，产品是否符合 EPA WaterSense® 认证的要求	

4 回收或废弃

4.1 产品是否易于拆除，以及使用后是否易于回收或再利用	生产商是否采用可拆解设计的原则生产产品？如是，请详细说明。参见本章下文可拆解设计（DfD）策略
4.2 产品是否可回收	在距离场地的合理运输距离内是否有材料或产品回收设施； 有些面漆或粘合剂会造成产品无法回收利用
4.3 产品是否可生物降解或分解	产品在合理时间内是否可分解为温和的有机成分

续表

可持续性评价问题（ASTM E 2129-10）	评估和评论
4.4　如产品可回收，其废弃是否有害	材料或产品在垃圾填埋场或焚烧炉中处理时是否有危险？如在进行填埋，材料／产品中的化学物质是否会影响土壤或地下水？如采用焚烧，是否会释放有害化学物质或颗粒？二噁英等成分是否难以"净化"？处理期间释放的化学物质是否是美国环境保护署指定减排的物质

5　环境保护政策

5.1	生产商是否具备书面环境政策	生产商是否有执行环境管理系统（EMS）计划
5.2	生产商是否执行回收计划或其他通过促进产品回收或重复利用的计划	如否，对产品成为废料后对环境的影响进行说明。如是，对在使用寿命结束时产品的实际重复利用或回收量进行说明
5.3	生产商是否执行产品包装减少计划？如果是，进行相应说明	
5.4	生产商是否执行有利于产品包装返回、重复利用、回收或降解的计划？如果是，进行相应说明	
5.5	生产商是否提供产品使用寿命相关信息或鼓励根据行业准则确定产品的使用寿命	
5.6	生产商是否提供减灾相关信息（如自然灾害期间的产品性能或自然灾害后的相应反应）	
5.7	是否有产品环境声明支持文件	生产商是否参与可靠的第三方产品认证或评估系统
5.8	是否有其他需要注意的建筑产品环境质量相关信息	生产商是否进行全面 LCA 或环境产品报表

资料来源：Adapted from ASTM E2129-10 2010；HBN Pharos Project（www.pharosproject.net/wiki/）；Mendler, Odell, and Lazarus 2006；Center for Sustainable Building Research 2007.

生命周期评价和可持续性评价与生命周期经济成本评价（lifecycle costing，LCC）不同。生命周期评价和可持续性评价针对某一材料整个寿命内的环境和人体健康成本，而生命周期经济成本评价则针对经济成本。它们都考虑了产品使用的时间以及期间所需的维护。生命周期评价对可持续设计最为重要，但生命周期经济成本评价可以说明材料采购价格的高昂能够在长期的使用中得到平衡。

表 6-7　建筑材料 LCA 数据的评估方法

方法	发起机构
Athena 环境影响评价	ATHENA
建筑环境和经济可持续性（BEES）	美国国家标准技术研究院
EcoScan	TNO 建筑环境与地理科学研究院
EIME	法国国际检验局（Bureau Veritas）CODDE
GaBi	PE International GmbH

续表

方法	发起机构
Green-E	Ecointesys—Life Cycle Systems
LCA-Evaluator	GreenDeltaTC
LEGEP	LEGEP Software GmbH
OpenLCA Framework	GreenDeltaTC
REGIS	Sinum AG
SimaPro	PRe Consultants B.V.
WISARD	Ecobilan — PricewaterhouseCoopers

资料来源：European Commission, Joint Research Centre (n.d.).

6.4.4 标准、商标和认证系统

随着建材的环境影响日益受到重视，由非营利组织、政府部门、营利机构、生产商及贸易协会等制定了许多标准、评估体系、规范、指南和认证，用于指导材料和产品的选择。生产商处于商业推广的目的或强制性标准的要求，会发布产品的环境影响报告；而由贸易组织或咨询公司发布的第二方评估报告，由于其营利性的特点，可能出现利益冲突问题。而第三方中立组织的评估通常更加客观，更有说服力。

评估标准或认证的目标广泛，有的主要关注解决具体问题，如回收材料含量或室内空气质量；有的则关注系统性问题，包含一系列评估标准。表 6-8 ~ 表 6-10 简要介绍了一些主要的绿色产品标准、数据库、认证。

表 6-8 产品认证系统

EcoLogo，环境选择 EcoLogo 组织； 第三方认证	EcoLogo 于 1998 年由加拿大政府建立，涵盖了 250 多种产品。场地建材产品包括：油漆、木材防腐剂、粘合剂、脱模剂、封闭剂和钢筋。EcoLogo 认证体系的制定涉及采购方、环保机构、工业企业、消费者、学术界、政府及其他有关团体。作为一种 "I 类生态评估认证"（见国际标准化机构在 ISO 14024 中的定义），其制定和评估采用生命周期法
绿色徽章（Greenseal）认证	绿色徽章是非营利性组织，利用以科学为基础的生命周期法制定多种材料和涂料的标准。绿色徽章标准适用场地建设中的油漆、去油剂、封闭剂、清洁剂和维护。绿色徽章也列举了达到其标准的产品
循环生产认证（C2C） 麦唐诺·布朗嘉化学设计公司 （McDonough Braungart Design Chemistry，MBDC）； 第二方认证	C2C 是一个针对建材产品的认证系统。根据产品的化学危害、材料再利用、可回收性、能源和水的消耗等，可将产品认证为银级、金级或白金级。 均质材料或较为简单的产品可认证为 C2C 技术 / 生物养分产品。 认证产品会按类型、公司名称和认证等级在 MBDC 网站上展示。C2C 认证的场地建筑产品包括：木材防腐剂、混凝土添加剂、运动场面材、涂料和清洁剂等

能源之星（Energy Star） 美国环境保护署和美国能源部； 第三方认证	能源之星是评价照明、加热和冷却设备节能性能的一项自愿性认证体系。该体系力争将市场上 1/4 的产品纳入认证中。生产商须按照一系列第三方程序进行信息验证
水源之星（WaterSense） 美国环境保护署； 第三方认证	这是一项独立而公正的第三方认证，目标是识别出节水性能较高的产品。认证产品包括灌溉系统和灌溉控制技术
森林认证体系	参见木材认证章节
绿色能源认证 （Green-e Energy）	绿色能源认证的目的是在美国、加拿大减少电能使用对环境的影响； 绿色能源认证制定于 1997 年，目的是通过明确的规范、标准，加强对新兴可再生能源市场消费者的保护； 绿色能源认证对消费者的保护非常严格，其标准的制定和修改公开透明，由数以百计的利害相关方共同参与
可持续材料评估（SMaRT） 第三方认证	可持续材料评估的评分体系基于多元标准对产品的各类环境影响进行综合评价。其开发方（Market Transformation to Sustainability，MTS）指出可持续材料评估的目的是："基于环境、社会和经济综合标准，促进全世界 80% 以上产品环境益处的提升"
欧盟生态认证（EU Ecolabel）	欧盟生态认证对符合其环境保护标准的产品和服务给予认证。非欧盟国家生产的产品在进入欧洲市场后可以获得认证

表 6-9　绿色材料与产品标准

综合采购指南 美国环境保护署环保型采购计划	综合采购指南（CPG）计划是美国环保署提高固体废物回收利用率努力的一部分； 鼓励购买含回收成分的产品，有助于确保可再生材料收集计划的推行； 综合采购指南设定了许多建材回收材料含量的指南
南海岸空气质量管理区 条例 1113 建筑涂料； 条例 1168 粘合剂和密封胶	对多种建筑涂料、粘合剂和密封胶（每升）中每升有机挥发物（VOC）进行了限制。每隔几年就会更改阈限。场地建筑材料通常采用的涂料限值如下： 无光涂料：50 克 VOC/ 升； 非亚光涂料：50 克 VOC/ 升； 木材防腐剂：350 克 VOC/ 升； 防水密封胶：100 克 VOC/ 升； 交通涂料：100 克 VOC/ 升； 混凝土养护剂：100 克 VOC/ 升

表 6-10　绿色产品目录、数据库和信息

美国环境保护署环保推荐采购计划 美国环保署	美国环境保护署环保推荐采购计划 　用于协助联邦政府开展绿色采购，也提供了关于寻找和评估绿色产品或服务的信息
GreenSpec Pharos 组织 绿色建筑组织（Building Green）； 健康建筑网络组织（Healhy Building Network）	GreenSpec 和 Pharos 最初作为两个单独实体创立产生，最近它们已合伙从一处提供两种服务。GreenSpec 可通过环保建筑新闻出版社（BuildingGreen）网站进行在线订阅或打印环保型产品制造者手册。手册中列出了由 CSI MasterFormat 组织的来自 1500 多个公司的 2100 多条清单。Pharos 是一个材料评估系统、资料库及建筑产品信息网站，主要关注环境与资源、健康与污染以及建筑材料及产品的社会和地区可持续性。联合会员可访问这两个系统

续表

加利福尼亚州综合废弃物管理委员会（CIWMB）	加利福尼亚州综合废弃物管理委员会的含回收成分产品（RCP）目录中列出了数千种包含再生材料的产品及其相关生产商、经销商和再加工商的资料。一些产品根据国家机关收购可回收物活动进行认证
建筑设计导则 美国建筑科学研究院	建筑设计导则为联邦政府提供绿色建筑指导说明。导则包含有许多场地建筑材料和技术相关的绿色模式指导说明
材料安全性数据说明（MSDS）	美国职业安全和健康总署的要求文件，由生产含有危害成分的产品生产商提供。材料安全性数据说明中包含大气污染物潜在重要等级、存储和搬运注意事项、健康影响、气味描述、挥发性、预期燃烧产物、反应性及泄漏物清理流程等信息

6.5　材料的场地与区域评价

在项目设计的前期评估阶段，应该进行一系列的调研、分析和研究，以落实与资材相关的各类机遇和挑战，如资材选择、可再利用的材料、潜在的环境风险等。表 6-11 列出了与建设资材相关的场地和区域评价评估活动检验表要求。

表 6-11　建设资材的场地和区域评估

评价项目	考虑事项
资源保护评估要点	
场地原有构筑的再利用	详细调查场地原有可再利用和改造的构筑物，包括地下构筑； 构筑物的再利用会对场地设计产生影响，因此应在初步设计开始前对场地上的构筑物进行全面清查登记
场地可再生材料	对可以拆解再利用或整体利用的场地构筑物进行清查和登记，包括地下构筑（图6-6 和 6-7）； 专业拆解公司能更好地识别可再生材料
场地清除整理中的可利用材料	清查登记植物、土壤、石材等场地清理中产生的材料，以便于场地建设的再利用
场地可再加工材料	确定场地上可被拆除，并再加工用于新建活动的材料
场地清除整理中的可再加工材料	识别场地清理中发现的可再加工材料
废旧材料市场	确定当地的废旧材料市场是否接受可再利用或再加工的材料； 项目场地附近最好有这类市场。接受沉重材料的市场应在距场地 50 英里（80km）以内。拆解公司可以提供相关信息
场外材料来源	确定在当地生产、回收或含回收成分的材料和产品来源，以及当地拥有的植物、生物质材料和 FSC 认证材料等； 上述工作应该在项目的设计阶段开始前完成，因为这些信息会对设计产生影响； 土壤和骨料、植物及其他材料的采掘和采购范围应在距场地 50 英里（80km）、250 英里（402km）和 500 英里（805km）以内
业主和利益相关者的评价	
业主和利益相关者的偏好	要评估业主和利益相关者对建材环境和健康影响的偏好。有的人可能比较重视建材的安全性而对其资源友好性不关注；有的人则重视本地材料的使用，以促进地方经济。因此，在设计过程的早期，就要针对性的对可能使用的材料进行评估

续表

评价项目	考虑事项
了解项目的预期寿命	应选择耐久性与场地的预期寿命相符合的材料和产品。适当的细部设计可以提高材料的耐久性，耐久性高的材料维护要求较低
了解项目运行期间的维护强度	场地维护对材料和产品选择影响很大。例如，假如业主无法对铺装进行维护，就不要使用透水铺装

环境影响评价

确定场地或周围可能受建材及其维护活动影响的生态系统	应减少材料本身及其安装、维修工作造成的污染。如沥青铺装的密封剂中的多环芳烃物质会对相邻河道造成污染；木材防腐剂中的铜离子则会对水生生态系统造成危害
确定场地对周边环境和热岛效应的污染和影响	对于城市或开发强度较高的郊区，应选择污染和热岛效应尽量小的材料和产品。铺装面积应尽量少，尽可能使用高反射／可渗透材料。应注意减少材料自身及安装与维护过程中的污染。沥青路面的铺设、使用及维护都会带来污染；混凝土产生的高汞飞尘则会影响空气及附近水体的质量（EPA，2000；Golightly et al.，2005；Lawrence Berkeley National Laboratory，1999）
确定可能对建材产生影响的气候或污染条件	气候条件和污染物会影响建材的使用寿命。一些金属在酸雨、碱性或高盐环境中易受腐蚀。在潮湿环境中使用的木材需做防腐处理。极端温度也会影响铺装、护栏等材料的技术指标要求。了解潜在的气候影响（如冻土层深度和结冰／解冻极值），有助于做出足够耐久性的设计，而又避免过度的浪费

图 6-6 加利福尼亚州奥克兰市 14 街街边公园，风景园林师通过再利用废弃火车站的天棚创造新景观

图 6-7 奥克兰市 14 街街边公园改造后的车站天棚

(Source: Miller Company Landscape Architects)

6.6 资源利用效率

可持续性场地在建材产品方面最重要的策略，就是最大化地利用资源。节约资源可以间接降低对环境和人类健康的影响，如开采带来的栖息地破坏、加工过程产生的废料污染和能源消耗等；此外，还能减少垃圾填埋量。曾几何时，循环利用着眼于如何处理成山的垃圾，

目的是减少垃圾的填埋和焚烧量，但这无助于保护有限的资源。而将建材的循环利用从生产、设计、装配策略上进行考虑，可以推进材料工业向闭合循环生产方式的转变。

本章内容遵循的很多原则都有助于闭合循环的生产方式，但这种方式在目前的产业文化特别是建材产业中仍面临重重困难。例如，材料回收市场仍然稀少；产品和设施的设计很少考虑拆解的要求；拆除仍然比拆解普遍得多。美国也没有任何要求厂商回收废旧产品，乃至产品包装的规定。

上述问题的根源，在于政府干预不足、原材料价格低廉、垃圾处理成本较低以及观念等一系列原因。就目前的情形而言，以回收材料、再加工为卖点的产品在价格上很难与原材料直接加工的产品形成竞争。表 6-12 列出了促进材料生命周期闭合循环的废弃物减量策略体系。

表 6-12　资源利用效率策略（按优先级排列）

	减量
避免建造或改建——不使用新材料	避免建造和改建，通过开放式设计和多功能空间来使场地及其构筑物不需频繁改造。在方案规划设计中赋予场地多重愿景。 使用耐久性材料和细部设计来建设耐用的设施。 使用耐久性高的连接部设计
完整的再利用场地设施	不要轻易拆除或重建场地设施（图 6-10、图 6-11）； 通过调整场地功能和场地设施来满足新用途要求
使用更少的材料	应使用耐久的材料，以满足景观生命周期的要求；此外，这类材料还可以在其他设施中重复使用； 通过设计减少边角废料的产生，使建材垃圾最小化； 设计更小的设施（如更小的木平台、更薄的石材和墙体、钢丝围栏替代钢管等）（图 6-8、图 6-9）； 使用更少的部件； 使用更小的产品规格； 不对构筑物装饰（如清水混凝土，不必涂刷或用石材装饰）
可拆解设计（DfD）	在场地设计中使用拆解材料可以延长其使用寿命、节约资源、减少材料生产造成的环境影响等。 其原则见下文
	更新
使用可再生资源	使用活体植物材料（如植物、柳条等进行边坡加固等）； 使用生物质材料（如麻绳、竹条、草包等）； 使用可再生材料（如通过可持续性培育开采认证的木材等）； 寻找可再利用、循环利用或用于堆肥的可再生材料
	回收和再利用
就地整体再利用	建筑、铺装、挡土墙、围墙、木平台等现有设施，可在场地拆解和整体就地再利用； 注意拆解时不要损坏材料； 这一策略可节省材料采购费用，但拆解工作会有人工费用； 场地现有的储存设施应保持其完整性（例如，回收的木材不应受潮）； 设计阶段开始之前，调查所有潜在的可再生材料； 材料再生需要的人工成本应纳入预算； 使用场地原有回收材料可节省开支，并为场地设计增加更多选择和意义； 树木、植物、石头及土壤等都是场地重要的资源，暂时储存植物和土壤时要特别注意保护其完整性

续表

回收和再利用	
整体回收，在其他场地使用	如果无法整体再利用，回收工作应优先选择拆解而非拆除； 整体回收后可储备用于其他项目，或在网上交换； 材料再生需要的人工成本应纳入预算
使用从其他地区回收的材料	使用从其他场地回收的材料可节省开支，并为场地设计增加更多选择和意义； 设计之前，探寻材料的来源既可以明确材料的规格、数量，也可以启发设计灵感； 材料再生需要的人工成本应纳入预算

再加工和循环利用	
对现有构筑物及材料再加工以就地利用	混凝土铺装、墙壁及沥青路面等构筑物可在场地拆除中收集、压碎、分级，然后用于回填、基料等。 将再加工设备运到场地可节省材料运输的费用和能源消耗，但也会带来噪声和扬尘。 材料再加工过程属于降级循环（材料品质会随着时间推移而每况愈下）。施工期间，有地方储存材料并且不损害场地的生态系统时，才可在现场对材料进行再加工。 虽然再加工材料是降级回收，但与再生材料相比消耗的能源和产生的排放都更少。 砍伐的植被和树枝可就地再加工和再利用。砍伐的乔木可用于建筑物、构筑物。枝条和树枝可直接使用或做成堆肥。 挖方土壤可用于夯土、水泥或制成砖坯
回收构物在场地外的再加工	拆除的混凝土、沥青、骨料、木材、沥青屋顶及玻璃可被送到当地的再加工工厂，以便用于其他场地； 注意运送距离应尽量短
使用其他场地的回收再加工材料	从再加工工厂获取的粉碎的混凝土、轮胎、沥青、玻璃等材料都可以用于地基回填、混凝土骨料，也可以用于沥青、混凝土路面等。 注意运送距离应尽量短
确定可回收的材料	通过评估材料的潜在回收价值，可提高其达到寿命周期后回收利用的可能性； 常见的可再生材料包括木材（未经铅基油漆涂刷）、金属、聚乙烯塑料、混凝土、沥青、预制混凝土产品、砖等； 应避免回收混合材料制作、难以分离的产品
使用含回收物物质的材料	除金属和一些塑料外，大多数含回收材料的产品都是降级回收的。参见美国环境保护署的《综合采购指南》有关建材中回收材料含量的规定
现场回收材料在场地外的循环再生	回收材料再利用时，拆除下来的完整材料是比较理想的。有些材料不能再次使用，可以送到场地外的回收工厂进行再加工，以节约资源； 材料循环的挑战在于许多建材产品是由多种材料复合制成的
回收材料的场地收集与储存	在场地全生命周期都提供有机和无机材料的循环利用条件； 在场地设计中规划储存和收集的设施

回收	
将无法回收的材料进行能源回收	在无法实施材料回收和循环利用的地方，通过燃烧发电（充分地污染控制）来实现其能源的再生，比填埋处理更好。 能源回收的途径既包括在市政垃圾焚烧发电厂，也包括在工厂中。例如在水泥生产厂中便可用废旧轮胎作为能源来源。 能源回收存在争议，因为在焚烧过程中如果控制不当，会产生严重的污染。高标准的污染物清除设备需要大量资金，如果法律没有规定，许多发电厂是不愿或没有能力安装这样的设备的

填埋	
垃圾填埋	处理废弃材料最后的选择才是填埋。如果材料无法回收、循环利用或能源回收，可以在符合各项要求的情况下进行填埋处理

图 6-8 德国阿斯佩尔格（Asperg）的一个停车场凉亭，小规格的木料可从小树上获取，缩短了木材的再生周期

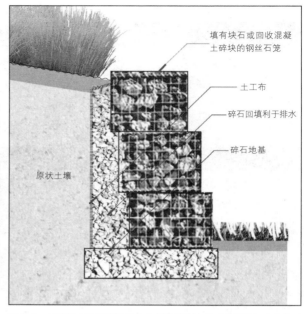

填有块石或回收混凝土碎块的钢丝石笼

土工布

碎石回填利于排水

碎石地基

原状土壤

图 6-9 石笼挡土墙可不用传统的现浇混凝土基础 [需深入冻土线以下 6 英寸（15cm）]，而用 6 ~ 12 英寸（15 ~ 30cm）深的碎石地基。使用回收的混凝土碎块或瓦砾填充的石笼，是资源利用效率很高的方式

图 6-10 高线公园（High Line）一期，纽约 2640 英尺（805m）的废弃高架铁路，被改造成公园和休闲公共空间

(Design: James Corner Field Operations [project lead] and Diller Scofidio + Renfro. Photo by Iwan Baan © 2009 courtesy of Friends of the High Line)

图 6-11 高线公园将高架铁路的现有构造改造成安全、可达的景观设施。原有的大多数结构都被重新利用，保留了具有历史价值的元素

欧盟废弃物管理准则

下列废弃物管理原则摘自欧盟 2003 年废物管理法令，指导欧盟各国的废弃物削减和管理工作（欧盟委员会，2003 年）：

废物管理层次体系。废物管理策略需以减少废弃物排量及其危害为主要目的。此外，废弃物应进行再利用、循环利用或能源回收。最次级的废弃物处理方式，不管是填埋还是焚烧，都应保证安全。

在社区中应做到废弃物的自我消纳，如可能，各成员国都应做到这一点。成员国之间应协作建立充足的、一体化的废弃物处理设施网络。

就近原则。应尽量在源头附近进行废弃物处理。

预防原则。缺乏充分的科学依据不应成为不作为的借口。只要废弃物带来环境或健康风险，就应该立即采取性价比最高的相应措施。

生产者责任制。产品的生产方，特别是加工商，必须承担其产品整个生命周期的责任，特别是产品废弃后的回收和处置。

谁污染谁治理。那些造成废弃物产生及其附带环境影响的组织和个人，应支付治理环境污染和补偿损害的费用。

最佳可行技术（BATNEEC）。应以最具性价比的方法尽可能地减少各设施向环境中排放的物质。

6.6.1 提高耐久性的方案和扩初设计

通过方案设计和扩初设计延长场地和构筑物的使用寿命，是资源使用最小化的最佳途径。使构筑物的寿命加倍，意味着其施工的环境影响减半。耐久性设计有两层意思。一是在扩初设计中提高设施物理上的耐久性（表6-13）。构筑物最少应能坚持到场地的预定使用寿命，如果能在这之后继续使用或再利用则是最理想的。二是将场地设计成功能弹性的场地，通过设计开放性方案和多功能空间，避免场地和构筑物的频繁改造，有助于减少未来的资源使用。这也提供了不需大规模改造即可赋予场地功能第二春的可能。

表 6-13　影响场地构筑物耐久性的环境因素

日照和紫外线能使某些材料的表面褪色和老化，如大多数塑料、木材、纺织品和涂料
极端温度带来的热胀冷缩，会损坏材料和连接部（件）
昆虫会破坏木结构及植物
各种大气污染物（尤其是臭氧和酸雨等），能使金属、石灰岩、橡胶和涂料等建筑材料老化
盐能使金属、塑料和涂料等材料老化
长时间暴露于潮湿环境能损坏金属、木材、砌体结构及其连接部（件）

耐久性结构方案和扩初设计的策略包括：

- ▶ 使用耐紫外线或含紫外线抑制剂的材料和产品，但有些紫外线抑制剂是有害的。
- ▶ 避免使用易褪色的亮色材料。
- ▶ 对某些材料采取适当的涂装或密封，以减缓紫外线引起的老化。
- ▶ 通过种植树木、藤本及其他植被对构筑物遮荫，避免日照灼烤。
- ▶ 设计适合的构件和伸缩缝，以免热胀冷缩造成破坏。
- ▶ 连接部（件）的细部设计要考虑材料热胀冷缩的差异，应使用能承受此类作用力的螺栓和螺钉等紧固件。
- ▶ 对木材采用低毒性的防腐防虫处理。
- ▶ 在重污染和高盐环境中使用高标号的不锈钢。
- ▶ 在景墙饰面下方设置防水板，并在饰面、木平台等易受潮湿破坏的构筑上采用俯角处理。
- ▶ 对所有连接部（件）进行密封处理。
- ▶ 从墙后排水。
- ▶ 竖向改造要远离构筑物。
- ▶ 结构部件之间的连接部设计，应将应力传导到结构本身，而不是连接件上。例如，把梁直接固定在柱上稳定性最好，如果靠紧固件固定，时间久后紧固件可能因会腐蚀或磨损而无法工作（图6-12）。

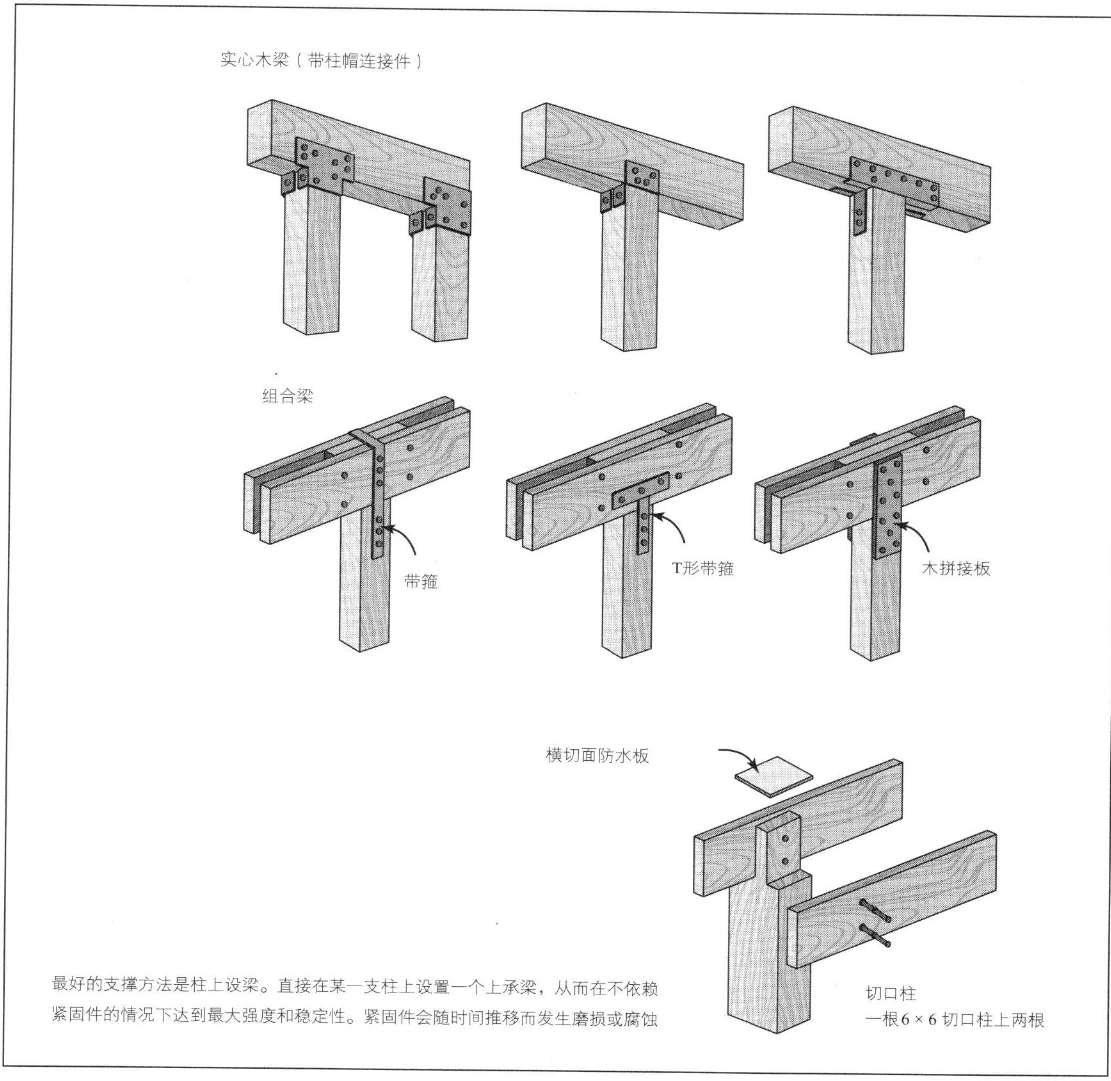

(Source: Drawings by Vince Babak, Fine Homebuilding Magazine © 1996, The Taunton Press, Inc.; Redrawn by John Wiley & Sons)

实心木梁（带柱帽连接件）

组合梁

带箍

T形带箍

木拼接板

横切面防水板

最好的支撑方法是柱上设梁。直接在某一支柱上设置一个上承梁，从而在不依赖紧固件的情况下达到最大强度和稳定性。紧固件会随时间推移而发生磨损或腐蚀

切口柱
一根6×6切口柱上两根

图 6-12　耐久性连接部（件）能确保木结构寿命达到木材再生周期的长度，使木材成为"可再生"材料。将梁直接安装在柱上稳定性、耐久性最好

▶ 不同材料部件间的连接件应考虑其耐久性，应采用与所使用材料相适应的销钉、加强筋、粘合剂和连接件等。

▶ 构筑物的寿命取决于骨料基础和地基的结构完整性。更厚的基础不一定能提高结构的稳定性，适当的铺装垫层、良好的级配以及土壤夯实，反而能更好地延长构筑物的使用寿命。

▶ 对金属连接件进行详细设计和表面处理，以达到防水的目的（图 6-13、图 6-14）。

▶ 为现场操作人员提供有关材料和产品维护的具体信息，以确保材料和产品经久耐用。

问题	典型解决方法
双角钢背面形成了缝隙，会积灰、积水	设计成单角钢桁梁或采用T形截面
角钢的缝隙可能产生腐蚀	通过密封或焊接将缝隙密封
尖角造成焊接不连续	圆角有利于连续焊接
槽钢或工字梁易积灰、积水	注意型材断面方向或通过设计避免积水、积灰

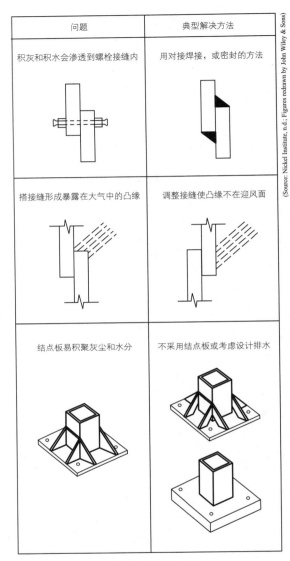

问题	典型解决方法
积灰和积水会渗透到螺栓接缝内	用对接焊接，或密封的方法
搭接缝形成暴露在大气中的凸缘	调整接缝使凸缘不在迎风面
结点板易积聚灰尘和水分	不采用结点板或考虑设计排水

(Source: Nickel Institute, n.d.; Figures redrawn by John Wiley & Sons)

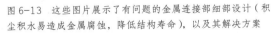

图6-13　这些图片展示了有问题的金属连接部细部设计（积尘积水易造成金属腐蚀，降低结构寿命），以及其解决方案

图6-14　避免积水的更多连接部作法详图

6.6.2　拆解

　　拆解和建筑垃圾指人工环境施工、整修或拆除过程中产生的废料。包括所有类型的建筑物、道路、桥梁及其他构筑物。建筑垃圾中一般有混凝土、沥青路面、木材、金属制品、石膏墙板、地砖和屋面材料等。一些州定义的建筑垃圾中还包括场地清理垃圾，如树桩、石头和土壤等。

　　2003年，全美建筑（场地）施工和拆除活动产生的建筑垃圾量达到1.7亿t。其中，

39% 产自住宅类建筑（场地），61% 来产自非住宅类建筑（场地）。拆除产生的建筑垃圾达到 49%，整修改造占到 42%，新建工程产生的建筑垃圾占 9%（U.S. EPA，2009a）。这些数字中并不包括现场处理的废弃物。与 1996 年相比，这一数据上升了 25%。

垃圾填埋依旧是针对拆解垃圾最常用的处理方法，估计有 52% 的建筑垃圾在建筑垃圾填埋场、城市固废填埋场或未经许可的填埋场进行填埋处置。2003 年，约有 48% 的建筑垃圾经回收再加工和循环利用。但仅有 8 个州收集了相关数据。因此，该数值仅代表了这几个州的加权平均值（U.S. EPA，2009a）。近 20 年来，由于垃圾填埋费用的增加，这一数据快速升高，填埋场处置垃圾量有所降低，而资源再利用和循环处理的市场得到了发展。

美国环境保护署的资源保护和建筑垃圾再生小组于 2003 年进行的调查中，对建筑物（场地）相关建筑垃圾的材料成分进行了估计，见表 6-14。

表 6-14　建筑物相关建筑垃圾比例

材料和部件成分	每年产生的建筑物相关建筑垃圾比例（%）
混凝土和骨料：混凝土、沥青、煤渣砖、石头和土	40 ~ 50
木材：模板和框架木料、树桩、胶合板、层压板和废料	20 ~ 30
干式墙：石膏板、石膏和灰泥	5 ~ 15
沥青屋面	1 ~ 10
金属制品：管子、钢筋、防水板、钢、铝、铜、黄铜和不锈钢	1 ~ 5
砖：砖和饰面砌块	1 ~ 5
塑料：乙烯基墙板、门、窗户、地砖和管子	1 ~ 5

近年来，对建材生产过程中的资源、能源消耗的关注越来越多，再加上政府垃圾减量的要求，建筑垃圾的循环利用率逐渐升高。为了适应循环再生实践的发展，对待现有建筑或场地已由拆除逐渐转变为拆解。建筑或场地的拆解指的是建筑材料和部件被回收、再利用或循环利用。相比之下，拆除则不保证组件的完整性，拆除下来的材料也混杂在一起，通常填埋处理。好的拆解施工方可以使材料回收率达到 75% ~ 95%。

虽然拆解花费更长时间、人工成本也更高，但最近的研究表明，由于节省了填埋的费用，拆解材料也可以出售产生一定收入，所以综合来看有可能比拆除要更便宜。假如拆除方也负责新工厂的施工，拆解材料可以更经济地就地处理，如拆下来的混凝土可以打碎直接作为新建工程的回填用料。表 6-15 总结了拆解的益处和面临的挑战。

表 6-15　拆解的益处及面临的挑战

拆解的益处	说明
减少原材料采购、生产、加工过程中的环境和健康危害	使用再生或循环材料能减少资源开采和加工制造中的能耗和排放，也能减少栖息地的破坏
减少垃圾填埋	减少建筑垃圾的填埋量，可以节省填埋的花费，这部分经费也可以用来平衡拆解工程增加的人工成本
有利于有害材料的管理	拆解有利于有害材料的处理，例如对防腐木进行恰当处置，而拆除后的上述材料填埋时则可能释放有害物质
加强废物循环再生产业的发展	循环再生材料市场的发展与拆解的增加有直接关系，拆解工程促进废物循环再生产业的发展
使用再生材料的设计机会（如美学价值、历史价值和象征意义）	再生材料赋予项目更多的意义，可以展现项目区历史文脉，这一点通常很难通过标准化生产的新材料来实现。在某些场合下，再生材料则非常独特，难以取代
在 SITES 和 LEED 评估中得分	SITES 和 LEED 均对建筑垃圾的管理和再利用提供加分，拆解也可以在"使用当地材料"一项中得到分数
节省新材料购置成本	使用再生和再加工材料性价比都比较高，能节省材料采购费用；如能就地使用，也可节省搬运和填埋的费用
拆解面临的挑战	
拆解工期更长	由于拆解需要对建筑或构筑物进行仔细的人工拆卸，因此比使用重型机械拆除花费更多时间。如果工期紧可能会是问题。如可能，在方案设计和施工图设计阶段就应开始拆解工作，这样一些有再生潜力的构筑物可以在设计得到很好的利用
拆解的费用也可能比拆除高	拆解工期的延长会转化为较高的人工成本，成本较高往往是拆解难以推广的主要原因
材料清理、加工和抛光需要额外的时间	材料清理、加工和抛光需要花费时间，进而产生附加成本。拆除材料上钉子、螺钉和桁架等连接件，以及清除材料上的涂料、砂浆、密封胶和粘合剂等是回收材料的必要步骤
增大了工作人员的安全/健康风险	拆解挡土墙或建筑时出现的垮塌、损坏，可能会对工作人员造成伤害。此外，用于清除涂料、密封胶和粘合剂的材料也可能对工作人员的健康造成危害
缺乏完善的供需链	缺少废品回收市场是阻碍推广拆解的另一个重要原因，很多地区缺乏废品回收市场。这往往与当地垃圾填埋的价格相关，垃圾填埋费用和拆解的费用存在一个性价比的平衡点，超过这一平衡点，拆解的性价比就更高。许多州在网络上提供废品回收中心、回收商以及废品交换等信息
缺乏有经验的工程公司	在一些地区则缺乏有经验的拆解工程公司。拆除工程公司的施工方法与拆解区别比较大，最好寻找有拆解经验的公司，或者寻找有经验的公司进行指导
缺乏某些回收材料相关使用标准	缺乏标准和使用记录限制了回收材料的使用，降低了它们的市场价值。回收混凝土骨料就是一个很好的例子，由于许多州制定了相关标准，因而自然骨料被越来越多地取代。而其他未大规模回收和未经检验的材料则较难推广
许多建筑和场地在设计的时候未考虑拆解的要求	装配工艺的选择很多，射钉、焊接和粘合剂等使拆解变得困难，拆解过程也可能造成材料的损坏

资料来源：Guy and Shell n.d.；全美房屋建造协会；美国环境保护署，2009a。

6.6.2.1　拆解策略和现场踏勘报告

以下策略有利于场地资源的收集和再利用：

（1）编写现场踏勘报告，识别所有可移除、可循环利用的场地和建筑部件（表 6-16，图 6-15、图 6-16）。

表 6-16 拆解工程现场踏勘报告范本

待移除的构筑物	材料或产品	数量	规格	现有饰面	拆解注意事项	必要的整修工作
建筑物 A 的框架结构	工字梁柱	16	8×8	无	与墙面拴接、与梁焊接	无
建筑物 A 的墙	16 孔钢窗	8	外框架为 34×50，每孔面积为 8 英寸 ×12 英寸（0.2m×0.3m）	涂漆	与结构拴接	去除油漆、重新涂漆并上釉
停车场 B	混凝土板，无加强筋	3000 平方英尺（279m²）	6 英寸（0.15m）厚	无	手提钻打碎成约 18 平方英寸（0.0116m²）见方的碎块	拆除前强力清洗
停车场 C	沥青路面	2250 平方英尺（209m²）	4 英寸（0.1m）厚沥青层、6 英寸厚骨料基层	沥青基封闭剂	混合打碎	现场压碎、分级和堆放以备就地再利用
树木 A、C 和 D	银械树	3	直径分别为 12、14 和 15 英寸（30、36、38cm）	无	砍伐，并把树干切割成约 11 英尺（3.3m）的小段	用便携锯木机将切割的树干加工成标准木材尺寸

图 6-15 图中为加利福尼亚州希尔斯伯勒的纽埃佛学校（Nueva School in Hillsborough）。安德里亚·柯克兰景观设计公司（Andrea Cochran Landscape Architecture）与项目建筑设计方——莱迪·梅塔姆·斯塔西建筑事务所（Leddy Maytum Stacy Architects）合作，从场地砍伐的病害柏树中回收木材，用作建筑遮阳板、地板、户外家具等，实现了延续场地文脉、就地取材、建筑垃圾再利用等多种目标

图 6-16 索诺兰沙漠景观实验室（Sonoran Landscape Laboratory）的设计很好地解决了拆解材料的就地循环利用。原有建筑拆除产生的橡胶、混凝土等废料被用于新建筑、场地的建设

(Source: Andrea Cochran Landscape Architecture)

(Source: Ten Eyck Landscape Architects)

（2）找到待拆解建筑或场地的竣工图，尽快让拆解公司介入项目。

（3）在设计初期设定拆解目标，并使项目咨询方、工程总包商和分包商熟知拆解的目标、技术和策略等信息。

（4）编写拆解和施工现场废物管理技术要求，并将其纳入到施工图文件中。参考《联邦绿色施工导则》，第 01 章 74 19（01351）中给出的施工废物管理导则。

6.6.2.2 可拆解设计

可拆解设计指的是以便于改造或拆解，保证部件、材料可再利用为目的的场地、人工构筑物或产品设计。通过可拆解设计，场地或建筑拆解后可以成为新建筑的材料来源，在确保材料使用寿命延长的同时，也可以促进材料闭合生产过程的形成。可拆解设计需要考虑装配、连接、材料、施工技术、信息管理系统等（表 6-17）。

表 6-17 可拆解设计的原则与策略

可拆解设计原则	场地可拆解设计策略
场地和构筑物的设计应达到最大灵活性，并为远期的调整留下空间。考虑变化和不同使用模式可以确保场地或构筑物长久存在	设计有弹性的空间布局。 设计多功能的空间，以便进行灵活调整。 预留一定量的材料或备件，以保证未来的维修 / 更换
将施工材料和方法纳入施工图和竣工图中，以便未来的拆解拆除参考	将施工材料和方法纳入施工图中，在施工完成后最好绘制出拆解施工图，这样在几十年后可以有效地帮助拆解工作的开展。拆解施工图可包括如下信息： （1）标明连接部件和材料的竣工图； （2）项目使用的所有部件和材料的清单，包括所有生产商的联系方式和保修信息； （3）所有饰面和材料化学成分的详细信息； （4）所有连接件及其拆解方法的详细信息； （5）不可见材料和地下材料的信息； （6）标明主要连接件拆解信息的三维图纸。 应向业主、设计单位、施工单位及各利益相关方方提供拆解施工图
选择有较高可再利用价值以及可再生的材料和产品。选择材料产品时，优先使用可再利用材料，次选可循环材料	可再利用、可再生材料请参见表 6-18。 尽量避免使用复合材料，除非这种复合材料可以整体再利用。 选择单体产品，而非需要复杂组装过程的产品。 选择在本地有回收计划的生产商的产品
选择耐久性高、模块化、标准化的材料，以便于多次重复利用。标准尺寸的材料有利于重复利用，如果其耐久性高且小心拆解，可多次重复使用	与生产商配合，以便更好地了解产品、材料的预期寿命以及延长其寿命的方法。 研究和充分了解材料、结构开间、停车场等的模数和标准尺寸。 基于模数和标准尺寸设计构筑物，以提高其再利用的可能性。 若某一部件不易重复使用，其材料应使用可再生材料
设计易用的连接部件。视觉、物理和人体工学上的易用连接件可以提高效率，及避免使用昂贵设备或对工人的健康安全造成影响	部件应易于拆解和更换

续表

可拆解设计原则	场地可拆解设计策略
连接件的详细设计应便于拆解。化学连接会使材料难以分离和循环再生。连接件类型过多，则会延长拆卸时间，并需要多种工具	化学连接（如砂浆、粘合剂和焊接）会使材料难以分离和循环再生，也会增加拆解期间损坏的可能性。采用螺栓或钉子可以便于拆解（图 6-17）。石灰砂浆有助于砖墙的拆解。 设计可经受重复拆装的连接部件。 连接部件类型的对比请见表 6-19
避免使用可能影响材料再利用或循环再生的饰面材料。一些涂料和饰面材料很难清除，会降低材料的可再生性	油漆和封闭剂等会严重影响拆解材料的再利用，虽然技术上可行，但材料清理成本过高限制了其再利用。 一些有塑料涂层或电镀层的金属不可再生
整合可拆解要求的设计过程。实现可拆解的设计需要调整传统设计过程。秉承可持续设计理念的设计过程（如早期目标设定、综合性设计团队等）可以支撑可拆解设计的需求	与可拆解设计有关的设计过程有： （1）允许在设计过程中额外增加时间以充分贯彻可拆解设计原则。向客户及整个设计团队灌输可拆卸设计的理念，并将其纳入项目的整体目标。 （2）建立拆解的目标和标准，如设施、场地的再利用率，组件的可再利用次数等。 （3）向施工方介绍并培训可拆解设计的原则和策略。 （4）在施工图设计阶段增加竣工和拆解施工图的预算。 （5）平衡美学和拆解的要求。 （6）提供场地和构筑物的操作手册，以保证其经久耐用。 （7）与项目保持正式联系，以便定期对场地和构筑物进行监测。获取业主的理解和支持。

Adapted form sources: Hamer Center for Community Design 2006; SEDA 2005NAHB n.d.:Addis 2006。

表 6-18　适用于可拆解设计的部件和材料

较容易拆解
非砂浆砌合的单元铺装材料：混凝土、砖块、石材
连锁块挡土墙：无砂浆
低影响地基技术（LIFT）
碎石沟槽基础
骨料
预制混凝土块

拆解额外需要一些劳动力
带石灰砂浆的单元墙体（如砖块、石材）
带石灰砂浆的单元铺装材料（如砖块、石材、混凝土构件）
用螺栓连接的未经处理的木料
木塑
带机械连接的金属结构

续表

可再加工的材料
混凝土板和墙体
沥青路面
掺土水泥
夯土
骨料

可再生的建筑材料
金属：钢、铝、不锈钢、铜、铁
木材（未经过压力处理的）
高密度聚乙烯（HDPE）、低密度聚乙烯（LDPE）、PE、PP、PS
玻璃

不可再生的建筑材料和产品
PVC 产品
处理过的木料
镀层金属
复合制品（如玻璃纤维复合木料）
不易拆解的混合材料组件

资料来源：SEDA，2005。

表 6-19　连接部件类型的对比

连接类型	优点	缺点
螺钉固定	易拆解	螺钉的重复使用有限； 人工成本高
螺栓固定	坚固； 可多次重复使用	可能失灵，拆除困难； 人工成本高
射钉固定	施工速度快； 成本低	难以拆除； 拆除通常可能破坏组件
摩擦力（桩基）	在拆除时可保持构筑元件完整	适用于未开发区域； 结构上不够牢固
砂浆	可以形成各种强度	拌合物的强度往往过高，难以拆解
树脂粘合	坚固、有效； 可处理各类接缝	几乎不可能拆开； 树脂不易于循环再生
粘合剂	具有多种强度可适合各种作业	粘合剂不易于循环再生；许多粘合剂难以拆分
铆钉固定	施工速度快	很难在不破坏组件的情况下拆除

资料来源：SEDA，2005。

（Design by: William McDonough + Partners; Barnette Bagley Architects）

图 6-17　肯塔基州克莱蒙特市伯恩海姆（Bernheim）植物园游客中心。模块化的廊架和机械连接方式，可轻易拆解

（Source: REBAR Group）

（Source: REBAR Group）

图 6-18　力霸集团（REBAR Group）在旧金山建造的项目"Walklet"，通过模块化的、弹性的设计方式，在停车道上创造出新的公共活动空间

图 6-19　3 英尺（0.9m）宽的预制 Walklet 模块可以相互搭配以符合各类功能要求（如长椅、种植槽、自行车存放处以及桌子）。用竹子和杉木建造的模块易于拆装，也可以在其他地方重新组合

6.6.3 废旧材料再利用

节约资源的一个重要方法就是在新建场地上使用废旧材料。常见的可再利用的材料有金属、木材、混凝土构件、砖块、石材和植物、土壤等。废旧材料再利用的潜在效益很大，可以减少垃圾填埋、节约资源和能源。从设计的角度来看，废旧材料再利用能为项目增加新的意义，可以保留新材料所无法表达的场地文脉。有时，废旧材料的价值是其他材料无可比拟和取代的。此外，使用废旧材料也是性价比较高的一种方式，可以减少新材料购置费用和垃圾填埋产生的费用。

但使用废旧材料也面临着挑战。对设计师来说，最大的挑战在于获得材料类型、规格、数量等信息。对于快速发展的废旧建筑材料回收行业而言，储存、信息交换、有限的市场都是其发展的限制条件；对废品回收公司而言，直接将废旧材料卖给厂家比在旧货市场售出废品要省事很多。

6.6.3.1 如何找到废旧材料

项目施工现场、其他施工场地、网络交换和本地废品市场都可以获得废旧材料。废旧材料就地回收利用不管是从经济角度还是环境角度看，都是最有效、最有性价比的方式。

除上述途径外，许多拆除废料的信息通过口口相传的方式流传，如设计方、施工方、业主（特别是地方政府和开发商）等。如果施工方可以在方案设计阶段加入，他们也许可以提供其他正在施工的项目中可得到的废旧材料信息。

随着垃圾减量法令的实施，废品回收行业不断增长，美国出现了大批非营利和营利性废品回收中心和经销商。废品回收中心往往开设在拆解工程比较密集的地方，废品中心的缺点是商品目录不断变化，所以必须花时间去实地考察。

网络可以提供大量的废品交换、销售信息，不仅包括废旧材料，也包括再加工材料、再生材料和工业副产品等。在网上寻找废旧材料时需注意，有些较远地区的废旧材料成本可能很高昂，因为运输和能耗都不低。设计师必须根据采购材料的重量、体积和运输距离做出判断。同样，网络上这些材料的目录也在不停变化，要及时保持沟通。

6.6.3.2 如何在设计中使用废旧材料

寻找和使用废旧材料会对传统设计程序产生巨大影响。由于寻找适合种类和数量的废旧材料极具挑战，因此往往会延长设计周期。设计师必须经常到废品回收中心或现场去寻找和核实各种废旧材料。

在设计早期阶段就得到废旧材料可以使对废旧材料的使用变得更为简单，因为材料的使用会直接影响场地上构筑物的设计。有的设计师是在形成设计理念后再寻找废旧材料来支持其理念；而有的设计师则是在看到废旧材料后才从中得到启发。无论何种情况，都最好是在找到材料前尽可能保持设计的弹性。

由于缺乏标准和依据，废旧材料的选择也会花费大量精力和时间。正因为如此，施工图设计中应明确指出材料的各项要求，以避免误会和纰漏。

使用废旧材料的另一个困难是找到足够量的所需规格的材料。废旧材料往往大小不一，这会造成施工过程中花费大量时间进行材料再加工或整饰。图 6-20 和图 6-21 分别介绍了使用新建材的传统设计流程和使用废旧材料的设计流程。

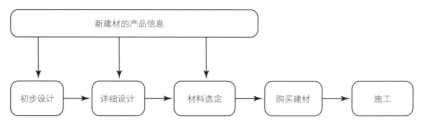

图 6-20　本图和下图说明了使用废旧材料和新建材在材料选定方面的区别。本图演示了以新建材为材料选择对象的设计流程

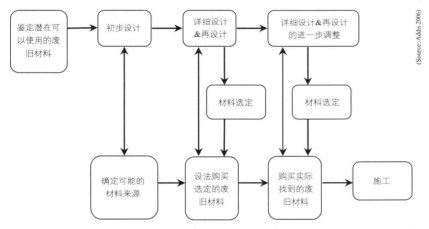

(Source: Addis 2006)

图 6-21　使用废旧材料的设计流程中，在设计阶段开始前和进行中都必须开展寻找、采购废旧材料的过程，不能等到施工前再开始

6.6.3.3　使用废旧材料的注意点

尽管就地使用拆除下来的废旧材料具有明显的经济优势，但其也会有一定的隐含成本。购买废旧材料通常比新资材的花费要少很多，但整饰和安装的开销则可能更高。废旧材料的参差不齐会给施工带来挑战，造成人工成本的增加；不同来源的废旧材料也需要运输成本。施工承包商一般都对不确定因素感到紧张，所以对不确定的人工、运输、工期成本往往会提出更高的工程报价。

使用废旧材料的另一项隐藏成本，是需要对用于结构或高性能要求的废旧材料进行必要的测试。当废旧木材用于结构时，监理一般都会要求对其重新检测，旧的检测标志不会被认可，这必将带来额外的费用。

在景观中使用废旧材料

▶ 用废旧材料来启发设计（图 6-22 ～图 6-24）。

▶ 在设计初期筛选并购买废旧材料，避免后期大的方案变更。

▶ 在材料确定之前保持方案的弹性。

▶ 在项目中使用有"底蕴"或文化意义的材料。

▶ 在项目开始的时候，从废物利用的角度对项目场地和旧建筑进行评估。

▶ 为准备废旧材料再利用所需要的额外工作做预算。

▶ 雇佣有拆解和废品回收经验的爆破承包商。

▶ 要求承包商提供拆解和废品回收利用计划。

▶ 如有可能，最大限度地充分使用材料——避免"降级回收"。

▶ 材料选择要求要包括外观和环保性能标准。

▶ 尽早告知承包商使用废旧材料。

▶ 依据规范，避免使用有毒的废旧材料，或采用安全的方式清除有毒物质（如含铅涂料）。

▶ 存放过程中应保持材料的完整性。例如，回收利用的植物应栽植在与原栽植地类似的光照、温度、湿度条件下。木料应注意防潮。

▶ 思考木材、石块和土壤的非常规用途。形状、尺寸或质量不足以筑墙的石块可以用于石笼；伐倒杂木可以作基础等；挖方的底土可以制砖或夯土结构。

图 6-22　旧金山市潘汉德尔公园的户外音乐舞台（Panhandle Bandshell）是完全由公园内的废旧材料建造成的

图 6-23　舞台内部的封檐板是由废旧计算机主板制成的

（Source: CMG Landscape Architecture and REBAR Group）

图 6-24　舞台的后墙是由 65 个废旧的汽车引擎盖和 3000 个塑料水瓶建成的

6.6.4　废旧材料再加工

废旧材料的再加工是指破坏或改变材料的原始规格和形状。常见的可再加工材料包括混凝土、沥青、轮胎、玻璃、沥青瓦和清理的植被（表 6-20）。尽管属于降级回收，但对废旧材料再加工产生的能耗和排放都比循环再生要少。一些拆除下的废料和场地清理的垃圾可以用粉碎机等就地再加工。这类处理方式的挑战是在狭小施工场地上如何存放这些再加工材料。

表 6-20　常见废旧材料的再加工

材料	再加工后应用的注意事项
混凝土（再生混凝土骨料，RCA）	可在拆除场地使用粉碎、筛选等机械设备，将混凝土破碎成混凝土块或骨料。这种方法的问题是会产生较大的噪声和粉尘。 再生混凝土骨料的棱角性结构可以提高基础的稳定性，进而提高结构的荷载能力。 再生混凝土骨料的粉粒含量较低，因而比传统的碎石具有更好的透水性。 再生混凝土骨料并非标准的级配材料，假如在级配要求很高的透水铺装上使用，则要做相应的级配调整。 再生混凝土骨料的强度与原混凝土的强度以及新混凝土的水灰比有关。 如果石灰过多或水泥不饱和，再生混凝土骨料会有返碱的情况。而这将会影响周围土壤和地下水的 pH 值，对植物或水生生物造成潜在威胁。 使用含有粉煤灰的再生混凝土骨料可能会对地下水造成影响，因其可能含有大量汞离子或其他重金属离子。材料使用前应进行检测。 当在混凝土中作为骨料使用时，再生混凝土骨料吸收更多的水分，并且吸收量随颗粒尺寸减小而增大，弹性模数可能较低，干燥收缩则可能更高

续表

材料	再加工后应用的注意事项
沥青	再生沥青基层可以节约面层粗料的使用。对于新沥青路面而言,使用再生沥青基层时面层的厚度可以降低。 粉碎和过筛良好的再生沥青可以形成非常稳定的基层或垫层。沥青残渣可将骨料粘结在一起,使基层或底基层在长时间内都具有良好的承载力。 再生沥青的粉粒含量较低,因而比传统的碎石具有更好的透水性。 再生沥青由于经过修补、封闭等原因,成分可能很复杂,在重要位置使用时应先进行检测。 粉碎废旧沥青可能产生不符合要求的细粉粒。 废旧沥青中的胶结料可能会增加浇筑和平整的难度。 沥青水泥含有少量的多环烃,可能会深入周边的土壤和地下水中
木材及清除的植被	清理的植被可用于制作覆盖物、堆肥、水土保持,以及用于挡土墙、隔离带等场地美化目的。 尽量减少再加工的工作量。例如,伐倒的树木应用作围栏,而不是打碎作堆肥。 避免对有入侵性或有病虫害的植物进行再加工和再利用
碎玻璃	各地可获得的碎玻璃差异很大。 用于铺装面层的玻璃骨料可形成丰富的色彩和反射效果(图 6-25)。 碎玻璃的成分差别很大,有的可能还含有泥土、纸屑及塑料。 碎玻璃的规格差异也很大,有的还需要进一步的粉碎和过筛。 当玻璃粉碎到类似沙子大小时,其可以表现出类似沙子的物理特性。 废旧碎玻璃棱角性较高,易夯实,透水性好,不吸水且硬度很高,也容易铺设。 当作为骨料用于新混凝土时,粗粒的玻璃更易发生碱硅酸反应,绿色及琥珀色玻璃很少会(或不会)引起反应
轮胎	再加工后可用于多种用途:替代碎石和卵石、轻质填充料、护岸、基层、填埋场排水层、软性沥青路面、儿童游乐场铺装等。 其重量比土壤及其他骨料要轻。 轮胎碎屑使用中的主要问题是其耐久性。另外一个问题是废旧轮胎中的金属离子会造成水资源污染
砖块	碎砖块棱角较多,故不可像标准骨料那样易压实,容易形成较大的孔洞。 如有可能,应对整块砖进行再利用,而不是将其粉碎用于骨料

Source: PATH (n.d.) : Brown et al. (2005) : TFHRC 2011.

(Source: Miller Company Landscape Architects)

图 6-25　加利福尼亚州奥克兰市太平洋坎纳公寓(Pacific Cannery Lofts),米勒景观设计公司(Miller Company)从场地原有罐头厂建筑中回收材料,以展现当地的历史。场地的雨水渠中有用废旧玻璃加工的"河床",而许多设计元素都使用了工厂的废弃设备

6.6.5　循环再生材料

循环再生材料和产品,指的是采用回收材料、废品等作为(一部分)原材料生产的材料和产品。循环再生建材可能是最常用的"绿色"建材,因为随着政府、消费者、厂家以削减固体废物为目的的努力,材料循环再生行业和市场已经得到长足的发展。

废物循环再生可以减少资源的开采、减少垃圾填埋。使用废旧材料作为原材料也可以减少能源消耗和排放。例如,使用回收的废品铝作原材料比以矿石为原材料造成的空气和水污染可以分别降低 95% 和 97%。

但废旧材料的收集、加工也会造成环境影响，比废旧材料的直接再利用要高。因为废旧材料的运输和加工仍会产生污染和排放。

在很多情况下，循环再生会造成材料的降级循环。例外的是金属及一些塑料制品、钢铁、铝、铜等经过多次循环仍然保持其品质和性状；用 HDPE 制成的塑料品也可以进行若干次的循环处理。

6.6.5.1 再生成分的类型

循环再生产品的成分根据回收的来源可以分为两类。美国环境保护署将"已达成其预期用途，完成其使用寿命，属于废品回收"的材料称为"消费后再生材料"；而"生产、加工过程产生的材料"被称为"消费前再生材料"。消费后再生材料要优于消费前，因为消费后再生材料的利用意味着垃圾填埋量的减少。消费前再生材料往往可以在其他工业生产过程中得到利用。

某些材料和产品由多种材料混合回收物构成，致使成品难以回收。例如，混合树脂塑料或复合板材就不可循环再生，因为多种材料被永久性混合而无法分离。

大部分循环再生材料都含有一定比例的原材料，再生材料也常按照原材料的比例及再生成分类型进行分类。一般在产品宣传中，这些信息往往不够详细。要想查明这些信息，就需要跟生产厂商进行沟通。第三方认证可以使这些信息准确而有说服力。

6.6.5.2 美国环境保护署《综合采购指南》

根据 1976 年的《资源保护及恢复法案》（Resource Conservation and Recovery Act，RCRA）修正案，美国环境保护署制定了《综合采购指南》（Comprehensive Procurement Guidelines，PG）并发布了《回收材料建议公告》（Recovered Materials Advisory Notices，RMANs），以鼓励联邦政府机构加强对循环再生材料的采购。上述文件规定了推荐产品的"消费后再生材料"含量和总的再生成分比例。表 6-21 列出了场地建材的要求。《综合采购指南》还提供循环再生产品的供应商数据库，可以通过产品、材料、地理位置等进行检索（www. epa.gov/epawaste/ conserve/tools/cpg/index. htm）。

表 6-21 美国环境保护署《综合采购指南》中对场地建材产品的规定

含再生材料的建材产品	再生 / 回收材料	"消费后再生材料"比例	总的再生材料比例
停车车档	塑料或橡胶	100	100
	混凝土（含粉煤灰）	—	20 ~ 40
	混凝土（含高炉矿渣）	—	25 ~ 70
长椅及野餐桌	塑料	90 ~ 100	100
	复合塑料	50 ~ 100	100
	铝	25	25
	水泥混凝土	—	15 ~ 40
	钢[a]	16 67	25 ~ 30 100

续表

含再生材料的建材产品	再生/回收材料	"消费后再生材料"比例	总的再生材料比例
自行车车架	钢 [a]	16 67	25 ~ 30 100
	HDPE	100	100
活动场所设备	塑料	90 ~ 100	100
	复合塑料	50 ~ 75	95 ~ 100
	钢 [a]	16 67	25 ~ 30 100
	铝	25	25
游乐场地面及跑道	橡胶或塑料	90 ~ 100	90 ~ 100
浇水管—花园	橡胶及/或塑料	60 ~ 65	60 ~ 65
渗水管	橡胶及/或塑料	60 ~ 70	60 ~ 70
塑料围栏	塑料	60 ~ 100	90 ~ 100
纸基覆地物	纸	100	100
木基覆地物	木材及纸	—	100
草坪和花园护缘	塑料或橡胶	30 ~ 100	30 ~ 100
塑料制景观柱	HDPE	25 ~ 100	75 ~ 100
	混合塑料/锯屑	50	100
	HDPE/玻璃纤维	75	95
	其他混合树脂	50 ~ 100	95 ~ 100
露台砌块	塑料或橡胶混合料	90 ~ 100	90 ~ 100
无压管	钢 [a]	16 67	25 ~ 30 100
	HDPE	100	100
	PVC	5 ~ 15	25 ~ 100
残疾人坡道	钢 [a]	16 67	25 100
	铝	—	10
	橡胶	100	100
含粉煤灰的水泥/混凝土	粉煤灰	—	20 ~ 30 [b]（混合水泥） 15（替代掺合料）

续表

含再生材料的建材产品	再生 / 回收材料	"消费后再生材料"比例	总的再生材料比例
含高炉矿渣的水泥 / 混凝土	渣	—	70ᶜ（硅酸盐水泥替代比，%）
含煤胞的水泥 / 混凝土	煤胞	—	10
含硅粉的水泥 / 混凝土	硅粉	—	5 ~ 10
流填料	粉煤灰或铸砂	—	依情况变化
再加工乳胶漆 ᵈ	乳胶漆：白色、灰白色及彩色	20	20
	乳胶漆：灰色、棕色、土色及其他深颜色	50 ~ 99	50 ~ 99
加固乳胶漆	乳胶漆	100	100

ᵃ 表中关于钢的再生材料含量参考的是常规转炉工艺。转炉炼钢再生材料的含量约 25% ~ 30%，其中 16% 为"消费后再生材料"。而电炉炼钢可以达到 100% 的再生材料使用率，其中 67% 为"消费后再生材料"。

ᵇ 根据 ASTM[1] C595 中对 IP 型和 I 型水泥（PM）的规定，尽管掺和粉煤灰水泥中粉煤灰质量分数为 0% ~ 40%，但混合水泥生产中用于水泥的粉煤灰替代率一般不超过 20% ~ 30%。当将粉煤灰作为混凝土掺和料用作部分替代水泥时，粉煤灰比例最好为 15%。

ᶜ 根据 ASTM C595 的规定，在一些混凝土混合料中，矿渣微粉（GGBF）可替代达 70% 的硅酸盐水泥。大部分矿渣微粉混凝土混合料中，GGBF 渣的重量分数为 25% ~ 50%。EPA 建议采购单位至少应参照 ASTM C595 中关于适用于水泥及混凝土预期用途的矿渣微粉（GGBF）含量的规定。

ᵈ EPA 的建议适用于内部 / 外部建筑（例如墙板、顶棚及饰边）、檐槽板、混凝土、灰墁、石工、木材及金属表面等使用的再加工乳胶漆以及对色彩和性能一致性要求不高的位置处覆盖街头涂鸦所用混合乳胶漆。

6.6.5.3 使用注意事项

部分含再生材料的产品可能需要特别的连接部件、表面处理或细部设计。例如，由于材料性质不同（例如密度和膨胀系数），木塑的连接固定方法与木材的不同。一些复合木质产品有着特有的连接方式。其他含再生成分的材料则在安装或使用中表现不同的特性。如含粉煤灰或高炉矿渣的混凝土，其养护周期相对较长，会影响施工时间和性能。

在网络上可以找到很多关于含再生成分材料和产品的信息。但需要注意的是，使用当地生产的材料产品更值得推荐，特别是大量使用的时候。

6.7 低挥发性有机物（LOW—VOC）的资材

挥发性有机物（Volatile Organic Compounds，VOCs）是指可在室温下挥发的一系列有机化合物。挥发性有机物是近地面大气中臭氧及光化学氧化物的首要来源，这些物质会导致多种对健康的不良影响，如眩晕、眼睛及呼吸道刺激、神经系统损害、发育影响和癌症。建筑材料中，挥发性有机物源于溶解剂、粘合剂、清洁剂、界面剂、油漆、染色剂、木材防腐剂、

---

1 美国材料与试验协会（American Society for Testing and Materials, ASTM）。——译者注

金属镀层等。建筑材料中的常见挥发性有机物有甲醛、乙醛、甲苯、苯和多环芳烃。

降低场地建材中挥发性有机物含量的策略有：

▶ 审核项目选用资材的生产信息，选择符合低挥发性有机物标准的产品。

▶ 编写需要低挥发性有机物资材的具体原因，并向客户解释这样做的益处。

▶ 选择挥发性有机物含量水平符合或低于南海岸空气质量管理区（South Coast Air Quality Managemet District，SCAQMD）标准的产品。SCAQMD 第 1168 号条例中规定了粘合剂和封闭剂的可接受挥发性有机物水平，第 1113 号条例中规定了油漆和涂料的可接受挥发性有机物水平。

▶ 选择无甲醛的木制品。

▶ 雇佣在加热和铺设沥青期间采取了附加措施限制 PAH 排放物及其他大气污染物的公司。

▶ 沥青路面应采用低温搅拌。

6.8　降低热岛效应的材料

有记录的最热年份中有 12 个出现在过去 16 年中。美国西部的许多城市在 2005 年夏出现高温极值（Gore，2006）。科学家把该现象的原因归结于全球气候变化和城市热岛效应（UHI）（Intergovernmental Panel on Climate Change[1]，2007）。造成热岛效应的原因包括深色屋面和铺装材料的使用，以及在城市区域缺少遮荫和降温的植物等。美国环境保护署的"控制热岛效应倡议"将城市热岛效应定义为"因建筑、道路等易吸热的基础设施替代植被而引起的环境气温升高现象"（www.epa.gov/heatisland/）。通常，路面和屋面材料的反射率较低，会吸收大部分接触到的太阳辐射，致使材料温度升高，热量辐射到大气中，从而使周围环境的气温升高。

城市景观的设计，包括材料的选择，对城市热岛效应有着很大影响。美国劳伦斯伯克力国家实验室（LBNL）对萨克拉门托、芝加哥、盐湖城和休斯敦等 4 座城市进行了研究，估算出铺装路面（道路、停车场及人行道）覆盖了 29% ~ 45% 的城市地表面积，建筑屋顶也覆盖了 20% ~ 25%，而植被覆盖率只有 20% ~ 37%（Pomerantz et al.，2000）。很明显，硬质表面和绿地对城市热岛效应的影响很大。

沥青路面及城市环境中其他深色表面是城市热岛效应的主要原因。传统的黑色沥青路面会吸收太阳辐射，导致路面及周围空气温度上升，由此造成的升温可比白色表面高 50℃（Pomerantz et al.，2000），这使得沥青路面上人体感受很不舒适。

使用高反射材料或许是缓解路面热岛效应最为熟知的方法，此外还有很多策略可达到此目的。透水铺装或复合式路面结构也能降低路面的热容。路面选择时要在考虑功能的基础上，考虑材料的热传导率、热容等性质，再加上项目区域的城市形态、气象条件等综合考量（表 6-22）。

1　政府间气候变化委员会。——译者注

表 6-22　铺装的降温方法

铺装类型	热岛问题	其他优点 / 缺点
疏松的灰色硅酸盐水泥混凝土（PCC）	日光反射指数 35[a]； 表面反射率受水泥和骨料颜色的影响[b]	经久耐用； 可与多种再生材料配合使用； 粉煤灰颜色很多，因此寻找浅色的粉煤灰； 比沥青铺装更昂贵[c]
浇筑混凝土（混有熔渣水泥和硅酸盐水泥）	比标准硅酸盐水泥混凝土（PCC）的颜色更浅；[c] 轻骨料将进一步变亮	经久耐用； 可使用再生材料； 增加可加工性和性能（例如：强度和耐腐蚀性）[c]
露骨料硅酸盐水泥混凝土	日光反射指数取决于骨料的颜色	可使用多种再生材料，并非适合所有使用情况[c]
白色硅酸盐水泥混凝土	新材料的日光反射指数为 86，风化后材料的日光反射指数为 45[a]	比灰色硅酸盐水泥混凝土更贵； 可导致炫光，不太适合行人较多的场所； 比灰色硅酸盐水泥混凝土[c]更能显现出污垢和油
透水混凝土	表面反射率受水泥和骨料颜色影响； 水的渗透和空气流动可将其冷却	减少雨洪径流； 减少雨洪径流中的热污染； 并非适合所有使用情况（例如：轨道交通和高速公路）； 不能用砂土来融雪，否则将会堵塞孔隙； 需要持续维护[c]
沥青	日光反射指数：新铺装为 0，风化后达到 6[a]； 不符合 SITES 或 LEED 评价中缓解热岛效应的评分要求； 亚利桑那州立大学的研究表明纳米涂层和纳米原料可以提高表面反射率[d]	比混凝土便宜； 定期养护可以延长使用寿命； 可使用再生材料[c]
混凝土翻新面层（4～6英寸），2～4 英寸的超薄混凝土翻新面层（1 英寸 =25mm）	在沥青基层达到混凝土的日光反射指数	超薄混凝土翻新面层应用广泛，但相对较新的技术仍在不断完善[c]； 可使用再生材料
合成胶结料混凝土路面	透明胶结料允许使用浅色； 颜色主要取决于骨料[c]	比标准沥青铺装更贵 属于新产品； 可使用再生材料； 要求使用干净的沥青搅拌和浇筑设备[c]
改性树脂路面（开级配沥青的孔隙中填充胶乳橡胶改性水泥砂浆）		比硅酸盐水泥混凝土成本低； 仅限速度低于 40 英里 / 小时（64km/h）的道路且坡度为 5%[c]； 在美国是一种相对较新的技术（在法国比较常见），因此很难找到经验丰富的施工方； 可使用再生材料
轻骨料沥青（例如：石灰岩）	新铺设时的日光反射指数非常低，如传统沥青。但是随着胶结料的磨损，骨料颜色将决定路面颜色[b]	轻骨料较难获得，并且长途运输的经济和环境成本很高

续表

铺装类型	热岛问题	其他优点／缺点
轻骨料碎石封层	骨料颜色将决定路面颜色	轻骨料并非总可以从本地获得，并且长途运输轻骨料带来的经济和环境成本是很高的；用于交通量少的情况[c]
"喷砂处理"耐磨表面的传统沥青路面		移除表面的沥青胶结料，暴露出骨料。也可用于装饰目的
微表处（乳化沥青稀浆罩面）	可染成浅色，以增加路面反射率[c]	很难找到经验丰富的施工商；与其他沥青制品相比，冷拌耗能更低
透水沥青	水的渗透和空气流动可将其冷却[d]	减少雨洪径流；减少雨洪径流中的热污染；并非适合所有使用情况
橡胶沥青	亚利桑那州立大学的研究表明橡胶沥青的夜间冷却速度比硅酸盐水泥混凝土要快[d]	减少轮胎噪声；减小下雨时飞溅和路面打滑
塑料或砖石透水铺装系统		适用于停车场和人行道，但不适合大多数道路[c]

[a] 美国绿色建筑委员会（USGBC），2005年。
[b] 剑桥分类系统（Cambridge Systematics），2005年。
[c] Maher *et al.* 2005年。
[d] Jay Golden，个人提供2006年11月。

6.8.1   使用高反射率铺装材料

如前所述，提高铺装材料的反射率，降低材料的热容和热辐射，可能是降低热岛效应最直接的方法。太阳反射率指的是材料反射太阳可见光和不可见光的能力，反射率为0的材料可以吸收全部的太阳辐射，而反射率为1则意味着完全反射。通常，反射率与色彩有关，浅色系色彩的反射率更高。辐射率指材料释放所吸收热量的能力，采用0～1或0～100%表示。

日光反射指数（solar reflectane index，SRI）将反照率和辐射率综合为一个数值，以小数（0.0～1.0）或百分数表示。铺装的风化对反射率和反射指数影响很大。新的沥青路面反射率为0.04，随着时间推移和磨损、老化，沥青路面的反射率可以提高到0.12甚至更高（Lawrence Berkeley National Laboratory，1999）。沥青路面的反射率也随骨料颜色的变化而变化，轻骨料可提高路面的反射率（图6-27）。

虽然浅色路面有助于缓和热岛效应，但从美学及功能的角度来说并不是最佳解决方案。深色的沥青路面给人整洁、美观的感受，业主往往希望尽可能保持其深色状态。白色混凝土及高反射率表面容易引起眩光，可能导致人的视觉不适甚至造成危险。

此外，在寒冷地区深色路面有助于路面冰雪的融化，而浅色路面则需使用化学融雪剂来融雪，这会造成对生态的破坏。尽管白色混凝土可以减少场地照明需求、减少能源使用，但也容易导致光污染的增加。

6.8.2 改变路面结构

路面的厚度和导热性会影响热岛效应。较薄的路面晚上会迅速冷却，在日间也可迅速将热量从表面传递到较冷基层，从而保留较少的热量（图 6-26）。

6.8.3 使用透水铺装

透水铺装可以允许水分下渗，并可收集利用下渗的水。作为传统铺装的改良，透水铺装有着促进雨水的就地入渗、减少非点源污染、补充地下水等优点。透水铺装系统材料选择多样，包括透水沥青、透水混凝土及透水砖等。

透水铺装可以通过水分蒸发和渗透实现降温，也可以利用铺装内部孔隙的空气对流，

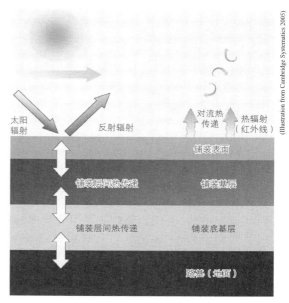

图 6-26 这张铺装断面示意图展示了铺装反射、热辐射、热传导与城市热岛效应之间的关系

图 6-27 可对沥青路面进行喷砂处理，以清除表面上的黑色沥青。这种处理可以将沥青路面中的骨料暴露处理。如果骨料是浅色的，路面颜色将会变浅并反射更多的太阳辐射，从而减少路面对城市热岛效应的影响

实现对铺装基层的降温。草坪型透水铺装还可以通过蒸腾作用对周边空气产生降温作用。在缓解热岛效应的同时，透水铺装还可以净化雨洪径流并减少径流中的热污染。据估计，透水铺装对地下水的补充可达年降雨量的 70% ~ 80%。从雨洪管理的角度看，透水铺装可以减少排水管线等基础设施的投资。透水铺装应高于地下水位至少 2 ~ 5 英尺（0.6 ~ 1.5m），在饮用水源地至少 100 英尺（30m）（NIBS，2010）。

但透水铺装并非万能，研究表明，露骨料铺装也可实现降温效果（Cambridge Sytematics，2005）。露骨料铺装的益处还包括轮胎降噪、增加轮胎摩擦力以及减少路面积水等。

6.8.4　对铺装遮荫

与透水铺装类似，植物遮荫除缓解热岛效应以外也有诸多益处。植物有降温、吸收二氧化碳、释放氧气、提供栖息地、提升视觉美等多重益处。植物遮荫也可以延缓铺装的老化，延长其使用寿命。

在停车场的植物遮荫对缓解铺装热岛效应的效果最佳。城市建筑对路面遮荫也有一定的效果，合理地布置建筑布局可以对铺装、路面形成遮挡（如在正午）。但是，如果建筑物太密集（如在市中心区），将会产生"城市峡谷"效应，有可能降低夜间辐射冷却的效果。

6.9　混凝土

混凝土是人工环境建设中最常用的材料。它由粗骨料与细骨料、水泥（通常为硅酸盐水泥）、水、空气和拌合料搅拌而成。混凝土之所以应用普遍，是因为它的多功能性、高强度、耐久性等优点。然而，混凝土有着一定的负面影响，主要是水泥生产过程和混凝土中的胶凝成分。现在已有一些改进方法从加工过程、材料、浇筑等角度缓解这些影响（表 6-23）。

图 6-23　减少混凝土环境影响的策略

策略	注意事项
采取水泥用量较少的配合比	56 天的养护周期比传统的 28 天养护采用的水泥更少。研究表明，56 天养护的混凝土耐久性也更高。 强化基层也可降低混凝土板中水泥的使用量
使用水泥替代物来加工混凝土	使用辅助胶结料可以代替部分水泥的作用而不降低混凝土强度。常见的辅助胶结料包括粉煤灰、高炉矿渣和硅灰，其中有的材料因为可降低混凝土的孔隙度而增加其强度和耐久性。未硬化的拌有辅助胶结料混凝土的可加工性与水泥混凝土不同，因而浇筑工作也应相应调整。推荐的辅助胶结料比例范围请参见美国环境保护署《综合采购指南》。 应对粉煤灰进行测试，以确保其汞的含量低于 2ppb。有证据表明，含粉煤灰的透水混凝土会向环境释放汞（Bernot *et al.*，2010）

续表

策略	注意事项
在混凝土中用再生材料代替天然骨料	混凝土很容易再生，废旧混凝土打碎后可以直接用于新的混凝土。 高炉矿渣、砖、玻璃、铸造用砂、粒状塑料、废玻璃纤维等材料也可作混凝土中的粗骨料或细骨料。使用再生骨料可能需要改变混凝土中水、水泥和掺合料的配合比
避免设计过大的混凝土构筑物	构筑物的规格不宜过大，够用即可。但太薄的墙壁和铺装可能需要加强处理，反而得不偿失。与扩展基础相比，桩基础可使用较少的混凝土。
设计耐久的混凝土构筑物	延长构筑物的使用年限，防止过早损坏造成的资源浪费。 采用 56 天养护的混凝土或使用高性能混凝土（HPC），可延长混凝土构筑物的使用年限
采用透水混凝土铺装	透水混凝土使用级配均匀的粗骨料，而不含细骨料，以达到 11% ~ 21% 的孔隙度，从而允许水可以透过铺装。 比常规混凝土使用更多水泥。 如果透水铺装是场地雨洪管理系统不可分割的一部分，增加的建设成本可用节约的雨水基础设施投资来抵消。 在易有泥土砂子冲刷到铺装上的区域，透水铺装需要定期的清理。 在透水混凝土中使用粉煤灰替代水泥将延长凝固时间，并存在粉煤灰中的重金属例子污染土壤的可能
减少混凝土模板的环境影响	模板的重复利用可节约资源并减少垃圾填埋量。钢质或塑料模板可多次重复使用，木质模板可使用脱模剂而不损坏所用木材以重复使用。 脱模剂有利于模板的重复利用。菜籽油、大豆油等不含可挥发性有机物，是良好的脱模剂。 如果可能，用挖方作路基模板
消耗水泥生产过程产生的有害废料	由于溶剂、油墨和清洗剂等废液通常具有易燃性和高燃料值，因此被认为具有危险性。这些废弃物可在水泥生产中作为能源消耗掉，还可以减少化石燃料的使用。但这会面临污染控制的问题，因此仍有争议

6.9.1 场地施工混凝土的潜在优点

▶ 如果混凝土各组分的配合比合适，其强度和耐久性都可以达到很高的程度。

▶ 通过一定工艺可达到较高的反射率，从而有助于缓解热岛效应。

▶ 造价低廉且容易获得。

▶ 可不做表面处理，恰当的配比可耐老化。

▶ 可制成透水结构，有助于雨水下渗和地下水补给。

▶ 可使用再生材料，从而减少原料耗用量和废品填埋量。

▶ 维护保养要求低。

6.9.2 场地施工中混凝土的潜在问题

▶ 水泥生产过程中耗能和排放都很高。水泥生产排放的二氧化碳占到全球人为二氧化碳排放量的 5%。每生产 1t 水泥约排放 1t 二氧化碳。

- ▶ 水泥生产释放铬和汞等有害物质，这两种物质均为神经性毒素。此外水泥生产还会释放砷。
- ▶ 骨料和水泥资源十分丰富，但其开采和提炼会导致栖息地破坏以及空气和水的污染。
- ▶ 现在许多混凝土构筑物都不够持久，过早的更换导致资源过度消耗。
- ▶ 混凝土铺装通常不透水，会加速雨洪径流汇流，抑制下渗和地下水补给。

6.10　骨料和石材

按重量计算，碎石、砂、砾石等骨料是建设工程中最常用的建筑材料。它们是混凝土和沥青的主要成分，是建筑或构筑物基础，是铺装垫层，也是透水铺装和工程化土壤的主要成分。不管是透水铺装、雨洪管理设施，还是停车场、道路，抑或混凝土、沥青，都离不开骨料（表 6-24）。

表 6-24　减少骨料和石材应用对环境影响的策略

策略	注意事项
选择持久且适合的石材和骨料	耐久性对石材的选用很重要，应考虑其使用的环境和使用情况。如砂岩因其不耐磨损就不适于在交通负荷高的区域使用；石灰岩或大理石易受水的影响而碎裂或损坏；此外，石灰岩上的污渍很难去除，因而不适于用料石铺装等
节约材料	避免使用过大的规格。例如，大多数情况下墙壁和楼梯踢面的石材饰面尺寸不超过 0.75 ~ 2 英寸（2 ~ 5cm）厚。楼梯踏步通常采用较厚的饰面，以使楼梯看起来结实，但在不明显的构筑物部分，宜尽量减小石材厚度
设计石材时考虑其拆卸和再利用的可能	干砌墙体或铺装等理论上可不断重复使用。避免使用水泥砂浆，以减轻重新利用的困难。还有很多易于拆解的设计形式，如碎拼铺装、汀步、石笼等
使用再生材料	在城市区域或加工制造发达、建设强度大的地区，建筑垃圾和工业废料都可以成为很好的石材替代品。潜在的骨料替代品包括：废旧混凝土、再生沥青、铁矿渣、采石场废料、废玻璃和废轮胎等
就地取材	使用石材的环境影响主要来自其运输中的能源消耗和污染物排放，在当地开采和加工石材可最大限度地减少这些影响。如果有不适于建造墙体的碎石，则可采用石笼技术
砂石路面中使用植物性粘结剂，避免使用含有害成分的粘结剂	使用粘结剂可提高路面寿命并降低砾石损失、移位和维护。然而，一些粘结剂如木质素磺酸盐、氯化物和石油基乳剂等会对附近路面的生态系统产生负面影响。考虑使用树脂或植物副产品制成的植物性粘结剂

当地产的石材乃至混凝土碎块都可用于干砌石墙、石笼、碎拼地面等。如不用砂浆，当构筑物达到使用年限后，这些材料可多次重复使用在新的构筑物中（图 6-28、图 6-29）。

图 6-28　在纽约市公园游憩管理局的合作下，Michael Van Vatkenburgh 景观设计公司在罗斯福岛大桥的重建项目中使用了 300 多块回收的废旧花岗岩

图 6-29　纽约布鲁克林大桥公园（Brooklyn Bridge Park）的花岗岩观景台由回收的废旧石材建成。该公园未来兴建构筑物所需的 3200m³ 花岗岩，将来自拆除的威利斯大道桥（Willis Avenue Bridge）

6.10.1 场地建设中骨料和石材的潜在优点

- ► 较高的强度和持久性。
- ► 地球上最容易获得、资源最丰富的自然资源之一。
- ► 经当地开采、仔细挑选、少量加工可成为低影响的建材。
- ► 不管是"消费后再生"还是工业废料都可用于替代天然骨料。
- ► 是许多可持续景观场地构筑物的重要组成部分，如透水铺装、雨洪管理设施、卵石路面和工程化土壤等。
- ► 完美地融合于场地自然环境。

6.10.2 场地建设中骨料和石材的潜在问题

- ► 开采过程对栖息地、水质及其他生态系统造成严重损害。
- ► 开采过程中清除的表土形成大量垃圾。
- ► 石材加工可产生大量的垃圾并造成水污染。
- ► 如果天然骨料需要从很远的距离运来，会形成巨大的能源和经济成本。

6.11 沥青混凝土

沥青混凝土铺装是由粗细骨料与沥青胶结料拌合而成的。沥青是石油的副产物，由原油轻馏分被提取后剩下的重质烃组成，是上好的胶结料、防水剂、防腐剂。沥青铺装常用于场地施工及道路铺设，90% 新建道路采用沥青混凝土。热拌沥青铺装是最常见的类型，其骨料与沥青胶结料在搅拌站中加热至 250 ~ 350° F（121 ~ 177℃），然后立即运到施工现场进行铺设。有两类沥青路面可常温铺设——冷拌沥青（也称作乳化沥青）和稀释沥青。冷拌沥青的搅拌温度可以降低 50 ~ 100℃，采用沥青乳液、发泡工艺或添加剂（在较低温度下提升沥青可塑性）（表 6-25）。

表 6-25 减少沥青混凝土铺装环境影响的策略

策略	注意事项
降低拌合温度。采用温拌沥青或冷拌沥青替代热拌沥青	较低的沥青拌合温度能耗更低，废气少，也能使沥青铺装更耐用，老化速度更慢。虽然温拌沥青技术尚处于发展状态。冷拌沥青主要用于道路修补、就地沥青再生等
使用较少的沥青胶结料	使用较少的沥青胶结料能减少热拌沥青过程中的废气排放。加厚骨料基层可允许更薄的沥青层，从而减少胶结料的使用。这里应小心避免沥青过薄，以免影响其耐久性
使用再生骨料	许多"消费前"和"消费后"的再生材料都可以用作沥青骨料，包括再生沥青、轮胎、玻璃、炉渣及混凝土等
使用再生沥青或回收沥青	沥青就地低温再生法（CIR）是耗能最少的技术，是将现铺设的沥青粉碎，然后加入乳化沥青和再生剂搅拌，以恢复胶结料的性能的技术。其他选项包括就地热再生法（HIPR）、再生沥青路面法（RAP）及全深度再生法等

策略	注意事项
使用浅色沥青路面缓解城市热岛效应	较浅的铺装颜色能减轻城市热岛效应。使用较浅颜色的骨料、浅色碎石封层能提高沥青路面的日光反射比，并以此减轻城市热岛效应
使用可渗透沥青混凝土	除减弱雨径流外，透水铺装可以通过蒸发作用和水的下渗冷却路面。不过，透水沥青需要更多的保养以保证其孔隙通畅
对铺装进行遮荫	采用树木或建筑物遮蔽沥青路面，能减少城市热岛效应，延长路面寿命。
避免使用封闭剂	沥青封闭剂中含有挥发性有机物和多环芳烃，尤其是煤焦油，对土壤、沉积物和生物都会产生危害。最好的方法是不做封闭处理，而是让其褪色并在 7 ~ 10 年后重铺路面
延长沥青铺装使用寿命	"长寿型"路面的设计原则是将破坏限制在上表层，在定期维护时对表面损毁进行修复。采用长寿型沥青路面时，定期维护非常重要
减少铺装面积	包括降低道路宽度、缩小停车位尺寸等。也可以减少公共停车位数量

6.11.1 沥青混凝土铺装的潜在优势

▶ 铺设、维护成本低。

▶ 路面有一定弹性。

▶ 有多中路面处理方法，可以满足各类设计要求。

▶ 重铺路面能够延长其使用寿命，无需移除全部铺装层。

6.11.2 沥青混凝土铺装施工的潜在问题

▶ 热拌沥青生产要求在搅拌站搅拌加热骨料和胶结料至 250 ~ 350° F（121 ~ 177℃），在运输途中及铺设期间要持续加热。

▶ 沥青混凝土加热、搅拌与铺设都会释放废气，影响空气质量，危及人体健康。

▶ 其使用不可再生的石油和骨料作为原料。

▶ 沥青的加工过程释放的烃类、挥发性有机物和硫化物会影响空气质量，而排出的废水含有乳化油、游离油、硫化物、氨、酚、重金属、悬浮物等污染物。

▶ 沥青混凝土铺装不透水，加剧雨洪径流量及面源污染。

▶ 沥青混凝土黑色或暗灰色的表面会滞留太阳辐射并释放能量，加剧城市热岛效应及大气污染。

6.12 砌体砖

黏土砖以耐用性著称，优质施工下此类产品能持续上百年，无需过多维护。与其他产品相比，尽管砖体具有较高的隐含能，但其耐用性足以弥补这一缺陷。不同结构中砖体可重复使用，从而延长某一景观的使用寿命并赋予另一种景观新生命（表 6-26）。

表 6-26　减少砌体砖环境影响的策略

策略	注意事项
考虑再利用的方案设计	通过适当的细部设计，黏土砖可以实现多次的重复利用（不使用水泥砂浆的情况下）。对砖铺装地面而言，不使用水泥砂浆比较容易；而对砖墙则较难。如必须使用砂浆时，采用石灰砂浆可提高黏土砖重复利用的可能性
减少材料的使用量	避免过度设计。单层墙体比双层墙体或砖贴面墙要节约材料。节约砖材的策略还有墙板、空心墙等
提高结构耐久性的设计方案	墙：砖墙的耐久性主要取决于其耐潮湿能力。连接部件的精心细部设计以及接缝的勾缝可以提高砖墙的耐潮湿能力。 铺装：与普遍观点相反，砂浆砌筑比干铺更容易受损
尽可能降低水泥砂浆的环境影响	使用水泥较少的配比。可用粉煤灰、高炉矿渣等替代水泥。也可用石灰砂浆代替水泥砂浆
透水砖铺装的设计	可采用在铺装砖块之间设计下渗槽等多种形式，以促进雨水下渗

6.12.1　砌体砖的潜在优势

▶　耐久性高。

▶　砖体主要由黏土和页岩制成，无毒，自然资源丰富，世界范围内分布广泛。

▶　适合多种设计形式。

▶　相对于混凝土砖用水泥生产，黏土砖生产过程中废物排放少。

▶　由于烧结温度高，可将废料中和，一些固体废料可在砖的生产中得到利用。

6.12.2　砌体砖的潜在问题

▶　生产中，黏土砖的能耗是混凝土砖或混凝土砌块能耗的 150% ~ 400%，但黏土砖生产过程中所用的燃料为较清洁的天然气，而混凝土中水泥生产主要用煤。

▶　倘若生产商厂址不在场地附近，黏土砖的运输需要大量能源，成本高。

▶　水泥砂浆会限制砖体的重复利用。

▶　黏土砖烧制过程中释放氟和氯。

6.13　土工构筑

　　数千年来，土在世界各地都被广泛运用于建筑和场地构筑物。耶利哥古城（Jericho）的土坯墙、中国的万里长城以及美国西部最有历史的建筑均采用土作为材料（McHenry，1984）。虽然土工构筑在西南部以外的美国其他地区并没有得到广泛应用，但据估计，在全球有 40% 的人口生活于土工构筑建筑之中（Houben and Guillard，1994）。

　　土工构筑虽然类型多样，但均包含泥土、黏土和水（表 6-27）。土工构筑加工简单、使用效率高，所有废料均可重回泥土或用于其他构筑物之中。例如，夯土墙或夯土建筑的残留泥土也可用于水泥铺装，或其他用途。土工构筑一般可以就地取材，使用方式也应因地制宜（图 6-30、图 6-31）。

表 6-27　土工构筑施工方法

策略	注意事项
土坯砖，由黏土、砂、稻草等制成	土坯砖使用前必须在阳光下干燥 10 ~ 14 天。许多场地的土壤都适于制作土坯砖。普遍的认知误区认为土坯构筑物只适用于干燥气候，但实际上土坯砖也常用于相对湿润的地区。抹灰、挑檐等有利于保护土坯砖抵抗雨水侵蚀
凝土砌块，由泥土、水（有时含水泥）通过模具压制而成	与土坯砖类似，但更坚固、密实、均匀。尽管土块完全固化需要几天的时间，但成型加工后可以立即铺设
夯土构筑，做法是分层夯实湿砂土，形成墙体	相比砖坯，优点在于完成迅速，无需像土坯砖那样需要干燥时间。夯土的抗潮湿能力也更好。但相比于其他土工方法，夯土需要大量劳动力、更费时
沙包为装有泥土等的塑料袋或编织袋，用于场地建设或加固	沙包常用作结构，类型多种多样。适于做挡土墙，也适于曲线布置。铺设后需进行一定处理，以防止沙袋迅速老化
填土轮胎，废旧轮胎中填实泥土	由于轮胎起结构作用，泥土不必填太实。适于做挡土墙，夯实后可做各类土工构筑的基础
灰浆，具有透气性，常用黏土：砂土为 1：3 的配比，然后加入碎秸秆，用于墙体的表面处理	可刷一层或多层；饰面层可不使用秸秆。与土墙的粘合性非常好。灰浆的裂缝可以每年进行修复。依各地土质不同可产生多种颜色。由于材料不均匀，通常需要进行试验以获得合适的质地。 多雨气候中，泥浆灰浆宜掺和水泥、沥青、石灰或火山灰进行加固或密封

图 6-30　不列颠哥伦比亚大学的植物园，夯土墙围合的圆形露天剧场。Cliffton Schooley & Associates 公司建造，夯土墙总长 55 英尺（16.7m），与地形融合在一起

图 6-31　逐层夯实的夯土墙，颜色随涂层变化

6.13.1 土工构筑的潜在优势

▶ 土工构筑的原材料为土壤和沙子，价格低廉，一般可在项目场地或附近就地取材，同时也节约运输能耗费用。

▶ 加工简单，运输距离短，隐含能相对较低。

▶ 多数土工构筑无毒、无污染。

▶ 生土建筑保温效果好，厚墙壁可调节极端温度，还可作为蓄热体储存来自太阳光的热量。

▶ 构筑物使用寿命结束后，材料既可以回归土壤又可以方便用于其他土工构筑物。

▶ 土工构筑可塑造与场地条件协调的独特美感。

6.13.2 土工构筑的潜在问题

▶ 许多困难缘其在现代建筑中的使用不足。

▶ 标准规范中仅简单介绍了一些土工构筑施工方法，但一些工法的结构性能并没有详细描述；工程师也没有经过相关设计土工构筑的训练；同时，有经验的施工方也不容易寻找。

▶ 公众对土工构筑的理解局限在美国西南部的印象上，实际上对于温度较低或甚至降雨量大的地区，也有很多相应的技术和方法。

▶ 人们普遍认为土工构筑不如混凝土或木结构建筑那样牢固，但在加利福尼亚的大地震中，许多土坯建筑比其他材料的建筑表现出更好的抗震性。

▶ 材料的一致性比较差。

▶ 对维护的要求比较高。土工构筑物的表面易受风雨、冻融等极端天气的影响。虽然在干旱地区不需要做防水或墙面处理，但是在温带，土工构筑物通常需要额外的防护。

6.14 塑料

过去 60 年来，塑料成为场地建设中越来越常见的材料。许多建材产品是塑料制成的，或含有塑料成分、涂层。这种发展趋势是随着建材产品越来越复杂而来的。场地建设中最常见的塑料产品是给水排水管道，以及复合木材、围栏、围板等。一些金属产品，如铰链、自行车架、儿童游乐场设施等，都有塑料制品的保护装置，许多涂料、粘结剂、填缝剂也都含有塑料成分。如果不考虑下文讨论的问题，塑料是许多场地建材的可靠替代品。此外，需要说明的是不是所有的塑料材料都会对环境和人类健康带来同等严重的危害（表 6-28、表 6-29）。

表 6-28 场地建设中常见的塑料

塑料类型	特性	使用策略
高密度聚乙烯（HDPE）	聚乙烯是最易回收再生的塑料产品之一，可以多次循环使用，且性能无重大变化。HDPE 的抗拉强度和密度比 LDPE 高	常见的 HDPE 建材包括木塑、排水管、柔性灌溉管路和雨洪构筑物。在很多方面可替代 PVC
低密度聚乙烯（LDPE）	与 HDPE 类似。LDPE 可再生性也很高。抗拉强度和密度比 HDPE 低，抗高温性差	常用于防渗膜和土工织物
聚氯乙烯（PVC）	PVC 重量轻、耐用、使用广泛。正是因为上述特性，PVC 成为建筑业最常用的塑料。尽管其隐含能比其他塑料低，但 PVC 的生产和废弃处置会对环境产生重大影响并危及人体健康	宜避免使用 PVC 材料，使用类似 HDPE 的材料。场地用途包括管道、盖板、围栏等
聚丙烯（PP）	聚丙烯可抵抗多种化学溶剂和酸。强度不如 HDPE，韧度不如 LDPE。不过，有很好的耐疲劳性	场地应用包括土工织物、防渗膜、管道、混凝土强化纤维等

表 6-29 减少塑料在场地建设中的环境影响策略

策略	注意事项
使用再生塑料制品	塑料制品的再生成分含量为：0 ~ 100%。再生成分含量高（特别是消费后再生材料）的产品，有利于保护自然资源，减少塑料垃圾（图 6-32）
使用易回收利用的产品	使用易于拆卸的塑料制品。使用由同一类型塑料（PVC 除外）制成的产品，能最大限度地提高产品的可再生性。添加玻璃纤维、PVC 或木质纤维的复合材料制品不可再生
使用环境影响较小的塑料种类	使用聚乙烯和聚丙烯，虽然仍有风险，但相对较小。避免使用 PVC、ABS 和聚苯乙烯。要使用清晰标明成分的塑料产品

6.14.1　塑料在场地建设中的潜在优势

▶ 塑料有防水、耐腐、高弹性、颜色均匀、便宜、维护费用低等优点。

▶ 包含大量再生成分，本身也可回收利用。

▶ 相对轻便、节约运输能耗。

▶ 木塑可以取代木材，以减少森林砍伐和化学处理木材的量。

▶ 塑料管可替代高能耗、重污染的金属管。

▶ 塑料的维护要求很低。

6.14.2　塑料在场地建设中的潜在问题

▶ 塑料由不可再生的化石燃料制成，其生产过程中也额外消耗很多燃料。

▶ 某些塑料（如，PVC，ABS 和聚苯乙烯）的生产和清除过程产生的废料与排放物、副产品及化学添加剂等会释放二噁英、呋喃和重金属离子等毒素。

(Source: Hoerr Schaudt Landscape Architects)

图 6-32　芝加哥盖瑞康莫青年中心（Garg Comer Youth Center）的屋顶都市农场，花园小路的用材为木塑，这些木塑是由回收的废弃牛奶盒制成的，很好地与天井花园的窗框相匹配

▶ 最严重的影响是，美国每年城市固体废物中的 11.8%（约 2.89×10^6 t）是塑料（U. S. EPA，2006）。

▶ 许多塑料制品垃圾都采用填埋处理，其分解非常慢，有时向土壤中释放毒素。

▶ 建设用塑料产品的回收设施非常少，而建材中最常见的 PVC 几乎没有回收市场。

▶ 木塑不适用于跨度大于 6 英寸（0.15m）或挠度、蠕变要求较高的位置。这种情况下，混合纤维（包括木材、纤维板、玻璃）的塑料具有更佳的结构性能，但这也限制了塑料的循环利用。

6.15　金属

金属作为建材有很多优点（表 6-30）。如果使用恰当，金属材料的使用年限要比木材、混凝土或塑料长。有大量金属型材和预制产品可供使用，金属也可浇铸或锻造成特定形状。此外，多种金属饰面和合金种类能提供多种美学可能。

金属可持续利用的关键在于金属制品和装置的寿命的长短。较长的使用寿命能弥补金属加工制造中带来的大量资源消耗和排放。如果金属制品或结构的使用寿命长，由生产带来的消极影响就可以在较长时间内得到"抵消"。如果金属选择或表面处理不当，可能导致快速腐蚀（表 6-31）。

表 6-30　场地建设常用金属

金属种类与特性	注意事项
碳钢： 作为建筑业中最常见的金属，碳钢主要用于建筑结构；如果外露或受潮，碳钢极易腐蚀。因此，应对其采取保护措施或涂层处理。钢铁制造能耗占美国能源消耗的 2.3%。电炉炼钢的能耗要比转炉炼钢节能一半以上	选择毒性较小的防护涂料技术，如：粉末涂料、热喷涂或蒸镀等。接缝与表面设计应便于排水。选择再生材料含量较高的碳钢
不锈钢： 由于不锈钢表面由铬（有时为镍与钼）等物质形成钝化表层，其最重要的特性就是耐腐蚀。不锈钢生产能耗量比碳钢约高 60%	根据环境条件和使用要求选择合适的不锈钢类型（304 或 316）。定期清理以清除沉积的腐蚀性物质。接缝与表面设计应便于排水。避免表面机械处理给化学污染物以藏身之处
铝： 铝是耐腐蚀、轻质且结构性强的材料，在现场施工中用途广泛。生产铝需耗大量电，其环境影响最为严重。其中 55% 来自相对清洁的水电站	选择再生材料比例高的铝材。在含盐环境中铝制结构易受腐蚀，因此避免在沿海环境使用。用回收的废旧铝生产铝材的能耗仅为用铝土矿生产铝材能耗的 5%，1 吨回收铝可节省 4 吨铝土矿
铜： 铜在景观中的应用以片材为主，如防水板、盖板或面板等。铜采取露天开采；每开采 1 吨铜矿，清除大约 2 吨表土；铜矿中铜的含量仅 0.7%。铜开采与生产的废料含有大量重金属离子，从而会污染地下水及地表水	避免在水上使用铜结构及含铜元素的防腐剂、消毒剂

表 6-31　减少场地建设中金属的环境影响

策略	注意事项
设计要考虑拆解的要求，以鼓励再利用	选择标准的尺寸和质量等级，以确保易被再利用。机械连接（如螺栓）比焊接更利于再利用
对金属构件进行回收和再利用	对金属构件进行整体回收和再利用，可以节约金属二次冶炼、锻压、表面加工中的能耗，减少排放物（图 6-33）。使用回收的金属部件可能需要现场的防腐处理
选择再生金属	再生金属可用其再生材料含量来衡量，也可以看其是否易于回收。如不锈钢可以实现无降级回收，100% 可循环
避免使用有毒的涂料和表面处理工艺	选择在工厂完成精加工的产品，而不是现场加工。对表面处理尽量选用机械工艺而不是化学工艺
金属结构设计注意防腐	粗糙表面易沉积污染物，使清理更加困难。光滑表面可减少腐蚀着色的风险。饰面材料垂直使用，可使雨水形成冲刷效应。遗留在金属表面的腐蚀性污染物可导致变色。无掩蔽的紧固件与铆钉也容易积水和受腐蚀

(Design: Ten Eyck Landscape Architects, Inc)

图 6-33 Tucson 市诺兰沙漠景观实验室（the Underwood Family Sonoral Landscape Laboratory），回收钢槽用作沟渠与排水管

6.15.1 金属在场地建设中的潜在优势

► 金属几乎可以不断再生。

► 不管是"消费前"还是"消费后"的材料都可用于循环再生，可有效减少金属生产过程中的废弃物和污染物排放。

► 金属循环再生行业已经成熟。

6.15.2 金属在场地建设中的潜在问题

► 金属开采、生产、加工、使用过程会产生严重的环境影响。金属种类、产品、加工方式不同，其影响也大相径庭；但在建材中仍属于环境影响最大的。

► 金属生产消耗大量资源——通常是金属实际产量的 3 ~ 8 倍，产生大量废料。有些废料有害，当释放入空气、水和土壤中时，会影响生态系统并对人体健康造成危害。

► 金属生产所需的大量资源开采影响开矿场地附近的栖息地、空气和水。铝材生产中的铝土矿提炼是砍伐热带雨林的重要动因。

► 金属生产的能源消耗因金属种类、产品、制造设施的不同而异，但与其他替代建材相比还是较高。

► 室外环境中使用的金属易受腐蚀，如海水接触、融雪剂及工业、城市污染。有酸雨（雨水中空气悬浮微粒等级高，硫、氮氧化合物和臭氧含量高）的地区，应使用耐腐蚀金属（表 6-32）。

► 不恰当的金属材料、表面处理形式或连接部件选择，会导致材料的快速腐蚀，缩短金属结构的使用寿命。

► 金属加工业对有害化学物质的用量最大，会产生大量有害物质和废料。

6.16 生物质材料

美国农业部将生物质产品定义为全部或主要由生物制品组成的工商业产品（食品或饲料除外）。生物质产品包括：可再生农业材料、林业材料、海产材料与动物材料等（美国农业部，2002）。根据上述定义，木材和木制品也是生物质产品，但本节主要探讨生长周期在 10 年以上的速生生物质材料。这包括：纤维作物、竹子、农业废弃物以及植物籽油等（表 6-33）。

表 6-32 环境中的化学物质及其对金属的影响

化学元素	主要来源	受影响金属	腐蚀现象
硫	煤的燃烧	铜 镍铜合金 铅 银	绿锈 绿锈或棕锈 黑锈 暗锈
碳	二氧化碳	铅 锌	白色氧化物 暗蓝灰色锈斑
氯	海洋 融雪剂	铝 铜 不锈钢	点状蚀斑 蓝绿色锈斑 红斑
硅	空气粉尘与封闭剂	不锈钢 钛	变色 变色

资料来源：Zahner，2005。

表 6-33 场地建设中使用的生物质产品

材料类型	场地建设可用的生物质材料或产品的示例
回收与再加工生物废料	纤维覆盖物（例如，报纸） 起土壤改良与水土保持作用的堆肥
农业与木材工业中的废料副产品	椰纤维水土保持产品 用作水土保持的草席、草绳 整包秸秆 纤维覆盖物 起土壤改良与水土保持作用的堆肥
耕种或采收产生的材料	起水土保持作用的黄麻 绳索或麻线 增粘剂 土壤粘结剂与骨料粘结剂 混凝土与沥青脱模剂 混凝土固化剂 竹制品

一般来说，如果一种产品含有 90% 及以上生物质材料（固体产品以质量计，液体产品以体积计；比例不包括该产品中的无机物以及水），就认为这种产品是生物质产品。生物质材料成分不足 90% 的产品仍可视为"含有生物成分"。建筑业中使用的动植物种类远远少于实际可应用的种类。鼓励使用生物质材料，可以降低建筑业对有害、稀缺以及不可再生资源的依赖（表 6-34）。

表 6-34　生物质材料在场地建设中的应用

应用	注意事项
水土保持、植被恢复以及地面覆盖可用黄麻、椰壳、稻草以及回收纤维	天然材料的土工织物与覆盖物可代替水土保持所用的合成塑料产品。这些产品如有遗留，会就地分解，还可改良土壤。记住：杂草做覆盖物可能会产生多余的种子，使入侵植物蔓延。尽管作为权宜之计，天然覆盖物在坡度低的区域足以防护侵蚀，但是天然纤维轧辊水土保持产品（RECP），如黄麻与椰壳，宜用于更加苛刻的环境中（堪萨斯城都市条款，2003）： （1）需要 8 个月以上水土保持措施的地区； （2）多风地区； （3）易形成径流汇流的区域； （4）坡度大于 3:1 的斜坡
混凝土和铺装中的生物质产品	可用生物质材料作为混凝土脱模剂与固化剂，骨料的粘合剂。与石油类产品相比，这些产品对环境的影响相对较小。生物质的混凝土脱模剂与固化剂似乎与石油产品相当。对于交通压力大的地区，用车前草制成的骨料粘结剂不如沥青耐用
竹制品	竹子可代替木材、混凝土、钢以及塑料，已广泛应用于景观设计中。其中一种研究中的用途是竹子用于加固混凝土（Farrelly，1984）。竹子是高度可再生材料，无污染易降解。竹子生长率高，其产量比木材高出 25 倍。连接竹竿是一关键问题——首先需要大量劳动力；其次，连接性限制竹结构的承载能力。由于竹子是植物材料，易受到昆虫与微生物的破坏。然而，竹子成熟以后，额外的处理可降低其碳水化合物含量，从而使其不易受到侵蚀。此外，较老的竹茎碳水化合物含量较低
秸秆束	秸秆的性能取决于其捆扎的方法以及安装和抹灰等方法等。 秸秆使用注意事项（美国能源部，1995）： （1）水分含量不超过 14%。 （2）秸秆宜几乎不含残留果实和种子，否则会吸引害虫与微生物。 （3）应用铁丝或聚丙烯纤维绑扎，以确保其紧度适合。 （4）秸秆长度宜为宽度的两倍。 设计方法： （1）将该结构设置在排水良好的地基上，确保水不会从地面流到秸秆。 （2）涂上几层灰泥，保证涂料之间有充足的固化时间。 （3）水平表面的灰泥需用不透水材料覆盖（如瓷砖），或用防水涂料处理，以防水渗入该结构。 （4）在设计中应结合出檐或屋面，以确保秸秆不受潮

6.16.1　生物质材料的潜在优势

► 大多可降解，无毒，且不产生有害废物。

► 可利用农业废弃物，否则，这些废弃物将被燃烧，对环境造成污染。

► 通过替代石油产品，可减少污染物排放及能耗。

► 非石油产品，因而某些产品隐含能较低。

► 价格区间虽然较大，但与常规建材相比，较为便宜。

6.16.2　生物质材料的潜在问题

► 如果不是由废弃或回收材料制成，生物质产品的现代化农业生产会产生诸多不良影响（如：水土流失、栖息地破坏、富营养化、酸化、水资源浪费等）。

► 其生产过程可能由于化肥、农药等使用而产生很高的资源消耗，也会造成严重的污染。

► 可能会造成用于粮食生产的耕地面积下降。

► 评价性能与环境影响的数据和资料有限。

► 易受天气、降雨量等影响。

6.17　木材

木材作为建筑材料的历史相当久远，有着易加工、结构性强、质感温和的特点。木材是一种环境友好的可再生资源。但近年来，建筑行业木材应用的主要方式则是不可持续性的。大规模的砍伐破坏了生态环境，造成水土流失；许多人工林是纯林，栖息地价值很低的同时还需大量使用杀虫剂与肥料；名贵木材的市场大涨造成敏感的雨林被彻底破坏。一系列问题使人们认为木材不是一种可持续材料。然而，随着建筑行业普遍注重环保意识以及绿色实践，也为可持续木材在建筑行业的使用提供了机遇（表 6-35）。

表 6-35　减少木材应用对环境影响的方法

方法	注意事项
通过细部设计保障木结构的耐久性	木结构的连接设计应将应力作用在结构部分而非连接部分。例如，木结构的梁要直接安放在柱上，而不是依靠紧固件连接，紧固件会随时间推移而发生磨损或腐蚀（见图 6-12）。 使用足够结实的紧固件，如螺栓和螺钉。 对木材采取低毒性的防虫防腐处理
减小结构规模	节约森林资源一个重要的方式就是节省木材。设计师可利用创造性和创新性解决方案，在满足使用需求的同时，实现结构规模的最小化
合理设计，减少废料	设计木结构时应注意木材的标准尺寸，使废料降到最低
使用加工板材	许多加工板材是由回收木材或废材制成的。越来越多的加工板材获得林业管理委员会（FSC）认证。但要避免使用含有甲醛粘结剂的加工板材，可替代甲醛的粘结剂有固体石蜡、松香、淀粉以及甲基二异氰酸酯
选择不太常用的物种制成的木材，以促进林业发展	使用不太常用的木材种类可减少主流树种木材的压力，促进林场和人工林的生物多样性
尽量使用品质比较低的木材	高品质木材的产量永远是有限的，过度使用将对林业生产造成巨大压力。使用品质较低的木材将提高森林资源的利用效率。只要结构质量没问题，特别是看不到的地方，都可以使用品质较低的木材
综合平衡木材防腐与防腐剂毒性的问题	除天然防腐种类以外，在室外环境使用的木材必须做防腐处理。虽然木材防腐可以延长其使用寿命并间接保护森林资源，但木材防腐剂的毒性问题也必须考虑。通常防腐剂的毒性越高，防腐效果越好。因此防腐剂的种类和工艺选择就要针对木材的使用环境和使用要求进行综合考量。尽量避免使用铜离子防腐剂
考虑拆解需求的设计	螺钉与螺栓连接（而不是胶粘或射钉）有利于拆解。选择标准尺寸以最大化满足将来重复使用的需求
使用回收废弃木材	使用回收的废旧木材可减少砍伐原木以及使优质材料免于填埋。与未经使用的木材相比，回收木材通常质量较高，尺寸较大。回收木材的来源靠近场地非常重要，以避免运输带来的环境及经济开销
使用认证木材	使用认证木材以及木制品可确保其来自采取可持续管理与技术措施的企业，可以满足环境与社会的可持续发展要求
使用具有天然防腐性能的木材	具有天然防腐性能的木材应使用在室外环境。这可以提高结构的使用寿命，减少对有害防腐剂的需要。然而，热带硬木只有来自合乎标准的可持续来源，才能使用（图6-34）

(Source: Miller Company Landscape Architects/credit: Paul Warchol)

图 6-34　加利福尼亚州奥克兰市太平洋坎纳公寓，凉亭中的长凳，所用的木材是通过 FSC 认证且防腐性很强的巴西硬木

6.17.1　场地建设中木材的潜在优势

► 与钢铁及混凝土相比，木材隐含能较低。

► 只要木材使用时间比种植类似材料所需时间长，木材就是可再生资源。

► 木材可持续固定碳，直到其腐烂或燃烧。

► 如果保存适当，非常经久耐用。

► 用途广泛——可用于很多领域。

► 美国西北部、加利福尼亚州北部、中西部以及东南部具有丰富的木材资源。

► 可废物利用，重复使用，循环使用。

6.17.2　场地建设中木材的潜在问题

► 砍伐影响通常涉及大面积环境退化，包括森林破坏、栖息地退化、水土流失、污染，甚至损害生物多样性。

► 生产过程中产生大量废弃物。

► 防腐处理中所用的化学组分有害，且能耗大。

6.17.3　木材认证系统

使用认证木材以及木制品可确保其来自采取可持续性管理与技术措施的企业。此外，一些认证系统对社会、经济实践也有可持续性的要求。全球有多种木材认证系统，优先顺序和标准各有不同。表 6-36 概括了在美国和加拿大使用的五种系统。

表 6-36　木材认证系统

林业管理委员会 www.fscus.org	**林业管理委员会**（Forest Stewardship Council，FSC）是成立于 1993 年的国际组织，推动对环境和社会负责的林业管理生产实践，并对其认证的林产品进行追踪。该组织为林业管理制定了关注生态功能、生态恢复、成熟森林砍伐、栽植技术、保护栖息地及原住民权利等原则和标准。由获林业管理委员会授权的第三方审计人员来实施认证工作。其认证有两种类型： **森林管理认证**（Forest Management，FM），适用于森林管理，管理实践符合 FSC 标准的林地可以得到第三方认证单位的认证，对林地的审计每年进行一次。 **供应链认证**（Chain-of-Custody，COC），适用于木材，FSC 跟踪监督从采伐到使用的全过程。COC 认证可颁发给生产商、批发商及零售商。FSC 与 COC 认证可适用于许多产品，从木材到纸张与家具。认证产品包装上印有 FSC 标识。 FSC 目前已获得美国绿色建筑委员会（U.S. Green Building Council，USGBA）、世界野生动物基金会（World Wildlife Fund，WWF）、绿色和平组织以及雨林保护行动等组织的支持
可持续林业倡议 www.sfiprogram.org	可持续林业倡议（Sustainable Forestry Initiative，SFI）是由美国林业和纸业协会（American Forest and Paper Association）创办的认证系统。SFI 属于非营利性第三方认证系统。SFI 与 FSC 在很多问题上一致，但其不如 FSC 认证规范。质疑者认为其标准在实施中存在诸多弹性，但 SFI 认为其标准的弹性可以让各公司根据当地条件来调整。 SFI 目前只适用于北美，故而未考虑热带地区珍稀濒危木材的保护问题
美国林场系统 www.treefarmsystem.org	美国林场系统（American Tree Farm Systems，ATFS）是由美国森林基金会于 1941 年创办的一个组织。该组织为林业相关的环境与森林问题提供标准。与 FSC 或 SFI 相比，该标准不太规范。其认证由独立的林业工作者执行
加拿大标准委员会，《可持续森林管理：要求与指南》www.csa.org	《可持续森林管理：要求与指南》（Z809），设定与 SFI 类似的林业实践标准。该标准主要解决环境、森林、社会以及经济问题。该标准要求供应链监管，从源头到生产与分销全程追踪产品
森林认证系统 www.pefc.org/	森林认证系统（Program for the Endorsement of Forest Certification schemes，PEFC）是一个独立的、非营利、非政府组织。建立于 1999 年，通过第三方独立认证促进可持续的森林管理。森林认证系统必须通过评估程序，经公共协商，以及独立评估人员评估才能得到认可

6.17.4　设计中林业管理委员会（FSC）认证木材的应用

▶ 在工程初期，结合 FSC-US 或工程所在地 FSC 条款，确定对该工程切实可行的木材种类。

▶ 在设计阶段，联系供应商以确定木材种类、产品、尺寸的可用性以及工程所需的数量。

▶ 向投标商提供一系列获得认证的供销商名单。可用"FSC 认证投标担保表格"和"FSC 合格供应商列表"协助承包商找寻 FSC 供应商，确保提供合格的木材。见"FSC 设计与建设指南"（FSC，2005）。

▶ 考虑到业主可能会提前购买和储存木材，木材有效期可随该工程的使用寿命而变化。木材应由业主提供，承包商装配。与装配条件类似，确保木材储存在潮湿环境。

- ▶ 如有可能，选择来自本地且获得 FSC 认证的木材。

- ▶ 在合同文件规定木材应获得 FSC 认证，且需要出具供应链监管证明文件。如果可能，采用单项产品策略（基于对木材实用性的研究）代替需要 FSC 认证的具体细则。这样就可确保承包商找到所需木材。

- ▶ 在适当情况下，使用《FSC 设计与建设指南》中详细说明的语言。

（资料来源：改编自 FSC 2005）

6.17.5　避免使用珍稀物种树木

许多产于中美洲、亚洲以及非洲的热带硬木（如紫檀、柚木、红木等）具有很好的防腐蚀性，因此成为场地建设的高档材料。这类木材主要用于户外家具、木栈道等。虽然这类木材在室外环境中的耐久性极佳，但由于其采自热带雨林，会破坏高度敏感的栖息地，因而是不可持续的。过度砍伐已经造成一些物种的濒危甚至灭绝。

《濒危野生动植物国际贸易公约》（Convention on International Trade in Endangered Species，CITES）附录一列出了濒临灭绝的种类；CITES 附录二列出了需要通过贸易管制加以保护的种类。林业管理委员会对可持续林业实践的认证，就是对木材贸易管制的一种方式。国际自然保护联盟（International Union for the Conservation of Nature，IUCN）列出了濒危物种的红色名单，可以根据种类和地区查询。濒危物种的分类如下：

- ▶ 已灭绝物种（EX）——证据表明其最后一个个体已经死亡。

- ▶ 野外灭绝物种（EW）——已知个体仅存活于圈养或栽培环境，经人工放养才可在野外存活的物种。

- ▶ 极危物种（CR）——在野外面临极高的灭绝风险。

- ▶ 濒危物种（EN）——在野外面临很高的灭绝风险。

- ▶ 易危物种（VU）——在野外面临较高灭绝风险。

- ▶ 近危物种（NT）——不久以后，临近或可能鉴定为濒危物种。

- ▶ 无危物种（LC）——分布广泛，数量充足。

属于野外灭绝物种、极度濒危物种或濒危物种中的木材种类不宜使用，除非其获得第三方的可持续性认证。

6.18　场地照明

恰当的照明是可持续景观场地中确保人身安全、野生动物栖息地良好和高效利用能源的重要组成部分。良好的照明设计是满足上述要求的保障。研究表明，由于光污染，在城市和郊区的人们只能看到 3% 的夜空。过度照明、光线向上或向外逸出，造成眩光、光侵染以及"城市天光"现象，能源浪费的同时也造成星辰模糊不清（Dark Sky Society，2009）（图 6-35）。

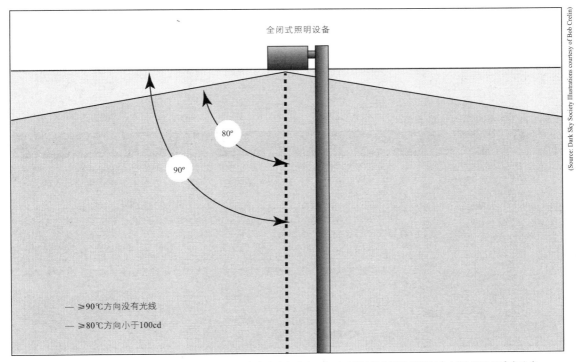

图 6-35　此图为全闭式照明灯具示意图。这种灯具可避免光线向上逸出，也可以通过将外漏光线限制在 10% 以下以减少眩光

过度天光会导致人体睡眠失调和生物钟的紊乱。研究表明，褪黑激素（睡眠时产生的激素）的减少会增加患乳腺癌及其他癌症的概率（Davis，Scott，Mirick，2001；Navara and Nelson，2007）。光照会减弱眼睛适应黑暗区域的能力，由此产生的眩光及能见距离的缩短，容易引发事故。星辰是灵感、讯息以及思索的源泉，如果把人类同星辰的连接中断，这种影响很难估量，但对很多人来说是重大损失。

光污染也会造成经济损失。据有关人士估计，美国每年在光污染及非必要照明上浪费超过 45 亿美元（Dark Sky Society，2009）。

过度的夜间光照对动植物的生理机能都有很大影响。光污染会干扰动物迁移，影响动物间的相互作用以及捕食关系，影响植物养料输送及授粉，从而影响其他物种。生物的繁殖习性同样受到影响。树木的生长模式和夜间开花的植物都会因此受到干扰。

户外照明非常必要，但需要精心设计，综合考虑位置、密度、时间选择、持续时间以及颜色。夜空协会（Dark Sky Society）对良好的户外照明设计提供了以下目标：

▶　提高安全性。

▶　节省开支。

▶　保护自然资源。

▶　照顾社区利益。

▶　维系群落特征、减少天光。

► 保护动植物生态环境。

► 降低健康风险。

表 6-37 提供了可满足上述目标的照明方案框架。SITES 和 LEED 有关户外照明的评分项都与此框架要求一致。

表 6-37 户外照明设计的目标

目标	注意事项
确定需要照明的地点和时间。在符合安全要求的基础上，限制并尽量少地使用照明	方案应界定需要照明的范围，列出每个区域预计的使用时间和照明时间（如停车场、行步道、车道、引导标识和植物等）。商店的户外照明应用于保证行人的人身财产安全
选择适当的照明灯具，以保证向下的照射方向，参照图 6-36	使用照明工程学会（Illuminating Engineering Society）指定的"全闭式"和"全屏蔽式"灯具，确保光线不会从灯具上方逸出。标识上部照明要保证光线完全照在标识上，且不造成炫光。标识照明强度要达到至少 200lm，才能达到良好能见度
选择正确的光源(灯泡型号)	如非安装传感器，则推荐使用节能灯或高压钠灯。不推荐金属卤素灯（因其成本高、能耗大，环境影响大，会加剧人为白昼）
使用传感器、定时器等自动开关控制	无需照明时，自动开关会切断电源。营业场所打烊后半小时内应熄灭所有照明灯。应急入口应安装声控照明灯。避免使用全天候传感器（无夜间关闭控制）。单纯的照明比较难起到安保作用，还应增加其他安保措施
限制照明设备的高度	照明设备布置位置与场地边界的距离不得小于安装高度的 4 倍，以及高于临近建筑的高度（下列情况除外：大型停车区、临近公路的商业区等）
限制光照越过物业边界（即"照明打扰"）	避免光照越过物业边界。商业物业边界的照明亮度级不应超过 0.1 英尺烛光，住宅区界址线不超过 0.5 英尺烛光
采用适当的照度	照度和均匀系数不宜超过推荐值。下列区域的照度推荐值为：非城市市区的商业地块为 25000 流明每英亩；城市居民区为 10000 流明每英亩。郊区居民区为 50000 流明每英亩，城市市区为 100000 流明每英亩（表 6-38）
寻求协助	为获取良好的照明效果，当地规划部门和灯具销售商可以提供必要信息。照度达到 15000lm 以上的大型项目要考虑：节能、光污染控制、照明打扰及眩光等问题
应进行安装后的检验以检查照明装置是否合规	施工方变更设计的情况很常见，但要确保其符合技术规范。最终批准的场地平面图上不允许未经允许增加或替换外部照明。
室内照明不得干扰室外环境	对建筑周边区域进行室内照明照度测定，证明室内照明主要照在建筑内而不影响建筑外

资料来源：The Dark Sky Society, 2009。

表 6-38 北美照明工程学会的照明分区

LZ1	暗（公园和郊野环境）
LZ2	低（住宅区）
LZ3	中等（商业/工业区、高密度住宅区）
LZ4	高（主要市中心、娱乐区）

资料来源：IESNA

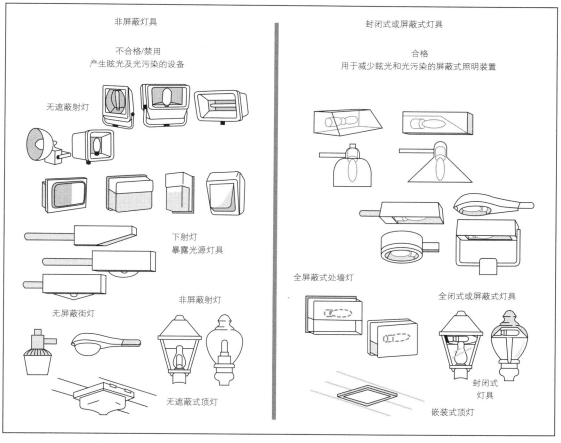

(Source: Dark Sky Society)

图 6-36　如图，不建议使用左边的一系列照明装置，因其易产生眩光和光侵染。右边的装置合格，因其能减少眩光和光侵染

参考文献

Addis, B. 2006. *Building with Reclaimed Components and Materials: A Design Handbook for Reuse and Recycling*. London: Earthscan.

The Aluminum Association, Inc. 2003. *Aluminum: Industry Technology Roadmap*. Washington, DC: The Aluminum Association.

ASTM International. 2003. ASTM Standard E2129-03, "Standard Practice for Data Collection for Sustainability Assessment of Building Products." West Conshohocken, PA: ASTM International (www.astm.org).

———. 2005. ASTM Standard E1991, "Standard Guide for Environmental Life-Cycle Assessment of Building Materials/Products." West Conshohocken, PA: ASTM International, (www.astm.org).

———. 2010. ASTM Standard E2129-10, "Standard Practice for Data Collection for Sustainability Assessment of Building Products." West Conshohocken, PA: ASTM International (www.astm.org).

Athena Sustainable Materials Institute. 1998. *Life Cycle Analysis of Brick and Mortar Products*. (Prepared by Venta, Glaser & Associates). Athena Sustainable Materials Institute: Ottawa, ON.

_____. 2006. *A Life Cycle Perspective on Concrete and Asphalt Roadways: Embodied Primary Energy and Global Warming Potential*. Ottowa, ON: Athena Sustainable Materials Institute.

Ayers, Robert. 2002. "Minimizing Waste Emissions from the Built Environment." In *Construction Ecology: Nature As the Basis for Green Building*, ed. C.J. Kibert. London: Routledge.

Azapagic, A., S. Perdan, and R. Clift (eds.). 2004. *Theory and Practice of Sustainable Development in Practice: Case Studies for Engineers and Scientists*. Chichester, U.K.: John Wiley & Sons.

Brown, Hillary, Steven A. Caputo, Kerry Carnahan, and Signe Nielsen. 2005. *High Performance Infrastructure Guidelines: Best Practices for the Public Right-of-Way*. New York: Design Trust for Public Space. A copublication with the New York City Department of Design and Construction.

Cambridge Systematics. 2005. *Cool Pavement Report. EPA Cool Pavements Study Task 5, Draft Report*. Prepared for U.S. EPA Heat Island Reduction Initiative by Cambridge Systematics, June 2005. Chevy Chase, MD: Cambridge Systematics. www.epa.gov/heatisld/resources/pdf/CoolPavementReport_Former%20Guide_complete.pdf.

Center for Sustainable Building Research. 2007. *The State of Minnesota Sustainable Building Guidelines*. Center for Sustainable Building Research, College of Design. Minneapolis: University of Minnesota.

Cervarich, Margaret B. 2007. National Asphalt Pavement Association. Personal communication with the author, November 8.

Comprehensive Environmental Response, Compensation, and Liability Act (CERCLA). 2005. *CERCLA Priority List of Hazardous Substances. 2005*. Agency for Toxic Substances and Disease Registry, Department of Health and Human Services, www.atsdr.cdc.gov/cercla/.

Dark Sky Society. 2009. *Guidelines for Good Exterior Lighting Plans*, www.darkskysociety.org.

Davis, Scott, Dana K. Mirick, and Richard G. Stevens. 2001. "Night Shift Work, Light at Night, and Risk of Breast Cancer." *Journal of the National Cancer Institute*, 93 (20):1557–1562.

Demkin, J., ed. 1998. "Application Report 10: Metal and Plastic Plumbing Pipe." In American Institute of Architects, *Environmental Resource Guide*. New York: John Wiley & Sons.

European Commission. 2003. "Waste Management."In *Handbook for the Implementation of EU Environmental Legislation*. Brussels: European Commission, Europa, December 2003.

European Commission, Joint Research Centre, Institute for Environment and Sustainability. n.d. "LCA Tools, Services and Data." http://lca.jrc.ec.europa.eu/lcainfohub/toolList.vm, accessed January 2011.

Farrelly, David. 1984. *The Book of Bamboo*. San Francisco: Sierra Club Books.

Forest Stewardship Council (FSC). 2005. *Designing and Building with FSC*. Developed by Forest Products Solutions. Washington, DC: Forest Stewardship Council.

Golden, Jay. 2006. National Center of Excellence, SMART Innovations for Urban Climate and Energy, Arizona State University. Personel communication with the author, November.

Golightly, D., P. Sun, C. Cheng, P. Taerakul, H. Walker, L. Weavers, W. Wolfe, and D. Golden. 2005. "Mercury Emissions from Concrete Containing Fly Ash and Mercury-Loaded Powdered Activated Carbon." 2005 World of Coal Ash, Lexington, KY.

Gore, Al. 2006. *An Inconvenient Truth: The Planetary Emergency of Global Warming and What We Can Do about It*. New York: Rodale Press.

Graedel, T. E., and B. R. Allenby. 1996. *Design for Environment*. Upper Saddle River, NJ : Prentice-Hall.

Gutowski, Timothy G. 2004. "Design and Manufacturing for the Environment." In *Springer Handbook of Mechanical Engineering*. K.H. Grote and E.K. Antonsson, eds. New York: Springer-Verlag.

Guy, B., and S. Shell. *Design for Deconstruction and Materials Reuse*. www.deconstructioninstitute.com/.

Hamer Center for Community Design, The Pennsylvania State University. 2006. *DfD Design for Disassembly in the Built Environment.* Prepared for City of Seattle, King County, WA, by B. Guy and N. Ciarimboli.

Hammond, G., and C. Jones. 2006. "Inventory of Carbon and Energy," Version 1.5 Beta. Bath, UK: University of Bath, Department of Mechanical Engineering.

_____. 2008. "Inventory of Carbon and Energy," Version 1.6a Beta. Bath, UK: University of Bath, Department of Mechanical Engineering.

_____. 2011. "Inventory of Carbon and Energy." Version 2.0. Bath, UK: University of Bath, Department of Mechanical Engineering.

Houben, H., and H. Guillard. 1994. *Earth Construction: A Comprehensive Guide.* London: Intermediate Technology Publications.

Intergovernmental Panel on Climate Change. 2007. *Climate Change 2007: Impacts, Adaptation and Vulnerability.* Contribution of Working Group II to the Fourth Assessment Report of the Intergovernmental Panel on Climate Change, ed. M.L. Parry, O.F. Canziani, J. P. Palutikof, P. J. van der Linden, and C. E. Hanson. Cambridge: Cambridge University Press.

International Standards Organization (ISO). 1996. Environmental Management—Life-Cycle Assessment: Principles and Framework. Draft International Standard 14040. Geneva, Switzerland: International Standards Organization.

Kansas City Metropolitan Chapter, American Public Works Association. 2003. "Division II Construction and Material Specifications: Section 2150 Erosion and Sediment Control," www.kcmo.org/pubworks/stds/spec/Temp/APWA2100.pdf.

Lawrence Berkeley National Laboratory. 1999. Lawrence Berkeley National Laboratory Heat Island Group, http://eetd.lbl.gov/HeatIsland/Pavements/Overview/Pavements99-03.html.

Lippiatt, Barbara C. 2007. *BEES 4.0 Building for Environmental and Economic Sustainability Technical Manual and User Guide.* Gaithersburg, MD: National Institute of Standards and Technology.

Living Building Institute. 2010. "Living Building Challenge 2.0." http://ilbi.org/lbc/Standard-Documents/LBC2-0.pdf.

Matos, Grecia R. 2009. *Use of Minerals and Materials in the United States from 1900 through 2006.* Reston, VA: U.S. Geological Survey Minerals Information Team.

McDonough, William, and Michael Braungart. 2002. *Cradle to Cradle: Remaking the Way We Make Things.* New York: North Point Press.

McHenry, P. G. 1984. *Adobe and Rammed Earth Buildings.* Tucson: University of Arizona Press.

Mendler, Sandra, William Odell, and Mary Ann Lazarus. 2006. *The HOK Guidebook to Sustainable Design.* Hoboken, NJ: John Wiley & Sons.

National Association of Home Builders (NAHB) Research Center. n.d. "Deconstruction: Building Disassembly and Material Salvage." www.nahbrc.org/.

National Institute of Building Science (NIBS). 2010. "Federal Green Construction Guide for Specifiers, Section 32 12 43 (02795)." www.wbdg.org/ccb/FEDGREEN/fgs_321243.pdf.

Navara, K.J., and R.J. Nelson. 2007. "The Dark Side of Light at Night: Physiological, Epidemiological, and Ecological Consequences." *Journal of Pineal Research,* 43 (3):215-224.

Partnership for Advancing Technology in Housing (PATH). n.d. "Concrete Aggregate Substitutes: Alternative Aggregate Materials." PATH: Toolbase Resources, www.toolbase.org/Construction-Methods/Concrete-Construction/concrete-aggregate-substitutes.

Pomerantz, M., B. Pon, H. Akbari, and S. Change. 2000. "The Effect of Pavements' Temperatures on Air Temperatures in Large Cities. Report No. LBNL-43442." Berkeley, CA: Lawrence Berkeley National Labratory. http://eetd.lbl.gov/HeatIsland/PUBS/2000/43442rep.pdf.

Sandler, Ken. 2003, November. "Analyzing What's Recyclable in C&D Debris." *Biocycle,* 51-54.

Scotland Environmental Design Association (SEDA). 2005. *Design and Detailing for Deconstruction.* Prepared by C. Morgan and F. Stevenson for SEDA Design Guides for Scotland: No. 1.

Thompson, J.W., and K. Sorvig. 2000. *Sustainable Landscape Construction: A Guide to Green Building Outdoors*. Washington, DC: Island Press.

Turner-Fairbank Highway Research Center (TFHRC). 2011. *User Guidelines for Waste and By-product Materials in Pavement Construction*. Federal Highway Administration, Turner-Fairbank Highway Research Center, Available at www.fhwa.dot.gov/publications/research/infrastructure/pavements/97148/index.cfm (accessed May 2011).

United Nations Environment Programme. (UNEP). 1999. *Global Environment Outlook 2000*. London: Earthscan Publications Ltd.

United Nations Conference on Environment and Development (UNCED). 1992. *Agenda 21: United Nations, Report of the Conference on Environment and Development*. Rio de Janerio: United Nations Conference on Environment and Development.

U.S. Department of Agriculture (USDA). 2002. Farm Security and Rural Investment Act of 2002, Pub. L. No. 107-171 116 Stat. 475, §9001 ¶ 2.

U.S. Department of Energy. 1995. *House of Straw: Straw Bale Construction Comes of Age*. Washington, DC: USDOE Office of Energy Efficiency and Renewable Energy, Washington, DC: U.S. Department of Energy. www.kcmo.org/pubworks/stds/spec/Temp/APWA2100.pdf.

U.S. Environmental Protection Agency (U.S. EPA). 2000. "Hot Mix Asphalt Plants Emission Assessment Report." Report EPA-454/R-00-019, www.epa.gov/ttn/chief/ap42/ch11/related/ea-report.pdf.

———. 2003. "Exposure and Human Health Reassessment of 2,3,7,8-Tetrachlorodibenzo-p-Dioxin (TCDD) and Related Compounds." Washington, DC: National Center for Environmental Assessment: Research and Development.

———. 2006. *2005 Municipal Solid Waste in the United States: Facts and Figures*. EPA530-R-06-011, October 2006. Washington, DC: U.S. EPA Office of Solid Waste.

———. 2007a. *2005 Toxics Release Inventory (TRI) Public Data Release Report*. EPA 260-R-07-001. Public data release March 2007. Washington, DC: U.S. Environmental Protection Agency.

———. 2007b. *Inventory of U.S. Greenhouse Gas Emissions and Sinks, 1990–2005*. Report EPA 430-R-07-002. Washington, DC: U.S. Environmental Protection Agency.

———. 2007c. *Energy Trends in Selected Manufacturing Sectors: Opportunities and Challenges for Environmentally Preferable Energy Outcomes*. Prepared by ICF International, March. Washington, DC: U.S. Environmental Protection Agency.

———. 2009a. *Estimating 2003 Building-Related Construction and Demolition Materials Amounts*, EPA-530-R-09-002, Office of Resource Conservation and Recovery. Washington, DC: U.S. Environmental Protection Agency. Available at www.epa.gov/wastes/conserve/rrr/imr/cdm/pubs/cd-meas.pdf (accesssed May 2011).

———. 2009b. *Sustainable Materials Management: The Road Ahead*. EPA-530-R-09-009. The 2020 Vision Workgroup, June. Washington, DC: U.S. Environmental Protection Agency.

———. 2010. Toxics Release Inventory (TRI). *2009 TRI National Analysis*, available at www.epa.gov/tri/tridata/tri09/nationalanalysis/index.htm

———. n.d. Air and Radiation. "What Are the Six Common Air Pollutants?" www.epa.gov/oaqps001/urbanair/. Accessed December 2010.

U.S. Green Building Council (USGBC). 2005. *LEED-NC for New Construction Reference Guide, Version 2.2*. Washington, DC: USGBC.

Wagner, L. A. 2002. *Materials in the Economy: Material Flows, Scarcity, and the Environment*. U.S. Geological Survey Circular 1221. Denver, CO: U.S. Geological Survey.

World Resources Institute (WRI). 2000. "Weight of Nations: Material Outflows from Industrial Economies." Washington, DC: WRI.

Zahner, William L. 2005. *Architectural Metal Surfaces*. Hoboken, NJ: John Wiley and Sons.

第 7 章
可持续场地与人类健康福祉

罗伯特·莱恩
（Robert Ryan）

可持续性的传统定义（World Commission on Environment and Development *et al.*，1987）包括三"E"因素——生态性（ecology）、公平性（equity）和经济性（economy）。第一个"E"，生态性，早已受到风景园林规划和设计领域的广泛认同。事实上，很难想象一个可持续景观场地不强调考虑生态问题，不考虑水文、生态对场地设计的影响。但同时，场地维持社会公平或促进地方经济可持续发展的能力，却很少受到风景园林及相关学科的关注。这种忽视既与上述问题的不易衡量有关，也源于设计师在社会公平、经济发展方面的知识匮乏。有人会问：场地应该具备什么样的特征以可持续地促进社会公平和地方经济的发展？场地又会如何影响使用者的健康和福祉？

环境心理学家瑞秋（Rachel）和史蒂芬·卡普兰（Stephen Kaplan）（1989，2008）广泛地研究了从城市到荒野的各类景观可以为人类提供的心理、情感和认知等方面的益处。他们将环境设计的作用描述为"体现激发人性中的美好的情感"。人们在探索世界并了解复杂世界的新信息时处于最佳状态。许多人工景观的设计会满足人们的探索需求，而另一些则庞杂且令人沮丧。例如，人们经常被寻找建筑入口、公园中的洗手间、观景点等事情困扰。

环境中的挫败感并非无足轻重。人们倾向于避开那些令人沮丧的场地，同时会因为找不到路径而感到恼怒。那些无法让人体会归属感的场地，往往成为肆意毁坏行为的重灾区。人们的挫败感，也可能表现为破坏行为。例如，路怒症（road rage）[1] 等类似的反社会行为，就是由交通等环境压力造成的挫败感和精神压力造成的。事实上，研究显示快节奏的现代生活已在人们的肉体、心灵和情感健康方面造成巨大影响（Richtel，2010）。

幸运的是，景观可以缓解许多现代生活的压力。人们发现，在学校、办公室、公共建筑甚至监狱等各类环境中的植物，都可以带来恢复人们身心健康的益处。罗杰·乌尔里奇（Roger Ulrich）（1984）发现住在能看到植物景观的病房的病人，比那些住在只能看到建筑或停车场

的病人，能更快地恢复健康。瑞秋·卡普兰（Rachel Kaplan）（1993）等人发现办公室能看到自然景观的职员，工作效率更高，缺勤更少，满足感更强。

在另一项开拓性的研究中，伊利诺伊大学厄巴纳—香槟分校（University of Illinois，Champaign Urbana）的心理学家 Francis（Ming）Kuo 和风景园林师威廉·苏利文（William Sullivan）（2001）发现，树木在芝加哥最贫穷的公房住区产生了巨大效益。那些环绕树木和植物景观的住宅，拥有更低的犯罪率和家庭暴力等指标。此外，居住在这些建筑中的居民也有更强的社区认同感，景观给居民们提供了社交的场所，促进人们更积极地生活。

从弗雷德里克·劳·奥姆斯特德（Frederick Law Olmsted）的纽约中央公园开始，促进社会联络、加强社区关系就成为风景园林师的目标。而想想公园和广场空无一人，设计师预期的各种潜力也就无从实现。理解为公共空间带来活力的特征和要求，对创造促进社会平等的可持续景观场地设计至关重要。风景园林师马克·朗西斯（Marc Francis）（1987）认为好的城市开放空间应是为大众服务的、向所有人开放的。市民空间对社会联系和各族群间对话的促进作用不可低估，《独自打保龄：美国社区的衰落与复兴》[1] 一书描述了现代公共空间中社会活动的抽离和异化，以及缺乏社交联系带来的身心健康恶化等现象。虽然社会联系的长期影响尚不可知，但解决气候变化等环境问题却需要社会的共同努力，社会关系的淡漠必将给上述问题带来不良影响。

场地对使用者的身体健康也会产生影响。本书其他章节要求在景观的建设和维护过程中避免有害物质的使用，以及减少噪声和空气污染等。SITES 提出的"无害原则"，就是可持续设计的基本要求。但仍有人不禁会问，场地景观功能空间如何真正惠及其使用者的身体健康？

医学研究表明，不良生活方式是身体健康的最大威胁之一。不良饮食习惯与缺乏运动的生活方式已导致在美国等国家出现流行性肥胖（World Health Organization[2]，2009），肥胖又与大量慢性疾病有关，如糖尿病和心脏病等（U.S. Department of Health and Human Services[3]，2001）。当人们考虑后代的健康问题时，儿童肥胖现象的增加尤其令人不安。另外，身体状况的不良也导致了生活水平的下降，美国每年花费在医疗保健方面的资金已超过1000亿美元（Finkelstein *et al.*，2005）。由国家健康研究学会和罗伯特·伍德·约翰逊基金会联合资助的关于生活与设计的研究表明，促进身体锻炼、改善人工环境设计，都能促进积极生活方式的塑造。鼓励步行、骑行和提供休闲娱乐条件的场地，有利于提高人们体育锻炼的水平，并带来相关的健康益处。

因此，在人工环境中增加绿地空间既能为人类，也能为自然环境带来多样的益处，这也成为场地规划设计面临的重要挑战。本章介绍的策略在促进人类健康福祉的同时，也实现了与其他促进生态效益的策略的协同。例如，种植乔木在为儿童提供嬉戏场地或为人们提供遮

1　作者：罗伯特·D·帕特南（Robert D. Putnam），当代西方著名政治学家，现任哈佛大学国际事务研究中心主任，肯尼迪政府学院公共政策马尔林讲座教授。——译者注

2　世界卫生组织。——译者注

3　美国健康和人力资源服务部。——译者注

荫的同时，也可以提供栖息地功能、改善微气候环境、实现碳汇等。

人类乐于解决问题，也能产生许多解决环境问题的创新性方法。但在景观设计或解决环境问题的过程中，往往没有好好利用具有相应能力的人力资源。广场和公园有着很多设计师从未想过的使用方式，这是因为人们会根据需求来使用开放空间。真正可持续的场地应该拓展使用者对环境问题的认识，并引导他们用创造性的方式来解决这些问题。可持续景观场地认证的根本目的是提供一个模板以便大家效仿，也启发人们有关更大、更宏观的环境问题的意识。例如，公园或学校中的雨水花园可能引发居民对其环境益处的关注，甚至引发他们在自家后院里的效仿。

气候变化和生物多样性丧失等环境问题给人的感受比较特殊，让人备感无能为力。景观场地展示的切实的环境益处，更容易推动民众在一系列环境问题的改善上做出实际行动。实践证明，在生态修复工程、河流垃圾清理、绿化工程中引入志愿者参与，都能促进人们对本地环境意识的提高，并将这种环境意识贯彻到生活中的点点滴滴中去（Ryan *et al.*，2001）。而人们这种对环境关注的行为，也能为他们生活的方方面面带来好处。经过创造性的设计和管理，可持续景观场地可以增强公众对环境问题的认识，甚至能引起其生活方式的改变。

源于医学的"实证设计"，可以用来为景观场地实现包括社会效益在内的多重效益。当然，处理环境问题和人类健康福祉问题，不是同一性质的问题。换句话说，人们在面对变化的环境时的反应是复杂的。尽管如此，通过 40 多年的环境和行为研究，本章介绍的很多策略都有据可循。而相关知识也随着设计师和研究者团队在景观场地设计、建设的合作过程中变得越来越完善。

7.1　场地社会环境评价

7.1.1　社区、场地使用者以及其他利害相关者的识别

场地设计与人类健康福祉相关的一个重要部分，就是要尽可能地了解场地将由谁来使用。在公园改造项目中，场地周边的现状使用者可以作为设计师的研究对象；但在另一些新建区域，场地使用者在未来可能是居民、职员，抑或是未知人群。设计师不总是有机会与场地的使用者直接交流。虽然可以通过调研、人口资料或预测模型推测使用者数量，但却没有其他手段取代与使用者、利害相关者的直接交谈。理想情况下，项目的规划过程应尽可能多地引入潜在的场地使用者和利害相关者。这个过程的第一步就是识别潜在的场地使用者和利害相关者。与汇水分区类似，设计师可以通过聚类或社区环境等进行"使用者分区"。例如，使用者可被定义为生活在场地相邻或一定距离（通常定为步行 1/4 英里，约 0.4km）以内的人们。当然，许多区域性项目的服务半径可能远远超过 1/4 英里。关于各类场地的服务半径，有许多相关研究可供查阅（Mertes and Hall，1996；美国休闲与公园协会的相关标准）。设施和场地的服务半径不是一成不变的，可根据交通方式、地理单元、场地周边情况等而变化（图 7-1）。

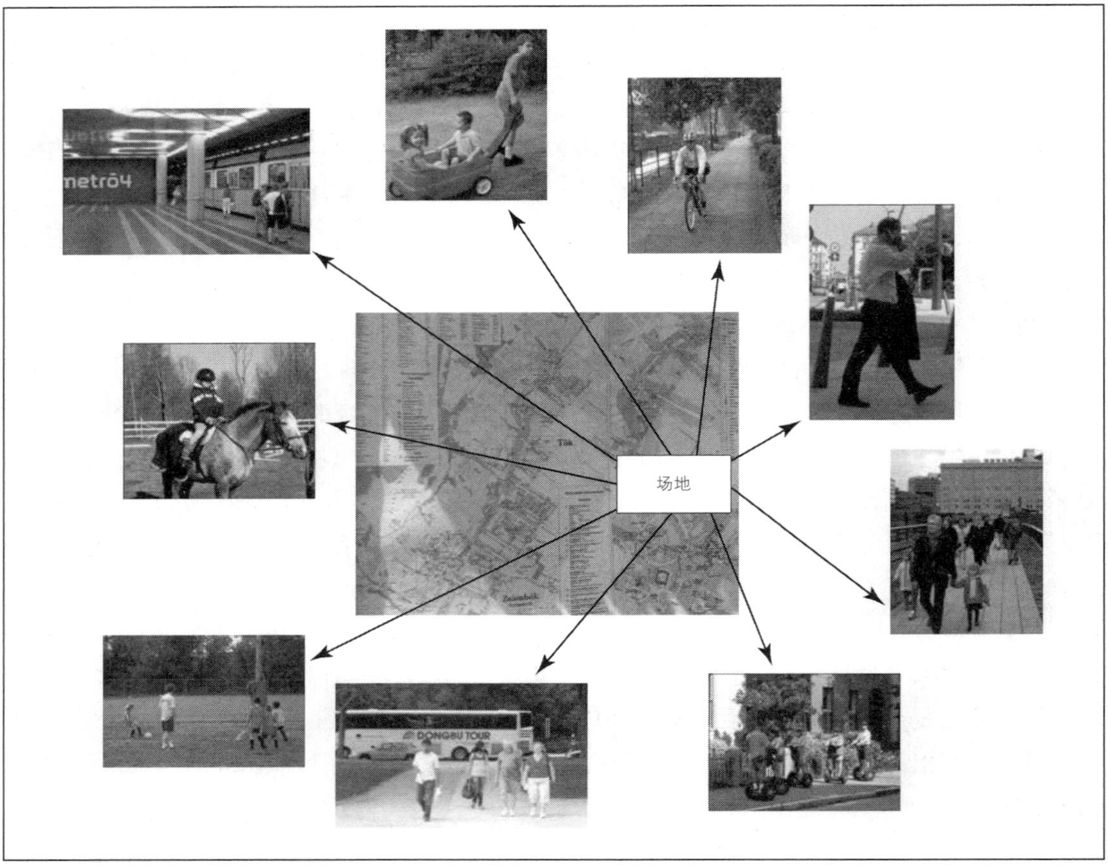

图7-1 项目相关者应包含各类使用者和利害相关者

项目利害相关者可能包含以下人群：

► 实际使用场地，在场地上工作、娱乐，或居住在场地上的人们。

► 用步行、慢跑、骑行等方式穿行场地的人们。

► 那些在场地驻足休息、享用午餐、进行野餐、观鸟的人们。

► 从住宅、办公室能观赏到场地景观的人们，或需要日常经过场地的人们。

► 那些积极参与场地栖息地修复工程的人们，或参加其他日常园艺活动、养护活动的人们。

► 政府官员和其他有权对场地进行规划和管理的人。

► 土地所有者。

► 环境保护团体等。

► 环境教育专家。

► 工商界利益相关方。

► 社区组织和意见领袖。

7.1.2 掌握如何了解人们的类需求和观点感受的策略

下面是一些提高设计过程中公众参与度的策略和方法，主要围绕在信息收集、公众教育、创新设计等方面。

► 寻找公众听证会之外的信息来源，因为听证会可能仅代表少数人的声音。

► 采用投递问卷的方式征询更广泛的意见。

► 在网络上开展调研活动。

► 在城市广场、图书馆和购物中心等受欢迎的公共场所举办展览（图7-2）。

► 与规划师等受过社会科学训练的人士合作，以提高调查活动的精确性和可靠性。

► 同项目利害相关者共同研讨，让他们描述对场地的愿景，而不是让他们评价设计方案的优劣。或者让他们用意向图片展现他们期望场地应具有的功能。

► 对利害相关者进行可持续设计策略和技术的普及。

► 带领利害相关者参观、体验可持续项目的案例。

► 其他提高公众参与度的资料：Cooper-Marcus and Francis，1988；Kaplan *et al.*，1998；Hester，1990；Project for Public Spaces，1998；and Sanoff，2000。

(Graduate landscape planning studio team members. Department of Landscape Architecture and Regional Planning, University of Massachusetts, Amherst: Yaser Abunnasr and Benneth Phelps (pictured); Israel J. Monsanto, Frank Yarro, Amy Verel (not pictured); Photo: Israel J. Monsanto)

图7-2 通过一系列措施促进公众参与，如马萨诸塞州，Ashfield公园内举办的秋季社区集会活动

SITES 评估体系与可持续景观场地人类健康和福祉

　　场地的可持续性要求充分理解和回应人类的需求。场地的生态系统是否健康，与使用、居住在场地上的人们的健康和福祉存在着密切联系。这种内在联系需要在场地规划、设计、管理中把人的因素与生态因素放在同等重要的位置。这种场地与民众之间的联系要求我们将在可持续场地规划设计和管理过程中给予生物物理因素的关注同样给予民众。可持续景观场地有能力通过修复生态环境、促进使用者身心健康、推动社区发展、创造平等的经济机遇，来缓解和解决现代生活给人们带来的压力和挑战。

　　基于人的感知的可持续场地设计过程，源自对场地使用者、利害相关者等的理解和分析。场地设计前期评估中要对现状社会关系、场地用途及场地对居民提供的效益给予足够的重视。源于民众愿景的可持续设计要求充分了解和评估现有的场地使用者、社区以及其他受益人。其中可能会包括现有的社会联系、使用模式以及在初步设计评估过程中应该认真对待的现有场地能提供给当地居民的便利。可持续性的设计方法应该是包容性的、公开透明的、尊重民意的，这样的公众参与才能给场地设计带来切实的意义。民众对地方情况的了解，有助于促进场地在生态效益和人类健康福祉方面的共同实现，具有丰富知识的当地居民可以从生态和以人为本的角度塑造和改善可持续性场地，同时也有助于创造融合，能帮助形成专业知识与当地传统地方经验融合的问题解决方案。

　　经济的可持续性：可持续场地需要为当地居民提供经济机会，尤其对那些生活配套服务较差的社区，可以创造较多的工作机会，并且为居民提供新的服务设施和享受绿色空间的权利。

　　促进公众教育：不管在场地内还是场地外，可持续场地都可以通过展示可持续实践，拓展人们对可持续发展的了解，培养人们可持续性的生活方式。

　　加强社区建设和社会关系联系：可持续场地可成为促进社区和社会联系的理想途径，这正是人类健康和幸福生活福祉的重要组成部分。维护和提高场地的文化和历史特质特征，也可以推动地方乡土文化的保护。

　　促进人类心理健康：民众也需要在忙碌的现代生活中得到宁静的喘息时间。人们进入或者欣赏绿色空间，都可以得到释放压力、改善心理健康等身心益处。

　　改善人类身体生理健康：为各类人群提供平等的使用条件和可达性，是改善场地的关键点。同样的，可持续场地也需要解决关于公众安全的担心，这也是鼓励场地使用的先决条件。

　　加强与场地的联系：可持续场地应该能够推动人与自然不断改良，场地的长期管理应该由人与自然的互动来维系。

7.2　可持续意识和教育普及

许多可持续景观场地设计的重要目的，是创造出展示最新生态技术和实践的范例。这样，设计师和倡导者可以向公众以及政策制定者展示这些技术在各类条件下的应用，并推动可持续实践的发展。

改变人们的认知、态度和行为极具挑战。因此，关于可持续性的普及，应该客观、适时、易于理解。值得庆幸的是，人们对自然总是兴趣浓厚，并深深地为自然的五彩斑斓和丰富感受而着迷。

可持续景观设计可以通过揭示生态过程、格局、形式来传递大量环境信息。10 多年前，风景园林师就提出"生态设计"的理念，将可持续场地作为兼顾水文、生物、地质等一系列问题的"微观世界"（Helphand and Melnick，1998）。利用设计来促进公众对场地生态系统的了解，是场地促进可持续性公众教育的核心。

7.2.1　教育普及策略

提高民众对可持续的意识有以下策略：

识别受众：进行可持续性普及的首要工作就是识别受众，包括使用者的年龄分布、学习难点、文化层次以及使用的语言（图 7-3）。由于知识普及的目的是尽量覆盖广泛的受众，因此不仅要考虑现有的场地使用者，未来潜在的场地受众也同样重要。

关注受众的现状认知：当人们对同一问题的认知不同的时候，了解他们对该问题所掌握的信息、知识结构、态度就很重要了。问卷、访谈等方式都是有效评估受众现状认知的手段（Babbie，2008）。人们在某些领域的看法或经验（例如植物的选择）、他们目前做法的原因等也很重要。

多样化的普及手段：人们的学习习惯是多元化的——视觉、听觉、阅读，抑或经验（Fleming，2001；c.f. Hawk and Shah，2007）。因此，选择多样化的普及手段非常重要。图文结合比枯燥的文字更有效（Kaplan *et al.*，1998）。在有人指导的情况下，体验式或参与式的普及方式是激发人们环保兴趣最有效的方式（Louv，2005；Tanner，1980）。

（Photo: Robert L. Ryan）

图 7-3　这种方式帮助视觉障碍者感知位于匈牙利布达佩斯的城堡山（Castle Hill）和多瑙河（the Danube River）的天际线和如画风景

图 7-4 芝加哥的互动性电子信息亭，可以让公众更多地了解可持续性实践

图 7-5 位于弗吉尼亚辛科提格（Chincoteague）的国家野生动物保护区中的 Bateman 教育和管理中心的展示牌，介绍了利用湿地就地降解废弃物的原理和过程

简明扼要：在传递复杂的可持续性实践情况时，简明扼要很重要。大多数情况下，言简意赅比信息轰炸的效果更好。虽然视觉材料（照片、图片、图表）对简明的传递复杂信息很有效，但专家建议还是应该对图标进行文字说明，通常每张图表配 3 ～ 7 条说明是适当的（Kaplan *et al.*，1998）。

讲述故事：讲故事比咄咄逼人的灌输效果更好。故事比数据更容易被记住，故事也能传递更多的复杂信息（Kaplan *et al.*，1998）。讲故事的方式可以是多样化的，从现身说法到有精美插图的小册子等。

丰富的宣传形式：应使用多种多样的宣传形式。因为人们的认知习惯是多样化的，那么介绍和宣传可持续性实践和元素的形式也应该是多样化的。虽然图文并茂的宣传画是最常用的方法，但还有许多其他手段，如：

► 模型：使用模型来展示场地的可持续特点和操作过程，可以提供更多互动。

► 小册子：与宣传画一样，是常用的宣传手段，但不会像宣传画那样破坏视觉环境。

► 交互式展览：展览是一种非常理想的学习手段，可让场地使用者亲自体验和感受。例如，允许场地使用者控制雨洪沟渠的水量，让他们能观察到水流的变化和渗透效果（图7-5、图7-6、图7-7）。

► 电子信息亭：电子信息亭允许使用者利用基于网络的互动式应用。这些应用也可以通过手机和其他手持电子设备使用（见图7-4）。

图 7-6　芝加哥布鲁克菲尔德动物园的交互式展览为参观者展示了水文循环及其对水质的影响

图 7-7　匈牙利布达佩斯的 Millenaris 公园，用树脂玻璃镶嵌在景观地形旁边，向游人展示土壤剖面

▶ 便携式音 / 视频设备：MP₃ 播放器、手机、导览器等可以为游人提供个性化的学习体验。在没有现场导览的时候，还可以用音频的方式讲述故事。配合新技术和手机应用，视频现场展示也成为可能。

▶ 多样的格式：利用多种语言传递书面和音频信息。

7.2.2 场地活动

最吸引人的环境教育往往是参与性或体验性的学习方式。设立场地活动对提升公众的可持续意识至关重要。邀请民众参加场地活动也可以增加社会影响，鼓励公众对可持续性场地的使用。这一策略的难点是维持现场活动的长期运行，下列策略有助于实现场地活动的常态化。

▶ 与周边的学校、自然科学中心或其他教育机构合作，开发各类教育普及活动。

▶ 汲取地方知识。当地有着大量愿意分享他们关于地方自然、生态、可持续性实践活动的人士。

▶ 资助正在开展的活动，建立完善的资金筹措体制，以保证活动的可持续发展。

▶ 鼓励志愿活动和公众教育。研究已表明志愿者参加生态修复和环境监控的往往都是因受到环境公众教育的鼓舞。鼓励当地民众和志愿者参与场地管理维护，在提供宝贵的学习机会之余，也为场地的维护带来切实益处。

7.3 场地建设、施工、使用中的社会平等

场地的目标应该是在保证周边社区和经济效益的同时，为弱势群体提供服务和效益。在许多项目中，当地社区，特别是弱势群体，承受着开发活动带来的负担——交通拥堵、空气污染、噪声污染等环境问题；而无法享受开发带来的社会经济效益，例如，开发建设带来的工作岗位和效益，往往由外地工人和公司享有。研究表明，地方性公司会将约 80% 的营收以薪酬、采购、投资等形式回馈当地社区；而全国性或国际性大公司的比例仅达到 20% ~ 40%（Wyant, 2006）。此外，尽管经济全球化不断发展，但拥有更多数量、更多元化工作岗位的社区，在面对经济和社会问题时也更有弹性。

可持续性建设项目可为当地居民提供宝贵的技能培训和工作机会。除施工工作以外，可持续景观设计项目也可为当地居民提供工作和实习机会。例如，许多设计公司会为当地高中和社区大学学生提供实习机会，为他们打开职业发展的大门。

可持续景观场地也为实现社会效益、经济效益和环境效益的统一提供了机会。场地长期可持续性的实现，最终都将依赖当地居民的维护。一些公司和机构（如耶鲁大学、通用汽车公司）已经从向投资当地社区、开展劳动力培训等活动中得到益处，他们已经认识到这是一笔"好买卖"。

7.3.1　场地开发与社会公平

识别社区：作为设计前评估的一部分（参见第 2 章），设计师应该识别与项目利害相关的社区以及相关社区组织。对于较高收入、成分单一的社区，还应加强与更大范围内代表低收入群体和少数族裔的社区组织的合作。

了解社区经济和社会需求：在识别社区和利害相关者之后，作为初步规划的一部分，设计师应与社区合作识别场地可以解决的主要经济和社会问题，如公园和休闲设施、青年工作机会、教育培训机会的缺乏等（图 7-8 ～ 图 7-10）。研究显示许多位于城市核心区的社区，特别是低收入、弱势群体聚集的社区存在开放空间不足的情况（Trust for Public Lard[1]，2009）。

让社区居民和利害相关者参与场地设计：这已成为初步设计的一部分（参见第 2 章）。公平场地开发的关键是确保涵盖场地直接使用者之外的更大范围群体。

公共和私有设施的共享：对于私有设施

图 7-8　位于加利福尼亚州奥克兰市中心的拉斐特（Lafayette）广场公园，由 Hood Design 设计，用包容性的设计过程来满足各类使用者的需求，包括移民、儿童、老人、上班族、流浪者。通过地形形成多种空间，使各族群可以共享公园

（如商业、工业、政府或研究机构），允许公众使用可以解决一部分社区的需求。如酒店或大学的泳池可被社区居民共享；机构的停车场也可以向居民或场地使用者开放；靠近广场的私有建筑向民众开放等。这类共享可以以社区福利协议的形式正式确定下来。

以社区为中心、由社区管理的开放空间：另一个长效策略是开发由当地居民直接控制和管理的场地。例如，社区花园可以由地方非营利性组织来开发和管理。

在公共空间和公园中创造志愿服务机会：场地使用中的管理和园艺活动可以为当地居民和志愿者提供参与机会。例如，志愿者在学习宝贵的技能和知识的同时，可以参与维护校园中的可食用景观、康复花园、栖息地修复等活动。

制订社区福利协议：社区福利协议是在地方社区组织与开发商或政府之间的法务协定，上面列有场地开发对社区的具体益处（Gross et al.，2005）。可以包括提供一定的基本生活工资岗位、社区服务、托儿设施、公园以及私有设施共享等。此外，社区福利协议还应对各方投资、运营等进行界定。项目的长期维护也是重要问题，可以通过募集捐款或从税收中划拨一部分用于项目的维持。

图 7-9　拉斐特广场公园的洗手间很特殊，通过创意设计在实现功能性的同时解决公共安全的问题

图 7-10　在对广场的改造中，通过保留成熟大树，在繁忙的城市街道旁营造出更为安全的儿童活动空间，周边设置了舒适的座椅供家长休息

（Design by: Hood Design, Inc.; Photo: Robert L. Ryan）

7.3.2 场地建设维护与社会公平

项目社会公平的实现有着许多挑战，包括保障社会效益的同时，实现项目盈利或经济可行性。以下是解决这些挑战的策略。

确定基本生活工资：提升场地开发中的公平性，不仅提供最低工资岗位，还提供基本生活工资岗位。基本生活工资各地不同，可用基本生活工资计算器（www.livingwage.geog.psu.edu/）或与当地政府部门合作确定。

施工计划要惠及当地就业：在施工计划中，开发商、承包商、设计师可以共同决定潜在工作岗位和分包商的数量。施工计划要保障一定比例的当地分包商和低收入劳动者。

培养技术工人：据统计，技术工人特别是受过培训或达到社区大学教育水平的技术工人仍比较缺乏。通过当地劳动部门或社区组织合作，可以更容易找到当地的技术工人。在许多地方，与职业培训组织合作，在项目中给予相关专业学生实习和工作机会，可以得到一定的补贴。

不间断地创造经济机会：允许当地居民使用私人场地进行种植、养鱼等有助于支持地方传统经济。在城市环境中，允许小商贩在公共或私人区域经商，如公司广场的食品摊贩或政府大楼外的农夫集市，都是实现场地公平的方式（图 7-11、图 7-12）。此外，还可以雇佣当地企业和雇员从事场地维护工作。

提供社区活动项目：场地活动应该解决社区需求，如提供公众教育活动或为露天音乐会提供场地等。

寻找活动或公众教育的合作者：对于更大、更受欢迎的场地，公众教育和活动需要规划、排期、宣传和引导。合作者可与社区合作来衡量活动的效果。

创造向居民优惠的活动/设施：受限于经济条件，一些居民可能无力使用场地或参加活动。向当地居民提供免费或打折，延长开放时间和/或提供交通方式，可以促进场地公平。

（Photo: Robert L. Ryan）

图 7-11 社区花园如波士顿多切斯特（Dorchester）的这个小花园，可以提供地方物产，并带来一定的社会经济效益

图 7-12 农夫集市提供地方商业机会，也能提供新鲜农产品。图中的市场位于华盛顿的美国农业部大楼前。

使用地役权 [1] **或其他手段：**对于穿过私有土地的道路和步道，使用地役权实现社区与场地（如城市滨水空间）的可达性，是一种合法方式（如波士顿海港步行景观）。

7.4　场地便捷性

场地对各类使用者而言越便利，人们从场地获得的生态、社会、经济效益就越多。事实上，场地便捷性的平等是可持续性的社会公平方面的核心问题。美国残疾人法（Disabilities Act，ADA）及其他地方、州和联邦关于便捷性的标准，都已明确列出设计者必须提供一定水平的场地便捷性，尤其是在个人行动方面。可持续设计的挑战在于如何超越最低要求，并提升所有人的场地公平使用。

"通用设计"表达的是以人为本的设计方法，它不仅仅要简单满足便捷性的标准，而是用一种全盘考虑的设计方式，将各类人群和各年龄段的需求在设计之初纳入考虑，而不是事后修补（Ostroff，2001）。换言之，通用设计不仅是为残障人士进行设计，而是假设每个人在某个人生阶段都会遇到行为困难，如视觉、听觉、行动、语言、心理等，因而通用设计的核心是为所有人而设计。下列是通用设计的 7 个原则（表 7-1）。

表 7-1　通用设计原则

原则一：使用的平等性	设计应满足各类人群的使用需求，并具有可推广性
原则二：使用的灵活性	设计应能适应各类人群的个人喜好和能力
原则三：简单直观	无论使用者的知识背景、生活经历、语言能力和精力水平如何，设计的功能应便于理解和使用
原则四：信息的可感知性	无论使用者的感知能力如何，设计应将信息有效地传递给使用者
原则五：错误的包容性	设计应将风险和意外事故的危害降到最低
原则六：降低体力耗损	设计应让使用者以最小的精力舒适、有效地使用
原则七：适合的场地尺度和空间	合适的尺度和空间应不受使用者身材、体形或行为能力影响人们对场地的接触、体验、操控和使用

7.4.1　场地便捷性的设计要点

与许多可持续景观场地设计策略一样，提高场地便捷性一定要开展细致的场地评价，以确定高使用率场地和建筑的布置、降低场地干扰、改善微气候环境等。

1　地役权，是指为使用自己不动产的便利或提高自己不动产效益而按照合同约定利用他人不动产的权利。——译者注

尽早规划场地的平等可达。场地的社会公平性在便捷性、可达性方面的内容包括，确保主要场地设施的可达性和集中布置，以更好地为大多数人提供服务；同时确保行为障碍使用者的可达性和便捷性。

超越传统无障碍设计。可能的话，设计师可以考虑取消残疾人坡道，而将整个广场或入口都设计成无障碍的（不设台阶或坡度小于 5%）。可能的话，整个一级路甚至二级路都可以设计成无障碍式的。

五感设计。将植物景观设计成体现视觉、声觉、听觉、嗅觉、触觉五种感观体验的设计方法是通用设计中比较超前的手法。这种方法可以帮助残障人士更好地体会场地，也能为所有人带来独特的体验。

差别化设计。场地便捷性设计中为各类使用者提供弹性选择非常重要。休闲活动设计中提出的"差别化设计"概念，指的是为各类人群提供一系列差异性的选择，以适应他们的需求和能力差别（Fishbeck，1998）。这种源于健步道设计的理念，适用于提供丰富体验的各类场地的便捷性设计。

考虑交通需求选择材料。地面铺设材质严重影响通达性。实现可持续的难点在于平衡硬质路面承载要求与渗透性等生态效益之间的矛盾。在一部分状况下，具有渗透性、施工良好的松软铺装材料（如风化花岗岩），可以替代硬质路面，满足各类交通需求。在其他状况下，可在承载交通负荷的主路帮增设渗透性铺装。

浅显易懂的可达性信息传递。对于外国游客、儿童等阅读能力不强的群体，国际标准图形符号很重要，多语种文字说明也不可或缺。对于有视觉障碍的使用者，应使用盲道、盲文等触感设施（参见 ADAAG，2005；Fishbeck，1998）。

人体舒适性设计。座椅。作为场地便捷性的一部分，座椅舒适度的重要性不可低估。座椅的设计应符合人体工程学原理，拥有角度舒适的靠背和扶手，以及舒适的材料（平滑，体感温度变化小等）（参见 ADAAG，2005；Harris *et al.*，1998）。不同高度的座椅和可移动的座椅也可以提高场地便捷性。例如使用者可以根据气候条件调整座椅的位置或根据社交需求使用座椅等。此外，要特别重视入口附近的座椅布置，这对老年人或身体残障人士更为重要。

人体舒适性设计。饮水设施和洗手间。场地提供洗手间和饮水设施是另一个显而易见体现场地可持续性、但又往往被忽视的方面。限制原因主要是成本预算和后期维护问题。由于借助附近建筑内的设施并不总是可行的，因此可以提出创造性的解决手段，如在巴黎等城市出现的各类独立式洗手间（图 7-13、图 7-14）。

人体舒适性设计。微气候设计。微气候设计的内容包括在夏季提供阴凉、冬季提供遮风等提升室外空间可用性的手段。喷泉对周边场地有降温效应；在炎热地区雾喷和风扇也可有效提高室外空间的人体舒适度；季风地区可以引导盛行风实现室外空间的降温等（Brown and Gillespie，1995）。可参见第 4 章的表 4-5，"不同气候区的植物景观设计策略"（图 7-15）。

图7-13　匈牙利布达佩斯（Budapest）街头的洗手间可为民众提供便捷服务；相比之下，由于缺乏座椅等休憩设施，人们只能在防护桩上休息

图7-14　提供饮水设施是提高人的舒适性的另一个关键点，匈牙利布达佩斯

图7-15　水景可以帮助周边环境降温

7.4.2　场地便捷性的建设和维护要点

适应场地变化：建成后评估和包容性管理计划有助于场地管理者更好地应对使用者需求和场地的长期变化。使用者数量的增加可能造成场地便捷性的下降；周边新建建筑有可能造成场地遮挡、场地可达性下降等。

场地维护和通达：步行道路的维护要求较高，应保持没有积雪、落叶、果实等垃圾，以保证场地的安全通达（图 7-16）。对植物进行修剪也是保持道路清洁和安全的必要工作，尤其是造成视觉遮挡和阻碍残障人士活动的情况。此外，道路铺装的养护也很重要，因为道路可能随着时间变化而破裂、塌陷等。

(Photo: Robert L. Ryan)

图 7-16　无障碍设计包括为所有游人进入难于到达的区域提供条件，如上图中位于华盛顿国家植物园的观光桥

7.5　场地可识别性与导览

人们需要找到路进入场地，享受场地中的资源和设施。如果连场地都找不到，就更谈不上获得场地可持续性的效益了。更重要的是，如果人们找不到他们想游览公园的入口，会感到极度沮丧。迷失感不仅阻碍了对场地的探索和使用，还会给很多对环境不了解、担忧安全问题的人造成恐惧感。例如，黄昏时分迷失在荒草丛生的公园或自然区域，会使大多数城市居民或游客感到紧张和恐怖。

场地可识别性是指通过标识牌等设施，辅助人们在场地环境中识别位置和方向。虽然标识是场地可识别性的传统手段，但设计师应该尝试更易读的设计以使标识牌最小化。凯文·林奇（Kevin Lynch, 1960）开创了城市意象理论，发现人们将城市抽象成道路、边界、区域、节点、标志物等要素。这种经典的城市设计语汇在景观场地规划方面也是同样适用的。

7.5.1　场地导览系统的设计方法

景观的总体设计应该在开始的入口设计、空间组织、交通规划的过程中就解决场地的可识别性问题。在更大和更复杂的场地中，应与专业的导示系统设计人员合作。

强化场地入口和通道：场地的入口应该是可见的、明确的、便于记忆的。许多项目的场地都拥有多个入口，因此有必要分清入口的主次。

"通道"也可以用来描述穿越边界和屏障的入口，如围墙、树篱等自然或人工设施。通道对空间转换的宣示也很重要（图 7-17）。

图 7-17　通道的设计应关注标志性景观的营造，如图中校园植物园的入口，特殊的花和垂枝的树形，就可以作为标志性景观

图 7-18　一望无垠的草原景观使导示变得困难

图 7-19　密西根大学的 Nichols 植物园，它将景观空间划分为可识别的不同区域，并提供如自然生长、树姿理想的乔木作为地标以帮助路径导示，同时使游人对植物园自然区域的探索变得更加容易

提供清晰的场地视线、观景点和眺望点：人们主要通过视觉来适应环境。提供主路与主要景点之间的视点有利于场地的导示。观景点和眺望点对于帮助初次游览场地的人熟悉场地非常有用。这也就是人们为何总被可以"展望"周边的场地所吸引（Appleton，1975）。

一定的场地分区：分区是与场地其他部分相区别而又具有显著特色的景观空间，如草地（图 7-18）、常绿林、铺装场地等。将较大的场地空间划分为较小的、便于记忆的区域有助于场地识别。研究显示一定的景观分区（如 3 ~ 7 个景观分区）符合大多数人的记忆能力（Kaplan *et al.*，1998）。在较小的场地中，景观分区可能是由不同的铺装场地、围和空间、功能区域来划分的（图 7-19）。

利用场地地标：地标是独特的景观元素，它由于尺度、造型、材料等特征而易于分辨和记忆。研究表示人们通常依靠剪影或轮廓来分辨事物，这就是为什么大多数容易记住的事物经常是竖向高耸的形态，比如方尖碑或高大的常绿树（图 7-20）。通道、桥梁等独特的人工或自然物体都是理想的地标。地标应该能从不同观景点，尤其是入口、重要通道等处看到。

在节点提供场地信息：在凯文·林奇（Kevin Lynch）的语汇中，节点是指可以进行活动，也可以选择不同路径或目的地的地点。节点是游客获得导向信息非常重要的区域，可设计展示不同区域的景观和地标等。

道路分级：主路应该连通主入口、通道和重要景观节点，并且通过尺度和材质与次级道路区别开来。在使用硬质铺装时，尽量只在主路上使用，软性或透水铺装可更多地用在次级道路上。不同分区也可用铺装材料加以区分，例如，湿地区域可用防腐木栈道、森林区域可用木屑小径等。在铺装材料上体现人车分流，也能更好地实现导示和保障行人安全。

游览导示设施：便于场地导向的常规方式是在入口和节点区域设置带有位置示意的平面图。这类地图虽有其优势，但由于很多游客读不懂平面图，这种平面图甚至会更让人迷惑。还有许多新颖的方式来实现导示功能，如实体模型等（图 7-21）、互动电子信息亭、语音导游器等。手机等手持电子设备的应用也可以很方便地实现导览功能，只是一定程度上会限制游客对场地的探索和认知（Richtel，2010）。

谨慎使用色彩导示：场地路径导示的策略还包括以色彩示意的道路、分区、标识系统等。应谨慎使用色彩导示，因为有的人无法分辨同一色系深浅不同的色彩，有的人则是色盲；色彩也很难传达层级等逻辑关系。此外，如使用色彩导示，则需要注意导览图与实际标识配色的一致性，避免造成混淆。

7.5.2　场地导览系统的建设和维护要点

在项目实施过程中和完成后进行现场巡视：虽然理论上导览问题应该在项目的设计阶段得到解决，但实际上邀请使用者或初次游览者体验全园仍然很有必要，这可以帮助识别哪些区域存在导示不清的问题，哪些区域需要进一步说明。

提供地图和导览手册：场地导览地图应设立在入口、节点等处。虽然标准的地图设置方式是以上为北，但人类的认知研究表明

图 7-20　将道路视觉焦点聚集在地标上，例如本图中的大树，可以帮助游人适应环境。另外，无障碍的木栈道可以让游人在亲身体会生态环境的同时，保持对场地和路线的清晰识别

图 7-21　在节点提供导览设施非常重要，如以鸟瞰角度表现场地的沙盘效果就很好

地图应该根据设置地点的视线方向来布置。另外，如前所述，由于许多人可能看不懂平面图，所以鸟瞰图和轴侧图可能效果更好。位置标注应直接写在图上，而不应用数字索引。

确保观景视线的通畅： 对于保持视线、地标、主要场地的可见性来说，定期的植物养护修剪必不可少。在设计阶段考虑这一问题非常重要，否则会造成与其他场地目标的冲突（如维持植物生长和生态系统健康等）。

7.6　场地安全性

大众对场地安全性的感知对场地使用的影响非常复杂。本节主要讨论犯罪及相关人身安全问题，而不是攀爬、极限运动等人们自愿进行的活动的意外伤害风险。安全性的感知虽然与犯罪并无必然联系，但仍对民众使用的城市公园等景观场地产生巨大影响。

人们在景观中感受到的恐惧不仅来自于他人，还来自于"自然"本身。对于蜜蜂蜇伤、蛇咬、在森林中迷路的担忧，常常是阻碍人们体验促进自然生态系统的可持续景观场地的重要原因（Kaplan *et al.*，1998）。研究发现，城市居民由于对自然景观的不熟悉，会认为自然景观是危险的、杂乱的、令人不舒服的（Bixler and Floyd，1997）。因此，设计师创造可持续景观场地的重大挑战，就是通过鼓励场地使用，促进人们对自然景观和场地的了解，以实现场地的社会效益和生态效益。此外，增加场地使用也可以提高民众对于自然环境的了解和保护意识。

场地安全性与场地可持续性中的社会平等直接相关。场地安全性会阻碍特定群体特别是老人、儿童、妇女等弱势群体对场地的使用。也就是说，由于没有创造平等的环境，导致了上述人群难以获得可持续景观场地的各类益处。此外，安全性问题也限制场地功能的发挥，如入夜后的公园等。

20 世纪 60 ~ 70 年代开始，关于城市开放空间的早期研究者如威廉·怀特[1]（William Whyte）和简·雅各布斯[2]（Jane Jacobs），发现城市开放空间使用的增长与对安全性问题的日益关注存在显著相关。也就是说，各类人群使用频率最高的开放空间是他们认为最安全的场地；相反，与周边隔绝、使用人数很少的场地被认为是孤立且危险的。

同时期，建筑师奥斯卡·纽曼（Oscar Newman）在对失败的公共住宅进行分析的过程中创造了"防卫性空间"（defensible Space）一词，以代表建立更加安全和人性化的住房及城市社区空间的必要原则（Newman，1996）。这些原则对人工和自然环境同样适用，也影响了后来的"通过环境设计预防犯罪"（Crime Prevention through Environmental Design，CPTED）运动。从理论角度来看，纽曼的研究更多关注如何帮助居民改善当地治安环境，而"通过环境设计预防犯罪"则更关注如何通过改变环境来杜绝犯罪（S. Michaels，2010）。

1　威廉·怀特（William whyte，1917 ~ 1999）美国著名的社会学家、新闻记者和人类研究学家；是美国关于城市、人与开敞空间方面最有影响力和最受尊敬的评论家之一。——译者注

2　简·雅各布斯（Jane Jacobs，1916 ~ 2006），美国著名社会活动家，《美国大城市的生与死》的作者。——译者注

7.6.1　场地安全性的设计要点

领域感的营造：不同类型的空间形成不同的领域感，如公共空间、半公共空间、半私密空间和私密空间等，应对其加以区分。可以通过围栏、绿篱、铺装变化等空间元素来营造一定的空间领域，如儿童游乐区就应营造出为人所关注和保护的领域感。应将停车场、入口、公共道路等与私人空间隔离开来，并使居民清楚地查看进出私人空间的人员。较大的场地可以划分为较小的场地空间以营造领域感，这可以避免缺乏拥有感带来的"无主"区域情况。

自然监视："街道眼"是自然监视的简化概念，意指场地使用者和周边居民可以方便地观察来往的人员。可以结合场地入口、步行通道和其他场地节点来营造，使人们可以很容易从邻近建筑的窗口观察；在没有建筑的场地上，则强调主要功能区域和活动中心对整个场地的自然监视。

改善可见度（视线通透性）：可见度是从自然监视的概念延伸出来的，主要是指从道路观察周边经过的视线通透性。当然，可见度的改善不应该以砍伐树木、多种草坪来实现，而应该强调视线水平的通透。种植低矮的地被植物（低于75cm）和高冠乔木（高于2m）将在帮助改善可视性的同时还实现可持续性，如改善生物多样性、丰富景观结构。视线通透性的保障也依赖于墙体、栅栏等景观元素的设计。

促进良好积极的形象：一个场地的设计水平、材料和风格会向公众传递场地的形象、使用者或居民的类型、安全等级等信息。纽曼的研究发现如果公共住宅使用清水混凝土、石材等体现公共建筑风格景象时，会被居民指责不符合居住区环境要求，也更漠视对居住环境的保护。对设计师来说，这表明在公园或居住环境中用金属等营造的后工业景观会被使用者和居民认为与居住环境是不协调的。

社会环境对场地安全的影响：设计前期评估的一个重要工作就是了解场地周边的社会环境。防卫性空间理论指出与周边截然不同或孤立的场地更容易发生犯罪，也更少受到当地居民的保护。例如，在工业或商业街区的公共居住区因与其他居住区边缘化而更容易成为犯罪目标。同样，相对隔离区域的城市开放空间，如废弃的仓储区，也会面临安全性问题，只有再开发改变区域特征。因此，设计师要将提升场地安全感应与区域未来的规划相结合，并与场地原有社会背景一并考虑。通过行道树种植等环境提升措施将可持续设计拓展到场地周边，可在改善生态连通性的同时改善场地形象和社会环境。

提供出入口路径的多种选择：有研究表明为使用者提供多个场地出入口选择是非常重要的（Luymes and Tamminga 1995）。应避免出现死胡同的设计，这会让场地使用者感觉孤立和受困。要点是给使用者提供多种穿越景观的路线——既给予他们探索场地的自由，也使他们拥有对于场地的控制感和可预见性（SSI，2009）。如上一节所述，场地导示系统对于使用者迅速而直观地了解场地的道路系统和游览路线至关重要。

场地照明和安全性：场地安全问题的典型反应是过度照明，这会导致光污染和能源消耗增加。要点是要"使照明满足在25英尺（7.6m）的距离看清人脸的要求"，避免产生浓重的阴影和明暗对比强烈的区域（SITES，2009）。也要避免道路照明明亮，而路旁的植物景观区域漆黑一片，这也会给人造成不安全感。从安全性认知的角度来看，使用照明以便面部识别非常重要，因为人们辨认他人面孔是判断安全与否、潜在危险性等的直接依据。场地照明在第6章中已有讨论。

7.6.2　场地安全性的建设和维护要点

维护场地以传递安全信息：通过场地维护情况可以判断场地的安全性。"破窗理论"（broken windows）指出，被忽视的场地会陷入肆意破坏和犯罪的恶性循环。因此，使用耐久的、低维护的材料不仅有利于生态环境保护，也有利于避免这种现象的发生。强调乡土植物和生态保护的可持续景观场地面临的挑战，是对于大众而言，这类场地往往表现杂乱、疏于管理，会造成人的不安全感（Ryan，2005）。风景园林师 Joan Nassauer（1995）提出利用养护措施来传递场地"有人管理"的信息，如对自然草地边缘进行修剪、大量使用开花植物等设计策略，表现出自然式植物景观是有意为之的（图7-22、图7-23）。

图7-22　沿路的茂密植被，尤其在城市区域，增加了场地的不安全感

图7-23　通过对沿路植物的经常修剪，在改善视线通透性的同时，传递出这种自然式景观是有意为之的信息

修剪以维持视线通透性：随着时间的推移，景观植物的生长会超过设计预期。而这个阶段往往面临日益缩减的维护预算，因此设计时应考虑植物的选择和布置问题，以减少后期的维护压力。维护场地安全性要求通过日常修剪甚至植株移除以维持视廊和视线的通透。

设计场地活动促进场地使用和安全性：目前改善场地安全性的策略还包括，通过组织活动来增加场地使用。此外，也可以通过社区福利协议等手段促进社区对场地的利用。促进自然景观和其他开放空间保护和管理的志愿者项目，也可以促进社区花园、栖息地保护点、公园等的安全性。

通过环境设计预防犯罪是一种预防犯罪行为的多学科设计方法：通过环境设计预防犯罪的策略通过影响人工环境、社会环境和政策环境来影响犯罪者的行为，以实现犯罪的预防

（International CPTED Association[1]，www.cpted.net/default.html）。

7.7　促进健身活动的设计

人类健康福祉与人们的身体健康密切相关。不幸的是，绝大多数美国人（70%）达不到推荐的每日最少 30 分钟健身活动的要求（CDC，2010）。缺乏运动已成为成人和儿童肥胖症及心脏病、糖尿病等病症上升的主要原因。美国全国肥胖症相关的医疗费用以达到 1390 亿美元；每年 5% ～ 7% 的美国医疗经费与肥胖症相关（Finkelstein *et al.*，2005）。

儿童肥胖问题尤其令人担忧，这预示着慢性病和成人肥胖问题的愈演愈烈。此外，美国"2007 ～ 2008 全国健康和营养调查"结果显示，约 17% 年龄在 2 ～ 19 岁的儿童和青少年有肥胖问题（CDC，2010）。美国等发达国家的儿童比前几代人更缺乏体育运动（World Health Organization，2009）。这种运动的减少受多种环境和行为因素影响，包括学校体育教育的减少、不健康的生活方式、家长对儿童安全的担心、缺少进入开放空间的机会，以及缺乏步行和自行车友好环境等（CDC，2010）。

研究显示在户外花费时间更多的儿童更有可能积极参与活动（Cleland *et al.*，2008）。不幸的是，相比过去，孩子们现在更少花时间在户外，这不仅导致对其身心健康的影响，也导致了他们自然知识的缺乏。作家理查德·勒夫（Richard Louv）在他的书《最后一个在森林里的孩子》（*Last Child in the Woods*）中，使用了"自然缺失症"一词表达了儿童与自然之间隔绝的趋势。重新建立儿童与自然世界的联系可以产生认知、身体、心理等一系列的益处，而这些对成年人也一样有效。

可持续景观场地在促进大众健身活动方面有着重要作用。人工环境的设计对于人们是否能在安全、便捷、舒适的环境中散步、骑行、锻炼等有着复杂的影响。此外，研究表明当沿途存在多个目的地的时候，人们更愿意采取步行的方式。在城市中，目的地可以是工作场所、购物场所等；在绿道中，目的地可以是风景点、公园等各类景观节点（Lusk，2002；Moudon，2007）。同样，在工作场所提供健身活动空间，也可以改善职员的健康情况、减少缺勤、减少医疗开销等。

了解潜在使用者群体和周边的社区环境，对研究他们的健康问题、生活方式、健身活动和休闲活动的类型至关重要的。促进健身活动的场地的设计要点如下：

规划鼓励健身活动的环境：人工环境可以被设计成鼓励甚至"强制"健身活动的场所，使运动和场地成为日常生活的一部分。应给予步行和骑行通勤更多优先权，而为驾车通勤设置更多的不便。如为步行或骑行的人提供更方便的场地进入方式，也可以提供较少的停车位以鼓励其他交通方式的使用。

创造对步行更友好的环境：当沿路有行道树和荫凉、安全的人行道、丰富的休憩设施和

1　国际防卫环境设计协会。——译者注

景观（如观景点、眺望点等）之时，人们更乐于步行。因此，步行系统应该符合本章提出的标准：提供全方位的可达性、符合人体舒适度的设计、营造安全的环境等。此外，对场地周边的植被区域提供视觉或实体的入口，可以在创造更多人性化步行区的同时，促进自然区域的连通性。

人行道的设计也很重要。人行道的宽度应该满足预期使用者的数量要求，避免使用中的冲突，但又不能太宽以避免感觉像主路。用于骑行和轮滑的硬质路面应与步行的松软路面相区别，以避免使用中的冲突。因为步道的"神秘感"可以鼓励人们探索场地，因此可设计弯曲的道路以给人心理预期（Kaplan *et al.*，1998）。步道可以窄到"一臂"的宽度，以创造与自然更亲密的体验，也可让人们更好地了解和记住周边的环境。

对现状场地改造而言，应开展步行适宜性研究，以了解其交通系统的现状（CDC，2010）。场地建设完成后也可以进行这类调查。

与公共卫生专家合作：公共卫生领域在推动公众健康与运动的工作方面起着主导作用，他们可以成为可持续景观场地设计团队的重要合作伙伴。例如，罗伯特·伍德·约翰逊基金会（Robert Wood Johnson Foundation）的"设计促进积极生活"活动，为设计师、规划师、公共卫生部门之间的合作提供了示范。

将场地与大型开放空间网络连通起来：绿道的相关研究已经指出连通性对于促进场地使用和生态效益的重要性。同样，城市区域的人行道连通性对其步行适宜性的提高也至关重要。这样，小型场地可以连通地方性和区域性的包含行步道、自行车道等在内的非机动交通网络。例如，场地内的步行道可以将场地外原本隔离的道路连通起来（图7-24）。对于建设区域性绿道系统而言，单个场地的建设正是不断丰富和完善网络的关键。

在场地内规划合适长度的步道和自行车道：对于较大的场地而言，在场地内规划可供30分钟健身活动的慢行交通网络，可以鼓励人们参加健身运动。慢行交通网络的道路长度只要超过400m，结合一系列设计技巧，如创造神秘感、地标、目的地以及沿途布置的自然或人工设施，就可以满足30分钟健身活动的需求了（Kaplan *et al.*，1998）。不要专门设计独立的健身道路，而应该与场地的交通系统和整体有机结合起来。创造相互连通的慢行系统，可以为使用者提供多种长度、难度和体验的选择。尽量减少交叉路口，不管是从安全角度，还是从构建更有效、便捷的慢行网络方面来说，都非常重要。

设计符合各年龄段需求的游戏场地：游戏场地应强调培养探索力、创意力，甚至是环境意识；为了发挥游戏场地对认知、身心健康的作用，场地设计应以特定年龄群为目标

(Photo: Robert L. Ryan)

图 7-24 连通区域性网络的道路为人们提供更广泛的健身活动选择，如骑自行车和远足等

（Photo: Robert L. Ryan）

图 7-25 休憩区域的设计应满足从成人到儿童的各年龄层需求，以促进更加广泛的健身活动

服务对象（Brett *et al.*，1993；Herrington，1997）。游戏场地也可以设计成是为成人甚至老人服务的。趟过浅溪或在倒木上寻找平衡，是老少咸宜的有趣体验。研究表明对人们特别是儿童而言，在比较自然的道路和环境中行走，更有助于培养平衡感和协调性。从另一个角度来讲，游戏场地可在艺术性上有更高的追求，运用多种材料、景观元素和丰富空间，可以创造优美且功能丰富的游戏场地。

运动设施和场地的规划：篮球场、游泳池、运动场等综合设施可以鼓励健身活动（图7-25）。面临的挑战是确定场地使用者（和社区居民）对运动方式的兴趣和偏好。从场地可持续发展的角度来看，应最大限度地减少草坪的应用，但场地类运动在体育活动中地位重要，因此草坪的可持续应从可持续管理措施角度来考虑。

服务设施的规划：有时候健身活动的最大障碍是缺少服务设施。包括饮水设施、洗手间、更衣室、淋浴设施，以及支持各种活动的设备，如自行车停放架和储物柜等。

鼓励将园艺活动作为健身方式：园艺活动和景观养护工作对人的身心健康都有益处（R. Kaplan，1973）。进一步看，园艺活动的益处要比简单地以健身为目的的运动更多。为社区居民、职员等设计社区花园，不仅可以通过生产花卉或果实而对人有益，也可以在实现可持续农业、生态修复方面产生重要的环境效益。

为健身活动组织活动：最好的鼓励健身的策略就是组织活动。例如可以组织喜爱徒步、跑步等志趣相投的人成立活动小组；也可以组织业余比赛、太极拳训练班等。

运动健身设施的维护：缺乏维护的设施会阻碍其使用，也会带来安全隐患。运动健身设施需要适当的检查、维护，并根据需要进行更换。人行道需要保持清洁，清除雪、冰、树叶、垃圾等，以保证周年使用。草坪的养护应遵循可持续发展场地原则，如病害虫综合防治、最小量施肥、非饮用水灌溉等。

7.8　场地的疗养康复功能

与自然接触可以使人缓解精神疲劳、释放现代生活的压力，可以调节和改善人的身心健康。自然的这种康复能力已在很多人群中和多种条件下得到证实，如提高病患的康复速度、改善儿童注意力、提升办公室职员健康水平和工作满意度等（R. Kaplan，1993；Kuo and Taylor，2010；Taylor *et al.*，2002；Ulrich，1984）。这种康复机制是人类伴随自然与生俱来的天赋，可以帮助人们恢复精神力量，面对挑战，加强人与自然世界的联系。人与自然的联系原本密切，人类的睡眠方式、生理功能都与自然的昼夜节律、四季循环密切相关，人们也会从自然中获取慰藉。因此，场地的疗养康复功能以及提供人与自然接触的机会就非常重要了。

虽然自然化的环境具有康复作用，但并不代表所有的景观甚至自然景观都可以很好地发挥这种功能。以下设计过程中关于场地康复功能应该考虑的一些要点：

考虑窗口看到的景观：许多关于康复性环境的研究已经意识到从窗户看到景观的重要性。人们不一定要在景观中才能得到康复效益，只要从窗口看到树木或植物就可以得到积极的健康影响。这一结论非常重要，因为人们每天都要花费大量时间在室内。大部分可持续建筑的标准都对自然光有一定的要求，因此风景园林师应与建筑师积极合作，保证建筑窗口景观的最大化。可以利用场地分析软件，结合景观种植规划，在设计前期就分析出每个窗口可以看到景观的角度、范围。这类分析的重点是确保使用人数最多、时间最长的房间得到最好的景观视角（图 7-26）。

借景：除了提供场地自身的自然景观视角，对周围景观、树木等的借景或者框景，也是营造场地康复功能的重要策略。东方园林特别是日本园林，对于前景、中景不美观之处的"障景"，和对远景中山水植物的框景，有着极高的造诣（Itoh，1984）。

营造小尺度空间和私密空间：对于康复性功能而言，不管是植物的数量还是室外空间的尺度，都不宜过大。实际上，越小、越亲密的空间越能给人安静、沉思的氛围。在一些项目中，将过大的场地划分为小尺度空间，有利于为康复和休疗养功能提供条件。

形成围合场地：康复性空间的一个重要特征是给人一种从日常生活的"抽离感"，这就要求康复性空间与噪声、交通、不雅景观甚至建筑"隔离"（Kaplan *et al.*，1998）。树篱、栅栏、围墙、地形等设施都可以将场地围合成较小、较私密的空间，同时也可以起到对各种干扰因素的缓冲和隔离（图 7-27、图 7-28）。当然，这类情况还应考虑安全性问题，可以保留与场地外一定程度的视觉通透性。

(Photo: Robert L. Ryan)

图 7-26　从建筑窗口看到的花园和自然景观已被证明具有巨大的健康益处。设计师应力争使室内可见的景观最大化，特别是那些使用频率高的房间

(Photo: Robert L. Ryan)

图 7-27　与杂乱环境的隔离意味着屏蔽掉不理想的景观，如图中的停车场

图 7-28　格纹栅栏和低矮的植物遮挡了不想要的景观

　　降低噪声污染：高分贝的噪声对公众健康和场地康复性功能都有严重影响。在设计前期的场地调研阶段，应进行现状噪声水平的测定和研究（可接受的噪声水平不应大于 55 分贝）。如果场地上包括构筑物、建筑、主要道路或机械设备，就需要在最终的场地设计之前进行施工后噪声评估，以确定新的噪声来源。墙体和地形对屏障噪声最有效，空间足够时密植常绿植物也可以有效减少噪声；用水景中流水的声音来"掩饰"噪声也很有效，例如西雅图的高

速公路公园，当然，这类水景对水量和能耗要求都很高。

提供休憩座椅：虽然很多感受自然的活动都可以带来康复效果，如在景观中散步、慢跑、观鸟、钓鱼等，但设计师还应该为使用者提供舒适的座椅等休憩设施。例如设置可移动座椅，以便使用者选择适合的休息条件和空间。沿路设置休憩座椅也很重要。

营造自然美的重要性：自然之美激发人的康复。重视园景树、植物景观等自然景观元素非常重要。研究发现，人与植物的接触可以促进心理和生理健康的康复，因此，应在设计中尽量为人创造与各类植物亲密接触的机会。

创造多种感官体验：根据五种人体感官进行的设计也是形成康复性环境的好方法。芬芳的气味、微风拂过树林的声音、绿草青苔的触感，或是新鲜果实的口感可以带来多种的康复性体验（图7-29）。与嘈杂人工环境的形成对比，自然环境的种种感受的确可以实现心灵的康复。

强调体验的水景：水景的营造，包括提供自然水体的可达性，可以成为营造康复性环境的重要策略（Kaplan *et al.*，1998）。小型喷泉虽仅使用少量的水，却能提供美好的听觉感受（Kaplan *et al.*，1998）。水景设计中，开放水面而不是荒草丛生的沼泽；清澈、流动的水体而不是气味不佳、浑浊不堪的死水；轻松可达的自然驳岸而不是硬质驳岸等，都是首选（Kaplan *et al.*，1998）。

保持场地安静：日常的景观养护、建筑维护等行为都会大幅提升场地的噪声水平，打破宁

(Photo: Robert L. Ryan)

图7-29　波士顿公共图书馆的中庭，即使位于大型机构建筑的中心，水声潺潺的环境也可以创造康复性空间

静的康复性环境。这些活动应该被安排在场地游人量最少的时段内。在可能的情况下尽量使用手动养护设备；电动养护设备比内燃机设备噪声更小，也不会增加场地的空气污染。场地养护手册应该对控制噪声污染的方法、设备、期望的噪声水平、养护时间安排等都做出详细规定。

7.9　加强社会交往和社区建设的场地

在加强社会交往和社区建设方面，可持续景观场地可以扮演重要角色。研究表明，种植更多植物的居住环境可以形成更强的社会联系和更好的社区氛围，对居民来说，这样的环境比缺乏植物的环境更有安全感（Kuo *et al.*，1998）。更强的社会联系不管是对个人还是整个社区的健康福祉，都意义重大。

在社区层面，较强的社会联系不仅能营造更好的社区氛围和凝聚力，也能更好地应对经济、社会、环境问题。组织严密的团体可以利用这种影响力进行社会博弈，争取更好的条件来改善社区的各类条件（SITES，2009）。

良好的绿色空间会成为社区活动的场所，如传统的公园、绿地、校园、附属绿地等，也可以是临街住宅前的庭院空间。这些户外空间可以成为人们相互结识、增进了解、交换意见、解决问题的场所。这种"民主性"的场地空间是公众的舞台，不同背景的社区居民可以汇集至此来营造更理想的公民社会。此外，户外开放空间也可以作为音乐会、节日庆典等事件的活动场地，以及是家庭、好友、各类团体正式或非正式聚会的场所。

7.9.1　加强场地社会交往的设计要点

将社交空间布置在活动热点附近：William Whyte（1980）发现，在城市广场上，人群存在聚集效应，有人的地方会吸引更多的人。因此，定位为社交功能的开放空间布置在现状或未来人气最旺的地点最为合理。对于带有建筑或靠近建筑的场地来说，如果建筑内的活动是人们的主要活动或目的地，就应该将开放空间布置在行人最密集的道路旁边、建筑入口或其他焦点地区。对于现有的建筑和场地的改造来说，行人分布规律的评估对于场地热点的确定至关重要。加强户外社交空间和建筑物的联系，还能促进人们将建筑内的活动转移到室外景观中来。

考虑现场活动的场地规划：场地上的活动和设施有利于吸引人们进入场地和促进人们的社交行为。设施可以有露天餐厅和餐饮摊等（见下文）；也可以包括露天剧场、溜冰场、运动场、游戏区等娱乐场地；或其他各类服务设施等。正如"7.3　场地建设、施工、使用中的社会平等"一节中所述，活动和设施成功的关键是满足使用者的需求（Francis，2003）。

当然，景观自身作为一种设施，本身就是具有吸引力的。例如，人们都具有亲水性，所以提供海滩、码头、木栈道或其他到达水滨的机会，都可以成为一种吸引力。此外，还可以提供野餐、野炊、篝火等活动的设施。

最新的场地设施是新技术。在公共开放空间提供免费的无线网络、用于观看比赛或表演的大屏幕、数字艺术品等都可以吸引公众的聚集（图7-30、图7-31）。

　　平衡人的交通和休息： 社交空间应靠近主要的人行道路；但社交空间也不应过多地受行人和自行车交通的影响，因其会影响社交功能。可以创造一些宁静的半围合空间和区域，这些区域应可被关注，加之布置在慢行道旁边以保障可达性，这会吸引更多的社交活动。

　　提供多种座椅选择： 可以提供多种座椅选择，如可移动座椅，以便人们自由调整位置，更好地使用场地（图 7-32）。如在"7.4　场地便捷性"一节中所述，舒适的座椅也是影响人们是否长久地使用场地的关键。小巧、可以移动的桌子也非常有用，人们可以用来进餐、阅读等，让人们有家的体验。

　　固定座椅和长凳的设计应该满足不同人数群体的使用需求，而不是只用一种固定模式布置。座椅的高度和类型应该多元化，如可以休憩的台阶、长凳、可以歇坐的景墙等。座椅面向或背向的布置也对社会交往有着截然不同的影响。例如，位于纽约曼哈顿的 Jacob Javits 广场。

　　创造休息时"闲看"的机会： 在开放空间中，人们在座椅上放松的"闲看"是一种重要的活动。因此，可将座椅设置在主要步行环道的沿线，为人们提供这样的机会。

　　提供树木遮荫： 树木是场地人员聚集区域和社交空间的要素之一（图 7-33）。除了树木

图 7-30　通过提供诸如免费无线网络服务等，可持续景观场地可以支持更多活动

图 7-31　在炎热的夏季，水景有利于多种活动

图 7-32　纽约的 Bryant 公园，在改造后使用了威廉·怀特（William Whyte）的设计原则，包括可移动座椅在内的多种座椅类型，便于人们自行选择座椅的布置

图 7-33　在夏季营造凉爽的树荫，可以有效促进场地利用

(Photo: Robert L. Ryan)

图 7-34　荷兰的庭院式街道，使用树木、公园空间来减缓机动车交通，营造了自行车和行人共存的街道空间

提供的多种环境效益，乔木高耸伸展的树冠形成的树荫，营造了更为舒适的微气候环境，也成为环境中的视觉缓冲。其他植物材料，特别是开花植物，也是人们留恋室外空间的重要吸引力。

　　隔离机动车交通：虽然总体来说将社交空间与繁忙的道路相隔离很有必要，但应根据交通流量因地制宜，在比较宁静的街道反而需要建立道路与社交场地之间的联系。美国的宜居街道运动提出了许多营造行人友好街道的策略，如实现机动车和行人交通安全共存的庭院式街道[1]等（图 7-34）。

7.9.2　社交空间的建设和维护要点

　　组织社交活动：影响开放空间在促进社交方面是否成功的很多因素，都在于场地建设之后，如集体活动、休闲娱乐等的组织和举行（Francis，2003；Project for Public Space[2]，1998）。活动的类型和形式可以是灵活多变的，但关键是应有专人和计划安排，此外了解社

1　1963 年，埃蒙大学（Emmen）大学城市规划教授波尔在进行荷兰新城埃门规划设计时，开始探讨如何克服在城市街道上小汽车使用和儿童游戏的矛盾，设计了一种新的道路平面，其目的不是交通分流，而是重新设计街道，试图使两种行为有共存的可能。——译者注

2　公共空间项目。——译者注

区和使用者的需求也很重要。

为餐饮摊贩和农夫集市提供场地：威廉·怀特等学者认为，是否提供餐饮服务是城市开放空间成功与否的关键要素。这不仅可以满足人们的基本需求，也会吸引人们进入开放空间、促进社会交往。

销售当地生产食品的农夫集市可以创造充满活力的社会环境，并为农业的可持续发展、健康饮食的改善以及当地经济活力等提供多种好处。也可以为社区花园等设施提供销售渠道。农夫集市可在周末或夜间在空闲的街道或停车场上开办，也可以设置永久性固定地点（图 7-35）。

规划的适应性和灵活性：为促进社会交往和扩展场地利用的另一个策略，是根据季节、时间段来举办不同的活动（Gehl and Gemaøe，1996；c.f. Francis，2003）。如在许多欧洲城市，夏季会将餐厅设置在主要行人通道，而在冬天撤销。同样的，冬季的广场或湖面可以作为溜冰场；街头集市可以在周末或晚上充分利用市中心的广场和街道；如在国际无车日，停车场和街道都可被赋予开放空间的功能。很多时候，这种看似不起眼的小事会产生长远的影响。

(Photo: Robert L. Ryan)

图 7-35 餐饮摊可以提供户外空间必要的服务，促进人的活动，也有利于地方经济的可持续发展

场地景观的灵活性给人们提供了按照自己需求改变和创造空间的机会。从建设和维护的角度来看，材料、设施、形式、植物材料，都可以根据场地使用者的需求进行调整和改变。现在许多单位的种植区都可以被职员认领，种植他们喜欢的鲜花和蔬菜。

7.10　保护场地的历史人文特征

可持续发展的实质就是智慧的使用资源，可持续景观场地设计的一个重要原则就是对场地现状资源的再利用。场地历史特征保护的核心就是场地的合理再利用。除了实现能源和材料的节约之外，历史人文景观及条件的保护还对保护"场所感"和展现文化性非常重要。对本土文化的保护同样要求对场地人文景观的保护。

风景园林师查尔斯·A·伯恩豪（Charles A. Birnhaum）在他为美国国家公园管理局（U.S. National Park Service）撰写的报告中将"人文景观"定义为："包含人文和自然资源，与某些历史事件、历史人物相关，或表现出其他人文或美学价值的地理区域。"他描述了对景观设计、规划和管理有借鉴意义的 4 种类型人文景观：设计性历史景观、地方性历史景观、历史性场地和民族性景观。一些设计景观，如纽约中央公园，已被人们习惯性地看作人文景观；而一些历史性场地，如古战场等重要的地方性景观，则经常在人文景观研究的过程中被忽视（Meinig，1979）。当地民众、地方专家对有重要价值和文化意义的地域性景观特征非常了解，但开发商、政府部门甚至设计师等外来者则很难认识和理解其重要性。将社会公平性视作重要基础的可持续景观场地实践要求在场地的规划建设中很好地保护和传达地域性的历史人文特征。从可持续景观的角度来看，表达地域性历史人文特点场地更容易给地方居民带来主人翁意识，也对场地的长期使用、保护和管理有重要意义（Walker and Ryan，2008）。

7.10.1　保护场地的历史文化特征的设计要点

对场地历史人文特征的调研：作为场地评估的一部分，应对场地的历史人文特征、模式以及文物等开展研究。表 7-2 列出了美国国家公园管理局开展的美国历史景观普查（The National Park Services Historic American Landscapes Survey，HALS）中的调查导则。这项工作的重点是不仅要对常规的场地分析内容进行研究，如自然条件、地形地貌、植被、交通、建筑等；还要对这些元素的空间组织与场地特点的关系等进行深入研究。

与历史相关专家合作：人文景观的规划可能需要考古学家、历史学家、人类学家等专家进行跨学科的团队合作。在许多案例中，也有必要邀请熟知地方情况的民间历史研究者加入设计团队。

确定场地历史价值：检索地方、州、国家和国际的历史文化遗产名录，以确定产地是否名列其中，或者有资格列入。同时，也应对与人文、历史相关的法规进行研究。

表 7-2 场地历史性特征评估提纲

第一部分，场地历史信息
1. 建设历史 （1）建设（形成）时期； （2）风景园林师、设计师、发起人； （3）承建商、劳动者、供应商； （4）各时期业主、使用者； （5）各开发建设阶段情况 2. 历史背景

第二部分，现状信息
1. 景观特征和概况简述（包括特征的系统评估） 2. 特征定义 （1）自然特性； （2）空间组织； （3）信息来源，包括场地规划、照片、地图。其他信息资源也可能包含座谈和其他资料

资料来源：Adapted from National Park Service's Historic American Landscapes Survey (HALS): Guidelines for Historical Reports provides one format for such an inventory (SSI, 2009, p. 150)。

开展场地历史资料研究：许多场地的历史人文情况很难在场地上找到直接信息。可对历史图片、规划、报告、信件等档案资料进行研究，以获得历史上场地开发、建设、使用的相关信息。历史研究还可以揭示历史上场地的生态条件（图 7-36）。

与社区合作，确定具有地域性历史人文价值的资源：应在项目前期评估的过程中开展与社区、居民的合作，以确定具有地域性历史人文价值的场地资源。许多民族性的习俗、资料可以传递很多社会人文信息，因为这类信息常常不属于官方记载的内容（图 7-37、图 7-38）。

从历史人文资源中获取可持续实践的启发：除了对场地和地方历史进行研究之外，历史上地方常用的栽培技术、管理模式、常用材料等都可以成为可持续景观场地设计的"灵感"来源。这种源自于地方文化的可持续策略，可以为包括水资源管理、种植设计、微气候调节等各方面的场地设计和维护工作提供参考。

就地取材，使用地方性技术和工法：保持场地历史文化脉络的另一个方法是使用当

（Photo: Robert L. Ryan）

图 7-36 对场地的文化、生态等历史情况进行展示和说明，有助于向场地使用者说明场地的来龙去脉

图 7-37　在场地突出历史建筑材料和技术，如弗吉尼亚州威廉斯堡（Colonial Williamsburg）展示的传统制砖技术，不仅可以向游客普及知识，也可以提供恢复和重建项目所用的材料

图 7-38　纽约市皇后区的甘特里州立公园（Gantrg State Park）保留的历史列车及遗迹，将现实的滨水公园与历史衔接在一起

地材料式就地取材，还可以使用地域性的技术或工法。

确定历史人文资源的保护利用方法：表 7-3 列出了一系列用于历史人文景观的保护利用方法。

7.10.2　保护场地历史人文特征的建设和维护要点

保护古树名木及其他人文标志：保护大型的古树名木或对本地有特殊意义的树木或植物。但实现可持续的挑战之处在于，这些植物有可能是外来物种，如华盛顿特区的樱花。

表 7-3　历史人文景观的保护利用方法

历史人文景观的保护利用方法要点	
保护	保护是为了维持历史遗迹的现状、完整性等采取的必要措施。其工作重点主要集中在维修和日常的维护方面，而不是大规模的改建和新建
修复	修复是通过部分修缮、更新，实现对历史遗迹特征的保护，以传达遗迹的历史价值、文化价值的过程
复原	复原是为了还原历史遗迹某个历史时期的面貌，适当地将其他历史阶段特征除去，对缺失部分进行重建等，从而准确地描摹出历史形象、特征等的过程
重建	重建是对已经不复存在的历史景观、场地、建筑或其他事物，通过新建，准确地在原地还原某一历史时期景象的过程

资料来源：Birnbaum, National Park Service, 1994, www.nps.gov/hps/tps/briefs/brief36.htm.

寻找用于修复的历史材料：进行修复时，寻找历史上使用的建设材料可能非常困难，特别是材料来源的采石场、工厂等早已停止运营的时候。

寻找有经验的工人来维护地域文化景观：另一个挑战则是在当地找到知晓如何维护历史建筑和景观的人员。但这也是促进当地技术培训和复兴历史传统、历史技艺的好机会，同时也可为当地带来劳动岗位（参见本章"场地建设、施工、使用中的社会平等"一节）。

(Photo: Robert L. Ryan)

图 7-39 纽约高线公园利用可持续设计手法，将场地的旧铁轨与乡土植物完美地结合在一起

历史遗迹保护是修旧如旧，还是新旧并置： 著名历史学家和作家 J. B. 杰克逊（1980）强调保留"历史本原"的必要性，这可以直观地向人们展示过去。历史遗迹维护的一个重要挑战，就是自然风化等带来的岁月痕迹虽然可以讲述其历史和故事，但随着岁月变迁这也会危害结构的稳定性。常见做法有两种，一是修旧如旧，在材料和做法上都尽量模拟原状；而另一种则是使用新材料，以示与原状的区别，这可以传递出历史变迁的信息。历史保护专家一直对前者有较大争议。但不管哪种方式，维护活动都必须保证景观的完整性和真实性。

参考文献

Americans with Disabilities Accessibility Guidelines and Standards (ADAAG). 2005. Washington, DC: United States Access Board. Available at www.acess-board.gov/adaag/about.

Appleton, Jay. 1975. *The Experience of Landscape.* New York: John Wiley and Sons.

Babbie, Earl R. 2008. *The Basics of Social Research.* (4th ed.). Belmont, CA:Thomson/Wadsworth.

Birnbaum, Charles A. 1994. *National Park Service's Historic Landscape InitiativeProtecting Cultural Landscapes Planning, Treatment and Management of Historic Landscapes,* www.nps.gov/history/hps/TPS/briefs/brief36.htm.

Bixler, R.D. and M.F. Floyd. 1997. "Nature Is Scary, Disgusting and Uncomfortable." *Environment and Behavior,* 29 (4): 443–467.

Brett, A., R.C. Moore, and E.F. Provenzo, Jr. 1993. *The Complete Playground Book.* Syracuse, NY: Syracuse University Press.

Brown, R. and T. Gillespie. 1995. *Microclimatic Landscape Design: Creating Thermal Comfort and Energy Efficiency.* New York: John Wiley and Sons.

Carstens, Diane Y. 1985. *Site Planning and Design for the Elderly: Issues, Guidelines, and Alternatives.* New York: Van Nostrand Reinhold.

Carr, Stephen, Marc Francis, Leeanne G. Rivlin, and Andrew M. Stone 1992. *Public Space.* New York: Cambridge University Press.

Center for Universal Design. 1997. The Principles of Universal Design, Version 2.0. Raleigh, NC: North Carolina State University. Available at www.ncsu.edu/project/design-projects/udi/center-for-universal-design/the-principles-of-universal-design/ (accessed August 11, 2010).

Centers for Disease Control and Prevention (CDC). 2010. www.cdc.gov/obesity/childhood/index.html.

Cooper-Marcus, C., and Marni Barnes (eds.) 1999. *Healing Gardens: Therapeutic Benefits and Design Recommendations.* New York: John Wiley and Sons.

Cooper-Marcus, C., and C. Francis. 1998. *People Places: Design Guidelines for Urban Open Space.* 2nd ed. New York: John Wiley and Sons.

Cullen, Gordon. 1971. *The Concise Townscape.* New York: Van Nostrand Reinhold Co.

Dines, Nicholas T. 1998. "Section 220 Energy and Resource Conservation." In Harris, Charles W., Nicholas T. Dines, and Kyle D. Brown (eds.). *Timesaver Standards for Landscape Architecture,* 2nd ed. New York: McGraw-Hill. pp. 220.1–220.13.

Finkelstein E.A., C.J. Ruhm, and K.M. Kosa. 2005. "Economic Causes and Consequences of Obesity." *Annual Review of Public Health,* 26: 239–257.

Fishbeck, Gary M. 1998. "Section 240, Outdoor Accessibility." In *Timesaver Standards for Landscape* , Charles W. Harris, Nicholas T. Dines, and Kyle D. Brown (eds.). *Architecture* (2nd ed.). New York: McGraw-Hill, pp. 240.1–240.24.

Fleming, N. D. 2001. *Teaching and Learning Styles: VARK Strategies.* Christchurch, New Zealand: N.D. Fleming.

Francis, M. 1987. "Urban Open Spaces." In E. H. Zube and G. T. Moore (eds.) *Advances in Environment, Behavior, and Design,* Vol. 1. New York: Plenum Press, pp. 71–105.

——. 2003. *Urban Open Space: Designing for User Needs.* Washington, DC: Island Press, Landscape Architecture Foundation.

Gehl, Jan, and Lars Gemzøe. 1996. *Public Spaces, Public Life.* Copenhagen: Danish Architectural Press.

Gerlach-Spriggs, Nancy, Richard Enoch Kaufman, and Sam Bass Warner, Jr. 1998. *Restorative Gardens: The Healing Landscape.* New Haven, CT: Yale University Press.

Golledge, Reginald G. (ed.) 1999. *Wayfinding Behavior: Cognitive Mapping and Other Spatial Processes.* Baltimore: Johns Hopkins University Press.

Gross, Julian, Greg LeRoy, and Madeleine Janis-Aparicio. 2005. "Community Benefits Agreements: Making Development Projects Accountable." Washington, DC: Good Jobs First and the California Partnership for Working Families. Available online at www.goodjobsfirst.org/sites/default/files/docs/pdf/cba2005final.pdf.

Hawk, Thomas F., and Amit J. Shah. 2007. "Using Learning Style Instruments to Enhance Student Kearning." *Decision Sciences Journal of Innovative Education,* 5 (1): 1–19.

Helphand, K.I., and R.Z. Melnick. 1998. Editor's introduction"Eco-Revelatory Design: Nature Constructed/Nature Revealed" *Landscape Journal,* 17: i–xv.

Herrington, S. 1997. "The Received View of Play and the Subculture of Infants." *Landscape Journal,* 16 (2): 149–160.

Hester, R. T., Jr. 1990. *Community Design Primer.* Mendocino, CA: Ridge Times Press.

Institute of Medicine. 2005. *Preventing Childhood Obesity—Health in the Balance.* Washington, DC: The National Academies Press.

Itoh, T. 1984. *The Gardens of Japan.* New York: Harper & Row.

Jackson, J.B. 1980. *The Necessity for Ruins.* Amherst: University of Massachusetts Press.

Kaplan, R. 1993. "The Role of Nature in the Context of the Workplace." *Landscape and Urban Planning,* 26 (1-40): 193-201.

Kaplan, R., and S. Kaplan. 1989. *The Experience of Nature: A Psychological Perspective.* New York: Cambridge University Press.

_____. 2008. "Bringing Out the Best in People: A Psychological Perspective." *Conservation Biology,* 22(4): 826-829.

Kaplan, R., S. Kaplan, and R.L. Ryan. 1998. *With People in Mind: Design and Management of Everyday Nature.* Washington, DC: Island Press.

Kaplan, S., and R. Kaplan. 2009. "Creating a Larger Role for Environmental Psychology: The Reasonable Person Model as an Integrative Framework." *Journal of Environmental Psychology,* 29(3): 329-339.

Kuo, F.E., and W.C. Sullivan. 2001. Aggression and Violence in the Inner City: Impacts of Environment via Mental Fatigue." *Environment and Behavior,* 33(4): 543-571.

Kuo, F.E., W.C. Sullivan, R.L. Coley, and L. Brunson. 1998. "Fertile Ground for Community: Inner-City Neighborhood Common Spaces." *American Journal of Community Psychology* 26 (6): 823-851.

Kuo, F.E., and A.F. Taylor. 2005. "A Potential Natural Treatment for Attention-Deficit/Hyperactivity Disorder: Evidence from a National Study." *American Journal of Public Health,* 94 (9):1580-1586.

Lewis, Charles A. 1990. "Garden as Healing Process. In M. Francis and R. T. Hester, Jr. (eds.) *The Meaning of Gardens.* Cambridge, MA: MIT Press. pp. 244-251.

_____. 1996. *Green Nature, Human Nature: The Meaning of Plants in Our Lives.* Champaign-Urbana: University of Illinois Press.

Louv, Richard. 2005. *Last Child in the Woods: Saving Our Children from Nature-Deficit Disorder.* Chapel Hill, NC: Algonquin Books.

Lusk, A.C. 2002. "Guidelines for Greenways: Determining the Distance to, Features of, and Human Needs Met by Destinations on Multi-Use Corridors." Doctoral dissertation. University of Michigan, Ann Arbor, MI.

Luymes, D.T. and K. Tamminga. 1995. "Integrating Public Safety and Use into Planning Urban Greenways." In Julius G. Fabos and Jack Ahern (eds.) *Greenways: The Beginning of an International Movement.* Amsterdam: Elsevier. pp. 391-400.

Lynch, Kevin. 1960. *The Image of the City.* Cambridge, MA: Technology Press.

Meinig, D.W. (ed.). 1979. *The Interpretation of Ordinary Landscapes: Geographical Essays.* New York: Oxford University Press.

Mertes, J., and J. Hall. 1996. *Parks, Recreation and Open Space and Greenway Guidelines.* Ashburn, VA: National Recreation and Park Association.

Moudon, A.V., C. Lee, A.D. Cheadle, C. Garvin, D.B. Johnson, T.L. Schmid, and R.D. Weathers. 2007. "Attributes of Environments Supporting Walking." *American Journal of Health Promotion,* 21 (5): 448-459.

Nassauer, J.I. 1995. "Messy Ecosystems, Orderly Frames." *Landscape Journal,* 14(2): 161-170.

National Historic Landmarks (n.d.), www.nps.gov/history/nhl/QA.htm#2.

National Register of Historic Places (n.d.), National Register of Historic Places Fundamentals, www.nps.gov/nr/national_register_fundamentals.htm.

Ostroff, Elaine. 2001. "Universal Design: The New Paradigm." In Wolfgang Preiser and Elaine Ostroff (eds.), *Universal Design Handbook*. New York: McGraw-Hill, pp. 1.3–1.12.

Project for Public Spaces. 1998. "Transit-Friendly Streets: Design and Traffic Management Strategies to Support Livable Communities." Washington, DC: National Academy Press.

Putnam, Robert D. 2000. *Bowling Alone: The Collapse and Revival of American Community*. New York: Simon & Schuster.

Relf, D. (ed). 1992. *The Role of Horticulture in Human Well-Being and Social Development*, Portland, OR: Timber Press.

Richtel, Matt. 2010. "Hooked on Gadgets, and Paying a Mental Price." *New York Times*, June 7, 2010. p. A1.

Ryan, R.L. 2005. "Exploring the Effects of Environmental Experience on Attachment to Urban Natural Areas." *Environment and Behavior*, 37:3–42.

Ryan, R.L., R. Kaplan, and R.E. Grese. 2001. "Predicting Volunteer Commitment in Environmental Stewardship Programmes." *Journal of Environmental Planning and Management*, 44 (5): 629–648.

Sanoff, H. 2000. *Community Participation Methods in Design and Planning*. New York: Wiley.

Sustainable Sites Initiative (SITES). 2009. The Sustainable Sites Initiative: Guidelines and Performance Benchmarks 2009. Available at www.sustainablesites.org/report/Guidelines%20 and%20Performance%20Benchmarks_2009.pdf, accessed Aug. 10, 2010.

Tanner, R. T. 1980. "Significant Life Experiences: A New Research Area in Environmental Education." *Journal of Environmental Education*, 11(4): 20–24.

Taylor, A.F., F.E. Kuo, and W.C. Sullivan. 2002. "Views of Nature and Self-Discipline: Evidence from Inner City Children". *Journal of Environmental Psychology* 22 (1–2): 49–63.

Trust for Public Land. 2009. *City Parks Facts Report*. San Francisco: Trust for Public Land.

Ulrich, R.S. 1984. "View through a Window May Influence Recovery from Surgery." *Science*, 224: 420–421.

Unger, D.G., and A. Wandersman. 1985. "The Importance of Neighbors: The Social, Cognitive, and Affective Components of Neighboring." *American Journal of Community Psychology*, 13, 139–169.

U.S. Department of Health and Human Services. 2001. "The Surgeon General's Call to Action to Prevent and Decrease Overweight and Obesity." Rockville, MD: U.S. Department of Health and Human Services, Public Health Service, Office of the Surgeon General.

Walker, A., and R.L. Ryan. 2008. "Place Attachment and Landscape Preservation in Rural New England: A Maine Case Study." *Landscape and Urban Planning*, 86: 141–152.

Whyte, William H. 1980. *The Social Life of Small Urban Spaces*. Washington, DC: Conservation Foundation.

World Commission on Environment and Development, G.H. Brundtland, and M. Khalid. 1987. *Our Common Future*. Oxford, UK: Oxford University Press.

World Health Organization. 2009. *Global Strategy on Diet, Physical Activity and Health*. www.who.int/dietphysicalactivity/pa/en/index.html, accessed August 11, 2010.

Wyant, Sylvia. 2006. "Why Shop Local?" *Elephant Journal*. Spring. www.elephantjournal.com/2008/09/why-shop-local-local-businesses-return-80-of-each-dollar-to-the-community, accessed August 30, 2010.

Zervas, Deborah. 2010. "Communicating Design Intent to the Non-Expert: Small Experiments Using Collage." Master's thesis. Amherst, MA: University of Massachusetts.

第 8 章
运营、养护、监测和管理

艾米·贝利尔（Amy Belaire）
戴维·纽卡（David Yocca）

　　场地的规划、设计、建设完成后，就进入了使用阶段。从资金筹集、建设到运营管理、维护，是一个巨大的转变。在场地设计的同时制定养护、运营管理方案，有助于这种转变的成功。运营养护方案，是保障场地特征、功能、美观等维持正常所需的各种资源的行为和计划。

　　除了传统养护要求之外，对场地的特定功能区域进行针对性的养护尤为重要，如可渗透铺装、雨水花园、雨水收集罐等，这些区域和设施是维持景观可持续性的重要保障。同时，使用可持续性的管理手段来满足传统的养护需求也很重要，例如利用病虫害综合防治方法来取代杀虫剂；使用堆肥来取代化肥等。

　　本章主要介绍可持续的场地管理和养护策略。可持续性管理和养护工作的关键在于制定确保场地实现长期可持续目标的综合维护管理方案。方案应细致地规定管理养护工作的具体内容、时间周期、设备人员要求等，以有效保证远期目标的实现。

　　本章所讨论的策略和措施为可持续管理提供了诸多案例。本章提出的积极的、适应性的管理策略及措施与可持续的场地运营和养护紧密结合，并可在评估和监测中不断改进，以实现最有效的管理养护。

8.1　可持续的场地运营、养护和监测对环境和人类健康的影响

　　依赖大量农药、化肥和高排放设备的传统运营养护，会对环境质量和人类健康产生不良影响。例如，传统的割草机会产生大量的一氧化碳及其他污染物；大面积使用化学除草剂会对非目标植物和生物产生危害。景观植物修剪产生的废物与厨余垃圾一起成为市政垃圾的主要部分，对其进行填埋除了占用土地外，还造成大量温室气体的排放。表 8-1 列出了场地运营养护相关的环境问题和应对措施。

表 8-1　与场地运营和养护有关的环境问题

环境问题	可持续性场地运营养护策略
水质恶化	放弃传统的雨洪管理策略，维持生物滞留设施、绿色屋顶、可渗透铺装，以就地捕捉和净化雨水、再生水。 利用可持续的土壤改良方法（如用有机堆肥代替化肥），以避免面源污染带来的水体富营养化。 使用病虫害综合防治方法，减少杀虫剂、除草剂的使用
水资源短缺	在水景、灌溉等用水需求方面，对污水进行就地收集和再利用，减少饮用水的使用
大气污染	采用低排放或零排放的养护设备，取代传统的内燃机驱动设备，以减少近地面的空气污染和细颗粒物排放
大量垃圾产生	对景观修剪废弃物、厨余垃圾等进行循环利用，避免使用垃圾填埋的处理方式
生境退化和生物多样性降低	场地水净化设施应采用生物处理的方法，避免使用化学处理，因其会对水生生物造成威胁。 使用病虫害综合防治办法，避免杀虫剂对非目标生物种造成伤害。 对入侵物种进行严格控制，以保护乡土物种，维持生态系统的稳定
灾难性山火	对景观及周边自然区域进行定期管理，减少可燃物荷载，降低大型火灾发生的可能性
土壤退化和水土流失	通过有机堆肥等方法重建场地土壤。 在可能的区域种植深根性乡土植物，维护其健康生长。 在场地施工过程中采用严格的水土保持措施

SITES 与场地运营、维护、监测和管理

　　SITES 评价标准中与使用、维护、监测、管理有关的部分，主要关注如何在整个场地使用周期内保护和恢复生态系统服务功能。评价标准中的运营监测和创新评估项目，旨在确保场地按照初始设计意图正常运作。

　　项目在 SITES 评估体系中获得高分的先决条件，是一定要制定以可持续发展为目标的综合维护管理方案。这一前提有助于保护和维持场地的各种生态系统服务功能（从水资源保护到节能减排）。另一个要点是针对性地提出资源保护和废物循环利用的措施，加强对可回收材料的收集和利用。此外，评估体系还专门设置了鼓励有机物回收（如植物修剪垃圾、厨余垃圾）的加分项。

　　此外，评估体系中还有鼓励采用节能、新能源等措施的评估项目，目的是减少化石燃料使用和温室气体排放。控制户外吸烟以改善空气质量也可以获得较高的分数。

　　SITES 评估还通过检测和创新分项鼓励可持续性设计。这一分项为详细评价项目长期的可持续性提供了依据。

8.2　将运营、维护、监测和管理结合到场地设计中

　　正如本书前篇所述，项目开始阶段的前期调研可获得对设计至关重要的场地信息（如土

壤、水位、气候特征等）。设计过程还应该考虑场地的使用情况，包括运营管理和维护对场地设计的影响等。为了确保以上问题在设计阶段得到充分考虑，设计团队的组成应包含精于可持续运营、管理、养护的专业人士。

在场地设计和植物选择的过程中，一个很重要的问题是预判场地不同区域将要采用的管理维护手段。这对栖息地的营造至关重要，只有将植物选择、场地情况、后续养护管理综合考虑，才能成功地营造栖息地。在考虑植物对场地条件和养护管理措施的适宜性后，再考虑形式、色彩、质感等因素。

场地设计也会对养护和管理产生很大的影响（图 8-1）。例如，规则式、植物布置复杂的花园就比自然式、植物配植简单的花园需要更多、更频繁的养护。当然，自然式的花园可能对管护人员的植物生长规律知识、维护技巧要求较高。因此，在设计阶段全面考虑影响长期管理养护的各种因素就显得尤为重要了。

（Photos by Conservation Design Forum and OWP/P（Cannon Design）

原生景观
（生态恢复或生态重建的景观，采用模拟自然生态过程的管护方法，如火烧、间伐等）

自然式种植
（自然式地配植乡土植物品种及非入侵性植物，能很好地适应当地气候、降雨条件，对修剪、除草的需求也较低）

规则式种植
（规则式种植、采用适应性较强的非入侵性植物，需要定期修剪、除草等养护管理；此外，还需定期浇水）

低维护强度　　　　　　　　　　　　　　　　　　　　　　　　　　　高维护强度

图 8-1　养护的强度取决于设计的形式
左图：原生景观的维护要求对其形成的生态过程有一定了解，但与规则式景观相比，不需要高强度和高频度养护
中图：自然式种植对养护的宽容性相对较高，即使不经常养护，也不至于影响景观效果
右图：几何规则式的种植和复杂的植物布置可能需要高强度和高频度的维护工作，才能保证设计意图的实现

管理养护涉及的其他与设计相关的问题，即为管理养护活动预留合适的场地和空间。比如，如果计划在场地进行植物修剪废弃物和厨余垃圾的堆肥，那么就应该留下面积足够、位置便利的场地。确保设计过程充分考虑管理养护问题的途径，就是采取全方位整合设计的方法，在项目开始阶段就在设计团队中纳入有经验的管理养护专家。

8.2.1　制订养护管理计划

可持续管护体系中一个很重要的部分就是制订书面的管理和养护计划，可在人员变更的情况下，为未来的管理养护提供指导。

　　制订养护管理方案的第一步是确定远期的预期效果（如 10 年、20 年后）。预期效果应根据场地类型和功能，以及美观、成本等因素提出。包括业主、用户等在内的设计团队综合讨论，有助于确定场地的预期效果。预期效果包括：零废弃物排放、场地水循环的自我平衡、提供栖息地等。应在养护管理计划中明确记录场地的远期预期效果。在设定目标时，可以参考以下因素：

- ▶ 为了长期（远期）管理和维护场地和景观，现在具有什么样的资源（如经费、人员、志愿者、园艺技工等）？
- ▶ 场地美观性的远期目标是什么？这些目标是否与设计方案一致？场地材料或要素是否需要维护？
- ▶ 谁来使用场地，儿童、老人、患者还是宠物？使用者是否会影响维护活动的开展？
- ▶ 场地在能源和饮用水使用方面有哪些远期目标？
- ▶ 如果场地中使用的材料和植物需要更换，可以通过哪些途径获得？
- ▶ 对于病虫害、杂草或入侵植物，哪些处理方法更好？
- ▶ 有机物、垃圾如何实现循环处理？
- ▶ 哪些景观需要定期维护，以保障其正常运行？
- ▶ 场地设计如何在较长的时间内满足使用者 / 所有者不断变化的需求？

　　在界定预期的远期效果之后，才能确定场地的运营方式、管护技术和计划等。管护计划不仅应该包含具体的工作内容、时间和人员要求，还要列出任何影响场地预期效果实现的潜在问题，并制订相应的预案。

　　除了要制订包含远期预期成果及近期管护方式的管护计划，还应在管理维护过程中撰写管护日志。这将是日后场地管理工作的重要资源，有助于在场地使用周期内维护其正常运转。管护日志应记录特殊的管护活动、时间点、特殊情况，以及各种管护工作的效果，或任何对未来管护工作有益的信息。

8.2.2　场地运行和养护中的垃圾循环利用

　　场地中产生的大多数垃圾并非一无是处，如塑料袋、餐盒、易拉罐、纸张等，许多废弃物都可以进行再利用或循环利用，减少垃圾填埋的量。废弃物的循环利用可以保护自然资源，减少污染物产生。在 2008 年，全美国共产生了 2.5 亿 t 的固体垃圾——差不多每人每天 4.5 磅。半数以上的垃圾最终都采取了填埋处理，只有约 24% 的垃圾得到了循环利用（U.S. EPA，2009）。

　　针对废弃物的可持续性管理首先应从普查和评估场地废弃物开始。废弃物普查应对场地及其运行方式进行全面分析，确定废弃物的来源、类型和数量。普查的形式是多元化的，如垃圾取样分析、统计消费品的销售情况、场地使用情况观察等。每种方法都可以得到不同的信息（表 8-2），往往需要多种方法共同使用，以便较为准确地得到场地废弃物的产生情况。

表 8-2　3 种场地垃圾普查方法

普查方法	执行方法	结果与信息
样品分析	收集具有代表性的废弃物样品，对其进行分类和测重	废弃物的类型； 各种废弃物的重量
销售统计	统计销售日志和管护日志；统计发票或垃圾清运、循环利用情况	废弃物的大致数量； 废弃物的主要来源
实地勘察	全面观察场地；了解产生废弃物的活动；与工作人员座谈以了解废弃物的来源	了解废弃物产生的来源和途径； 废弃物的种类（可能不全面）； 估计各类废弃物的数量

资料来源：美国环保署"精明垃圾处理"计划评估方法。

　　场地垃圾普查将得出包括场地使用和管护活动在内的各类废弃物的种类和数量。垃圾产生量最大的区域应得到重点关注（如供餐饮活动的户外空间和养护修剪废弃物堆放的地点）。垃圾普查的结果可以通过列表的形式展现出来（参考美国环保署垃圾评估办法），明确地标注垃圾的类型、数量、来源等。

　　垃圾普查报告的结论，应提出能够减少场地废弃物产生量和提高废弃物再利用率的途径。这两种方法应该作为废弃物可持续管理的首选，因其比回收循环利用更节约能源和资源。废弃物的减少可能仅仅通过避免使用一次性餐具就能实现，或者在可能的情况下将运输包装材料退还给供应商。应尽可能促进废弃材料的就地再利用，如可将材料运输包装的木架打碎作为护根。如果材料无法就地再利用，可以尝试与邻近场地间或相关单位互通有无，促进废弃物的再利用。

　　在减量和再利用方式确定之后，应考虑废弃物的回收利用。场地养护活动产生的托盘、容器、包装袋，游客产生的垃圾如易拉罐、报纸、塑料瓶等，植物修剪的废弃物、厨余垃圾等，这些都一样可回收。

图 8-2　废弃物回收容器应布置在垃圾箱附近，以促进垃圾的分类投放。收集容器应做好色彩、图案等导视标识

　　在方案设计阶段就应考虑适合的可回收废弃物存放场地。废弃物普查的结果可以作为确定场地位置和面积的依据。可回收废弃物的收纳容器应设计成与废弃物产生量相符的尺寸，放置在垃圾桶旁边，并做好明确的导视标识，以便于游客分类投放垃圾（图 8-2）。

　　废弃物可持续管理的最后一步是决定可回收废弃物的处理去向，这将决定场地上废弃物收集的周期、方式等。

　　此外，还要考虑场地整个使用周期中，废弃物的收集存放等是否与场地利用方式相符。例如，如果游客在特定季节集中或逐年增长，就应适度增加废弃物收集容器数量和缩短收集周期。对场地进行定期的废弃物普查（3～4年）有助于准确把握废弃物类型、数量的变化情况。

8.2.3　运行和养护中的有机废物循环利用

场地的植物修剪废弃物和厨余垃圾可以实现循环再利用，以实现对自然营养循环的模拟，减少垃圾填埋量。2008年美国产生的2.5亿吨垃圾中，有机垃圾（修剪废弃物和厨余垃圾）有6500万吨之多，占到总量的25.9%。大约64%的修剪废弃物被用于堆肥（U.S. EPA，2009），大量减少了填埋垃圾的量，也进而减少了填埋物地下腐烂造成的温室气体排放量。

场地废弃物普查应能得出运营维护过程中产生的有机废弃物的种类的数量。一般而言，场地会产生两类有机废弃物：（1）景观修剪废物，如草屑、树叶、残枝等；（2）厨余垃圾。在确定可回收废弃物的种类和数量的情况下，安排合适的堆放场地也很重要。其堆放场地的要求依场地管理策略而异。

8.2.3.1　植物修剪垃圾

除了传统园艺景观和生态修复场地之外，场地上与植物相关的景观系统都会产生植物废弃物，如雨水花园、生物滞留池、屋顶花园等。

对于这类废弃物，第一选择应该是将其留在场地上腐烂降解，使营养物质直接返回土壤。对于草地而言，这意味着将修剪后的草屑留在草地中，而非收集处理。在加利福尼亚州进行的研究表明，施行"草屑还田"可以减少花费在草屑收集、包装上的时间，从而节约50%的草坪修剪时间（加利福尼亚州资源回收和恢复管理局，2003）。草屑还田要求较高的修剪频率，这样可以保证修剪下的草屑较短而不至于覆盖满整个草坪。对于树木而言，修剪下的枯枝可切碎用作护根。对于产生大量木本废弃物的场地，也可以将废弃物就地焚烧。如果可能的话，使用低排放或零排放的剪草机及其他设备用于养护，这样可以降低温室气体的排放。

处理植物废弃物的第二选择是进行堆肥。最可持续的方式就是就地堆肥，但如果受空间或其他条件限制的话，也可以在场地之外的单位或区域进行。就地堆肥有利于改善场地土壤状况。如果准备进行就地堆肥，就应该在方案设计阶段给予考虑，为废弃物收集和堆肥留出适合的、便利的位置和足够的空间（图8-3）。

一般而言，就地堆肥比较简单，只要将植物废弃物堆成堆，不定期检查、翻积即可。堆肥技术根据气候、材料、空间限制等因素而不同，但都有一些共性的原则：

- ▶ 堆制期间保持一定的湿度。
- ▶ 堆制前将大块的木头打成小碎片。
- ▶ 将"绿色"堆制物（新鲜草屑等）与"棕色"高碳堆制物（枯枝落叶等）进行混合，以保持一定的碳氮比。

（Photo from Nick Normal）

图 8-3 纽约皇后区的一个大型屋顶花园，为堆肥提供了便利的场地

▶ 尽量避免用染病植物和入侵植物堆肥。

处理植物废弃物的第三个选择是，将废弃物收集再利用于其他用途，如造纸、纤维提取、艺术创作、生物燃料等。

8.2.3.2 厨余垃圾

对厨余垃圾进行收集和堆肥处理，是比垃圾填埋更可持续的处理方式。堆肥产物可以用于改良土壤。

场地废弃物普查收集到的信息可以指导确定厨余垃圾收集容器的大小和布置位置。收集容器的大小应与预期的厨余垃圾产生量相适应，应布置在食品销售和消费点附近，最好挨着垃圾箱，并制作明确的导视标识，告诉使用者哪些东西可以投入（图 8-4）。通常，水果、蔬菜、面包、纸制品等都可以进行堆肥；而肉类、奶制品、油脂等动物类食物则需要较为复杂的工艺，因此不建议在小型厨余堆肥中混有动物类食物。如果厨余垃圾需要在其他单位进行堆制，应与堆制单位沟通后决定所送去的餐厨垃圾的构成，因为一些单位的设备无法处理动物类厨余垃圾。

堆　肥		
所有食物类垃圾 包括肉类、骨头和奶制品	可再生餐具 原料为植物淀粉的餐具	纸制品 包括纸巾、纸杯、纸盘等 （禁止投入任何含塑料成分的纸制品）

(Source: Eco-Cycle redrawn by Simon Bussiere)

图 8-4　明确而清晰的指引有助于指导使用者进行正确的分类投放

由于厨余垃圾量较多，且极易迅速腐败，因此对其收集和处理的周期一定要短。如果进行就地厨余垃圾堆肥，一定要预留足够的空间便于堆放堆肥产物，也要有足够的人员完成收集和堆制工作。

8.2.4　可持续的土壤培肥（施肥）

土壤有机质是土壤固相部分的重要组成成分，对土壤形成、土壤肥力、环境保护及农林业可持续发展等方面都有着极其重要的意义。有机质通过多种途径改善土壤健康状况——改善土壤理化性质、增加土壤养分、促进水土保持、减轻板结和侵蚀、减少化肥和杀虫剂的使用等。

可持续土壤施肥策略的核心概念就是将场地产生的有机质作为一种资源，以形成有机物就地产生和再利用的封闭循环。首先要明确场地有机质的来源，如植物修剪废弃物和厨余垃圾就可以分离出来，通过堆肥提供有机质（图 8-5）。另一种易被忽视的有机物来源是经过初步过滤的污水，对其进行就地利用，也能减少污水的外排。

堆肥可以为土壤提供良好的有机质来

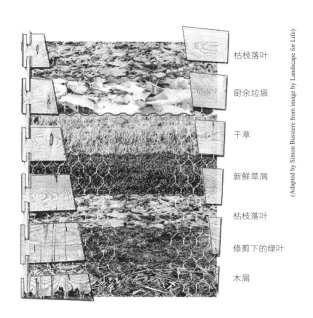

(Adapted by Simon Bussiere from image by Landscape for Life)

枯枝落叶

厨余垃圾

干草

新鲜草屑

枯枝落叶

修剪下的绿叶

木屑

图 8-5　良好的堆肥应包含"绿色"堆制物（新鲜草屑等）与"棕色"堆制物（枯枝落叶等）的混合物

源，有利于土壤结构的改善，促进土壤的生物活动（图 8-6），并为植物提供缓释肥料。虽然最理想的是就地形成有机物循环利用机制，但不具备条件的场地也可以将堆肥委托给相关单位。关于堆肥的技术、方法问题，可参见本书第 5 章。较大的木质残枝、枯死枝可以打碎作为护根，以保持土壤含水量、控制杂草生长。人工湿地、曝气池等处理后的富营养化再生水可以用于景观灌溉（表 8-3）。

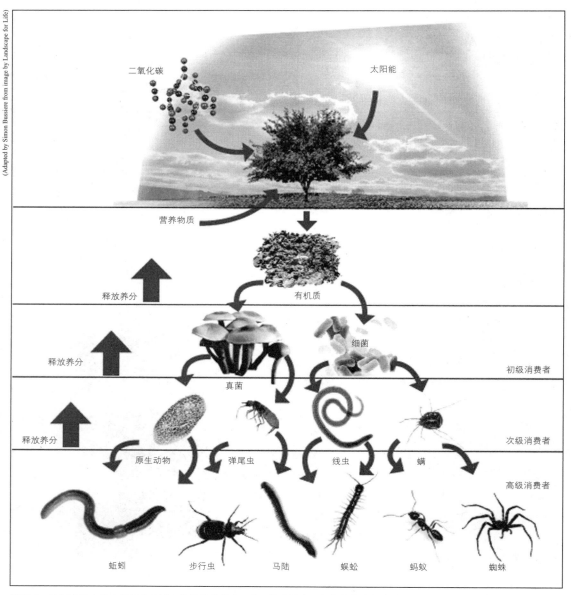

（Adapted by Simon Bussiere from image by Landscape for Life）

图 8-6　堆肥产物中的有机质为土壤食物网提供基础，进而促进健康、营养丰富的土壤的形成

表 8-3 维持有机物的循环利用，潜在来源和再利用用途

潜在有机质来源	有机质再利用用途
植物修剪废弃物，厨余垃圾	堆肥，改良土壤
较大的枯枝残木	绞碎，用作护根
草屑	草屑就地还田
污水就地处理后的出水	富含氮肥的再生水，可用于景观灌溉

如果土壤需要施肥，则应用有机肥代替化肥。通常，有机肥的成分能更好地改善土壤结构。而化肥则只能提供特定的营养物质。不管是有机肥还是无机肥，都应将施用量控制在最小范围内，并只在需要的区域施用（点施），以减少非点源污染和温室气体排放。如果没有得到合理施用，有机肥和无机肥都会污染环境。在施用氮肥的时候，应只在植物吸收活跃的时期施用（晚春到早秋），不要在水淹时或降雨前施用。

在场地设计和植物选择的时候，所选的植物种类应该既能在生活习性上适应场地的条件（如土壤湿度、土壤酸碱度、光照条件等），又能符合场地未来的管护要求（如修剪、焚烧等），同时还不能是入侵性植物。

8.2.5 病虫害的综合防治

病虫害综合防治（integrated pest management，IPM）是一种可持续的场地病虫害防治方法。病虫害综合防治是由一系列生物、栽培、物理、化学防治方法组成的，目的是降低传统病虫害防治带来的经济、环境风险。病虫害综合防治强调通过预防和各类技术减少杀虫剂的使用。这一方法的核心是有效的信息—决策过程：病虫害信息的有效收集和迅速识别，以在病虫害爆发前加以解决。病虫害综合防治采用针对性的措施，从而避免了广谱杀虫剂带来的各种负面影响。

病虫害综合防治的思路是步进式的，优先选择的是对环境、经济和人类健康影响最低的防治方法。病虫害综合防治规划应包括以下内容：预防措施、防治阈值、场地监测、治理措施、事后评估等；并详细记录防治措施的类型、日程和结果，以便为远期变化或管理人员变更提供指导和借鉴。

8.2.5.1 预防措施

病虫害的预防应在场地设计和植物选择阶段就加以考虑。病虫害预防主要是找出场地中可能诱发病虫灾害的条件或因素，然后加以消除。场地设计阶段预防病虫害的方式是选择抗性强、多样性的植物种类，以降低病虫害发生的可能性。此外，植物种植的密度和间距，也是预防病虫害的重要方面。

场地运行和管护过程中的病虫害预防也很重要。保持黄土不露天对于预防入侵植物的侵袭和蔓延非常重要。场地管护规划中应该明确远期的植物种植间距，并确定未来是否需要增种植物，以及植物是否需要隔离、是否允许植物自行繁衍等。拥有活跃而丰富的生物群的土壤，对植物健康生长、减轻病虫害起到非常重要的作用，应注意保护和改善土壤状况。

其他的预防措施还包括，通过覆盖地面抑制有害植物生长、修除病弱枝以改善光照、结籽前清除野草等。

8.2.5.2 防治阈值和场地监测

病虫害综合防治规划的第二步与第三步是相互联系的：确定虫害的密度阈值（如单位面积的害虫数量），也就是需要加以治理的临界条件；对场地出现的虫害情况进行监测。根据病虫害、植物或场地类型的不同，防治阈值是不一样的。比较极端的例子是，对于只要出现就被视为威胁的物种，其阈值可能就是 0（如联邦或地方政府列出的入侵性植物）。其他一些物种则在达到一定数量或密度时才产生危害，这类物种的防治阈值就相对较高。场地维护开始时就应设定病虫害的防护阈值，建立起定期检测制度，以准确识别病虫害或各类威胁的发生，对其范围、程度作出评估。为了实现监测效果的最大化，监测日程应根据病虫害的生命循环或生长规律来制订。

8.2.5.3 治理措施

如果病虫害的程度超过阈值，就需要尽快加以处理。病虫害治理措施包括生物、栽培、物理和化学等途径（表 8-4）。综合防治常常要求多种防治手段的结合，以确保有效性。在选择合适的治理措施时，应综合考虑每一种措施对环境可能带来的影响（表 8-4）。需要考虑的问题有：

- ▶ 病虫害发生的原因？
- ▶ 是否有场地或场地之外的因素促进了病虫害的发生，或抑制了场地植物的健康生长？
- ▶ 如果场地的各类条件保持稳定，是否有根除这一病害的最适宜措施或方法？
- ▶ 处理措施是否适用于场地的土壤类型、排水方式或用途？
- ▶ 处理措施是否适用于目标病虫害？
- ▶ 处理措施对人类健康是否有影响？
- ▶ 处理措施的环境影响如何？对非目标生物有何影响？
- ▶ 处理措施的性价比如何？在短期或长期管理中是否均可行？
- ▶ 处理措施或药剂是否有需要特别注意的地方？与其他物质是否反应？是否受天气影响？药剂是易降解还是易残留？

表 8-4 病虫害综合防治的方法

病虫害治理措施的类型	例子
生物措施	使用自然天敌或竞争者来控制； 使用生物合成的、无毒的物质，如信息素，来抑制害虫的繁殖
栽培措施	通过土壤翻晒、清理枯死病株等方法，在源头清除病虫害； 通过浇水、施肥等方式改善植物生长条件
物理措施	徒手捕杀或清除病害； 利用光、温、湿等条件诱杀病虫害
化学措施	喷洒低毒、特异性强的杀虫剂对病虫害进行杀灭； 控制杀虫剂的使用量，勿超过推荐标准

8.2.5.4　事后评估

综合防治的最后一步是对治理措施效果进行事后评估，然后在场地的管护中做出相应的改进。例如，特定指示物种的出现可以表明场地条件的状态。

综合防治过程中的日志和记录应详细记录采取的防治措施、时间和结果等。这将有利于面临长期的环境变化和人员变化后，更好地指导未来的场地管理和养护工作。

许多地方的相关部门和地方组织都为场地管理人员提供相关的培训和认证，接受培训可以更好地执行综合防治计划（图 8-7）。

8.2.6　对入侵植物的防治

入侵植物是病虫害中极具侵略性的一类。美国官方对入侵物种的定义是：（1）是当地生态系统的外来物种；（2）其入侵会给环境、经济及人类健康带来危害。入侵物种包括动物、植物、微生物等，本节主要讨论对入侵植物的防治和管理。

入侵植物会与乡土植物形成竞争，并对其造成危害，其防治代价高昂。例如 19 世纪早期作为观赏植物引入美国的千屈菜（*Lythrum salicaria*），目前已经扩散到了美国本

图 8-7　监测对于病虫害及早发现非常关键，应根据害虫的生长规律和生命周期制订监测计划

土全部 48 个州，这一植物入侵后常常改变湿地生境的生态结构，并对乡土植物及动物的生存造成威胁。每年用于控制千屈菜的花费约 4500 万美元之巨（Pimentel，Zuniga and Morrison，2005）。

入侵植物防治规划与病虫害防治规划类似，但更注重对现有和潜在入侵植物防治处理的具体细节。其内容也包括预防措施、防治阈值、场地监测、治理措施、事后评估 5 个方面。

8.2.6.1　预防措施

入侵植物防治规划的首要工作是预防，应从场地的设计阶段就开始，预防措施应主要着眼于降低植物入侵的可能性。首先要确定场地已经出现或未来可能出现的入侵植物种类，场地调研评估报告应记录场地入侵植物的种类和出现位置。同时，了解周边地区（如上游地区、邻近地区）可能散逸进场地的入侵植物也很有必要。

在许多情况下，植物入侵往往代表着场地有着潜在问题，如水文循环受到干扰造成的生态系统紊乱。入侵植物防治最有效的方法，就是设计并维护健康、稳定的景观生态系统。植物的选择应选用非入侵性植物，要对照联邦、州、地方政府提出的入侵植物名录，确保选择的植物不会造成植物入侵（图 8-8、图 8-9）。

图 8-8　类似千屈菜的入侵植物，可用吸引乡土野生动物的乡土植物加以替代　　图 8-9　大花六倍利就是一种可以替代千屈菜的优美乡土植物

除了确保场地选用植物为非入侵性外，对可能造成植物入侵的当地植物种类也要给予重视。联邦政府和地方政府都会定期修订入侵植物名录（可在美国农业部资源保护局的数据库中检索），在场地管护过程中应定期核查这些名录，以得到新认定入侵植物信息。

在明确存在威胁的入侵植物种类之后，下一步就是落实预防入侵植物定植的措施了。一般而言，主要是如何构建和保持健康、稳定的景观系统。

8.2.6.2　防治阈值

入侵植物防治规划的第二步是设定防治阈值。通常，入侵植物的防治阈值都会设定得很低，甚至是 0。

8.2.6.3　场地监测

入侵植物防治规划的第三部分是监测场地，以便及早发现可能定植在场地上的入侵植物。监测的目的是在发现入侵植物的第一时间就进行防治处理，以把防治代价降到最低。入侵植物防治规划应明确规定抽样调查的方法和监测周期，监测周期可以预设时间间隔，也可以根据导致植物入侵的事件来确定时间。在每年进行监测前，应研究最新的入侵植物名录，以便于管理人员的监测识别。

8.2.6.4　治理措施

入侵植物防治规划的第四部分中，应列出应对入侵植物种达到阈值后的初步、进一步和长期的治理措施。入侵植物的治理措施与病虫害综合防治方案的措施类似，也包括生物防治、栽培防治、物理防治和化学防治等。在一些区域，可以考虑使用人为火烧或放牧等方法，重建生态系统的稳定性。由于每一种入侵植物的防治都可能非常复杂，因此制订入侵植物防治规划需要当地专家和相关部门共同合作，来制订针对性强的综合治理措施。在一些案例中，对入侵植物的治理可能主要通过隔离的办法，特别是清除费用非常高昂或难以实施的情况下。为了避免入侵植物的传播，应研究合适的植物材料收集、处理方法。

8.2.6.5　事后评估

最后，入侵植物防治规划还应对防治结果进行监测，以评估治理措施的效果。防治规划应具体规定抽样方法和监测时间表。为了评估防治工作的效果，应在实施前后进行监测，以便于量化考察治理措施的影响。同时，监测也可以用于评价治理措施对非目标种的影响情况。

整个入侵物种防治过程中，应持续书面记录治理方式、日程安排、治理结果等。这些书面文件会随着时间的推移和管理人员的变化，为今后的管理工作提供指导。

8.2.7　景观养护的防火工作

本节内容的主要目的，是降低灾难性野火对场地及附近景观的威胁，保护生态系统、人身财产。本节介绍的防治方法既适于有建筑的场地，也适于无建筑的场地。通常，最好的防火方法是预防性地清除易燃物质，建设和维护开敞的、具有一定防火能力的景观。但这并不意味着不能在景观中种植树木，防火景观是抗旱性较强的景观，种植抗旱性强的乡土植物可以保持表层土壤的湿润；在建筑物周边则种植低矮植物以形成对火势的隔离。对植物的养护管理要求根据与建筑物距离的不同而异，一般分为 3 个区域：（1）保护区 [建筑物周边 30 英尺（9m）]；（2）缓冲区 [距离建筑物 30 ~ 100 英尺（9 ~ 30m）的区域]；（3）自然控制区 [距离建筑物 100 英尺（30m）以外的自然区域或生态修复区域]（图 8-10、表 8-5）。

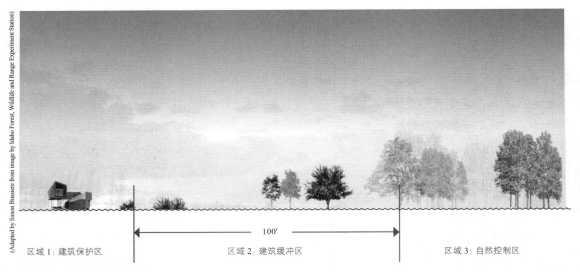

（Adapted by Simon Bussiere from image by Idaho Forest, Wildlife and Range Experiment Station）

100'

区域 1：建筑保护区　　　　　　　　区域 2：建筑缓冲区　　　　　　　　区域 3：自然控制区

图 8-10　景观防火区域的划分

表 8-5　预防灾难性野火的管理养护措施

区域	划定标准	推荐的管护措施
建筑保护区	建筑物周边 30 英尺（9m）	保持区域内种植低可燃性植物种类； 使用不可燃材料制作园林家具、护根等，不在保护区内存放易燃物； 对植物景观定期修剪，以控制植株高度和密度； 经常收集、清理枯枝落叶； 考虑仅在寒冷、无风的时候使用机动设备
建筑缓冲区	距离建筑物 30 ~ 100 英尺（9 ~ 30m）的区域	与建筑保护区的管护措施一致； 可将区域内植物清理、修剪成"岛状"，以清除阶梯可燃物，避免"火梯"效应
自然控制区	距离建筑物 100 英尺以外的自然区域或生态修复区域	通过有选择地修剪、收割，或设定经常性的火烧，减少易燃枯枝落叶的积存量； 修剪植物以降低火势蔓延的可能性

建筑保护区应是场地植物设计和选择的重点。这一区域的养护目的是降低建筑周边起火的可能，并为消防车、灭火设备预留通道和场地，其 30 英尺（9m）的保护范围应严格保证。

在建筑保护区中只能选择不易燃、低矮的植物种类，高度易燃的现状植物如刺柏属植物等均应移除或用不易燃植物替代。火灾易发地区的消防部门一般会有当地建议植物名录。

景观家具或其他小品、构筑物应采用不可燃材料，如金属、砖石等。木质材料的构筑物应避免出现火灾易发地区。同样，木质的护根、覆盖物等也不能用于火灾易发的场地，可用卵石、废玻璃或其他不可燃材料替代。

8.2.7.1　建筑保护区的维护

对这一区域进行适当的维护是提高建筑防火性的重要途径。在建筑保护区中不得存放易燃物质，而对植物景观需定期修剪，以控制植株高度和密度。使用机动设备应注意天气、环境条件，避免造成火灾。对枯死树、枯枝落叶等应定期收集、清理。此外，对建筑保护区的景观定期灌溉可有效提高其防火能力。

8.2.7.2　建筑缓冲区的维护

此区的植物养护目标是在建筑物周围 100 英尺（30m）的范围内建立起具备防火能力的缓冲区。与建筑保护区不同，此区域允许种植高大的乔木，只要保证其布置合理、定期修剪。

在建筑保护区应用的所有管护措施都应在缓冲区应用，此外，还须相应地增加针对乔木和"火梯"的管护措施。"火梯"可能会将火从地面引向树冠，进而造成火势的快速蔓延。为减少"火梯"，乔木的低矮树枝应及时清除，同时要保持植物之间足够的空间。理想状况下，每株树木的树冠之间应保持 10 英尺（3m）以上的距离。距离地面 6 英尺（1.8m）以内（乔木）或超过树冠高度 1/3（灌木）的枝条应全部清除。除通过修剪树木枝条以保持足够空间之外，还可以在密度过高的时候间伐或移植。

8.2.7.3　自然控制区

除了建筑保护区和缓冲区外，现状自然区域或生态修复区域也应该进行防火管护。这类地区防火管护工作的主要目的是减少可燃物的积累，降低火灾的概率。但自然控制区的防火管护工作力度要小于建筑物周边地区，选择性的修剪、收割、人工火烧等是最有效、性价比最高的管护措施（从生态学的角度考虑，其效益也最好）。防止树木的过度生长可以降低火灾的风险，也能让光照更容易照射到地面，促进地被植物的生长。

人工火烧是有效降低自然区域可燃物荷载的方式，有助于促进生物量循环、营养循环、创造可持续景观，通常是最好、最简便易行的防火控制方式。大多数场地都可以安全地进行火烧。如果场地条件或地方规定不允许进行火烧，则应该安排枯枝落叶、枯死株的清理、收集工作。每一个步骤、每一种情况都应由专家进行评估，因此，保障人工火烧安全实施的工作计划尤为重要。现在，美国大多数景观中的火烧都是人为控制的，每年进行人工火烧是维系稳定、健康生态系统的最佳方法。人工火烧是对自然现象的一种模仿，应根据自然生态野火发生的季节、频率、程度等设定火烧计划。火烧计划应在地图上标明火烧区域、隔火道，需保护的建筑构筑物，需保护的树木、湿地等；此外，还应详细规定在不同季候风情况下的操作要领。不管是火烧计划的制订还是执行，都应由受过专业训练的人员完成。

在美国，实施人工火烧前应与地方有关部门沟通并取得许可之后才能实施。应向周边区域内的单位、居民告知火烧计划，确保各方面的疑问和顾虑得到消除，使人们明白这一工作的重要意义（图 8-11）。

（Photo by Conservation Design Forum）

图 8-11　许多区域都可以安全地实施人工火烧。火烧可以降低灾难性火灾发生的概率，也能带来良好的生态效益。实施人工火烧应与地方相关部门、居民做好沟通和合作，积极进行公众教育，使人们认识到这一工作的重要性

8.2.8　减少养护设备对环境和人类健康的影响

景观养护的机械设备，如割草机、鼓风机等，会产生严重的噪声和空气污染，影响人们的身心健康。尤其是传统汽柴油机械，它们产生的一氧化碳等污染物是近地面空气污染的重要来源。根据美国国家环境保护署的国家环境空气质量标准（U.S. Environmental Protection Agency's National Ambient Air Quality Standards，NAAQS），一氧化碳和臭氧都是常规的监测污染物。一氧化碳会危害人的心血管以及神经系统，而臭氧是雾霾的主要成因，会对人类的肺功能产生危害。

降低养护设备环境影响的首要工作，是确定减少修剪时间和频率的策略。这在场地设计阶段就应得到充分考虑。可选择的减少修剪的策略有：减少草坪的面积；选择养护需求较少的植物种类；或在无严格几何构图要求的情况下设计成自然式的植物景观（图 8-12）。

在场地的养护阶段，修剪时间应该随使用者的需求而调整，同时尽量拉长修剪的间隔。

零排放或低排放的养护设备，可以进一步减少污染物的排放。例如，电动或新能源（如太阳能、天然气、液化气）设备，排放更少、更环保。零排放的手动工具如推式割草机、枝剪和草坪修边机对小型场地非常适宜。牛羊等食草动物也能用来非常环保地控制植物生长（图 8-13）。

图 8-12 减少草坪面积可以减少养护时间，从而降低养护设备造成的影响。这块场地在传统草坪之外的区域采用了只需最低维护的方案

图 8-13 食草动物可以无污染、无噪声地维护植物景观，例如上图的羊群

零排放或低排放设备不适用于场地养护的情况下，常规养护工作应尽量减轻对场地使用者的影响，如在关闭或使用率最低的时段进行。

8.2.9 雨洪生物滞留设施的养护

雨洪生物滞留设施（如雨水花园、生态沟等）可以利用土壤和植被捕捉雨水，滞留和净化雨洪径流。生物滞留设施以自然生态系统中的下渗、蒸腾蒸发、土壤微生物活动等机制来净化雨洪径流。雨洪生物滞留设施的设计和建设在本书的第 3 章中有详细介绍。

雨洪生物滞留设施的养护一般分为三类：（1）园艺养护工作；（2）月度监测维护；（3）长期管理维护。

8.2.9.1 生物滞留设施的常见园艺养护

典型的生物滞留设施园艺养护与其他景观没有本质区别，包括除草、修剪、补植等工作。在景观的建设阶段，应确保植物健康、繁盛地存活，并避免杂草的出现。雨水花园和生态沟除了降雨时外，通常都是极度干旱的，选择的植物种类应该适于这样的土壤和水文条件。植物定植之后，应保持良好的灌溉（前 6 周每周应浇水两次，前两年在雨水不多的时候也应定期补水，木本植物则需更长时间）和追肥。植物建植稳定后，要进行必要的修剪、培土、除草等保证植物健康生长。植物病虫害的监测应每月进行，并用综合防治的方法来应对病虫害的发生。

8.2.9.2 月度监测与维护

除了常规园艺维护之外，对生物滞留设施还应进行详尽的月度监测。监测的时间可以安排在降雨前后——生物滞留设施通常设计有一定的排干时限（如降雨后 48 小时），因此只要在降雨后的排干时限外还有积水，就说明生物滞留设施可能存在问题，需进行进一步的检查和维护（图 8-14）。

月度监测有助于发现影响生物滞留设施运行的问题，如侵蚀、渗漏、堵塞、垃圾淤积等。

图 8-14　伊利诺伊州阿灵顿一家医院的生物滞留景观，应该在降雨之后监测水土流失或堵塞的情况

特别是可能导致严重堵塞的泥沙来源（包括场地外的来源，如临近场地的开发建设），应作为月度监测的重点（表 8-6）。

表 8-6　生物滞留设施的养护管理要点

潜在问题	解决方案
水土流失	需要的话重新进行场地整理，采用水土保持措施（如使用地被植物、护坡、植草格等）
垃圾	清除垃圾
入流或出流口的堵塞	维修和更换，定期清理导致堵塞的垃圾废物
填料的严重堵塞	更换填料，并确定堵塞的泥沙来源，寻找解决泥沙淤积的方法
覆盖物的缺失	在需要的地区补用覆盖物
病虫害	病虫害综合治理方法

8.2.9.3　长期养护

在生物滞留设施使用寿命周期中，长期维护应持续进行。生物滞留设施中基质和排水结构的主要功能是为植物生长提供支撑、吸收和净化雨水。由于这类设施主要用于接收地表雨洪径流，而雨洪径流中常常携带大量泥沙，因此应该对生物滞留设施进行定期监测和清淤，以保证其正常运行。如果生物滞留设施的入渗能力由于淤积而出现下降，就应对基质进行清理和更换。生物滞留设施中的植物也应针对性地处理雨洪径流的水质问题，如果植物生长出现问题，应及时进行补植或更换（表 8-7）。

表 8-7　生物滞留设施长期养护管理要点

养护	养护间隔
添加覆盖物	每年 1 ~ 2 次
清除并更换枯萎的植物	每年 1 ~ 2 次
土壤测试	每年 1 ~ 2 次
移除原有覆盖物，添加新的覆盖物	每 2 ~ 3 年一次，一般在春天进行
严禁压实土壤（如重型机械碾压、堆放等）	持续管理

在冬季严寒地区，融雪剂可能是对生物滞留设施影响最大的问题之一，因为其对植物生长影响巨大。每年春天可能都要对植物进行替换或补植，同时还需要对整个滞留设施进行灌水清盐，但是这会对下游造成不利影响。为了消除这种影响，如果可能的话，在设计阶段应利用绿色基础设施对这一问题加以解决，如可渗透铺装或新能源融雪系统，或使用环保型融雪剂等。

覆盖物的补充、枯死植株的补植替换以及土壤监测应每年进行 1 ~ 2 次。养护工作应标准化，然后根据场地监测反应的问题或不足来调整。如土壤 pH 值可能随着时间的推移发生改变（酸雨或径流携带的污染物导致），就要通过添加酸性或碱性物质来调节土壤 pH 值；如果监测发现土壤重金属离子出现富集，就要考虑是否会对人类健康造成威胁，并采用相应的解决方式。生物滞留设施中不建议对积雪进行清除；任何导致基质压实的活动都应该禁止（如大型机械、堆放等）。如果环境条件发生改变或生物滞留设施的处理能力出现大幅退化，就应及时对填料进行更换和维护。

维护日志应长期记录，月度监测、具体问题的解决过程以及长期养护计划都应该在维护日志中得到体现，以确保生物滞留设施的正常运行。

8.2.10　绿色屋顶／绿墙的养护

绿色屋顶可分为两种基本类型：加强型和轻质型。轻质型绿色屋顶更为轻薄 [种植基质厚度在 2 ~ 6 英寸（0.6 ~ 1.8m）之间]，通常种植株型矮小的植物（高度一般小于 6 英寸），如苔藓植物、低矮灌木、景天科植物等。加强型绿色屋顶厚度更大也更重，其深厚的基质可以支持更大的植物和更复杂的植物配植。不管哪种类型的绿色屋顶或绿墙，都需要进行结构和园艺两方面的养护。一般情况下，加强型绿色屋顶需要更多的养护，其养护与一般景观类似。绿色屋顶／绿墙的设计非常重要，在选择基质和植物的同时，也决定了后期维护工作的内容和要求。因此，选择适合的植物对绿色屋顶／绿墙的养护非常重要。关于绿色屋顶／绿墙的设计和建造，请参看本书第3章和第4章。

8.2.10.1　绿色屋顶／绿墙的常见园艺养护

通常而言，绿色屋顶／绿墙的维护跟一般植物景观类似，包括除草、灌溉、补植等工作。在植物栽植的前6个月～2年内，应进行精心的养护以使植物正常生长，以便植物景观的稳定成型。在这一阶段后，则根据需要进行养护。

在植物景观稳定成型后，绿色屋顶／绿墙应对病害、虫害、土壤等进行月度监测。同时，应制订病虫害综合治理规划以应对植物入侵和病虫害问题。此外，植物的水分状况也应加以监测，以确保植物正常生长。

8.2.10.2　月度检查和养护

除了常规园艺维护之外，对绿色屋顶\绿墙系统还应进行月度监测，以便及早发现影响系统正常运行的问题。由于绿色屋顶越来越被广泛地使用，在使用和管理上出现了一些共性问题。如在绿色屋顶上遛狗就应在管理上加以禁止或防范，因为这种行为可能会影响植物的正常生长。绿色屋顶／绿墙是否正常的最主要指标就是植物生长的状况，假如植物生长不正常，就应对立地条件（光照、土壤、湿度、杂草等）进行评估，然后针对性地改善立地条件或更换适应性更强的植物种。监测可根据绿色屋顶／绿墙的类型来安排，简单、低维护的绿色屋顶／绿墙可在每个生长季进行一次常规监测；而复杂的系统则需要每周及大雨过后都进行视察。监测中，除了对植物进行评估外，绿色屋顶的排水层、防水层等也需重点查看。如果绿色屋顶／绿墙还设计有灌溉系统，也应纳入监测计划。

表8-8　绿色屋顶养护管理要点

监测的问题	解决方案
植物生长势下降	清除杂草，重新补植；更换更为适合的植物；解决使用上的问题，如遛狗、使用强度过高等；改良土壤（基质）；加强灌溉补水
垃圾	人工清除垃圾
排水层阻塞	移除淤积物，处理障碍物的来源
植物根茎戳穿隔根层	更换隔根层，将植物更换为根系穿透力弱的物种
连接处漏水	重新铺设绿色屋顶，修葺并添加防水层、防水板等

8.2.10.3　长期养护

绿色屋顶的寿命周期内还需要一些长期养护管理工作。以景天属植物为主的绿色屋顶需要的维护成本很低，但使用其他宿根植物和一、二年生植物、乔灌木的绿色屋顶则需要更多的养护和土壤改良。养护计划中应做出土壤检测和改良的相关规定，以确保植物的正常生长，如为防止土壤酸化，使用石灰、缓释肥料等调节土壤 pH 值（图 8-15）。

绿色屋顶 / 绿墙的所有养护工作、月度监测情况、出现的问题以及解决方案都应在养护日志中详细记录。此外，养护计划中还应对长期预防、养护活动的时间、周期做出明确规定，以确保绿色屋顶 / 绿墙的长期正常运行。

（Photo by Conservation Design Forum）

图 8-15 芝加哥市政厅的绿色屋顶，其养护工作的要求无异于一般景观，可以邀请场地使用者参与常规养护和更换植物的活动

8.2.11 人工水景的可持续水资源利用

水潭、水池、喷泉、雨水花园等人工水景是景观美化的重要元素，本节主要探讨人工水景中的可持续水资源利用问题。人工水景的可持续性维护主要有两个方面的问题：（1）人工水景如何得到可持续的水源；（2）如何环保地处理水景的补充水，避免使用对环境有害的氯化物消毒剂。人工水景中使用可持续性水源有助于节约饮用水，减少水资源的浪费。将雨水作为水景的水源可以加强人们对水资源保护、环境保护的意识，也能促进水的生态循环。

8.2.11.1 水景的可持续水源

减少或消除饮用水的使用是可持续性水景的主要目标。可持续的水景补偿水水源包括雨水以及场地运行产生的再生水（如灰水）。而其他的水源（如地表水和地下水）都是不可再生的，应避免使用；在干旱地区或干旱气候下，对这类水的大量使用会造成地下含水层水位的下降。可持续的水资源利用必须在场地设计阶段就得到充分考虑。

在人工水景的场地养护工作中，为水景提供可持续水源的雨水收集和传输系统的月度监测和降雨后监测不可或缺。对于使用可持续水源的水景而言，水质问题普遍存在。主要原因是雨洪径流或再生水中携带的大量泥沙、污染物、氮磷元素等，会导致水华、臭味等诸多问题，影响人工水景的景观效果。雨水花园、湿地等生态处理设施可以用来解决再生水的水质问题。应在水景建设和使用过程中对水质保持密切的监测并采取一定的保持措施，以保障水景设计意图的体现。水景的其他监测和养护要点还包括水景系统的漏水、孑孓滋生、输水管堵塞等问题（表 8-9）。

表 8-9　雨水收集和输送系统的养护管理要点

潜在问题检查	解决方案
漏水	更换零件，保证零件的密封性
孑孓滋生	在温暖的季节关闭水景，以抑制蚊蝇产卵
水收集及传输系统的堵塞	人工清除垃圾、沉积物，更换损坏的设备
水华等水质问题	检查地表径流是否影响水质；监测水中氮磷等物质的含量；然后进行相应的净化工作

除了月度检查，雨水收集系统和水箱的不定期清理也很必要，可以清除水箱中的枯枝落叶，避免藻类的产生。每年应有一次彻底清理，将雨水收集系统和水箱完全排干，进行全面清洗。在冬季较冷的地区，应在晚秋进行这项工作（表 8-10）。

表 8-10　雨水收集系统的养护管理要点

养护工作	时间间隔
清除落入收集管和水箱的枯枝落叶	每年 1 ～ 2 次
排干收集管和水箱，进行彻底清洗	每年一次（入冬前）

(Photo by Conservation Design Forum)

图 8-16　雨水储存设施，如本图中的水箱，应定期检查以确保其正常运转

养护日志中应记录月度检查的结果、出现的问题及解决办法，以及为了维护场地水资源可持续性所应实施的远期工作计划（图 8-16）。

8.2.11.2　水质的无害化保持

水景应设计成不需要用化学药剂（含氯或含溴化学品）维持水质的形式，可以设计成流动、可循环的形式，或通过生态处理系统进行净化。人工湿地、多塘系统、生物过滤系统等生态处理系统可以通过清除营养物质、细菌等措施有效改善水质。在场地使用期间，保证上述系统的良好运行非常重要。应每月定期对水质、水藻发生情况以及湿地等进行监测，以便为管理养护措施提供依据（图 8-17、图 8-18）。

通过细菌、酶、氧化剂等的处理，人工水景中的水可经过生物处理得到净化。公共空间人工水景中的水，可能需要进一步的水质净化措施，以达到保护人体健康的标准，如紫外线消毒或过滤等。水景的长期维护和能耗问题也应该得到充分考虑。

8.2.12　铺装地面的维护

本节所谈的可持续性铺装养护主要在两个方面：（1）透水铺装的常规养护；（2）清除道路积雪 / 防止冰冻的方法。关于铺装的设计和施工问题在本书第 3 章和第 6 章有详细介绍。可渗透铺装主要是指连锁块砖铺装，也包括可渗透沥青、可渗透混凝土等。

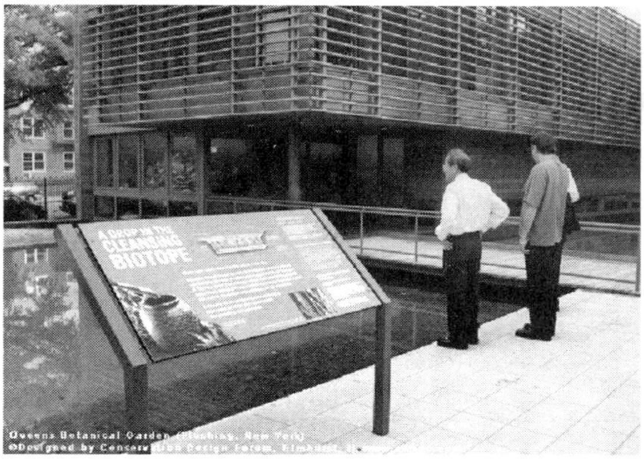

(Photo by Conservation Design Forum)

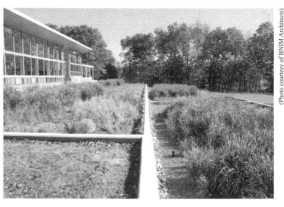

图 8-17　皇后植物园（Queens Botanical Garden）的水景，其用水主要是经过植物净化的雨水

(Photo courtesy of BNIM Architects)

图 8-18　欧米茄可持续发展中心产生的污水，利用无化学制剂和零能耗的自然净化过程进行处理

8.2.12.1　可渗透铺装的维护

场地可渗透铺装的常规维护对其渗透功能的长期效果至关重要。如果不进行日常维护，可渗透铺装就会堵塞，并失去其功能。研究表明，清除孔隙中的沉积物，能使可渗透铺装的表面下渗速率提高 60%（Bean *et al.*，2007）。对于有效的雨洪入渗和径流管理措施，若给予适当的维护和检查，即使在寒冷地区，可渗透铺装的使用寿命也可达到 50 年以上。

可渗透铺装的维护主要是保护其入渗功能。对可渗透铺装的使用一定要符合设计要求，例如，用于低荷载路面的可渗透铺装，就要严格限制重型汽车的使用，因为重型汽车碾压后铺装系统的入渗能力会被破坏。在可渗透铺装区域，应树立明显的标识，以便引起管理人员的注意，以进行正常的维护和管理。场地管理养护人员必须知道可渗透铺装和传统铺装的区别，这样才能提供正确的维护（例如，禁止封闭可渗透铺装的面层或用不透水材料覆盖，禁止在可渗透铺装场地上存放砂土等）。

与所有的雨洪管理最佳管理措施一样，为了维持可渗透铺装的正常功能，定期检查非常必要，特别是在建设后的前几个月中。检查工作应确认降雨后可渗透铺装的下渗情况，并记录出现堵塞的区域。应找出潜在的泥沙来源（包括场地外的来源），因为泥沙淤积是可渗透铺装堵塞的主要原因。可渗透铺装表面的树叶、枯枝应每月清理一次。可渗透沥青和可渗透混凝土比连锁砖块的养护要求更高，而使用寿命则不及连锁砖块（表 8-11）。

为了预防可渗透铺装堵塞的发生，除了常规检查之外，还应制订长期的泥沙清理计划（表 8-12）。对可渗透铺装表层的泥沙清理非常重要，因为泥沙会阻塞铺装的孔隙，并沉积在铺装的排水层中，极难清除。泥沙清除的长期计划应规定每年进行 3 ～ 4 次吸尘清扫工作（图 8-19）。清扫后应用水冲洗，以进一步清除泥沙。在无法治理源头、泥沙较多的区域，可先用低压清洗机清洗，使铺装孔隙中充满水，然后用吸尘器清扫。如果在特定位点经常发生堵塞，则可以在可渗透铺装表面间隔 2 ～ 3 英尺（0.6 ～ 0.9m）钻直径 0.5 英寸（12.7mm）的小孔来解决。

表 8-11　可渗透铺装的养护管理要点

可能出现的问题	解决办法
铺装地面的垃圾或枯枝落叶	人工清扫
破损的连锁砖块	清除和替换
可渗透沥青或可渗透混凝土上的坑洼	用可渗透材料修补
孔隙堵塞	定期清洗泥沙（每年 3 ~ 4 次）；经常发生堵塞的区域可以间隔 2 ~ 3 英尺（0.6 ~ 0.9m）钻直径 0.5 英寸（12.7mm）的小孔；确定泥沙的来源，并阻止泥沙向铺装地面的运输

表 8-12　可渗透铺装的长期养护管理要点

养护管理工作	时间间隔
真空吸尘（强力冲洗）	每年 3 ~ 4 次；冬季寒冷地区每年最少 2 次（春天化冻以后）
在泥沙较多的区域，先用低压清洗机清洗，然后用吸尘器清扫	酌情
堵塞严重的区域，铺装表面间隔 2 ~ 3 英尺（0.6 ~ 0.9m）钻直径 1/2 英寸的小孔	酌情

（Photo by Charles R. Taylor）

图 8-19　每年应若干次使用真空吸尘机对可渗透铺装进行清扫

由于可渗透铺装表面一般不平整，为了不留下刮痕，应采用尼龙材质的雪铲清雪。铲雪机的铲刀高度设定应与未铺装地面类似。禁止将沙子、泥土及其他碎屑铺洒在可渗透铺装区域做除冰化雪措施。所有的养护工作和时间都应在养护日志中详细记录。

8.2.12.2　可渗透铺装的除雪和除冰

清扫、铲除等人工除雪方式应作为可渗透铺装的首选除雪措施。对植物、设施、硬质景观无害的环境友好型融雪剂可作为第二选择。目前常用的融雪剂则会对动植物、水体和土壤造成污染。为了取代传统融雪剂，应开发无毒、对环境无害的新型融雪剂。目前，已开发出醋酸钙镁盐、谷物提取物、岩盐等新型融雪剂。

虽然沙土也可用于融雪化冰，但在可渗透铺装、雨水花园上不建议使用这类物质，因其会造成上述设施的堵塞。

当然，最佳选择是从源头治理结冰和积雪问题，通过应用绿色铺装系统，可以实现铺装表面不积雪、不结冰的效果。在可渗透铺装系统中使用连锁砖铺装可很大程度上有效避免结冰情况，因为这种结构容易保持较高的地面温度，其渗透能力也较强，降低了二次结冰的可能性。此外，使用可再生能源（如地源热）的地下融雪系统也可以避免铺装地面的结冰，从而极大地延长铺装的使用寿命。密歇根州的霍兰德市（Holland）和格兰德·拉普迪斯（Grand Rapids）就在市中心的道路、广场铺设了融雪系统，取得了极大的经济和环境效益（图 8-20）。

图 8-20 地下融雪系统可以使用可再生能源来防止铺装表面结冰，进而避免融雪剂的使用，如图示的密歇根州霍兰德市

8.3 基于监测的高效、适应性场地管理

在可持续场地管理中，一个不断提及的要点就是积极地对场地进行监测，以观察场地及各组成部分是否按设计要求正常运行。换言之，高效的场地管理就是建立在对场地状况和动态的全面了解之上的。

在本章讨论的众多可持续管理维护策略中，细致监测对远期设计意图的实现至关重要。场地的养护管理计划应规定监测的时间点和监测要点，同时，监测的执行及发现的问题、解决办方等都应详细记录在场地的运营管理日志中。虽然各种可持续管理养护措施在推广前已经得到不同程度的测试，但许多措施在不同地区、不同气候条件下的优缺点还未得到全面的量化评价。对不同条件下的场地进行长期监测和研究，从中获得的大量数据有助于各类可持续管理措施的优化。在学术期刊或学术会议中交流这些研究结果，会对如何实现场地的可持续性提供更多的有用信息。

在场地的使用过程中，对管理养护措施进行重新评价和改善，有助于适应不断变化的场地状况和不可预知事件。对场地及管理养护措施的实施效果进行不断研究，是可持续场地管理工作的重中之重。每年都要对场地管理养护计划重新修订，以检视场地的运行和各类效益是否得到保持或提高，期望的可持续发展目标是否得到了实现。对场地现行及过往的各项维护工作的效果，也应得到评价和比较。在重新评价和改进过程中，对场地最初设计方案的对照核查，有助于确定现行管理养护工作是否仍能支持场地的各项功能和用途。

场地管理养护计划还应该根据最新的信息和研究成果进行实时更新和改进。例如，如果新的研究表明一种新的病虫害防治技术非常有效，就应尽快在养护计划中调整相关工作。同样地，如果一个新的植物种被列入入侵植物名录，养护管理计划中也应加入相应的监测和预防措施。场地长期可持续性的实现，离不开不断改进、不断调整的场地管理养护机制。

可持续景观场地是一个活跃的、有生命力的、不断进化的系统，只有在持续监测、调整的基础上，通过适当的管理养护才能保证各项生态系统服务功能的实现。只有将场地管理、维护、监测整合到场地综合设计中，才能保证可持续景观场地功能性、经济性、美观性的协调统一，可持续景观场地设计才能真正实现。

参考文献

Bean, E.Z., W.F. Hunt, and D.A. Bidelspach. 2007. "Field Survey of Permeable Pavement Surface Infiltration Rates." *Journal of Irrigation and Drainage Engineering*, 133(3): 249–255.

California Department of Resources Recycling and Recovery (CalRecycle). 2003. "Managing a Waste-Efficient Landscape: Landscapers Guide." Available at www.calrecycle.ca.gov/Organics/Landscaping/KeepGreen/Manage.htm (accessed July 2010).

Pimentel, D., R. Zuniga, and D. Morrison. 2005. "Update on the Environmental and Economic Costs Associated with Alien-invasive Species in the United States." *Ecological Economics*, 52:273–288.

U.S. Environmental Protection Agency (U.S. EPA). 2009. "Municipal Solid Waste Generation, Recycling, and Disposal in the United States: Facts and Figures for 2008" (EPA-530-F-009-021). Available at www.epa.gov/osw/nonhaz/municipal/pubs/msw2008rpt.pdf.

资源

第1章　导论

Sustainable Sites Initiative. www.sustainablesitesinitiative.org.

U.S. Green Building Council. www.usgbc.org.

Building Green. www.buildinggreen.com.

Whole Building Design Guide, National Institute of Building Sciences, www.wbdg.org/.

Living Building Institute. Living Building Challenge, www.ilbi.org/.

Benyus, J. M. 2002. Biomimicry. New York: Harper Collins.

Dramstad, Wesche, J.D. Olsen, R.T.T. Forman, *Landscape Ecology Principles in Landscape Architecture and Land-Use Planning.* Washington, DC: Island Press, 1996.

Kellert, S., *Building for Life: Designing and Understanding the Human Nature Connection.* Washington, DC: Island Press, 2005.

Kibert, Charles J., *Sustainable Construction: Green Building Design and Delivery* (2nd ed.). Hoboken, NJ: John Wiley and Sons, 2007.

Kibert, C.J., J. Sendzimir, and B. Guy (eds.), *Construction Ecology: Nature as the Basis for Green Buildings.* London: Spon Press, 2002.

Johnson, Bart R. and Kristina Hill, *Ecology and Design: Frameworks for Learning.* Washington, DC: Island Press, 2002.

Lyle, John Tillman, *Design for Human Ecosystems: Landscape, Land-use and Natural Resources.* New York: Van Nostrand Reinhold, 1985.

Margolis, Liat and A. Robinson, *Living Systems.* Basel: Birkhauser Verlag, 2007.

Marsh, William, *Landscape Planning: Environmental Applications.* Hoboken, NJ: John Wiley and Sons, 2005.

McDonough, William, and Michael Braungart, *Cradle to Cradle: Remaking the Way We Make Things.* New York: North Point Press, 2002.

McHarg, Ian, *Design with Nature.* Garden City, NY: Doubleday/Natural History Press, 1969.

Mendler, Sandra, William Odell, and Mary Ann Lazarus, *The HOK Guidebook to Sustainable Design.* Hoboken, NJ: John Wiley and Sons, 2006.

Sarte, S. Bry, *Sustainable Infrastructure: The Guide to Green Engineering and Design.* Hoboken, NJ: John Wiley and Sons, 2010.

Thompson, George F. and Fredrick R. Steiner (eds.), *Ecological Design and Planning.* New York: John Wiley and Sons, 1997.

Thompson, J. William and Kim Sorvig. *Sustainable Landscape Construction: A Guide to Green Building Outdoors.* Washington, DC: Island Press, 2007.

Van der Ryn, Sim and Stuart Cowan, *Ecological Design.* Washington, DC: Island Press, 1996.

Windhager, S., F. Steiner, M.T. Simmons, and D. Heymann. 2010. "Towards Ecosystem Services as a Basis for Design." *Landscape Journal* 29(2):107-123.

第2章　设计之前：场地选择、评估和规划

概述

LaGro, J. A., *Site Analysis: A Contextual Approach to Sustainable Land Planning and Site Design*. Hoboken, NJ: John Wiley and Sons, 2008.

Russ, T., *Site Planning and Design Handbook*. New York: McGraw-Hill, 2009.

场地分析

National Park Service Rivers, Trails and Conservation Assistance, Community Toolbox, www.nps.gov/nero/rtcatoolbox/.

Federal Emergency Management Center, Map Service Center, Flood Insurance Rate Maps, (FIRMs), www.msc.fema.gov/.

Natural Resource Conservation Service Maps, Imagery, Data and Analysis www.nrcs.usda.gov/technical/maps.html.

U.S. Army Corps of Engineers, National Wetlands Inventory, www.usace.army.mil/CECW/Documents/cecwo/reg/.../list96.pdf.

U.S. Census Bureau: Topologically Integrated Geographic Encoding and Referencing System Database www.census.gov/geo/www/.

U.S. Fish and Wildlife Service Species Reports by State, Environmental Conservation Online System http://ecos.fws.gov/tess_public/StateListing.do?state=all.

U.S. Geological Survey: Maps and GIS Data Library www.usgs.gov/pubprod/.

场地选择和规划

Center for Transit-Oriented Development, www.ctod.org/.

Congress for New Urbanism, www.cnu.org/.

Project for Public Spaces, Building Community through Transportation www.pps.org/building-communities-through-transportation/.

Urban Land Institute www.uli.org/.

团队组建策略

National Charrette Institute, www.charretteinstitute.org/.

Lennertz, B., and A. Lutzenhiser, *The Charrette Handbook: The Essential Guide for Accelerated, Collaborative Community Planning*. Chicago, IL: American Planning Association, 2006.

Macaulay, D.R., and F. McLennan, *Integrated Design*. Bainbridge Island, WA: Ecotone Publishing, 2008.

Sanoff, H., *Community Participation Methods in Design and Planning*. New York: John Wiley and Sons, 1999.

Yudelson, J., *Green Building through Integrated Design*. New York: McGraw-Hill, 2009.

7 group and B. Reed, *The Integrative Design Guide to Green Building*. Hoboken, NJ: John Wiley and Sons, 2009.

第 3 章　场地设计：水

场地设计中的水系统

Center for Watershed Protection, www.cwp.org/.

Low Impact Development Center, www.lowimpactdevelopment.org.

U.S. Environmental Protection Agency, Water: Wastewater Technology, Fact Sheets, http://water.epa.gov/scitech/wastetech/mtbfact.cfm.

U.S. Environmental Protection Agency, Water: Sustainable Infrastructure, http://water.epa.gov/infrastructure/sustain/index.cfm.

The Conservation Fund, Green Infrastructure, www.greeninfrastructure.net/.

Campbell, C.S., and M. Ogden, *Constructed Wetlands in the Sustainable Landscape.* New York, John Wiley and Sons, 1999.

Dreiseitl, H., and D. Grau (eds.), *New Waterscapes: Planning, Building, and Designing with Water.* Basel: Birkhauser, 2005.

Federal Interagency Workgroup on Wetland Restoration, "An Introduction and User's Guide to Wetland Restoration, Creation, and Enhancement." www.epa.gov/owow/wetlands/restore/finalinfo.html, 2003.

France, Robert L., *Handbook of Water Sensitive Planning and Design* (Integrative Studies in Water Management & Land Development). Boca Raton, FL: CRC Press, 2002.

France, Robert L. 2003. *Wetland Design: Principles and Practices for Landscape Architects and Land Use Planners.* New York: W.W. Norton & Company, 2003.

Kincade Levario, Heather, *Design for Water: Rainwater Harvesting, Stormwater Catchment, and Alternate Water Reuse.* Gabriola Island, BC: New Society Publishers, 2007.

Palmer, M.A., E. S. Bernhardt, et al., "Standards for Ecologically Successful River Restoration." *Journal of Applied Ecology* 42(2):208–217.

Perrin, C., L.-A. Milburn, and L. Szpir, *Low Impact Development: A Guidebook for North Carolina.* Raleigh: North Carolina State University, 2009.

Schueler, T., "The Architecture of Urban Stream Buffers," *Watershed Protection Techniques* 1(1995): 159–163.

Todd, Nancy Jack and John Todd, *From Eco-Cities to Living Machines: Principles of Ecological Design.* Berkeley, CA: North Atlantic Books, 1994.

Stream Corridor Restoration: Principles, Processes, and Practices, Federal Interagency Stream Restoration Working Group, 08/2001 revision of 10/1998 version.

Walsh, C.J., A.H. Roy, et al., "The Urban Stream Syndrome: Current Knowledge and the Search for a Cure." *Journal of the North American Benthological Society* 24(3):706–723.

Weiler, Susan and K. Sholz-Barth, *Green Roof Systems: A Guide to the Planning, Design and Construction of Building over Structure.* Hoboken, NJ: John Wiley and Sons, 2009.

Winter, T.C., "The Role of Ground Water in Generating Streamflow in Headwater Areas and in Maintaining Base Flow." *Journal of the American Water Resources Association* 43(1):15–25.

雨洪管理

U.S. Environmental Protection Agency, "National Pollutant Discharge Elimination System (NPDES), Stormwater Program, http://cfpub.epa.gov/npdes/home.cfm?program_id=6.

U.S. Environmental Protection Agency, "National Management Measures to Control Non-point Source Pollution from Urban Areas" (EPA 841-B-05-004), http://water.epa.gov/polwaste/nps/urban/index.cfm.

Washington State Department of Ecology, *Stormwater Management Manual*, www.ecy.wa.gov/programs/wq/stormwater/manual.html.

King County, Washington, *Surface Water Design Manual*. www.kingcounty.gov/environment/waterandland/stormwater/documents/surface-water-design-manual.aspx, 2009.

Portland Bureau of Environmental Services, Sustainable Stormwater Management Program, www.portlandonline.com/bes/index.cfm?c=34598.

Portland Bureau of Environmental Services, *Stormwater Management Manual*. www.portlandonline.com/bes/index.cfm?c=47952&.

Seattle Public Utilities, Green Stormwater Infrastructure Program www.seattle.gov/util/About_SPU/Drainage_&_Sewer_System/GreenStormwaterInfrastructure/index.htm.

State of Maryland. *Maryland Stormwater Design Manual*, Volumes I and II, www.mde.state.md.us/programs/Water/StormwaterManagementProgram/MarylandStormwaterDesignManual/Pages/programs/waterprograms/sedimentandstormwater/stormwater_design/index.aspx, 2009.

New York Department of Environmental Conservation, *New York Stormwater Management Manual*. www.dec.ny.gov/chemical/29072.html, 2010.

North Carolina Sedimentation Control Commission, *North Carolina Erosion and Sediment Control Planning and Design Manual*, 2009.

City of Santa Barbara, *Storm Water BMP Guidance Manual*, www.santabarbaraca.gov/Resident/Community/Creeks/Storm_Water_Management_Program.htm.

State of Delaware, Division of Soil and Water Conservation, Sediment and Stormwater Control Program, www.swc.dnrec.delaware.gov/Pages/SedimentStormwater.aspx.

Green Roofs for Healthy Cities, www.greenroofs.org/.

International Green Roof Association, www.igra-world.com/.

American Society of Civil Engineers, Urban Drainage Standards Committee et al., *Standard Guidelines for the Design of Urban Stormwater Systems* (ASCE/EWRI 45-05); *Standard Guidelines for the Installation of Urban Stormwater Systems* (ASCE/EWRI 46-05); *Standard Guidelines for the Operation and Maintenance of Urban Stormwater Systems* (ASCE/EWRI 47-05). Reston, VA, American Society of Civil Engineers, 2006.

Bernhardt, E.S., and M.A. Palmer, "Restoring Streams in an Urbanizing World." *Freshwater Biology* 52(4):738-751.

Booth, D.B., J.R. Karr, S. Schauman, C.P. Konrad, S.A. Morley, M.G. Larson, and S.J. Burges, "Reviving Urban Streams: Land Use, Hydrology, Biology, and Human Behavior." *Journal of the American Water Resources Association* 40(5):1351-1364.

Coffman L., *Low-impact Development Manual*, Prince Georges County, Maryland Department of Environmental Resource, 2000.

Doll, B.A., G.L. Grabow, K.R. Hall, J.H. Halley, W.A. Harman, G.D. Jennings, and D.E. Wise, *Stream Restoration: A Natural Channel Design Handbook.* Raleigh: North Carolina State University, 2003.

Dunnett, Nigel and A. Clayden, *Rain Gardens: Managing Water Sustainably in the Garden and Designed Landscape*. Portland, OR: Timber Press, 2007.

Ferguson, B., *Porous Pavements*. Boca Raton, FL: CRC Press, 2005.

Ferguson, B. and Debo, T., *On-site Stormwater Management* (2nd ed.). New York: Van Nostrand Reinhold, 1990.

Ferguson, B.K. *Introduction to Stormwater: Concept, Purpose, Design*. New York: John Wiley and Sons, 1998.

Graham, P., L. Maclean, D. Medina, A. Patwardhan and G. Vasarhelyi, "The Role of Water Balance Modeling in the Transition to Low Impact Development." *Water Quality Research Journal of Canada* 39(4):331–342.

Smart, P. HydroCAD Stormwater Modeling System. Tamworth, NH: HydroCAD Software Solutions LLC, 2010.

就地污水处理

Kadlec, Robert and Wallace, Scott, *Treatment Wetlands* (2nd ed.). Boca Raton, FL: CRC Press, 2008.

Steinfeld, Carol and David Del Porto. 2007. *Reusing the Resource: Adventures in Ecological Wastewater Recycling.* New Bedford, MA: Ecowaters, 2007.

U.S. Environmental Protection Agency. *Onsite Wastewater Treatment Systems Manual.* www.epa.gov/nrmrl/pubs/625r00008/html/625R00008.htm, 2002.

Wallace, S.D. and R.L. Knight, *Small Scale Constructed Wetland Treatment Systems: Feasibility, Design Criteria and O&M Requirements*. Alexandria, VA: Water Environment Research Foundation, 2006.

水资源保护

U.S. Environmental Protection Agency, "Water Sense," www.epa.gov/WaterSense/.

U.S. Environmental Protection Agency, "WaterSense Landscape Water Budget Tool," http://water.epa.gov/action/waterefficiency/watersense/spaces/water_budget_tool.cfm, 2009.

American Rainwater Catchment Systems Association, www.arcsa.org/.

On-line Rainwater Harvesting Community, www.harvesth2o.com/.

Water Budgeting Technical Paper, www.greenco.org/downloadables/Water%20Budgeting.pdf.

Water Reuse Association, .www.watereuse.org/association.

Rainwater Harvesting Books, www.harvestingrainwater.com/.

Graywater Harvesting Books, http://oasisdesign.net/.

American Society of Irrigation Consultants, www.asic.org/.

Irrigation Association, www.irrigation.org/.

U.S. Department of the Interior, Bureau of Reclamation, Lower Colorado Region, Southern California Area Office. 2007. "Weather and Soil Moisture-Based Landscape Irrigation Scheduling Devices" Technical Review Report (2nd ed.).

The Irrigation Water Management Society, www.iwms.org/.

第 4 章 场地设计：植物

植物与生态系统服务功能

Natural Resources Conservation Service, "Windbreaks," www.nrcs.usda.gov/TECHNICAL/ECS/forest/wind/windbreaks.html.

National Renewable Energy Laboratory "Landscaping for Energy Efficiency" www.nrel.gov/docs/legosti/old/16632.pdf.

USDA Forest Service, Pacific Southwest Research Station, Community Tree Guides and Tree Carbon Calculator, www.fs.fed.us/psw/programs/uesd/uep/.

U.S. Department of Energy, "Landscaping," www.energysavers.gov/your_home/landscaping/index.cfm/mytopic=11910.

U.S. Environmental Protection Agency, "Heat Island: Heat Island Mitigation Strategies," www.epa.gov/heatisld/mitigation/index.htm

Lawrence Berkeley National Laboratory, Heat Island Group, http://heatisland.lbl.gov/.

Reed, Sue, *Energy-Wise Landscape Design: A New Approach for Your Home and Garden.* Gabriola Island, BC: New Society Publishers, 2010.

可持续的植物生产

National Sustainable Agriculture Information Service, National Center for Appropriate Technology, Sustainable Small-Scale Nursery Production, https://attra.ncat.org/attra-pub/nursery.html.

可持续植物景观设计和管理

USDA Natural Resources Conservation Service Plants Database, Invasive and Noxious Weeds Lists, http://plants.usda.gov/java/.

Nature Conservancy, Global Invasive Species Team, http://tncinvasives.ucdavis.edu/.

University of Connecticut: Plant Database, www.hort.uconn.edu/plants/.

Lady Bird Johnson Wildflower Center, Native Plant Database, www.wildflower.org/plants/.

North American Native Plant Society (NANPS), Plant Database, www.nanps.org/plant/plantlist.aspx.

NatureServe website, U.S. Invasive Species www.natureserve.org/consIssues/invasivespecies.jsp.

The National Invasive Species Council (NISC) www.invasivespeciesinfo.gov/council/main.shtml.

Center for Plant Conservation, www.centerforplantconservation.org/.

Center for Invasive Plant Management, www.weedcenter.org/.

Urban Horticulture Institute, Cornell University, www.hort.cornell.edu/uhi/.

American Forests, www.americanforests.org/.

Trowbridge, P.J., and N.L. Bassuk, *Trees in the Urban Landscape: Site Assessment, Design, and Installation.* Hoboken, NJ: John Wiley and Sons, 2004.

Urban, James. 2008. *Up by Roots: Healthy Soils and Trees in the Built Environment.* Champaign, IL: International Society of Arboriculture.

绿色屋顶和垂直绿化

Green Roofs for Healthy Cities, www.greenroofs.org/.

International Green Roof Association,www.igra-world.com/.

Greenroofs.com, Greenroof and Greenwall Projects Database, www.greenroofs.com/projects.

Dunnett, Nigel and Noel Kingsbury, *Planting Green Roofs and Living Walls.* Portland, OR: Timber Press, 2008.

植物与都市农业

American Community Gardening Association, www.communitygarden.org/.

U.S. Department of Agriculture, National Agricultural Library, Urban Agriculture, http://afsic.nal.usda.gov/.

National Sustainable Agriculture Information Service, National Center for Appropriate Technology, https://attra.ncat.org/.

野生动物栖息地

National Wildlife Federation, Wildlife Habitat Program www.nwf.org/.

Natural Resources Conservation Service, U.S. Department of Agriculture, Wildlife Habitat,www.nrcs.usda.gov/programs/whip/.

Wildlife Habitat Resources, Natural Resources Conservation Service, U.S. Department of Agriculture www.nrcs.usda.gov/FEATURE/backyard/wildhab.html.

Conservation Buffers: Design Guidelines for Buffers, Corridors, and Greenways, U.S. Department of Agriculture, National Agroforestry Center www.unl.edu/nac/bufferguidelines/.

防火型景观

National Fire Protection Association, Firewise Communities resources, www.firewise.org/.

The Fire Safe Council. www.firesafecouncil.org/.

Barkley, Y., C. Schnepf, and J. Cohen, *Protecting and Landscaping Homes in the Wildland/Urban Interface.* Moscow, ID: Idaho Forest, Wildlife and Range Experiment Station, 2004.

Brzuszek, R.F., and J.B. Walker. "Trends in Community Fire Ordinances and Their Effects on Landscape Architecture Practice" *Landscape Journal* 27, no.1 (2008): pp. 142–153.

Safer from the Start: A Guide to Firewise Friendly Developments. Quincy, MA: National Fire Protection Association and the USDA Forest Service, 2009.

生态修复

The Society for Ecological Restoration, www.ser.org.

Clewell, Andre F. and James Aronson, *Ecological Restoration: Principles, Values, and Structure of an Emerging Profession*. Washington, DC: Island Press, 2008.

Egan, Dave, Evan E. Hjerpe, Jesse Abrams and Eric Higgs, *Human Dimensions of Ecological Restoration: Integrating Science, Nature, and Culture* Washington, DC: Island Press, 2011.

Tongway, David J. and John A. Ludwig, *Restoring Disturbed Landscapes: Putting Principles into Practice*. Washington, DC: Island Press, 2010.

第 5 章　场地设计：土壤

概述

Trowbridge, P., and N. Bassuk, *Trees in the Urban Landscape: Site Assessment, Design and Installation*. Hoboken, NJ: John Wiley and Sons, 2004.

Gugino, B.K., O.J. Idowu, R.R. Schindelbeck, H.M. van Es, D.W. Wolfe, J.E. Moebius-Clune, J.E. Thies, and G.S. Abawi, "Cornell Soil Health Assessment Training Manual," Edition 2.0. Cornell University, College of Agriculture and Life Sciences, 2009.

Brady, N.C., *The Nature and Properties of Soils* (10th ed.). New York: Macmillan, 1990.

Craul, Timothy A. and Phillip J. Craul, *Soil Design Protocols for Landscape Architects and Contractors*. Hoboken, NJ: John Wiley and Sons, 2006.

Urban, James, *Up by Roots*. Champaign, IL: International Society for Arboriculture, 2008.

土壤评估

U.S. Geological Survey, Earth Resources Observation and Science Center (EROS), http://eros.usgs.gov/.

Environmental Systems Research Institute (ESRI,) www.esri.com/.

Geospatial One Stop, www.geodata.gov.

U.S. Fish and Wildlife Geospatial Services, www.fws.gov/GIS/index.htm.

U.S. Environmental Protection Agency, Regional Environmental Information, http://water.epa.gov/type/location/regions/.

U.S. Environmental Protection Agency, *Surf Your Watershed*, http://cfpub.epa.gov/surf/locate/index.cfm.

U.S. Department of Agriculture, The Cooperative Extension System, www.csrees.usda.gov/Extension/.

National Center for Appropriate Technology (NCAT), National Sustainable Agriculture Information Service, https://attra.ncat.org/.

Cornell University pH test kit http://cnal.cals.cornell.edu/.

University of Massachusetts, Soil and Plant Tissue Testing Laboratory, www.umass.edu/soiltest/.

Primal Seeds, Nutrient Chart, www.primalseeds.org/nutrients.htm.

University of Minnesota, Sustainable Urban Landscape Information Series, www.sustland.umn.edu/.

第 6 章　场地设计：材料与资源

概述

Building Green, GreenSpec® Product Guide, www.buildinggreen.com.

Healthy Building Network, www.healthybuilding.net/.

Pharos Project, www.pharosproject.net/.

The Athena Institute, www.athenasmi.org/about/index.html.

National Renewable Energy Laboratory (NREL), U.S. Lifecycle Inventory Database www.nrel.gov/lci/.

U.S. Environmental Protection Agency, Air Toxics Website, Hazardous Air Pollutants per Clean Air Act, Code of Federal Regulations at 40 CFR 61.01, www.epa.gov/ttn/atw/orig189.html.

U.S. Environmental Protection Agency, Water: Clean Water Act, Toxic and Priority Pollutants, http://water.epa.gov/scitech/methods/cwa/pollutants-background.cfm.

U.S. Environmental Protection Agency, Wastes: Resource Conservation and Recovery Act (RCRA) Information Resources, www.epa.gov/epawaste/inforesources/online/index.htm.

Center for Resource Solutions (CRS), Green-e products certification www.green-e.org/.

Whole Building Design Guide, National Institute of Building Sciences, Construction Waste Management, www.wbdg.org/.

Calkins, Meg, *Materials for Sustainable Sites.* Hoboken, NJ: John Wiley and Sons, 2008.

Hammond, G., and C. Jones, "Inventory of Carbon and Energy," Version 2.0, Bath, UK: University of Bath, Department of Mechanical Engineering, 2011.

Lippiatt, Barbara C., *BEES 4.0: Building for Environmental and Economic Sustainability Technical Manual and User Guide.* Gaithersburg, MD: National Institute of Standards and Technology, 2007.

资源保护

Addis, B., *Building with Reclaimed Components and Materials: A Design Handbook for Reuse and Recycling.* London: Earthscan, 2006.

Guy, B., and N. Ciamrimboli, *Design for Disassembly in the Built Environment: A Guide to Closed-Loop Design and Building.* University Park, PA: Hamer Center for Community Design, The Pennsylvania State University, 2007.

Building Materials Reuse Association (BMRA), www.bmra.org/.

Habitat for Humanity ReStores, www.habitat.org/restores/.

California Integrated Waste Management Board (CIWMB), www.calrecycle.ca.gov/.

Recycler's World, www.recycle.net/.

U.S. Environmental Protection Agency, Resource Conservation, Construction & Demolition Materials www.epa.gov/osw/conserve/rrr/imr/cdm/reuse.htm.

Construction Waste Management Database. Whole Building Design Guide. National Institute of Building Sciences, www.wbdg.org/tools/cwm.php?s=PA.

Construction Materials Recycling Association www.cdrecycling.org/

U.S. Environmental Protection Agency, Comprehensive Procurement Guidelines (CPG) www.epa.gov/osw/conserve/tools/cpg/index.htm.

California Integrated Waste Management Board (CIWMB) Recycled Content Product Directory.

土工构筑

Elizabeth, Lynne and Cassandra Adams, *Alternative Construction: Contemporary Natural Building Methods*. New York: John Wiley and Sons, 2005.

Houben, H., and H. Guillard, *Earth Construction: A Comprehensive Guide*. London: Intermediate Technology Publications, 1994.

McHenry, P. G., *Adobe and Rammed Earth Buildings*. Tucson: University of Arizona Press, 1984.

热岛效应

U.S. Environmental Protection Agency, Heat Island: Heat Island Mitigation Strategies, www.epa.gov/heatisld/mitigation/index.htm.

Lawrence Berkeley National Laboratory, Heat Island Group, http://heatisland.lbl.gov/.

木材

Forest Stewardship Council www.fsc.org/.

IUCN Red List of Threatened Species, searchable by species, www.iucnredlist.org/.

CITES, online searchable species database, www.cites.org/eng/resources/species.html.

场地照明

International Dark Sky Association (IDA) www.darksky.org/

Dark Sky Society www.darkskysociety.org.

第 7 章　可持续场地与人类健康福祉

可持续性意识

National Association for Interpretation. www.interpnet.com/.

North American Association for Environmental Education, www.naaee.org/.

Beck, L., and T. Cable. *Interpretation for the 21st Century: Fifteen Guiding Principles for Interpreting Nature and Culture*. Champaign, IL: Sagamore Publishing, 2002.

Gross, M., R. Zimmerman, and J. Bucholz, *Signs, Trails, and Way-side Exhibits: Connecting People to Places*. 3rd ed. Interpreter's Handbook Series. University of Wisconsin- Stevens Point Foundation Press, 2006, www.uwsp.edu/cnr/Schmeeckle/Handbooks/.

社会公平

Community Benefits Agreements, The Partnership for Working Families, http://communitybenefits.org/search.php.

Land Trust Alliance, www.landtrustalliance.org/.

Living wage calculator, www.livingwage.geog.psu.edu/.

Green collar jobs, www.greenforall.org/green-collar-jobs.

National Charrette Institute, Project for Public Spaces, www.charretteinstitute.org/.

Hester, R. T., Jr., *Community Design Primer.* Mendocino, CA: Ridge Times Press, 1990.

Kaplan, R., S. Kaplan, and R.L. Ryan, *With People in Mind: Design and Management of Everyday Nature.* Washington, DC: Island Press, 1998.

Lennertz, B., and A. Lutzenhiser. *The Charrette Handbook: The Essential Guide for Accelerated, Collaborative Community Planning.* Chicago: American Planning Association, 2006.

Sanoff, H., *Community Participation Methods in Design and Planning.* New York: John Wiley and Sons, 1999.

场地便捷性

Americans with Disabilities Accessibility Guidelines (ADAAG), www.acess-board.gov/adaag/about.

The Center for Universal Design, www.design.ncsu.edu/cud.

Universal Design Symbols: www.aiga.org/content.cfm/symbol-signs.

Preiser, Wolfgang F.E., and Elaine Ostroff (eds.), *Universal Design Handbook.* New York: McGraw-Hill, 2001.

场地可识别性与导览

Arthur, P., and R. Passini, *Wayfinding: People Signs and Architecture.* New York: McGraw-Hill, 1992.

Gibson, David, *The Wayfinding Handbook: Information Design for Public Places.* Princeton, NJ: Princeton Architectural Press, 2009.

Golledge, Reginald G. (ed.), *Wayfinding Behavior: Cognitive Mapping and Other Spatial Processes.* Baltimore: Johns Hopkins University Press, 1999.

Kaplan, R., S. Kaplan, and R.L. Ryan, *With People in Mind: Design and Management of Everyday Nature.* Washington, DC: Island Press, 1998.

Monmonier, Mark. 1996. *How to Lie with Maps.* Chicago: University of Chicago Press.

场地安全性

International Crime Prevention through Environmental Design (CPTED) Association www.cpted.net/.

Illuminating Engineering Society (IES), www.iesna.org/.

Newman, O., *Creating Defensible Space.* Washington, DC: U.S. Department of Housing and Urban Development, Office of Policy Development and Research, 1996.

Michael, S.E., and R.B. Hull, IV, "Effects of Vegetation on Crime in Urban Parks Blacksburg, VA," Virginia Polytechnic Institute & State University, Department of Forestry, 1994.

场地体育健身

Active Living by Design www.activelivingbydesign.org/.

Centers for Disease Control and Prevention, Healthier Worksite Initiative, Walkability Audit Tool www.cdc.gov/nccdphp/dnpao/hwi/toolkits/walkability/audit_tool.htm.

National Center for Bicycling and Walking, *Increasing Physical Activity through Community DesignA Guide for Public Health Practitioners*. Washington, DC: National Center for Bicycling and Walking, 2010.

American Association of State Highway and Transportation Officials (AASHTO). Design GuidanceAccommodating Bicycle and Pedestrian Travel: A Recommended Approach *www.fhwa.dot.gov/environment/bikeped/design.htm*.

场地疗养康复功能

Cooper-Marcus, C., and Marni Barnes (eds.), *Healing Gardens: Therapeutic Benefits and Design Recommendations*. New York: John Wiley and Sons, 1999.

Gerlach-Spriggs, Nancy, Richard Enoch Kaufman, and Sam Bass Warner, Jr., *Restorative Gardens: The Healing Landscape*. New Haven, CT:Yale University Press. 1998.

Kaplan, R., S. Kaplan, and R.L. Ryan, *With People in Mind: Design and Management of Everyday Nature*. Washington, DC: Island Press, 1998.

American Horticultural Therapy Association, www.ahta.org/.

Therapeutic Landscapes Network, www.healinglandscapes.org/.

Wiesen, Anne, and Lindsay Campbell, *Restorative Commons: Creating Health and Well-Being through Urban Landscapes*. Newtown Square, PA: USDA Forest Service, 2009.

社交和社区建设

Project for Public Spaces www.pps.org/.

Cooper-Marcus, C., and C. Francis, *People Places: Design Guidelines for Urban Open Space* (2nd ed.). New York: John Wiley and Sons, 1998.

Gehl, Jan, and Lars Gemzøe, *Public Spaces, Public Life*. Copenhagen: Danish Architectural Press, 1996.

Whyte, William H., *The Social Life of Small Urban Spaces*. Washington, DC: Conservation Foundation, 1980.

历史文化特征保护

Cultural Landscape Foundation, http://tclf.org/.

National Park Service, Historical American Landscapes Survey (HALS), www.nps.gov/hdp/hals/index.htm.

National Trust for Historic Preservation, www.preservationnation.org/.

Secretary of the Interior's Standards for Treatment of Historic Properties www.cr.nps.gov/hps/tps/standguide/.

National Historic Landmarks, www.nps.gov/history/nhl/QA.htm#2.

Birnbaum, Charles A., *National Park Service's Historic Landscape InitiativeProtecting Cultural Landscapes Planning, Treatment and Management of Historic Landscapes*, www.nps.gov/history/hps/TPS/briefs/brief36.htm, 1994.

第8章 运营、养护、监测和管理

概述

VanDerZanden, Ann-Marie and Thomas W. Cook, *Sustainable Landscape Management: Design, Construction, and Maintenance*. Hoboken, NJ: John Wiley and Sons, 2010.

废弃物回收

U.S. Environmental Protection Agency, WastesWastewiseWaste Assessments Approaches, www.epa.gov/osw/partnerships/wastewise/approach.htm.

U.S. Environmental Protection Agency, WastesResource ConservationReduce, Reuse, RecycleGreenScapes Program, www.epa.gov/epawaste/conserve/rrr/greenscapes/index.htm.

California Department of Resources Recycling and Recovery (CalRecycle) www.calrecycle .ca.gov/.

Biocycle Magazine, www.jgpress.com/biocycle.htm.

Cornell Waste Management Institute, http://cwmi.css.cornell.edu/.

土壤施肥

U.S. Composting Council, http://compostingcouncil.org/; *Field Guide to Compost Use*, http://compostingcouncil.org/admin/wp-content/plugins/wp-pdfupload/pdf/1330/Field_ Guide_to_Compost_Use.pdf.

Washington Department of the Environment, *Building Soil: Guidelines and Resources for Implementing Soil Quality and Depth BMPT5.13 in WDOE Stormwater Management Manual for Western Washington*, www.buildingsoil.org/tools/Soil_BMP_Manual.pdf.

Integrated Pest Management

U.S. Department of Agriculture, State Extension Services, www.csrees.usda.gov/.

IPM World Textbook, University of Minnesota, http://ipmworld.umn.edu/.

U.S. Environmental Protection Agency fact sheets: PestWise and Landscaping Initiative, www.epa.gov/pesp/htmlpublications/landscaping_brochure.html.

入侵植物防治

USDA Natural Resources Conservation Service Plants Database, Invasive and Noxious Weeds http://plants.usda.gov/java/noxiousDriver.

Center for Invasive Plant Management, www.weedcenter.org/.

养护设备

U.S. Environmental Protection Agency Office of Mobile Sources resources, including "Your Yard and Clean Air" (EPA-420-F-94-002), www.epa.gov/oms/consumer/19-yard.pdf.

U.S. Environmental Protection Agency Office of Transportation and Air Quality, "Proposed Emission Standards for New Nonroad Spark-Ignition Engines, Equipment, and Vessels" (EPA420-F-07-032), April 2007, www.epa.gov/nonroad/marinesi-equipld/420f07032.pdf.

U.S. Department of Energy Alternative Fuels and Advanced Vehicles Data Center www.afdc. energy.gov/afdc/.

生物滞留设施的养护

U.S. Environmental Protection Agency, "Storm Water Technology Fact Sheet: Bioretention" (EPA 832-F-99-012). Washington, DC: U.S. EPA Office of Water, 1999.

Hunt, W.F., and W.G. Lord, *Bioretention Performance, Design, Construction, and Maintenance.* North Carolina Cooperative Extension Service, 2006.

Bitter, S.D., and J.K. Bowers, "Bioretention as a Water Quality Best Management Practice." Article 110, Technical Note #29 from *Watershed Protection Techniques* 1(3) (1994): 114–116.

Bioretention Manual. Prince George's County, MD: Environmental Services Division, Department of Environmental Resources, 2007, www.princegeorgescountymd.gov/der/esg/bioretention/bioretention.asp.

"Low Impact Development Urban Design ToolsBioretention Maintenance," www.lid-stormwater.net/bio_maintain.htm.

Anderson, James L. and John S. Gulliver (eds.), *Assessment of Stormwater Best Management Practices.* Minneapolis: University of Minnesota, 2008, http://wrc.umn.edu/randpe/sandw/bmpassessment/index.htm.

绿色屋顶和垂直绿化的养护

"Green Roofs for Healthy Cities," www.greenroofs.org/.

Dunnett, Nigel and Noel Kingsbury, *Planting Green Roofs and Living Walls.* Portland, OR: Timber Press, 2008.

ASTM E240006, "Standard Guide for Selection, Installation, and Maintenance of Plants for Green Roof Systems." West Conshohocken, PA: ASTM International.

铺装的养护

U.S. Environmental Protection Agency. 1999. *Storm Water Technology Fact Sheet: Porous Pavement* (EPA 832-F-99-023). Washington, DC: U.S. EPA Office of Water, 1999, www.epa.gov/npdes/pubs/porouspa.pdf.

Bean, E.Z., and W.F. Hunt. "NC State University Permeable Pavement Research: Water Quality, Water Quantity, and Clogging." *North Carolina State University Water Quality Group Newsletter,* No. 119 (November 2005).

Low Impact Development Urban Design ToolsPermeable Pavers Maintenance, www.lid-stormwater.net/permpavers_benefits.htm.

Stormwater Manager's Resource Center fact sheets, www.stormwatercenter.net; "Stormwater Management Fact Sheet: Porous Pavement," www.stormwatercenter.net/Assorted%20Fact%20Sheets/Tool6_Stormwater_Practices/Infiltration%20Practice/Porous%20Pavement.htm.

英汉词汇对照

NOTE: Page references in *italics* refer to illustrations.

译后记

自"放眼世界第一人"林则徐以来，中国开始大规模翻译西方文学和科学著作，中国的现代化肇始于此。改革开放以来，外文特别是英文学术专著的翻译进入高潮，极大地促进了各学科的发展。风景园林学科也概莫能外，特别是在风景园林规划设计领域中，经典的、具有较高影响力的专业图书中，有很大的比例是引进的外文译著。

由于我的出版工作经历，因而对风景园林类的引进图书一直非常关注，多年下来感到有两个特点。一是虽然有大量理论、实践、技术方面的专著，但可以全面、系统指导规划设计实践的书仍然比较缺乏；二是虽然有许多达到"信、达、雅"的经典译著，但也有许多译著翻译腔浓重、不易理解，甚至谬误颇多。私以为在中国风景园林规划设计和建设实践的世界观、价值观、方法论尚未定型的当下，对外文专著的译介仍有着很强的现实意义。

本书是美国风景园林师协会（ASLA）领导的可持续场地倡议（SITES）评价体系的配套指导书，是一本不可多得的理论专著和工具书。本书内容广泛，基本涵盖了风景园林规划、设计、建设、运营的各个方面，很好地介绍和阐释了最新的可持续设计方法、策略和实践。书中的大量实际案例，几乎都是美国近年来最有代表性的景观设计作品，很好地反映了当前国际风景园林规划设计的潮流方向。

本书涉及诸多交叉学科知识，又以美国的政策环境和专业实践为背景，给翻译工作带来了一定的挑战。本书由贾培义完成第1章～第4章和第8章，郭湧完成第5章，王晞月完成第6章，贾晶完成第7章的翻译工作；贾培义负责全书的统稿和审校。在翻译过程中，耗时一年半完成初稿；为了提高可读性和准确性，前后又花费一年多的时间进行统稿和审校。可以说，本书的翻译占去了译者两年中大部分的业余时间。虽然译者以高度认真的态度对待本书的翻译工作，但囿于水平和时间所限，难免存在疏漏和不足，敬请专家和广大读者批评指正。

值得指出的是，本书的翻译是在北京清华同衡规划设计研究院的支持下开展的，感谢清规院良好的学术氛围，以及对学术科研工作的大力支持。

特别感谢中国建筑工业出版社的兰丽婷、董苏华老师给予的帮助、理解和信任，也正是她们和建工社编辑团队耐心细致的编辑工作，才能使本书及时呈现在读者面前。

在中国进入新常态、环境矛盾突出、园林景观行业面临转型的当下，希望本书的出版能为中国风景园林师提供一个新的视角和方法，共同解答时代给我们提出的问题！

译者

2015年11月于北京花家地　放庐